型号可靠性维修性保障性技术规范

（第2册）

康　锐　石荣德　李瑞莹　等编著

国防工业出版社

·北京·

内 容 简 介

本册技术规范共分12篇。第1篇~第4篇介绍型号中系统可靠性建模与预计、系统可靠性分配、电子产品和非电子产品可靠性预计的程序和方法;第5篇介绍机械产品耐久性设计与分析的程序和方法;第6篇介绍工艺故障模式、影响及危害性分析(PFMECA)的程序和方法;第7篇~第8篇分别介绍型号故障树分析(FTA)和事件树分析(ETA)的程序和方法;第9篇介绍确定型号可靠性关键产品的程序和方法;第10篇介绍型号可靠性设计准则制定和符合性检查的一般要求及程序;第11篇介绍型号电子产品可靠性热设计、热分析和热试验的程序和方法;第12章介绍型号可靠性评估的模型、方法和可靠性评估所需的可靠性信息收集的要求。

本册技术规范的主要使用对象是型号各类产品的设计人员、RMS 工程专业人员和 RMS 试验人员等。与型号 RMS 工作有关的各级管理人员,包括型号质量师系统或质量保证组织中的有关人员也可参考使用。

图书在版编目(CIP)数据

型号可靠性维修性保障性技术规范. 第2册/康锐等编
著. —北京:国防工业出版社,2010. 11
ISBN 978-7-118-07177-1

Ⅰ. ①型... Ⅱ. ①康... Ⅲ. ①可靠性工程 – 规范
Ⅳ. ①TB114. 3 – 65

中国版本图书馆 CIP 数据核字(2010)第 210283 号

※

国防工业出版社出版发行

(北京市海淀区紫竹院南路 23 号 邮政编码 100048)
北京奥鑫印刷厂印刷
新华书店经售

*

开本 787 × 1092 1/16 印张 30¼ 字数 702 千字
2010 年 11 月第 1 版第 1 次印刷 印数 1—4000 册 定价 120.00 元

(本书如有印装错误,我社负责调换)

国防书店: (010)68428422   发行邮购: (010)68414474
发行传真: (010)68411535   发行业务: (010)68472764

编审委员会成员

①编写组成员详见《型号可靠性维修性保障性技术规范》编写组成员表

《型号可靠性维修性保障性技术规范》
编写组成员表

序号		规范编号	规范名称	编写组成员
第1册	1.1	XKG/D01	型号 RMS 管理指南	康锐、陈云霞、陈希成、顾长鸿、冯欣、陈大圣
	1.2	XKG/D02	型号总体单位对转承制单位产品的 RMS 技术和工作项目要求	章文晋、康锐、吕瑞、胡晓义、李文钊、陈大圣
	1.3	XKG/D03	型号总体单位对转承制单位产品的 RMS 评审要求	章文晋、康锐、吕瑞、胡晓义、李文钊、陈大圣
	1.4	XKG/D04	型号 RMS 要求验证程序和方法应用指南	扈延光、康锐、石荣德、陈希成、刘婷、张来凤、陈大圣
	1.5	XKG/D05	型号综合保障仿真技术应用指南	郭霖瀚、孙宇锋、肖波平、刘东、张泽邦、汪晓勇
	1.6	XKG/D06	型号 RMS-CAD 软件工具选用指南	任羿、孙宇锋、刘东、孙颉
	1.7	XKG/D07	型号故障报告、分析和纠正措施系统应用指南	扈延光、石荣德、刘亢虎、吕明华、洪国钧
	1.8	XKG/D08	型号质量与可靠性信息管理指南	刘亢虎、常文兵、刘正高、陈咸康、王敏芹
	1.9	XKG/K13	型号环境应力筛选应用指南	李传日、焦景堂、王德言、祝耀昌、朱曦全、纪春阳
	1.10	XKG/K14	型号可靠性研制试验应用指南	李晓钢、王德言、姜同敏、任占勇、刘婷、陈凤熹、陈大圣
	1.11	XKG/K15	型号可靠性增长试验应用指南	王晓红、姜同敏、李传日、任占勇、刘婷、陈凤喜、陈大圣
	1.12	XKG/K16	型号可靠性鉴定与验收试验应用指南	李晓钢、焦景堂、姜同敏、任占勇、王欣、刘婷、陈大圣
	1.13	XKG/K17	型号设备延寿方法应用指南	扈延光、康锐、石荣德、张洪、梁力、李庚雨、陈大圣
第2册	2.1	XKG/K01	型号系统可靠性建模与预计应用指南	康锐、曲丽丽、吕明华、李庚雨、章文晋
	2.2	XKG/K02	型号系统可靠性分配应用指南	康锐、康晓明、吕明华、艾永春、刘婷
	2.3	XKG/K03	型号电子产品可靠性预计应用指南	李瑞莹、康锐、戴慈庄、施劲松、康蓉莉、艾永春
	2.4	XKG/K04	型号非电子产品可靠性预计应用指南	李瑞莹、康锐、康蓉莉、李宏、刘婷
	2.5	XKG/K05	型号机械产品耐久性设计与分析应用指南	陈云霞、林逢春、石荣德、许丹、梁力、李庚雨、张忠、陈大圣

序 号		规范编号	规 范 名 称	编写组成员
第2册	2.6	XKG/K06	型号工艺 FMECA 应用指南	张建国、石荣德、魏苹、张璐、史兴宽
	2.7	XKG/K07	型号故障树分析应用指南	康锐、程海龙、石荣德、肖名鑫、党炜、石君友
	2.8	XKG/K08	型号事件树分析应用指南	康锐、王靖、石荣德、陈希成、肖名鑫、许远帆
	2.9	XKG/K09	确定型号可靠性关键产品应用指南	康锐、陈卫卫、石荣德、陈大圣、陈希成、高贺松
	2.10	XKG/K10	型号可靠性设计准则制定指南	石君友、赵廷弟、谷岩、邹天刚、田春雨
	2.11	XKG/K11	型号电子产品可靠性热设计、热分析和热试验应用指南	付桂翠、戴慈庄、史兴宽、臧宏伟、周宇英
	2.12	XKG/K12	型号可靠性评估技术应用指南	黄敏、赵宇、李进、王桂华、刘婷、唐素萍
第3册	3.1	XKG/W01	型号维修性分配应用指南	马麟、张慧果、章国栋、吕瑞、朱小冬、王策刚
	3.2	XKG/W02	型号维修性预计应用指南	马麟、龙军、张慧果、章国栋、朱小冬、吕瑞、曹现涛
	3.3	XKG/W03	型号维修性设计准则制定指南	马麟、吕川、李宏、王秋芳、史左敏、陈大圣
	3.4	XKG/W04	型号平均修复时间验证试验与评价应用指南	马麟、吕川、王策刚、王海波、张联禾、单志伟
	3.5	XKG/C01	型号测试性设计与分析应用指南	田仲、石君友、曾天翔、周鸣岐
	3.6	XKG/C02	型号测试性设计准则制定指南	田仲、石君友、曾天翔、周鸣岐、田春雨
	3.7	XKG/C03	型号 BIT 设计指南	石君友、田仲、曾天翔、周鸣岐、田春雨
	3.8	XKG/C04	型号测试性要求验证试验与评价应用指南	田仲、石君友、周鸣岐、曾天翔、田春雨
	3.9	XKG/A01	型号安全性分析与危险控制应用指南	潘星、赵廷弟、曾天翔、肖名鑫、洪国钧、吕明华
	3.10	XKG/A02	型号安全性设计准则制定指南	潘星、赵廷弟、曾天翔、肖名鑫、洪国钧、吕明华
	3.11	XKG/B01	型号修理级别分析应用指南	吕川、周栋、吕刚德、李宏、张平、单志伟
	3.12	XKG/B02	型号备件供应规划指南	肖波平、章国栋、杨秉喜、吕川、周鸣岐、杨勇飞
	3.13	XKG/B03	型号保障性设计准则制定指南	郭霖瀚、马麟、刘东、张泽邦、单志伟、汪晓勇
	3.14	XKG/B04	型号再次出动准备要求验证试验与评价应用指南	郭霖瀚、马麟、刘东、张泽邦、汪晓勇、单志伟

序　言

　　可靠性、维修性、测试性、安全性和保障性(简称可靠性维修性保障性,缩写为 RMS)是装备的重要质量特性,在装备型号研制、生产中深入开展 RMS 工作,对提高装备 RMS 水平具有重要的意义。

　　20 世纪 80 年代中期以来,我国陆续制定、发布了一系列 RMS 顶层文件(如《武器装备可靠性维修性管理规定》等)、国家军用标准(如《装备可靠性工作通用要求》(GJB 450A)、《装备维修性工作通用要求》(GJB 368B)、《装备测试性大纲》(GJB 2547)、《系统安全性大纲》(GJB 900)、《装备综合保障通用要求》(GJB 3872)等)、部分行业标准(如《航空技术装备维修性管理大纲》(HB 6185)、《航天器和导弹武器系统可靠性大纲》(QJ 1408))与手册(如《飞机设计手册》中第 20 分册《可靠性维修性设计》、第 21 分册《产品综合保障》等)。在顶层文件的推动、有关标准与规范的支持下,我国国防科技工业型号工程开展了一系列 RMS 分析与设计、试验与管理工作,取得了很大的成效。但从型号工程实践过程看,RMS 标准与规范在可操作性、工程实用性、RMS 技术均衡性等方面尚存在不少问题,若单纯依靠型号研制单位从头开始自行制定、发展相应 RMS 标准与规范亦有较大难处。为此,我们结合型号装备建设与国防科技工业发展的需求,遵循型号系统工程规律,在把握型号全系统全特性全过程质量内涵基础上,充分借鉴和吸纳国内外已有规范与标准的成果和经验,在深入开展《型号 RMS 技术规范体系研究》基础上,经调研、分析和论证,提出了制定型号 RMS 技术规范体系的原则:

　　(1) 应反映"用户"(政府部门、研制方和使用方)的要求,使不同类型型号 RMS 规范具有系统性、完整性、通用性和指导性;

　　(2) 应保证不同类型型号的 RMS 规范有机协调,具有良好的一致性和针对性;

　　(3) 应充分借鉴国外 RMS 技术标准与规范的发展成果,结合国情为我所用;

　　(4) 应保证继承性与创新性相结合、先进性与实用性相结合、代表性与普遍性相结合;

　　(5) 应加强 RMS 规范体系内各规范间相互协调、相互配合,做到不重复、不矛盾。

　　按照上述原则,在原国防科工委(现国防科工局)科技与质量司的支持下,我们组织了国内 RMS 领域的专家、教授和工程研制生产一线技术与管理人员,开展了《型号可靠性维修性保障性技术规范》的编制工作。据不完全统计,本书参编单位有 66 个、参编人数 227 人次、参审人数 677 人次,为确保编制质量提供了坚实的基础。

《型号可靠性维修性保障性技术规范》分三册,其中,第一册共 13 篇,内容主要涉及 RMS 综合技术与可靠性试验技术;第二册共 12 篇,内容主要涉及可靠性分析与设计技术;第三册共 14 篇,内容主要涉及维修性、测试性、安全性和保障性的分析与设计、验证技术。每册各规范编写组人员详见"型号可靠性维修性保障性技术规范编写组成员表"。本书中每篇规范(指南)均包含范围、目的、作用、要求、程序、方法、实施步骤、注意事项、应用案例和参考文献等内容。主要使用对象是各类型产品的设计人员、RMS 专业人员、试验人员和管理人员等,与型号 RMS 工作有关的各级管理人员,包括型号质量师系统或质量保证组织中的有关人员也可参考使用。

《型号可靠性维修性保障性技术规范》编写中,始终得到国防科工局科技与质量司、各军工集团公司质量部门的大力支持,并得到各有关科学院、研制所、工厂、部队、院校等单位的领导、工程技术人员、专家、教授的悉心指导,认真审阅,特别是各规范的编写组成员付出了辛勤劳动,他们为此书做出了重要贡献。在此,谨向他们表示衷心感谢。由于作者水平有限,错误难免,敬请读者不吝赐教。

《型号可靠性维修性保障性技术规范》

编审委员会

2010 年 9 月

目　录

XKG

型号可靠性技术规范

XKG / K01—2009

型号系统可靠性建模与预计应用指南

Guide to the reliability modeling and prediction for materiel

目 次

前　言

本指南中附录 A 是资料性附录。

本指南由国防科技工业可靠性工程技术研究中心负责组织实施。

本指南起草单位：北京航空航天大学可靠性工程研究所、航天二院二部、航空 611 所、航天二院 25 所。

本指南主要起草人：康锐、曲丽丽、吕明华、李庚雨、章文晋。

型号系统可靠性建模与预计应用指南

1 范围

本指南规定了型号（装备，下同）系统可靠性建模与预计的要求、程序和方法。
本指南适用于系统在论证、方案、工程研制与定型阶段。

2 规范性引用文件

下列文件中的有关条款通过引用而成为本指南的条款。凡注明日期或版次的引用文件，其后的任何修改单（不包括勘误的内容）或修订版本都不适用本指南，但提倡使用本指南的各方探讨使用其最新版本的可能性。凡未注日期或版次的引用文件，其最新版本适用于本指南。

GJB 450A   装备可靠性工作通用要求
GJB 451A   可靠性维修性保障性术语
GJB 813   可靠性模型的建立和可靠性预计
GJB/Z 23   可靠性和维修性工程报告编写的一般要求
GJB/Z 108A   电子设备非工作状态可靠性预计手册
GJB/Z 299C   电子设备可靠性预计手册

3 术语和定义

GJB 451A 确定的以及下列术语和定义适用于本指南。

3.1 可靠性 reliability
产品在规定的条件下和规定的时间内，完成规定功能的能力。

3.2 基本可靠性 basic reliability
产品在规定的条件下，规定的时间内，无故障工作的能力。基本可靠性反映产品对维修资源的要求。确定基本可靠性值时，应统计产品的所有寿命单位和所有关联故障。

3.3 任务可靠性 mission reliability
产品在规定的任务剖面内完成规定功能的能力。

3.4 可靠度 reliability
可靠性的概率度量。

3.5 可靠性模型 reliability model
为分配、预计、分析或估算产品的可靠性所建立的模型。

3.6 可靠性框图 reliability block diagram (RBD)
对于复杂产品的一个或一个以上的功能模式，用方框表示的各组成部分的故障或它们的组合如何导致产品故障的逻辑图。

3.7　任务剖面　mission profile
产品在完成规定任务这段时间内所经历的事件和环境的时序描述。

3.8　环境剖面　environment profile
产品在储存、运输、使用中将会遇到的各种主要环境参数和时间的关系图。

3.9　故障　fault/failure
产品不能执行规定功能的状态。通常指功能故障。因预防性维修或其他计划性活动或缺乏外部资源造成不能执行规定功能的情况除外。

3.10　关联故障　relevant failure
已经证实是按规定条件使用而引起的故障；或已经证实仅属某项将采用的设计所引起的故障。

3.11　故障判据　failure criterion
判断是否属于故障的依据，也称故障判断准则。

3.12　故障率　failure rate
产品可靠性的一种基本参数。其度量方法为：在规定的条件下和规定的期间内，产品的故障总数与寿命单位总数之比。有时亦称失效率。

3.13　可靠性预计　reliability prediction
为了估计产品在给定工作条件下的可靠性而进行的工作。

4　符号和缩略语

4.1　符号
下列符号适用于本指南。

$R(t)$——可靠度；

λ——故障率，单位为10^{-6}/小时（10^{-6}/h）。

4.2　缩略语
下列缩略语适用于本指南。

RBD——reliability block diagram，可靠性框图；

MTBF——mean time between failures，平均故障间隔时间，单位为小时（h）；

MFHBF——mean flight hours between failures，平均故障间隔飞行小时，单位为飞行小时（fh）。

5　一般要求

5.1　目的和作用
　a) 目的
　1) 系统可靠性建模的目的是为了定量分配、预计和评估系统的可靠性。
　2) 系统可靠性预计的目的是估计系统、分系统或设备的基本可靠性和任务可靠性，评价所提出的设计方案是否能满足规定的可靠性定量要求。
　b) 作用
　1) 系统可靠性建模是分析论证和确定系统和设备可靠性指标，以及对系统可靠性进

6

行综合评估的重要工具。为了确定系统、分系统和设备的可靠性定量要求，进行可靠性分配和预计，完成可靠性分析和评估，必须建立可靠性数学模型。利用模型所得到的估计值，可为以下几方面提供依据：

(1) 分析论证和确定系统、分系统和设备的可靠性指标。

(2) 定量地指出系统、分系统和设备的可靠性问题，用以指导工程设计和研制工作。

(3) 根据不同时期提供的估计值，评估可靠性增长和采取纠正措施的有效性，为实施分级、分阶段的可靠性增长提供信息。

(4) 为装备的设计方案提供必要的输入信息。

(5) 为装备的维修体制和保障性分析提供必要的输入信息。

2) 系统可靠性预计的主要作用是预测产品能否达到合同规定的可靠性指标值，此外，还可起到以下作用：

(1) 检查可靠性指标分配的可行性和合理性。

(2) 通过对不同设计方案的预计结果比较，选择优化设计方案。

(3) 发现设计中的薄弱环节，为改进设计、加强可靠性管理和生产质量控制提供依据。

(4) 为元器件和零部件的选择、控制提供依据。

(5) 为开展可靠性增长试验和验证试验等工作提供信息。

(6) 为综合权衡可靠性、重量、成本、尺寸、维修性、测试性等参数提供依据，并为维修体制和保障性分析提供信息。

XKG/K03—2009《型号电子产品可靠性预计应用指南》和 XKG/K04—2009《型号非电子产品可靠性预计应用指南》则分别提供了型号电子和非电子产品可靠性预计指南。

5.2 时机

可靠性建模和预计应在研制阶段的早期进行，随研制工作的进展，不断细化，并随设计的更改而修正，反复迭代进行。

5.3 分类

a) 可靠性模型

根据建模用途不同，可靠性模型可分为基本可靠性模型和任务可靠性模型。可靠性模型包括可靠性框图和可靠性数学模型两部分内容：

1) 基本可靠性模型用以估计系统及其组成单元故障所引起的维修及保障要求，可以作为度量维修保障人力与费用的一种模型。基本可靠性模型是一个全串联模型，构成系统的所有单元都应包括在模型内。

2) 任务可靠性模型是用于度量系统在执行任务过程中完成规定功能的概率，描述完成任务过程中系统各单元的预定作用并度量工作有效性的一种可靠性模型。任务可靠性模型可能是一个复杂的串联、并联、表决、旁联、桥联等多种模型的组合。

b) 可靠性预计

根据预计用途不同，可靠性预计也可分为基本可靠性预计和任务可靠性预计。

1) 基本可靠性预计是对系统及其组成单元不可靠导致的对维修与保障要求的估计。

2) 任务可靠性预计是对系统完成某项规定任务成功概率的估计。

5.4 程序
5.4.1 概述

系统可靠性建模与预计的程序是：定义系统、建立系统可靠性框图、确定系统可靠性数学模型，确定单元可靠性参数，计算系统可靠性值、得出可靠性预计结论、反馈设计、编写建模与预计报告等，见图1。

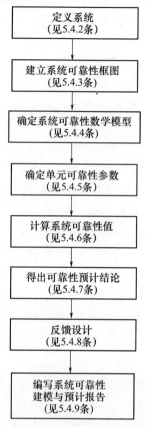

图 1　系统可靠性建模与预计的程序

5.4.2 定义系统

完整地定义系统包括 3 个步骤：任务分析、工作模式分析和确定故障判据。

a) 任务分析

有的系统可以用于完成一种以上的任务。例如：飞机可用于轰炸、扫射或者拦截等任务。如果用不同的飞机分别完成这些任务，就可用每一任务或飞机的单独任务可靠性模型来分别处理。如果用同一架飞机完成所有这些任务，就必须按功能描述这些任务，或者拟定一个能够包括所有功能的系统可靠性模型。对每一项任务也可能有不同的可靠性要求和可靠性模型。

1) 任务剖面

任务剖面说明与系统特定的使用过程有关的事件和条件（示例见图2）。任务剖面在系统指标论证时就应提出。精确地和比较完整地确定系统的任务事件和预期的使用环境，是进行正确的系统可靠性设计分析的基础。

为了恰当的描述系统的多重或多阶段任务能力，需要有多重多阶段任务剖面。任务剖面一般应包括：

(1) 系统的工作状态。

(2) 系统工作的时间与顺序。

(3) 系统所处的环境（外加的与诱发的）的时间与顺序。

(4) 系统所预定的维修保障条件。

任务剖面需要说明系统的工作时间长度或占空因数。占空因数是单元的工作时间与系统的总工作时间之比。例如，飞机的起落架只有在飞机起飞及着陆时才工作，而在整个飞行期间是不工作的。因此，在建立可靠性模型时必须加以修正，通常用占空因数进行修正。

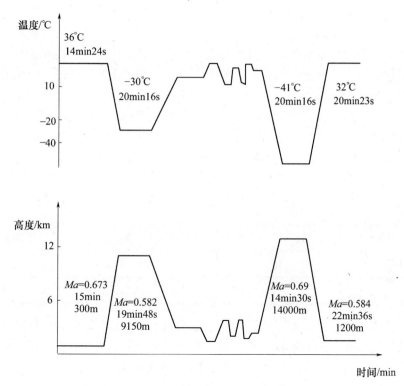

图2　飞机投放炸弹事件的任务剖面示例

2) 环境剖面

环境剖面描述与操作、事件或功能有关的特定的固有和诱导环境。

系统可能不止用于一种环境，例如某一特定系统可能用于船舶和飞机环境中，某一特定任务可能由几个工作阶段组成，例如，卫星在发射、轨道飞行、返回大气层、回收及其相应的特定环境构成各工作阶段。

在任务可靠性模型中对环境条件的处理：

(1) 当系统用于不同的环境条件其任务可靠性模型都相同时，应考虑在不同的环境条件下系统各个单元的故障率不同；

(2) 当系统有几个工作阶段时，可针对每一个工作阶段拟定单独任务可靠性模型，

9

包括对于不同环境条件的考虑，然后将结果综合到一个总的可靠性模型中。

b) 工作模式分析

工作模式分析是为了确定特定的任务或功能下系统的工作模式以及是否存在替代工作模式。对功能工作模式及代替工作模式作如下规定。

1) 功能工作模式：一种功能工作模式执行一种特定的功能，例如：在雷达系统中，搜索和跟踪必定是两种功能工作模式。

2) 代替工作模式：当系统有不止一种方法完成某一特定功能时，它就是具有代替功能模式。例如飞机的供电系统，在地面工作或在空中飞行时，可由主发动机驱动的发电机、或辅助动力装置驱动的发电机供电，在应急情况下，还可由应急蓄电池供电。因此辅助动力装置驱动发电机及应急蓄电池作为一种代替工作模式。又如通常用超高频发射机可以用于替代甚高频发射机发射信息，这也是一种代替工作模式。

把确定任务功能和确定工作模式联系起来，例如系统任务是同时传输实时数据和储存数据，它必须有二台发射机，并且不存在冗余或代替工作模式。而对于有两台发射机但不要求同时传输实时数据和储存数据的系统来说，则存在冗余或代替工作模式。

c) 确定故障判据

为了建立系统的故障判据，应规定系统及其分系统的性能参数及容许界限，确定系统的物理界限和功能接口。

规定系统及其分系统的性能参数及容许界限时，应如表 1 所示编制一个参数清单或图表，并应规定这些参数允许的上限及下限。

表 1 性能参数及容许界限示例

性 能 参 数	测 量 单 位	规定的要求及容许界限	故 障 判 据
I	II	III	IV

物理界限应包括最大尺寸、最大重量、安全规定、人为因素限制及材料性能极限等。

功能接口是指被考虑的系统只要包括或依赖于另一个系统时，各系统的相互关系在兼容性方面必须协调一致。例如：人—机关系，与控制中心、功率源、数据要求的关系。

故障判据是判断系统是否构成故障的界限值，一般应根据系统规定性能参数及容许界限、系统的物理限和功能接口来确定，并与订购方给定的故障判据相一致。例如，雷达完成任务的一个条件是其发射机功率必须大于或等于 200kW，因此导致发射机功率输出小于 200kW 的单一或组合的硬件或软件故障必定使雷达不能完成任务。表 1 中第Ⅳ栏规定了故障判据。

具体系统的故障判据还与系统的使用环境、任务要求等密切相关。例如某台发动机的润滑油消耗量偏大，对于短程飞机或者中程飞机来说，可能不算故障，但对于远程飞机来说，同样的润滑油消耗率就可能把润滑油耗光，并因此产生故障。

一般地，建立系统的基本可靠性模型时，其故障判据为：任何导致维修及故障需求的非人为事件，都是故障事件。对于多任务、多功能的系统建立任务可靠性模型时，必须先明确所分析的任务是什么。对于任务的完成来说，涉及到系统的哪些功能，其中哪些功能是必要的，哪些功能是不必要的，以此而形成系统的故障判据。影响系统完成全部必要功能的所有软、硬件故障都计为关联故障。

在某些情况下，虽然存在故障状态，但系统仍然可以完成规定的任务。这样的故障在计算任务可靠性时就不应作为关联故障计算。

5.4.3 建立系统可靠性框图

系统功能原理框图是建立系统可靠性框图（RBD）的基础。系统功能原理框图是在对系统各层次功能进行静态分组的基础上，描述系统的功能和各子功能之间的相互关系，以及系统的数据（信息）流程和系统内部的各接口。

可靠性框图是从可靠性角度出发研究系统与单元之间的故障逻辑图，这种图依靠方框和连线的布置绘制出系统的各个部分发生故障时对系统功能特性的影响。为了编制可靠性框图，必须全面了解系统任务的定义及使用的任务剖面。

a）框图的标题和任务

每个可靠性框图应该有一个标题，该标题包括系统的标志、任务说明或使用过程要求的有关部分。完成任务的规定应给予明确地说明在规定条件下计算出来的可靠性特征量对框图所示的系统及其性能的意义和作用。

b）限制条件

每个可靠性框图应该包括所有规定的限制条件。限制条件影响框图表达形式的选择、用于分析的可靠性参数或可靠性变量，以及拟定框图时所用的假设或简化形式。限制条件应在整个分析过程中遵守。

c）方框的顺序和标志

框图中的方框按一个逻辑顺序排列，该顺序表示系统操作过程中事件发生的次序。每个方框都应该加以标志。对只包含少数几个方框的框图可以在每个方框内填写全标志。对含有许多方框的框图将统一的编码标志填入每个方框。统一标志系统应能保证将可靠性框图中的方框追溯到可靠性文件中规定的相应硬件（或功能）而不致发生混淆。编码应以单独一张清单加以规定。

d）方框代表性和可靠性特征值

可靠性框图的绘制应该使系统中每一个单元或功能都得以表现。每一格方框应该只代表一个功能单元。所有方框应该按需要以串联、并联、表决、旁联、桥联或其他组合方式进行连接。

应给每个方框确定可靠性特征值。

e）未列入模型单元

系统中没有包括在可靠性模型里的硬件或功能单元必须以单独的一张清单加以规定，对没有列入可靠性模型的每项工作单元应该说明理由。

f）方框图中的假设

在绘制可靠性框图时，应采用技术假设和一般假设。

技术假设对每一个系统或每一种工作模式来说，可能是不同的；技术假设应按规定的条件加以确定。一般假设适用于所有可靠性框图。若本条下列一般假设已经得到引证，就不需要再列出对可靠性框图规定的一般假设。

可靠性框图采用的一般假设如下：

1) 在分析系统可靠性时必须考虑方框所代表的单元或功能的可靠性特征值。

2) 所有连接方框的线没有可靠性值,不代表与系统有关的导线和连接器。导线和连接器单独放入一个方框或作为另一个单元或功能的一部分。

3) 系统的所有输入在规范极限之内。

4) 用框图中一个方框表示的单元或功能故障就会造成整个系统的故障,有冗余或代替工作模式的除外。

5) 就故障概率来说,用一个方框表示的每一单元或功能的故障概率是相互独立的。

6) 当软件可靠性没有纳入系统可靠性模型时,应假设整个软件是完全可靠的。

7) 当人员可靠性没有纳入系统可靠性模型时,应假设人员完全可靠,而且人员与系统之间没有相互作用问题。

g) 可靠性框图示例

可靠性框图与系统功能原理图是不同的,例如图 3 是最简单的振荡电路,它由一个电感器 L 和一个电容器 C 并联连接。但根据振荡电路的工作原理,电感器 L 和电容器 C 中任意一个故障都会引起振荡电路故障,因此振荡电路的可靠性框图为串联连接,见图 4。

图 3 振荡电路功能原理图   图 4 振荡电路可靠性框图

图 5 为 3 个并联连接的电阻器组成系统的原理图,但随着功能要求的不同,对应的可靠性框图也不同。当电路功能要求 3 个电阻器全部完好电流值方满足要求,这时可靠性框图是 3 个电阻器串联连接,见图 6。当电路功能要求 3 个电阻器中至少两个完好才满足要求,得到图 7 那样 3 中取 2 的可靠性框图。显然,若电路功能要求至少一个电阻器完好即满足要求,可靠性框图和系统原理图一样。

图 5 系统功能原理图   图 6 系统可靠性框图   图 7 系统可靠性框图

5.4.4 确定系统可靠性数学模型

可靠性数学模型从数学上建立可靠性框图与时间、事件和故障率数据的关系。用数学表达式表示系统各单元与系统之间的可靠性函数关系,以此来求解系统的可靠性值。

建立可靠性数学模型应重点考虑以下 4 个方面的问题:

a) 系统各单元间的可靠性逻辑关系,即串联、并联等逻辑关系。

b) 系统各组成单元的同类性,即是否相同。

c) 系统各组成单元的可靠性特征量（如 λ 等）、分布类型。

d) 系统内若有转换器、表决器，要考虑它们对系统的影响。

建立系统的基本可靠性模型时，由于其可靠性框图是各单元的串联，因此，系统的可靠性数学模型是按照串联的逻辑关系，由各单元的可靠性参数计算系统的可靠性值。

建立系统的任务可靠性模型，就相对复杂了。建立任务可靠性数学模型常用的方法有普通概率法、布尔真值表法、蒙特卡罗模拟法、上下限法、最小路集法、最小割集法、可修系统可靠性模型和 GO 法。本指南提供普通概率法、布尔真值表法、蒙特卡罗模拟法和上下限法。这 4 种系统可靠性建模方法的建模原理、建模方法及注意事项见本指南第 6~第 9 部分。根据系统的不同特点，选择不同的系统可靠性建模方法。对这 4 种系统任务可靠性建模的原理、指标和适用条件等的对比见表 2。

表 2　系统任务可靠性建模方法的对比

建模方法	原　　理	指　标	适　用　条　件
普通概率法	应用普通概率关系式（包括全概率公式），准确解析各组成单元与系统可靠性参数之间的关系	任务可靠度等	任务可靠性模型不是非常复杂
布尔真值表法	应用布尔代数法，根据各单元的正常/故障组合得到系统正常/故障状态。由独立事件概率乘法定理，计算所有使系统正常的单元状态组合的概率，得到系统的任务可靠度	任务可靠度等	a) 任务可靠性模型不是非常复杂。 b) 对布尔代数熟悉。 c) 系统单元只有正常和故障两种状态
蒙特卡罗仿真法	根据各单元可靠性参数的概率或概率分布，用随机抽样方法，多次模拟仿真，确定系统的任务可靠度	任务可靠度等	已知系统中各单元可靠性参数的概率或概率分布，但任务可靠性模型过分复杂，难以推导出一个可以求解的公式
上下限法	挑选出那些对系统故障/正常贡献大的单元故障组合用于计算系统可靠度的上、下限值，由此粗略估计系统可靠度	任务可靠度上、下限值及几何平均	a) 能明确系统的任务可靠性框图。 b) 能明确各组成单元的可靠性数据

5.4.5　确定单元可靠性参数

当系统各个组成单元的可靠性参数不是完全已知时，应先确定单元的可靠性参数，才能利用本指南 5.4.4 条规定的可靠性数学模型对系统的可靠性进行预计。

确定单元可靠性参数的方法主要包括：相似产品法、专家评分法和试验评估法。本指南提供相似产品法和专家评分法两种确定单元可靠性参数的方法。这两种方法的原理、实施步骤以及注意事项参见本指南第 10 部分、第 11 部分。根据系统的不同状况，应选择不同的确定单元可靠性参数的方法。表 3 对相似系统法和专家评分法进行了对比。

表 3　确定单元可靠性参数方法的对比

预计方法	原　　理	前　提　条　件
相似产品法	将新设计的产品和已知可靠性的相似产品进行比较,从而简单地估计可能达到的可靠性水平,预计的精度取决于历史数据的质量及现有产品和新产品的相似程度	a) 具有相似产品,且差别易于评定,相似性存在于以下几方面: 1) 结构和性能。 2) 设计、制造。 3) 寿命剖面。 b) 相似产品具有可靠性数据,且该数据经过了评审。 c) 假设产品组件寿命服从指数分布
专家评分法	运用专家智慧,以系统中某单元的可靠性水平为基准,评价其他单元可靠性	a) 系统中必须有可靠性数据已知的单元。 b) 系统中各组件间可靠性水平的差异易于评定

5.4.6　计算系统可靠性值

如果系统各个组成单元的可靠性参数均已知,直接将相关参数代入本指南 5.4.4 条中确定的系统可靠性数学模型中,计算系统的可靠性值。

如果系统中不是所有单元的可靠性参数都已知,通过本指南 5.4.5 条确定单元的可靠性参数,然后代入本指南 5.4.4 条中确定的系统可靠性数学模型中,计算系统的可靠性值。

5.4.7　得出可靠性预计结论

根据不同的目的得到可靠性预计结论,一般包括:

a) 以方案对比为目的的可靠性预计要对比多个方案的可靠性预计值,选出可靠性最优的方案;以评价系统可靠性水平为目的的可靠性预计要判断预计值是否达到了系统成熟期的可靠性规定值。如果系统的组成单元有可靠性分配值,则应列出这些组成单元的可靠性预计结果,并与其可靠性分配值比较,以评价系统各组成单元是否达到了可靠性分配所确定的要求。

b) 进行薄弱环节分析,找到系统薄弱环节。

c) 提出改进产品可靠性的意见与建议。无论产品可靠性水平是否达到了产品成熟期的可靠性规定值,都应该进行此项工作。如有可能,应提供改进后可以达到的可靠性水平分析。例如,可以对不同的环境温度下的产品可靠性进行预计,作为开展热设计的依据之一。

5.4.8　反馈设计

将可靠性预计结论反馈到设计过程中,综合其他工作的结论,使得可靠性预计结果能反映到系统的设计中,最终达到提高系统可靠性的目的。

5.4.9　编写系统可靠性建模与预计报告

报告主要包含:系统定义、建立系统可靠性框图、确定系统可靠性数学模型、确定单元可靠性参数、计算系统可靠性值、预计结论及其分析等。其格式应符合 GJB/Z 23《可靠性和维修性工程报告编写的一般要求》的规定。

5.5 注意事项

a) 尽早建模和预计

应尽早进行可靠性建模和预计，以便当可靠性预计值未达到成熟期可靠性目标值时，能及早地在技术上和管理上予以注意，采取必要的措施。一般要求在方案阶段就开展可靠性预计。

b) 反复迭代进行

可靠性建模与预计应与功能、性能设计同步进行，在研制阶段中，可靠性建模与预计应反复迭代，使建模与预计结果与产品的技术状态保持一致。随着设计工作的进展，产品定义进一步确定，可靠性模型将逐步细化（见图 8），可靠性预计结果也将逐步接近实际。系统可靠性建模与预计是一个反复迭代、动态管理的过程。

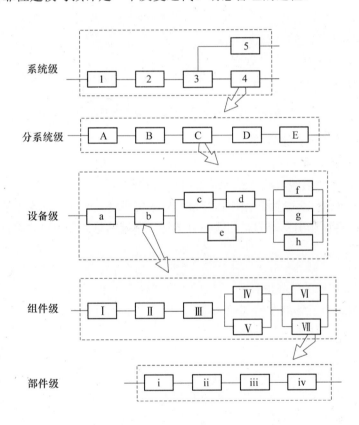

图 8   可靠性框图按级展开

c) 区分基本可靠性模型和任务可靠性模型

只有在系统既没有冗余又没有代替工作模式情况下，基本可靠性模型才能用来估计系统的任务可靠性。任务可靠性模型中所用系统单元的名称和标志应该与基本可靠性模型中用的一致。

d) 采用占空因数修正任务可靠性模型

采用占空因数修正可靠性模型时，通常采用如下两种方法。

1) 在单元不工作期间的故障率可以忽略不计的情况下，假设单元的故障时间服从指数分布，可用式（1）进行修正。

$$R(t) = \mathrm{e}^{-\lambda t d} \tag{1}$$

式中：$R(t)$——单元的可靠度；

    λ——单元的故障率，单位为10^{-6}/小时（10^{-6}/h）；

    t——系统的工作时间，单位为小时（h）；

    d——占空因数，$d = \dfrac{单元工作时间}{系统工作时间}$。

2) 在单元不工作期间的故障率与工作期间的不一样的情况下，假设单元的故障时间服从指数分布，可用式（2）进行修正。

$$R(t) = R_1(t) \times R_2(t) \tag{2}$$

式中：$R_1(t)$——工作时的可靠度；

    $R_2(t)$——不工作时的可靠度。

对恒定故障率单元有：

$$R(t) = \mathrm{e}^{-\lambda_1 t d} \times \mathrm{e}^{-\lambda_2 t(1-d)} = \mathrm{e}^{-[\lambda_1 t d + \lambda_2 t(1-d)]} \tag{3}$$

式中：λ_1——工作期间的故障率，单位为10^{-6}/小时（10^{-6}/h）；

    λ_2——不工作期间的故障率，单位为10^{-6}/小时（10^{-6}/h）。

e) 对于多任务的系统要确定任务可靠性综合模型

必须根据不同的任务剖面，预计其各自的任务可靠度，然后，将各任务剖面的任务可靠度进行综合，再预计出系统的总的任务可靠度。系统的总的任务可靠度计算方法如下：

$$R_\mathrm{S} = \sum_{i=1}^{m} R_i \times \alpha_i \tag{4}$$

式中：R_S——系统任务可靠度；

    α_i——第i个任务剖面的加权系数；

    R_i——第i个任务剖面的任务可靠度；

    m——任务剖面的数量。

加权系数α_i的计算方法是：$\alpha_i = n_i / n$

式中：n_i——第i个任务剖面在寿命期间的任务次数；

    n——寿命期间的任务总次数。

$$n_i = TC_i / t_i \qquad i = 1, 2, \cdots, m \tag{5}$$

式中：T——系统在寿命期间的总任务时间，单位为小时（h）；

    C_i——在寿命期间，第i个任务剖面的任务时间占系统总任务时间的比例；

    t_i——第i个任务剖面的任务时间，单位为小时（h）。

所以，

$$\alpha_i = n_i / n = n_i / \sum_{i=1}^{m} n_i = (TC_i / t_i) / \sum_{i=1}^{m} (TC_i / t_i) = (C_i / t_i) / \sum_{i=1}^{m} (C_i / t_i) \tag{6}$$

f) 推荐使用计算机辅助设计软件

采用计算机辅助设计软件进行系统可靠性建模与预计，尤其是针对大型、复杂系统，可提高精度、效率，节省人力。

g) 数据来源的准确性

注意尽可能选择能反映单元可靠性真实水平的数据。

h) 货架产品的可靠性数据由供应商提供

系统中如果含有货架产品，其可靠性数据由供应商提供，直接将供应商提供的可靠性数据引入，进行系统的可靠性预计。

i) 预计结果应大于规定值

可靠性预计结果应大于研制总要求或合同中规定值的 1.1 倍~1.2 倍。否则必须采取设计改进措施，直到满足为止。

j) 预计局限性

不要设想可靠性预计值会与用户测得的现场可靠性相等。一般地，预计值与实际值的误差在 1 倍~2 倍之内可认为是正常的。可靠性预计结果的相对比较值比绝对值更为重要，它可作为不同设计方案优选、调整的重要依据。

6 普通概率法

6.1 概述

普通概率法根据可靠性框图，用普通的概率关系式（包括全概率公式），来拟定可靠性数学模型。全概率公式见式（7）：

$$R_S = R_x P_S(若X好) + (1-R_x) P_S(若X坏) \tag{7}$$

式中：R_S ——任务可靠度；

P_S（若 X 好）——在 X 好的条件下的任务可靠度，X 是系统中某一单元；

P_S（若 X 坏）——在 X 坏的条件下的任务可靠度；

R_x——X 的可靠度。

普通概率法在已知系统各单元可靠性参数的前提下，给出系统明确的可靠性参数求解公式，可用于单功能或多功能系统的可靠性建模。

6.2 实施步骤

6.2.1 单功能系统
6.2.1.1 概述

单功能系统基本可靠性框图只能是串联结构；单功能系统任务可靠性框图有串联、并联、或者更复杂的结构形式。串—并联典型结构和更为复杂结构的可靠性数学模型都可用全概率公式导出。

6.2.1.2 串联系统

系统的所有组成单元中任一单元的故障都会导致整个系统故障的系统称为串联系统。串联模型是最常用和最简单的模型之一。其可靠性框图见图 9。

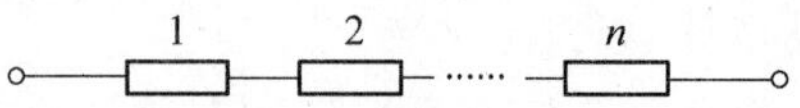

$$\circ\!-\!\boxed{1}\!-\!\boxed{2}\!-\!\cdots\cdots\!-\!\boxed{n}\!-\!\circ$$

图9　串联系统可靠性框图

若初始时刻 $t=0$ 时，所有单元都是正常的，同时工作且互相独立。则由 n 个单元组成的串联系统的基本可靠性和任务可靠性数学模型同为：

$$R_S(t) = \prod_{i=1}^{n} R_i(t) \tag{8}$$

式中：$R_S(t)$——系统的可靠度；

　　　　$R_i(t)$——单元的可靠度；

　　　　n——组成系统的单元数。

当单元的寿命服从参数为 λ_i 的指数分布，即 $R_i(t) = e^{-\lambda_i t}$，$i=1,2,\cdots,n$，系统的可靠度为：

$$R_S(t) = e^{-\sum_{i=1}^{n}\lambda_i t} \tag{9}$$

示例1：某容错计算机由 60 片集成电路芯片组成，每一片上有 25 个焊点，15 个金属化孔。这 60 片集成电路芯片分别装在两块板上，每块板平均有 80 个插件接头。设各单元服从指数分布：集成电路芯片的故障率为：$\lambda_1 = 1\times10^{-7}/h$，焊点的故障率为：$\lambda_2 = 1\times10^{-9}/h$，金属化孔的故障率为：$\lambda_3 = 5\times10^{-9}/h$，插件接头的故障率为：$\lambda_4 = 2\times10^{-8}/h$，求系统工作 2h 的可靠度 $R_S(t)$。

解：易见，该容错计算机系统中各单元是串联组成的，利用串联系统可靠性模型可以得到：

$$\lambda_S = 60\times10^{-7} + 60\times25\times10^{-9} + 60\times15\times5\times10^{-9} + 2\times80\times2\times10^{-8} = 1.52\times10^{-5}\,(1h)$$

系统的可靠度为：

$$R_S(t=2) = e^{-\lambda_s t} = e^{-1.52\times10^{-5}\times2} = 0.9999696$$

6.2.1.3　并联系统

组成系统的所有单元都发生故障时，系统才发生故障的系统称为并联系统。并联系统是最简单的有储备模型。并联系统的可靠性框图见图10。

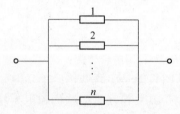

图 10　并联系统可靠性框图

设第 i 个单元的寿命为 x_i，可靠度为 $R_i = P\{x_i > t\}$，$i=1,2,\cdots,n$。假定 $x_1, x_2, \cdots, x_n$ 随机变量相互独立，其数学模型为

$$R_S(t) = 1 - \prod_{i=1}^{n}[1 - R_i(t)] \tag{10}$$

式中：$R_S(t)$——系统的可靠度；

$R_i(t)$——单元的可靠度；

n——组成系统的单元数。

当单元的寿命服从参数为 λ_i 的指数分布，即 $R_i(t) = e^{-\lambda_i t}, i = 1, 2, \cdots, n$，系统的可靠度为：

$$R_S(t) = \sum_{i=1}^{n} e^{-\lambda_i t} - \sum_{1 \leq i < j \leq n} e^{-(\lambda_i + \lambda_j)t} + \sum_{1 \leq i < j < k \leq n} e^{-(\lambda_i + \lambda_j + \lambda_k)t} + \cdots + (-1)^{n-1} e^{-\left(\sum_{i=1}^{n} \lambda_i\right)t} \tag{11}$$

特别的，对于最常用的两单元并联系统，有

$$R_S(t) = e^{-\lambda_1 t} + e^{-\lambda_2 t} - e^{-(\lambda_1 + \lambda_2)t} \tag{12}$$

示例 2：某飞控系统由三通道并联组成，设单通道故障服从故障率为 $\lambda = 1 \times 10^{-3} / h$ 的指数分布，求系统工作 1 小时的可靠度。

解：对于单通道而言，由于服从指数分布且 $\lambda = 1 \times 10^{-3} / h$，则：

$$R_{单}(t=1) = e^{-\lambda t} = e^{-0.001 \times 1} = 0.999$$

对于三通道并联系统，其可靠性特征量为：

$$R_S(t=1) = 1 - \prod_{i=1}^{3}[1 - R_i(t)] = 1 - (1 - e^{-\lambda t})^3 = 3e^{-\lambda t} - 3e^{-2\lambda t} + e^{-3\lambda t} = 0.999999998$$

由此可见，采用了三通道并联系统可以大大提高系统任务时间内的可靠度。

6.2.1.4 表决系统

n 个单元及一个表决器组成的表决系统，当表决器正常时，正常的单元数不小于 k（$1 \leq k \leq n$），系统就不会故障，这样的系统称为 k/n（G）表决系统。其中 G 表示系统完好。例如电力系统、多个发动机的飞机、由多根钢索拧成的钢缆等都可以称为 k/n（G）系统。k/n（G）系统的可靠性框图见图 11。

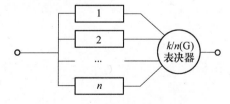

图 11 k/n(G)可靠性框图

其数学模型为：

$$R_S(t) = R_v(t) \sum_{i=k}^{n} C_n^i R(t)^i (1 - R(t))^{n-i} \tag{13}$$

式中：$R_S(t)$——系统的可靠度；

$R(t)$——单元（各单元相同）的可靠度；

$R_v(t)$——表决器的可靠度。

当表决器的可靠度 $R_v(t)=1$ 且各单元的寿命服从参数为 λ 的指数分布，即 $R_i(t)=\mathrm{e}^{-\lambda t}, i=1,2,\cdots,n$，则 $k/n(\mathrm{G})$ 表决系统的可靠度表达式为：

$$R_S(t)=\sum_{i=k}^{n}C_n^i\mathrm{e}^{-i\lambda t}(1-\mathrm{e}^{-\lambda t})^{n-i} \tag{14}$$

当表决器的可靠度 $R_v(t)=1$ 且 $k=1$ 时，$1/n(\mathrm{G})$ 即为：并联系统 $R_S=1-(1-R)^n$；

当表决器的可靠度 $R_v(t)=1$ 且 $k=n$ 时，$n/n(\mathrm{G})$ 即为：串联系统 $R_S=R^n$。

特别的，当 k 为奇数（令其为 $2k+1$），且系统的正常单元数大于等于 $k+1$ 时系统才正常，这样的系统称为多数表决系统。多数表决系统是 $k/n（\mathrm{G}）$ 的一种特例。多数表决系统的可靠度函数表达式为：

$$R_S(t)=\left[\sum_{i=0}^{k}C_{2k+1}^i\mathrm{e}^{-\lambda t(2k+1-i)}(1-\mathrm{e}^{-\lambda t})^i\right]\mathrm{e}^{-\lambda_v t} \tag{15}$$

式中：λ——系统单元故障率，单位为 10^{-6}/小时（10^{-6}/h）；

λ_v——多数表决器故障率，单位为 10^{-6}/小时（10^{-6}/h）。

3 中取 2 系统是常用的多表决系统，可靠性框图见图 12。

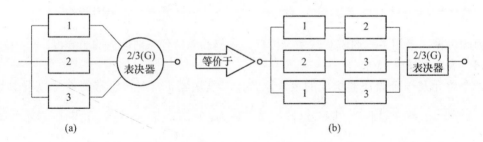

(a)　　　　　　　　　　　　　　　　　(b)

图 12　2/3(G)系统可靠性框图

当表决器的可靠度为 1，组成单元的故障率均为常值 λ 时，其数学模型为：

$$R_S(t)=3\mathrm{e}^{-2\lambda t}-2\mathrm{e}^{-3\lambda t} \tag{16}$$

表决系统在工程实践中应用广泛，特别是在电子线路和计算机线路中比较容易实现表决逻辑，因而用得很多。

示例 3：某型有 3 台发动机的喷气飞机，该喷气飞机至少需要有两台发动机正常工作才能安全飞行。假定这种飞机的事故仅由发动机引起，并设飞机起飞、降落和飞行期间的故障率均为同一常数 $\lambda=1\times10^{-3}$ / h，试计算飞机工作 1h 的可靠度。

解：该系统为典型的 2/3(G) 系统，根据式（13）可以得到其可靠度：

$$R_S = \sum_{k=2}^{3} C_3^k R^k (1-R)^{3-k} = 3R^2 - 2R^3$$

工作 1h 的可靠度为：

$$R_S(t=1) = 3e^{-2\lambda t} - 2e^{-3\lambda t} = 0.999997$$

根据以上结果可见，采用 2 / 3(G) 表决系统可以提高系统任务可靠度。

6.2.1.5 冗余（储备）系统

6.2.1.5.1 概述

一个单元处于工作状态，同时有 $n-1$ 单元处于储备状态，用转换开关检测工作单元的故障，并能在工作单元发生故障的瞬间，自动转向备用单元的系统称为冗余（储备）系统。

储备系统包括冷储备系统和热储备系统，图 13 为储备系统的可靠性框图。

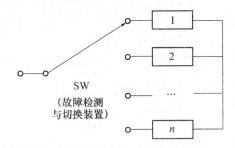

图 13 储备系统可靠性框图

6.2.1.5.2 冷储备系统

所谓冷储备系统指储备期间储备单元不通电、不运行，所以储备单元不劣化，储备期长短对以后的工作寿命没有影响。但是，储备系统中储备单元替换故障单元的检测转换装置 SW 对整个系统能否可靠正常地工作影响很大，因此根据检测转换装置的可靠性，冷储备系统可以分为以下两种情况，假设转换是瞬时完成的。

a) 检测转换装置完全可靠的冷储备系统

当单元的寿命服从参数为 λ_i 的指数分布，即 $R_i(t) = e^{-\lambda_i t}, i=1,2,\cdots,n$，且 $\lambda_1, \lambda_2, \cdots, \lambda_n$ 不相等，冷储备系统的可靠度为：

$$R_S(t) = \sum_{i=1}^{n} \left[\prod_{\substack{k=1 \\ k \neq i}}^{n} \frac{\lambda_k}{\lambda_k - \lambda_i} \right] e^{-\lambda_i t} \tag{17}$$

当系统的各单元故障率相同时，即 $\lambda_i = \lambda, \ i=1,2,\cdots,n$，则冷储备系统的可靠度为：

$$R_S(t) = \sum_{i=0}^{n-1} \frac{(\lambda t)^i}{i!} e^{-\lambda t} \tag{18}$$

当 $n=2$，$\lambda_1 = \lambda_2 = \lambda$，代入公式（18）得：

$$R_S(t) = e^{-\lambda t} + \lambda t e^{-\lambda t} \tag{19}$$

特别的，对于常用的两个不同单元组成的冷储备系统（$n=2, \lambda_1 \neq \lambda_2$），系统可靠度为：

$$R_{\mathrm{S}}(t) = \frac{\lambda_2}{\lambda_2 - \lambda_1} \mathrm{e}^{-\lambda_1 t} + \frac{\lambda_1}{\lambda_1 - \lambda_2} \mathrm{e}^{-\lambda_2 t} \tag{20}$$

b) 检测转换装置不完全可靠的冷储备系统

由图 13 可以看出，储备系统的检测转换装置对整个系统的可靠度影响是至关重要的。假设冷储备系统由 n 个单元和一个检测转换装置组成，n 个单元相互独立。初始时刻一个单元开始工作，其余 $n-1$ 个单元作储备。当工作单元故障时，检测转换装置立即从刚故障的单元转换到下一个储备单元，这里检测转换装置不完全可靠，检测转换装置正常的概率为 R_{sw}。

当单元的寿命服从参数为 λ 的指数分布，即 $R_i(t) = \mathrm{e}^{-\lambda t}, i = 1, 2, \cdots, n$，系统的可靠度为：

$$R_{\mathrm{S}}(t) = \sum_{i=0}^{n-1} \frac{(\lambda R_{\mathrm{sw}} t)^i}{i!} \mathrm{e}^{-\lambda t} \tag{21}$$

当每个单元的故障率两两不相同时，可类似地求出可靠度，但表达式比较复杂，下面仅给出两个单元的结果：

$$R_{\mathrm{S}}(t) = \mathrm{e}^{-\lambda_1 t} + \frac{R_{\mathrm{sw}} \lambda_1}{\lambda_1 - \lambda_2} \left(\mathrm{e}^{-\lambda_2 t} - \mathrm{e}^{-\lambda_1 t} \right) \tag{22}$$

当 $R_{\mathrm{sw}} = 1$，即检测转换装置完全可靠时，这里所有的结果同检测转换装置完全可靠的冷储备系统可靠性模型。

6.2.1.5.3　热储备系统

热储备系统比冷储备系统复杂的多，因为储备单元在储备期间可能通电和运转，因此有可能发生故障，其储备寿命与工作寿命分布一般不相同。

假设系统由 n 个相同的单元组成，单元的工作寿命和储备寿命分别服从参数为 λ 和 μ 的指数分布。在初始时刻，一个单元工作，其余的单元作热储备，这期间所有的单元均可能故障。但工作单元故障时，由尚未故障的储备单元去替换，直到所有的单元都故障，则系统故障。

a) 检测转换装置完全可靠的热储备系统

假设热储备系统 n 个单元的寿命均相互独立，单元的工作寿命与其曾经储备了多长时间无关，所有单元的工作寿命和储备寿命分别服从参数为 λ 和 μ 的指数分布，可以得到系统的可靠度为：

$$R_{\mathrm{S}}(t) = \sum_{i=0}^{n-1} \left[\prod_{\substack{k=0 \\ k \neq i}}^{n-1} \frac{\lambda + k\mu}{(k-i)\mu} \right] \mathrm{e}^{-(\lambda + i\mu)t} \tag{23}$$

当 $\mu = 0$ 时，为冷储备系统；当 $\mu = \lambda$ 时，此系统归结为并联系统。

当单元寿命分布的参数不同时，热储备系统可靠度的表达式相当繁琐。这里，仅讨论两个单元的情况。在初始时刻，单元 1 工作，单元 2 热储备。单元 1 的工作寿命、单元 2 工作寿命、单元 2 的储备寿命分别服从参数为 λ_1、λ_2、μ 的指数分布。此时系统的可靠度是：

$$R_S(t) = e^{-\lambda_1 t} + \frac{\lambda_1}{\lambda_1 - \lambda_2 + \mu}\left[e^{-\lambda_2 t} - e^{-(\lambda_1 + \mu)t}\right] \tag{24}$$

b) 检测转换装置不完全可靠的热储备系统

假定检测转换装置不完全可靠，转换开关正常的概率为 R_{SW}。为了简单起见，这里仅考虑两个不同型单元的情形。在初始时刻单元 1 工作，单元 2 热储备。单元 1 的工作寿命、单元 2 的工作寿命、单元 2 的储备寿命分别服从参数为：λ_1、λ_2、μ 的指数分布。此时系统的可靠度是：

$$R_S(t) = e^{-\lambda_1 t} + R_{SW}\frac{\lambda_1}{\lambda_1 - \lambda_2 + \mu}\left[e^{-\lambda_2 t} - e^{-(\lambda_1 + \mu)t}\right] \tag{25}$$

示例 4：一个系统由两个单元组成，设其寿命均服从指数分布：$R_1(t) = e^{-\lambda_1 t}$，$R_2(t) = e^{-\lambda_2 t}$，$\lambda_1 = \lambda_2 = 0.01/\text{h}$，$\mu = 0.01/\text{h}$，求 $t = 10\,\text{h}$ 这两单元组成串联、并联、冷储备和热储备（检测转换装置完全可靠）4 种情况下系统的可靠度。

解：串联系统：

$$R_S = R_1 R_2 = e^{-(\lambda_1 + \lambda_2)t} = e^{-(0.01+0.01)\times 10} = 0.81873075$$

并联系统：

$$R_S = 1 - (1 - R_1)(1 - R_2) = 1 - (1 - e^{-\lambda_1 t})(1 - e^{-\lambda_2 t}) = 1 - (1 - e^{-0.01\times 10})^2 = 0.990944088$$

冷储备系统：

$$R_S = e^{-\lambda t}(1 + \lambda t) = e^{-0.01\times 10}(1 + 0.01\times 10) = 0.99532116$$

热储备系统：

$$R_S = e^{-\lambda_1 t} + \frac{\lambda_1}{\lambda_1 + \mu - \lambda_2}\left[e^{-\lambda_2 t} - e^{-(\lambda_1 + \mu)t}\right] = e^{-0.01\times 10} + e^{-0.01\times 10} - e^{-0.02\times 10} = 0.990944083$$

由以上计算可以看出冷储备系统的可靠度最高，其次是热储备系统、并联系统和串联系统。因此在设计高可靠性系统时，要权衡各种典型结构设计对系统可靠度的贡献，采用优化的系统结构以达到系统的可靠性指标。

6.2.1.6 桥联系统

系统某些功能冗余形式或替代工作方式的实现，采用的不是并联、表决或储备模型，而是一种桥联的形式。因此，在可靠性模型的逻辑描述中出现了类似电路中桥式结构般的逻辑关系。桥联模型可靠性框图中的单元带有流向（通过连线方向体现），反映了系统功能间的流程关系。

应用全概率公式 $R_S = R_x P_S(若 X 好) + (1 - R_x)\,P_S(若 X 坏)$，$P_S(若 X 好)$ 表示单元 X 正常条件下系统正常工作的概率，相当于在去掉 X 单元但 X 的两端节点保持沟通条件下系统正常时的概率；$P_S(若 X 坏)$ 表示单元 X 故障条件下系统正常工作的概率，相当于在去掉 X 单元从而 X 两端节点之间不沟通条件下系统正常的概率。

值得注意的是，如何选择分解单元 X，对于桥联系统可靠性框图尤为重要。这是因为有些有向单元去掉之后，在单元两端的节点保持沟通条件下，该单元的方向性丢失了，从而在构成的新可靠性框图时产生了新的多余路径。因此，选择分解单元的原则是：

a) 任一无向单元都可作为分解单元。

b) 任一有向单元，只要其两端节点中有一端只有流入或流出的单元，可作为分解单元。

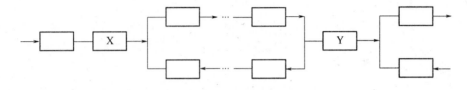

图 14 分解单元的选取

在图 14 中，中间单元 X 可以作为分解单元，中间单元 Y 不能作为分解单元。

其数学模型的建立较复杂，很难建立通用的表达式，现举例说明。

示例5：某系统由 A、B、C、D、E 等 5 个部分组成，在供电正常的情况下，设备 B 和 D 中任何一个正常工作即可完成任务。当开关 E 打开时，发电机 A 向设备 B 供电，发电机 C 向设备 D 供电。如果发电机 A 故障，则隔离发电机 A 关闭单向开关 E，由发电机 C 向设备 B 和 D 供电。如果发电机 C 故障，开关 E 不起作用，设备 D 不能工作；系统的功能框图和可靠性框图见图 15。

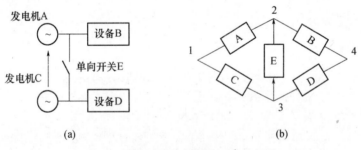

图 15 系统的功能框图和可靠性框图

(a)功能框图；(b)可靠性框图。

系统的可靠度为：

$$R_S(t) = R_C(t)P_S(\text{C工作时系统完成任务}) + [1-R_C(t)]P_S(\text{C故障时系统完成任务})$$

$$= R_C(t)(R_A(t)R_B(t) + R_B(t)R_E(t) + R_D(t) - R_A(t)R_B(t)R_E(t) - R_A(t)R_B(t)R_D(t)$$

$$- R_B(t)R_D(t)R_E(t) + R_A(t)R_B(t)R_D(t)R_E(t)) + (1-R_C(t))R_A(t)R_B(t)$$

$$= R_A(t)R_B(t) + R_C(t)R_D(t) + R_B(t)R_C(t)R_E(t) - R_A(t)R_B(t)R_C(t)R_D(t)$$

$$- R_A(t)R_B(t)R_C(t)R_E(t) - R_B(t)R_C(t)R_D(t)R_E(t) + R_A(t)R_B(t)R_C(t)R_D(t)R_E(t)$$

6.2.1.7 复杂网络系统

复杂系统的任务可靠性框图往往不是简单的串联、并联和桥联模型，而是串联、并联和桥联的组合模型，这种模型称作复杂网络模型。

示例 6：系统完成任务必须是当单元 A 及单元 C_1 或 C_2 工作，或单元 B_1 及 C_1 工作，或单元 B_2 及 C_2 工作，字母相同的表示同型单元，即 $B_1=B_2$，$C_1=C_2$，系统的可靠性框图见图 16。

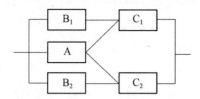

图 16　复杂网络系统可靠性框图

系统任务可靠度为：

$$R_S = R_A P_S(\text{A工作时系统完成任务}) + (1-R_A)P_S(\text{A故障时系统完成任务})$$

$$= R_A[2R_C - R^2 c] + (1-R_A)[2R_B R_C - (R_B R_C)^2]$$

任何复杂的任务可靠性框图都可采用与此相同的程序，反复应用全概率公式来化简和求解。如果网络中含有重复单元，即同一设备在框图中不止出现一次时，应将公式展开，并将布尔公式化简，例如 $R^2_A = R_A$，这里假设 A 是重复单元。

示例 7：用普通概率法建立如图 17 所示的可靠性框图的可靠性数学模型。

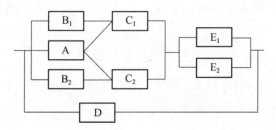

图 17　复杂网络系统可靠性框图

利用示例 6 的结果将上面模型简化后的，得到图 18 所示的数学模型。

$$\boxed{R_A(2R_C - R_C^2) + (1-R_A)[2R_B R_C - (R_B R_C)^2]} \quad \boxed{2R_E - R_E^2}$$

$$\boxed{R_D}$$

图 18　简化后的网络可靠性框图

进而得到系统的可靠度为：

$$R_S = \{R_A(2R_C - R_C^2) + (1-R_A)[2R_B R_C - (R_B R_C)^2](2R_E - R_E^2)\}$$

$$+ R_D - R_D\{R_A(2R_C - R_C^2) + (1-R_A)[2R_B R_C - (R_B R_C)^2]\}(2R_E - R_E^2)$$

示例 8：建立图 19 所示的可靠性框图的可靠性数学模型。

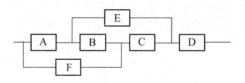

图 19　系统任务可靠性框图

系统任务可靠度为：

$$R_S = R_B P_S(\text{B工作时系统完成任务}) + (1 - R_B) P_S(\text{B故障时系统完成任务})$$

B 工作时任务可靠性框图简化为图 20，B 不工作时任务可靠性框图简化为图 21。

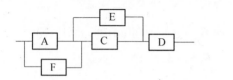　　　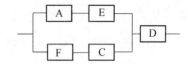

图 20　B 工作时系统任务可靠性框图　　　图 21　B 不工作时系统任务可靠性框图

B 工作时任务可靠性框图仍然没有化简为简单模型，因此，需要重复简化。

$$R_S = P(\text{B工作时系统完成任务})R_B + R_D(R_A R_E + R_F R_C - R_A R_E R_F R_C)(1 - R_B)$$

$$P(\text{B工作时系统完成任务}) = P(\text{B和C工作时系统完成任务})R_C +$$
$$P(\text{B工作C不工作时系统完成任务})(1 - R_C)$$

$$P(\text{B和C工作时系统完成任务}) = (R_A + R_F - R_A R_F)R_D$$

$$P(\text{B工作C不工作时系统完成任务}) = R_A R_D R_E$$

因此，得到系统任务可靠性数学模型为：

$$R_S = [(R_A + R_F - R_A R_F)R_D R_C + R_A R_D R_E(1 - R_C)]R_B +$$
$$R_D(R_A R_E + R_F R_C - R_A R_E R_F R_C)(1 - R_B)$$

6.2.2　多功能系统

多功能系统中如果每个功能在时间上是独立的，即它们或是按时间顺序执行，或是从来不同时使用，那么就按上述单功能系统分别处理每一功能。

当一个系统有数个功能时，不能先单独处理每一个功能，再按照串联系统建模方法，由每个功能的可靠度求解系统的多功能可靠性模型。举例说明如下：

示例 9：设一个系统具有两个功能。为完成任务，两个功能都需要。第一个功能需设备 A 或 B 工作，第二个功能需要 B 或 C 工作。

系统的任务可靠性框图见图 22。

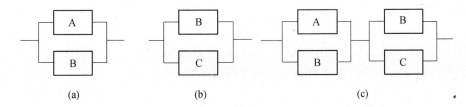

图 22 系统任务可靠性框图

(a) 功能 1 可靠性框图；(b) 功能 2 可靠性框图；(c) 系统多功能可靠性框图。

应用全概率公式，则得系统任务可靠度为：

$$R_S = (1 - R_B)R_A R_C + R_B = R_B + R_A R_C - R_A R_B R_C$$

设：P_A=0.9，P_B=0.8，P_C=0.7

系统任务可靠度为 R_S=0.926

完成功能可靠度是：

$$功能\ 1 = 0.9 + 0.8 - 0.9 \times 0.8 = 0.98$$

$$功能\ 2 = 0.8 + 0.7 - 0.8 \times 0.7 = 0.94$$

可见，任务可靠度 $\neq 0.98 \times 0.94 = 0.9212$

6.3 注意事项

应用普通概率法建立系统可靠性数学模型时，应该注意以下几点：

a) 对于复杂的单功能系统，应尽可能的将系统分解成典型的单功能系统，如串联系统、并联系统、表决系统、冗余系统，分别求解后，再组合求解整个系统的可靠性数学模型。

b) 对于桥联系统和复杂网络系统，应用全概率公式求解时，如何选择分解单元，是一个非常重要的问题。

c) 对于多功能系统，不能单独处理一个功能，系统的可靠度不是简单的将单个功能的可靠度相乘，而应依据全概率公式求解。

7 布尔真值表法

7.1 概述

布尔真值表法是利用布尔代数法，根据系统可靠性框图建立可靠性数学模型。这种方法比普通概率法繁琐，但在熟悉布尔代数的情况下，这种方法还是有用的。

用布尔代数法，只考虑系统及其单元的故障和成功两种状态。设系统共有 n 台设备，则共有 2^n 种设备状态组合，他们或者对应着系统成功状态，或者对应着系统故障状态，可用真值表形式列出。对应于系统完成任务的每个项，根据独立事件概率乘法定理，将项中与每台设备状态相应的概率相乘，即得出这个完成任务项的 R_{Si} 值。再考虑到 2^n 种设备状态组合是两两互斥的，根据互斥事件概率加法定理，将系统所有的完成任务项的 R_{Si} 相加，就得到整个系统的任务可靠度 R_S。

布尔真值表法在已知系统各单元可靠性参数的前提下，能给出系统明确的可靠性参数求解公式，适用于单功能及多功能系统的系统可靠性建模。

7.2 实施步骤

7.2.1 单功能系统

对于单功能系统，用示例 10 说明布尔真值表法的程序。

示例 10：用布尔真值法求解示例 6 的系统可靠度。

假设：

$$R_A = 0.7 \qquad\qquad 1 - R_A = 0.3$$

$$R_{B_1} = R_{B_2} = 0.9 \quad \text{因此，} \quad 1 - R_B = 0.1$$

$$R_{C_1} = R_{C_2} = 0.8 \qquad\qquad 1 - R_C = 0.2$$

布尔真值表法把所有的设备都列入真值表中，见表 4。真值表有 2^n 条记录，其中 n 表示设备的台数。表格的每一列都有 1 或 0 的记录，表示相应设备的成功或故障的状态。所有设备的成功和故障的全部可能的组合都列在真值表中。检查真值表的每一行，判断设备状态的组合会导致系统成功（S）或故障（F）。在表格的下一列相应的写入 1 或 0。对使系统成功的记录，将每种设备状态的概率相乘计算得到系统这种状态的可靠度。最后将计算的可靠度相加就得到系统的任务可靠度。

以第 4 条记录为例，

$$R_{Si} = (1 - R_{B_1})(1 - R_{B_2})(1 - R_{C_1})R_{C_2}R_A = 0.1 \times 0.1 \times 0.2 \times 0.8 \times 0.7 = 0.00112$$

系统的任务可靠度 $R_S = \sum R_{Si} = 0.13572$

表 4 系统布尔真值表（S 代表系统状态）

序号	B_1	B_2	C_1	C_2	A	S	R_{Si}
1	0	0	0	0	0	0	
2	0	0	0	0	1	0	
3	0	0	0	1	0	0	
4	0	0	0	1	1	1	0.00112
5	0	0	1	0	0	0	
6	0	0	1	0	1	1	0.00112
7	0	0	1	1	0	0	
8	0	0	1	1	1	1	0.00448
9	0	1	0	0	0	0	
10	0	1	0	0	1	0	
11	0	1	0	1	0	1	0.00432
12	0	1	0	1	1	1	0.01008
13	0	1	1	0	0	0	
14	0	1	1	0	1	1	0.01008
15	0	1	1	1	0	1	0.01728
16	0	1	1	1	1	1	0.04032

（续）

序 号	B_1	B_2	C_1	C_2	A	S	R_{Si}
17	1	0	0	0	0	0	
18	1	0	0	0	1	0	
19	1	0	0	1	0	0	
20	1	0	0	1	1	1	0.01008
21	1	0	1	0	0	1	0.00432
22	1	0	1	0	1	1	0.01008
23	1	0	1	1	0	1	0.01728
24	1	0	1	1	1	1	0.04032
25	1	1	0	0	0	0	
26	1	1	0	0	1	0	
27	1	1	0	1	0	1	0.03888
28	1	1	0	1	1	1	0.09072
29	1	1	1	0	0	1	0.03888
30	1	1	1	0	1	1	0.09072
31	1	1	1	1	0	1	0.15552
32	1	1	1	1	1	1	0.36288
$\sum R_{Si}$							0.94848

此外，从布尔真值表中，还可以写出任务可靠度表达式。在该例中，

$$P_S = \overline{B}_1\overline{B}_2\overline{C}_1C_2A + \overline{B}_1\overline{B}_2C_1\overline{C}_2A + \overline{B}_1\overline{B}_2C_1C_2A + \overline{B}_1B_2\overline{C}_1C_2\overline{A} + \overline{B}_1B_2\overline{C}_1C_2A +$$
$$\overline{B}_1B_2C_1\overline{C}_2A + \overline{B}_1B_2C_1C_2\overline{A} + \overline{B}_1B_2C_1C_2A + B_1\overline{B}_2\overline{C}_1C_2A + B_1\overline{B}_2C_1\overline{C}_2A +$$
$$B_1\overline{B}_2C_1\overline{C}_2A + B_1\overline{B}_2C_1C_2\overline{A} + B_1\overline{B}_2C_1C_2A + B_1B_2\overline{C}_1C_2A + B_1B_2C_1\overline{C}_2A +$$
$$B_1B_2C_1\overline{C}_2\overline{A} + B_1B_2C_1\overline{C}_2A + B_1B_2C_1C_2\overline{A} + B_1B_2C_1C_2A$$

其中，P_S 表示系统的任务可靠度，字母表示组件的可靠度，字母上的黑线表示组件的补余或不可靠度。

运用概率知识，简化表 4 中的 19 条布尔成功记录。以第一条记录 $\overline{B}_1\overline{B}_2\overline{C}_1C_2A$ 和第三条记录 $\overline{B}_1\overline{B}_2C_1C_2A$ 为例，对比后发现它们仅在字母 C_1 上不同，因此可以合并为 $\overline{B}_1\overline{B}_2C_2A$，反复迭代应用此种方法，就可以进一步简化。但是，一条记录一旦进行了对比合并，就不能够参与下一步的对比合并，以此保证余下记录是互斥的。不需要考虑记录对比的顺序。简化过程见图 23。

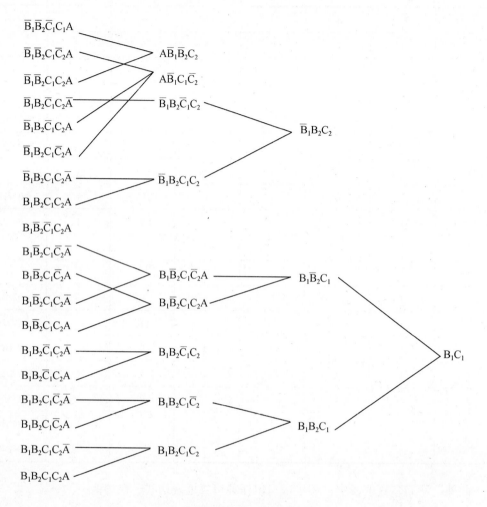

图 23　简化后的布尔真值表结果

简化后得到系统的任务可靠度为:

$$P_S = B_1C_1 + \overline{B}_1B_2C_2 + A\overline{B}_1\overline{B}_2C_2 + A\overline{B}_1C_1\overline{C}_2 + B_1B_2\overline{C}_1C_2 + B_1\overline{B}_2\overline{C}_1C_2A = 0.94848$$

结果与表 4 的结果相同。

7.2.2　多功能系统

多功能系统中如果每个功能在时间上是独立的,即它们或是按时间顺序执行,或是从来不同时使用,那么就按上述单功能系统分别处理每一功能。

当一个系统有数个功能时,不能先单独处理每一个功能,再按照串联系统建模方法,由每个功能的可靠度求解系统的多功能可靠性模型。以示例 11 说明如下。

示例 11:用布尔真值表法求示例 9 中的任务可靠度。

解:系统的布尔真值表见表 5。

表 5　系统布尔真值表

序　号	A	B	C	S	R_{Si}
1	0	0	0	0	
2	0	0	1	0	
3	0	1	0	1	0.024
4	0	1	1	1	0.056
5	1	0	0	0	
6	1	0	1	1	0.126
7	1	1	0	1	0.216
8	1	1	1	1	0.504
$\sum R_{Si}$					0.926

系统的任务可靠度为 $R_S = \sum R_{Si} = 0.926$。

结果与用普通概率法计算结果相同。

7.3　注意事项

应用布尔真值表法求解系统可靠性数学模型时，应该注意以下几点：

a) 布尔真值表法需要将系统所有单元的成功和故障的全部可能组合都列在真值表中，从而以此判断系统的成功和故障状态。

b) 应用布尔代数知识，对真值表中的布尔成功记录进行迭代合并，可以简化求解过程。

c) 对于多功能系统，不能单独处理一个功能，而应按照布尔真值表的方法求解。

8　蒙特卡罗仿真法

8.1　概述

蒙特卡罗仿真法根据可靠性框图，利用随机抽样方法进行可靠性建模和预计。蒙特卡罗仿真法可以手工操作，但通常通过计算机实现，因为该方法要做很多重复的试验和计算来获得较为准确的结果。

蒙特卡罗仿真法用于在当已知系统中各单元可靠性参数的概率或概率分布，但任务可靠性模型过分复杂，难以推导出一个解析公式，以确定由这些单元组成的系统可靠性参数的概率或概率分布。这种方法不是产生一个完成任务的通用公式，而是根据系统各单元的概率和可靠性框图，计算系统完成任务的概率。蒙特卡罗仿真法适用于单功能系统和多功能系统的可靠性建模和预计。

8.2　实施步骤

8.2.1　单功能系统

蒙特卡罗仿真是根据单个的变量的分布，确定由这些变量构成的函数的分布。假设系统成功的概率分布函数是 $P(x_1,\cdots,x_n)$，$x_1,\cdots,x_n$ 是独立随机变量并且分布已知。那么蒙特卡罗仿真法的步骤是从 $x_i (i=1,\cdots,n)$ 分布中随机的获得一组值，计算 P 值并存储，多次重复这个过程直至得到足够多的 P 值。从 P 值的这个样本中，可以预计 P 的分布和参数。

蒙特卡罗仿真法以概率原理和概率转换技术为基础。其中一个重要的原理是大数定理，说明样本量越大，样本的平均值就越接近总体的平均值。

对于单功能系统，用示例 12 说明蒙特卡罗仿真法的程序。

示例 12：用蒙特卡罗法求解示例 6 的可靠性数学模型。

假设：

$$R_A = 0.7 \qquad\qquad 1 - R_A = 0.3$$
$$R_{B_1} = R_{B_2} = 0.9 \qquad 因此，\ 1 - R_B = 0.1$$
$$R_{C_1} = R_{C_2} = 0.8 \qquad\qquad 1 - R_C = 0.2$$

从随机数表中选择或者由计算机生成一个 0.01 到 1.00 之间的随机数，将这个随机数与 R_A 对比，如果这个数小于或等于 0.3，那么设备 A 是成功的，把确定的成功（S）或失败（F）状态填入表中。对 B_1、B_2、C_1 和 C_2 重复上述过程。从设备的故障和成功状态确定系统故障和成功状态。R_S 是试验中系统成功的比率。

表 6 表示蒙特卡罗仿真法 10 次试验的结果。该结果中，10 次试验中只有 1 次试验系统的状态是成功（试验 8），因此系统的任务可靠度是 $R_S = 0.90$。依靠产生的随机数，每次仿真产生的正常/故障队列是不同的，10 次试验中系统成功的次数也不同。但是随着试验次数的增加，系统成功的比率越接近真实值 0.94848。蒙特卡罗仿真法的准确度取决于试验的次数。通常说来，至少要做 100 次试验。

表6　任务可靠性框图的正常/故障队列

试验号	A	B_1	B_2	C_1	C_2	系 统
1	S	S	S	S	F	S
2	F	F	S	S	S	S
3	S	F	F	S	F	S
4	F	S	F	S	S	S
5	F	S	F	F	F	F
6	F	F	S	F	S	S
7	S	F	S	S	F	S
8	S	F	F	S	F	S
9	F	S	S	S	S	S
10	F	S	S	S	F	S

8.2.2　多功能系统

多功能系统中如果每个功能在时间上是独立的，即它们或是按时间顺序执行，或是从来不同时使用，那么就按上述单功能系统分别处理每一功能。

当一个系统有数个功能时，不能先单独处理每一个功能，再按照串联系统建模方法，由每个功能的可靠度求解系统的多功能可靠性模型。以示例 13 说明如下。

示例 13：用蒙特卡罗仿真法求示例 9 中的任务可靠度。

解：基于 10 次试验的蒙特卡罗仿真结果见表 7。做的试验次数越多，就越接近精确值 0.926。

表 7　任务可靠性框图的正常/故障队列

试验号	A	B	C	系　统
1	S	S	S	S
2	F	F	S	F
3	S	S	S	S
4	S	S	F	S
5	S	F	S	S
6	S	S	S	S
7	S	F	S	S
8	S	S	S	S
9	S	F	F	F
10	S	S	S	S

需要说明的是：上表的结果仅仅是 10 次试验的蒙特卡罗仿真结果中的一种可能的情况，做的试验次数越多，蒙特卡罗仿真的结果越会接近真实值。

系统的任务可靠度为 $R_S = \dfrac{8}{10} = 0.80$。

8.3　注意事项

应用蒙特卡罗仿真法求解系统可靠性数学模型和预计时，应该注意以下几点：

a) 蒙特卡罗仿真法的特点是根据系统单个单元可靠性参数的分布，通过随机抽样的方法，确定由这些单元构成的系统可靠性参数的分布。

b) 对于多功能系统，不按单独处理一个功能，而应按照蒙特卡罗仿真法求解。

c) 蒙特卡罗仿真法的准确度取决于试验的次数。做的试验次数越多，蒙特卡罗仿真的结果越会接近真实值。通常说来，至少要做 100 次试验。

9　上下限法

9.1　概述

上下限法又称边值法。

上下限法用于初步设计阶段确定复杂系统的任务可靠性数学模型。由于系统的复杂性，计算其可靠度的真值比较困难，于是设法计算两个近似值，一个称为可靠度上限（$R_上$），一个称为可靠度下限（$R_下$）。然后取上下限的几何平均值作为系统可靠度的预计值（R_S）。

设一个系统有 n 个单元，因而有 2^n 个互不相容的状态，其中一部分使系统处于故障状态，这些故障状态出现的概率之和为系统的不可靠度。另一部分使系统处于正常工作状态，这些正常工作状态出现的概率之和等于系统可靠度。系统可靠度与系统不可靠度之和恒为 1。为了既方便又较精确地预计上下限值，在 2^n 个状态中选出概率量级比较大、同时计算方便的那些故障状态，用 1 减去它们的概率之和得出系统可靠度的上限（$R_上$）。同样，在所有 2^n 个状态中选出概率量级比较大、同时计算方便的那些正常工作状态，它们的概率之和作为系统可靠度的下限（$R_下$）。上下限各自考虑的状态越多，则将越逼近于系统可靠度的真值。

采用上下限法计算系统的可靠性，得出的是系统可靠性的上下限值，也就是给出系统可靠性的取值范围。

9.2 实施步骤

上下限法的步骤为：

a) 计算上限值

1) 第一次预计只考虑所有串联单元中至少有一个故障的那些故障状态。串联单元中有一个单元故障，将会引起系统故障，这是最易发生的故障状态，其它有关联的冗余系统，它们的可靠度一般都较高，因此作为第一次预计，只考虑串联单元。

第一次上限预计值为：

$$R_{上1} = \prod_{i=1}^{m} R_i \tag{26}$$

式中：m——串联的单元个数；

R_i——第 i 个串联单元的可靠度。

一般来说，第一次预计已能给出比较满意的上限值，但对于并联系统的可靠度不是很高的情况，它的不可靠的程度不能忽略，否则，仅考虑串联单元将使 $R_上$ 估计值偏高。

2) 第二次预计考虑当串联单元必须是正常时，同一并联单元中两个元件同时故障引起系统故障。

计算式为：

$$F_2 = \prod_{i=1}^{m} R_i \times \sum_{k,\ k'=1}^{x} (F_k \times F_{k'}) \tag{27}$$

$$R_{上2} = \prod_{i=1}^{m} R_i \times [1 - \sum_{k,\ k'=1}^{x} (F_k \times F_{k'})] \tag{28}$$

式中：m——串联的单元个数；

x——并联单元中两个元件同时故障引起系统故障的状态数；

F_k、$F_{k'}$——引起系统故障的同一并联单元中两个故障元件的故障概率，单位为 10^{-6}/小时（10^{-6}/h）。

3) 如果认为第二次预计的预计值还是不够精确，可依此类推，进行第三次预计、第四次预计……。

b) 计算下限值

下限为正常工作状态的概率之和。

1) 第一次预计只考虑没有单元故障时，系统正常工作状态。

对于任何系统，只涉及一个状态。

第一次下限预计值为：

$$R_{下1} = \prod_{i=1}^{n} R_i \tag{29}$$

式中：n——整个系统的单元数；

   R_i——第 i 个单元的可靠度。

2) 第二次预计考虑并联单元中只有一个元件故障时，系统正常工作状态。

系统正常工作的概率为：

$$R_2 = \prod_{i=1}^{n} R_i \times (\sum_{j=1}^{q} \frac{F_j}{R_j}) \tag{30}$$

式中：n——整个系统的单元数；

   q——并联单元中一个元件故障后系统能正常工作的状态数；

   F_j——并联单元中一个故障元件的故障概率，单位为 10^{-6}/小时（10^{-6}/h）；

   R_j——并联单元中一个故障元件的可靠度。

第二次下限预计值为：$R_{下2} = R_{下1} + R_2 = \prod_{i=1}^{n} R_i \times (1 + \sum_{j=1}^{q} \frac{F_j}{R_j})$

3) 第三次预计考虑处于同一并联单元中有两个元件故障时，系统正常工作状态。

系统正常工作的概率为：

$$R_3 = \prod_{i=1}^{n} R_i \times (\sum_{k, l=1}^{p} \frac{F_k}{R_k} \times \frac{F_l}{R_l}) \tag{31}$$

式中：F_k、F_l——并联单元中两个故障元件的故障概率，单位为 10^{-6}/小时（10^{-6}/h）；

   R_k、R_l——并联单元中两个故障元件的可靠度；

   p——并联单元中两个元件故障后系统能正常工作的状态数。

第三次下限预计值为：

$$R_{下3} = R_{下1} + R_2 + R_3 = \prod_{i=1}^{n} R_i \times (1 + \sum_{j=1}^{q} \frac{F_j}{R_j} + \sum_{k, l=1}^{p} \frac{F_k}{R_k} \times \frac{F_l}{R_l}) \tag{32}$$

4) 如果认为第三次预计的预计值还是不够精确，可依此类推，计算第四次预计、第五次预计……。

c) 上下限的综合

经验证明可把预计的 $R_上$、$R_下$，用几何平均可求得较为实用的系统可靠度的预计值。

$$R_S = 1 - \sqrt{(1 - R_{上1})(1 - R_{下2})} \tag{33}$$

或

$$R_S = 1 - \sqrt{(1 - R_{上2})(1 - R_{下3})} \tag{34}$$

示例 14：下面以某空间科学探测卫星为例，阐述上下限法的应用。某空间科学探测卫星处于方案阶段，由 11 个单元组成，分别是电源、遥控、遥测、姿控、温控、结构、

X射线成像望远镜线路、X射线成像望远镜、太阳辐射探测器、星敏感器、宇宙探测器,其故障率与工作时间的乘积分别为 0.175406、0.018174、0.072748、0.132342、0.202836、0.1064、0.043461、0.086955、0.17391、0.173822、0.17391。

该空间科学探测卫星的任务可靠性框图见图 24。假设系统各组成部分均服从指数分布。预计该空间科学探测卫星的任务可靠度。

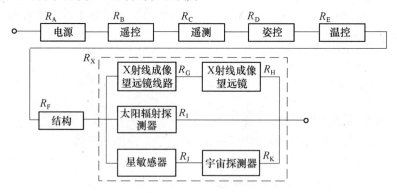

图 24 该空间科学探测卫星的任务可靠性框图

a) 计算上限值

第一次上限预计只考虑所有串联单元中至少有一个故障的那些故障状态。第一次上限预计值为:

$$R_{\pm 1} = \prod_{i=1}^{6} R_i = R_A \cdot R_B \cdot R_C \cdot R_D \cdot R_E \cdot R_F$$
$$= e^{-(0.175406+0.018174+0.072748+0.132342+0.202836+0.1064)} \tag{35}$$
$$= 0.5421863$$

b) 计算下限值

第一次预计只考虑没有单元故障时,系统正常工作状态。第一次下限预计值为:

$$R_{\mp 1} = \prod_{i=1}^{11} R_i = R_A \cdot R_B \cdot R_C \cdot R_D \cdot R_E \cdot R_F \cdot R_G \cdot R_H \cdot R_I \cdot R_J \cdot R_K \tag{36}$$
$$= e^{-1.2643536} = 0.2824217$$

第二次预计考虑并联单元中只有一个元件故障时,系统正常工作状态,共有 5 种这样的状态。第二次下限预计值为:

$$R_{\mp 2} = R_{\mp 1} \times [1 + \sum_{j=1}^{q} \frac{F_j}{R_j}] = R_{\mp 1} \times [1 + \frac{F_G}{R_G} + \frac{F_H}{R_H} + \frac{F_I}{R_I} + \frac{F_J}{R_J} + \frac{F_K}{R_K}] \tag{37}$$
$$= 0.48147$$

c) 上下限的综合

$$R_S = 1 - \sqrt{(1-R_{\pm 1})(1-R_{\mp 2})} = 0.51278 \tag{38}$$

因此，该空间科学探测卫星的任务可靠度在（0.4817，0.5421863）区间范围内，预计值为 0.51278。

9.3 注意事项

使用上下限法建立系统可靠性数学模型时应注意：为了使预计值在真值附近并逐渐逼近它，在计算上下限时，立足点一定要相同。也就是说，上限值 $R_上$ 和下限值 $R_下$ 数量级要相当。具体地说，如果上限只考虑一个单元故障使系统故障的情况，下限也必须只考虑没有单元故障和并联单元中一个元件故障时系统正常工作的情况。如果上限考虑一个单元故障及同一并联单元中两个元件同时故障使系统故障的情况，则下限须考虑没有单元故障，并联单元中一个元件故障及同一并联单元中两个元件故障时系统正常工作的情况。

10 相似产品法

10.1 概述

相似产品法利用与该产品相似且已成熟产品的可靠性数据来确定新产品可靠性。成熟产品的可靠性数据主要来源于现场统计和试验结果。相似产品法简单、快捷，可应用于确定各类产品的可靠性参数，适用于系统研制阶段，特别是数据缺乏的方案阶段。该方法的准确性取决于产品的相似性。成熟产品的故障记录越全，数据越丰富，比较的基础越好，得到的新产品可靠性参数的准确度越高。

10.2 实施步骤

相似产品法的步骤为：

a) 确定相似产品

考虑产品结构、性能、设计、制造、寿命、任务剖面等方面的相似因素，选择确定与新产品最为相似，且有可靠性数据的产品。

b) 分析相似因素对可靠性的影响

分析各种因素对产品可靠性的影响程度，分析新产品与老产品的设计差异及这些差异对可靠性的影响。这些相似因素包括：

1) 产品结构及性能的相似性。

2) 设计的相似性。

3) 制造的相似性。

4) 产品寿命、任务剖面的相似性。

c) 确定新产品可靠性参数值

根据 b）的分析，确定新产品与老产品的可靠性值的比值，由有经验的专家对这些比值进行评定，最后，根据比值计算出新产品的可靠性。

示例15：下面以某新设计的教练机供氧抗荷系统为例，阐述相似产品法的应用。该教练机处于方案阶段，其供氧抗荷系统包括 3 个氧气开关、2 个氧气减压器、2 个氧气示流器、2 个氧气调节器、2 个氧气面罩、4 个氧气瓶、2 个跳伞氧气调节器、2 个氧气余压指示器、2 个抗荷分系统等多个分系统。

a) 确定相似产品

找到同类机种供氧抗荷系统各分系统的 MFHBF，见表8。

表 8　同类机种供氧抗荷系统的可靠性数据

产品名称	氧气开关	氧气减压器	氧气示流器	氧气调节器	氧气面罩	氧气瓶	跳伞氧气调节器	氧气余压指示器	抗荷分系统
老产品的MFHBF/fh	1192.8	6262	2087.3	863.7	6000	15530	6520	3578.2	3400

b) 分析相似因素对可靠性的影响

分析新老供氧抗荷系统的相似性,见表 9。

表 9　新老供氧抗荷系统相似性的比较

产品名称	氧气开关	氧气减压器	氧气示流器	氧气调节器	氧气面罩	氧气瓶	跳伞氧气调节器	氧气余压指示器	抗荷分系统
新老产品的相似性比较	选用新型号,可靠性大大提高	选用老品	选用老品	选用老品	在老产品的基础上局部改进	选用老品	在老产品的基础上局部改进	选用新型号,可靠性较大提高	选用老品

c) 计算新产品可靠性值

确定新供氧抗荷系统与老供氧抗荷系统的可靠性值的比值,见表 10。

表 10　新供氧抗荷系统的可靠性预计

产品名称	氧气开关	氧气减压器	氧气示流器	氧气调节器	氧气面罩	氧气瓶	跳伞氧气调节器	氧气余压指示器	抗荷分系统
老产品的MFHBF/fh	1192.8	6262	2087.3	863.7	6000	15530	6520	3578.2	3400
新老产品可靠性比值	约 2.5:1	1:1	1:1	1:1	约 1.1:1	1:1	约 1.1:1	约 1.3:1	1:1
新产品的MFHBF/fh	3000	6262	2087.3	863.7	6500	15530	7000	4500	3400

10.3　注意事项

使用相似产品法进行系统可靠性预计时应注意:

a) 确保新产品与相似产品间的相似性,要从相似产品法考虑的几个相似因素对产品间的相似性进行度量。若产品间相似性不好,将直接影响预计的准确性。

例如 10W 的电源与 1000W 的电源之间就由于存在明显的设计差异而导致可靠性相差较大,从而不能对 1000W 电源采用 10W 电源的可靠性数据进行相似产品法预计;

b) 确保相似产品可靠性数据的准确性,所采用的相似产品可靠性数据必须是经过现场评定的。若相似产品可靠性数据不准确,也将直接影响新产品预计的准确性。

11　专家评分法

11.1　概述

组成系统的各单元可靠性由于产品的复杂程度、技术成熟水平、工作时间和环境条件等主要影响可靠性的因素不同而有所差异。专家评分法是在可靠性数据非常缺乏的情况下（仅可以得到个别可靠数据），通过有经验的设计人员或专家对影响可靠性的几种因素进行评分，对评分结果进行综合分析以获得各单元产品之间的可靠性相对比值，再以某一个已知可靠性数据的产品为基准，计算其他产品的可靠性。应用这种方法时，时间因素一般应以系统工作时间为基准，即计算出的各单元 MTBF 是以系统工作时间为其工作时间的。

11.2　实施步骤

专家评分法的步骤为：

a) 确定已知可靠性数据的基准单元

找到产品中可靠性数据已知的基准单元，其他单元的可靠性数据都靠与此基准单元数据对比得出。

b) 确定评分因素及评分原则

专家评分法通常考虑的因素有：复杂程度、技术成熟水平、工作时间和环境条件。在工程实际中可以根据产品的特点而增加或减少评分因素。

评分时，各种因素评分值范围为 1～10，评分越高说明可靠性越差。

1) 复杂程度：根据组成单元的元部件数量以及它们组装的难易程度来评定。最简单的评 1 分，最复杂的评 10 分。

2) 技术成熟水平：根据单元目前的技术成熟水平的成熟情况来评定。水平最低的评 10 分，水平最高的评 1 分。

3) 工作时间：根据单元工作的时间来评定（前提是以系统的工作时间为时间基准）。系统工作时，单元也一直工作的评 10 分，工作时间最短的评 1 分。如果系统中所有单元的故障率是以系统工作时间为基准，即所有单元故障率统计是以系统工作时间为统计时间计算的，那么各单元的工作时间虽不相同，但统计时间却相等（实际工作中，现场统计很多是以系统工作时间统计的），因此，必须考虑此因素。如果系统中所有单元的故障率是以单元自身工作时间为基准，即所有单元故障率统计是以单元自身工作时间为统计时间计算的，则各单元的工作时间不相同时，故障率统计时间也不同，可不考虑此因素。

4) 环境条件：根据单元所处的环境来评定。单元工作过程中会经受极其恶劣和严酷的环境条件的评 10 分，环境条件最好的评 1 分。

c) 组织相关专家就系统中各单元的各种评分因素进行评分

组织多名专家针对系统各单元的各种评分因素按照第 b) 步确定的评分原则进行打分。

d) 计算其他单元的可靠性指标

若某单元的故障率为 λ^*，则其他单元的故障率 λ_i 为：

$$\lambda_i = \lambda^* \cdot C_i \tag{39}$$

式中：$i=1,2,\cdots,n$——单元数。

C_i——第 i 个单元的评分系数，且

$$C_i = \omega_i / \omega^*$$ (40)

式中：ω_i——第 i 个单元的评分数；

ω^*——故障率为 λ^* 单元的评分数。

$$\omega_i = \prod_{j=1}^{4} r_{ij}$$ (41)

式中：r_{ij}——第 i 个单元，第 j 个因素的评分数；

　　　$j=1$——复杂程度；

　　　$j=2$——技术水平；

　　　$j=3$——工作时间；

　　　$j=4$——环境条件。

示例 16：下面以某飞行器为例，阐述专家评分法的应用。该飞行器处于方案阶段，由动力装置、武器、制导装置、飞行控制装置、机体、辅助动力装置等 6 个分系统组成。

a) 确定基准单元

已知制导装置故障率为 $\lambda_S^* = 284.5 \times 10^{-6} /h$，故将制导装置作为飞行器系统的基准单元。

b) 确定评分因素及评分原则

评分因素为复杂程度、技术水平、工作时间和环境条件四项。评分原则按步骤介绍中的 b）项进行，基准单元的评分数为 2000。

c) 评分

邀请10名专家对该飞行器各单元各评分因素打分,各单元各评分因素的得分均值见表11：

表 11　某飞行器评分结果

序号	单元名称	复杂程度 r_{i1}	技术水平 r_{i2}	工作时间 r_{i3}	环境条件 r_{i4}
1	动力装置	5	6	10	8
2	武器	8	6	10	2
3	制导装置	10	10	5	5
4	飞行控制装置	8	8	5	8
5	机体	8	2	10	8
6	辅助动力装置	6	5	5	5

d) 计算非基准单元的可靠性指标

依据实施步骤的第 d）步中提供的计算方法计算该飞行器六个单元的故障率，计算结果见表 12，其中各单元的评分数列于表 12 的倒数第三列，评分系数列于倒数第二列，各单元的故障率列于最后一列。

表 12 某飞行器的故障率预计结果

序号	单元名称	复杂程度 r_{i1}	技术水平 r_{i2}	工作时间 r_{i3}	环境条件 r_{i4}	单元评分数 ω_i	单元评分系数 $C_i = \omega_i / \omega^*$	单元故障率,10^{-6}h^{-1} $\lambda_s^* = \lambda_s^* \times C_i$
1	动力装置	5	6	10	8	2400	1.2	341.4
2	武器	8	6	10	2	960	0.48	136.56
3	制导装置	10	10	5	5	2500	1.25	355.625
4	飞行控制装置	8	8	5	8	2560	1.28	364.16
5	机体	8	2	10	8	1280	0.64	182.08
6	辅助动力装置	6	5	5	5	750	0.375	106.6875

11.3 注意事项

使用专家评分法进行系统可靠性预计时应注意：专家评分法是在产品可靠性数据十分缺乏的情况下确定单元可靠性参数值的有效手段，但其预计的结果受人为影响较大，因此在应用时应尽可能请多位专家评分，以保证评分的客观性，提高预计的准确性。

附录 A
（资料性附录）
某型飞机燃油系统可靠性建模与预计应用案例

A.1 系统定义

某型飞机燃油系统由燃油泵（A）、切换开关（B）、发动机低压燃油泵（C）、冲压口（D）、安全活门（E）、喷射泵（F）、连通单向活门（G）、油箱（H）、油量指示器（I）、耗油传感器（J）、油尽信号器（K）、主油路压力信号箱（L）和低压油面信号器（M）等13个部分组成。

某飞机燃油系统正处于工程研制阶段,研制要求该系统要在-10℃~30℃的温度的条件,飞行1小时的情况下,完成某一个复杂的特技任务,规定的任务可靠度最低可接受值为0.9。该系统在规定的任务下不存在替代工作模式,系统输出无法满足任务对油料的要求的所有事件都视为故障。

A.2 假设

假设:
a) 系统各组成部分寿命均服从指数分布。
b) 系统各组成部分的故障相互独立,不存在关联故障。

A.3 建立可靠性框图

该飞机燃油系统的任务可靠性框图见图 A.1。

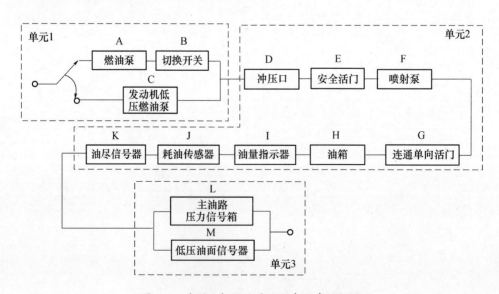

图 A.1 某型飞机燃油系统任务可靠性框图

A.4 确定系统可靠性数学模型

根据图 A.1 所示的任务可靠性框图可以分为 3 个单元（即图 A.1 中单元 1、单元 2 和单元 3），采用普通概率法建立系统可靠性数学模型。

a) 冷储备单元 1，由 A、B、C 组成（检测转换装置可靠度为 1.0），其任务可靠度为

$$R_1 = \frac{\lambda_C}{\lambda_C - (\lambda_A + \lambda_B)} \times e^{-(\lambda_A + \lambda_B)t} + \frac{\lambda_A + \lambda_B}{(\lambda_A + \lambda_B) - \lambda_C} \times e^{-\lambda_C t} \tag{A.1}$$

b) 串联单元 2，由 D、E、F、G、H、I、J、K 组成，其任务可靠度为

$$R_2 = R_D \times R_E \times R_F \times R_G \times R_H \times R_I \times R_J \times R_K$$

$$= e^{-(\lambda_D + \lambda_E + \lambda_F + \lambda_G + \lambda_H + \lambda_I + \lambda_J + \lambda_K)t} \tag{A.2}$$

c) 并联单元 3，由 L 和 M 组成，其任务可靠度为

$$R_3 = R_L + R_M - R_L \times R_M$$

$$= e^{-\lambda_L t} + e^{-\lambda_M t} - e^{-(\lambda_L + \lambda_M)t} \tag{A.3}$$

则燃油系统任务可靠度为：

$$R_S = R_1 \times R_2 \times R_3 \tag{A.4}$$

A.5 确定单元可靠性参数

已知系统中部分单元的故障率，见表 A.1。

表 A.1 系统中部分单元的故障率

单 元 名 称	故障率/（×10⁻⁶/fh）	单 元 名 称	故障率/（×10⁻⁶/fh）
切换开关（B）	30	油量指示器（I）	50
冲压口（D）	20	耗油传感器（J）	45
安全活门（E）	30	油尽信号器（K）	30
连通单向活门（G）	40	主油路压力信号箱（L）	35
油箱（H）	1	低压油面信号器（M）	20

燃油泵（A）、发动机低压燃油泵（C）和喷射泵（F）故障率未知。但已找到与其相似的老产品，且老产品的故障率已知，因此采用相似产品法确定这 3 种产品的故障率数据。

a) 确定相似产品

找到相似的产品的故障率数据，见表 A.2。

表 A.2　同类机种供氧抗荷系统的可靠性数据

产　品　名　称	燃油泵（A）	发动机低压燃油泵（B）	喷射泵（C）
老产品的故障率 λ /（10^{-6}/fh）	1310	800	770

b) 分析相似因素对可靠性的影响

分析新老产品的相似性，见表 A.3。

表 A.3　新老产品相似性的比较

产　品　名　称	燃油泵（A）	发动机低压燃油泵（B）	喷射泵（C）
新老产品的相似性比较	选用新型号，可靠性较大提高	选用老品	在老产品的基础上局部改进

c) 计算新产品可靠性值

确定新燃油泵（A）、发动机低压燃油泵（C）和喷射泵（F）与老的新燃油泵（A）、发动机低压燃油泵（C）和喷射泵（F）的可靠性值的比值，见表 A.4。

表 A.4　新供产品的可靠性预计

产　品　名　称	燃油泵（A）	发动机低压燃油泵（B）	喷射泵（C）
老产品的故障率 λ /（10^{-6}/fh）	1310	800	770
新老产品可靠性比值	1.5:1	1:1	1.1:1
新产品的故障率 λ /（10^{-6}/fh）	870	800	700

A.6　计算系统可靠性值

将燃油泵（A）、切换开关（B）、发动机低压燃油泵（C）的故障率 λ_A、λ_B 和 λ_C 代入式（A.1）计算单元 1 的可靠度 R_1，得到：

$$R_1 = \frac{800}{800-(870+30)} \times e^{-(870+30) \times 10^{-6} \times 1} + \frac{870+30}{(870+30)-800} \times e^{-800 \times 10^{-6} \times 1} = 0.99999964$$

将冲压口（D）、安全活门（E）、喷射泵（F）、连通单向活门（G）、油箱（H）、油量指示器（I）、耗油传感器（J）、油尽信号器（K）的故障率 λ_D、λ_E、λ_F、λ_G、λ_H、λ_I、λ_J、λ_K 代入式（A.2）计算单元 2 的可靠度 R_2，得到：

$$R_2 = e^{(20+30+700+40+1+50+45+30+35+20) \times 10^{-6} \times 1} = 0.99908442$$

将主油路压力信号箱（L）和低压油面信号器（M）的故障率 λ_L、λ_M 代入式（A.3）计算单元 3 的可靠度 R_3，得到：

$$R_3 = e^{-35 \times 10^{-6} \times 1} + e^{-20 \times 10^{-6} \times 1} - e^{-(35+20) \times 10^{-6} \times 1} = 0.999999$$

将 3 个单元的可靠度计算结果代入式（A.4），计算得到系统的任务可靠度。

$$R_S = 0.99999964 \times 0.99908442 \times 0.999999 \approx 0.9991$$

A.7 预计结论及其分析

该系统任务可靠性预计结果显示，该飞机燃油系统飞行 1 小时(1fh)的任务可靠度为 0.9991，高于要求的最低可接受值 0.9 的 1.1 倍(0.99)，完全满足该系统任务可靠性要求。

参 考 文 献

[1] 陆廷孝，郑鹏洲，何国伟，等. 可靠性设计与分析[M]. 北京：国防出版社，2002.

[2] 曾声奎，赵廷弟，张建国，等. 系统可靠性设计分析教程[M]. 北京：北京航空航天大学出版社，2001.

[3] 王少萍. 工程可靠性[M]. 北京：北京航空航天大学出版社，2000.

[4] 郭永基. 可靠性工程原理[M]. 北京：清华大学出版社，2002.

[5] 周正伐. 可靠性工程基础[M]. 北京：宇航出版社，1999.

[6] 赵涛，林青. 可靠性工程基础[M]. 天津：天津大学出版社，1999.

[7] 高社生，张玲霞. 可靠性理论与工程应用[M]. 北京：国防工业出版社，2008.

[8] 《可靠性维修性保障性术语集》编写组. 可靠性维修性保障性术语集[M]. 北京：国防工业出版社，2002.

[9] MIL-STD—756B. Reliability Modeling and Prediction[S]. Department of Defense，1981.

[10] IEC 1078. Analysis techniques for dependability-Reliability block diagram method[S]. IEC Central Office，1991.

[11] 章国栋，陆廷孝. 系统可靠性与维修性的分析与设计[M]. 北京：北京航空航天大学出版社，1990.

[12] XKG/K03—2009. 型号电子产品可靠性预计应用指南[M]. 北京：国防科技工业可靠性工程技术研究中心，2009.

[13] XKG/K04—2009. 型号非电子产品可靠性预计应用指南[M]. 北京：国防科技工业可靠性工程技术研究中心，2009.

[14] GJB 450A 装备可靠性工作通用要求实施指南[M]. 北京：总装备部电子信息基础部技术基础局，总装备部技术基础管理中心，2008.

XKG

型号可靠性技术规范

XKG／K02—2009

型号系统可靠性分配应用指南

Guide to the reliability allocation for materiel

目　次

前　言

本指南的附录 A 是资料性附录。

本指南由国防科技工业可靠性工程技术研究中心负责组织实施。

本指南起草单位：北京航空航天大学可靠性工程研究所、航空 611 所、航空 613 所、航天三院。

本指南主要起草人：康锐、康晓明、吕明华、艾永春、刘婷。

型号系统可靠性分配应用指南

1 范围

本指南给出了型号（装备，下同）可靠性分配的程序和方法，这些程序和方法不包含嵌入在系统中的软件产品。

本指南适用于在型号系统的论证、方案、初步（初样）设计阶段开展可靠性分配工作。

2 规范性引用文件

下列文件中的有关条款通过引用而成为本指南的条款。凡注明日期或版次的引用文件，其后的任何修改单（不包括勘误的内容）或修订版本都不适用本指南，但提倡使用本指南的各方探讨使用其最新版本的可能性。凡未注日期或版次的引用文件，其最新版本适用于本指南。

GJB 450A　　　装备可靠性工作通用要求

GJB 451A　　　可靠性维修性保障性术语

GJB/Z 23　　　可靠性维修性工程报告编写的一般要求

3 术语和定义

GJB451A 确立的以及下列术语和定义适用于本指南。

3.1 可靠性 reliability

产品在规定的条件下和规定的时间内，完成规定功能的能力。

3.2 基本可靠性 basic reliability

产品在规定的条件下，规定的时间内，无故障工作的能力。基本可靠性反映产品对维修资源的要求。确定基本可靠性值时，应统计产品的所有寿命单位和所有的关联故障。

3.3 任务可靠性 mission reliability

产品在规定的任务剖面中完成规定功能的能力。

3.4 故障率 failure rate

产品可靠性的一种基本参数。其度量方法为：在规定的条件下和规定的期间内，产品的故障总数与寿命单位总数之比。有时亦称失效率。

3.5 平均故障间隔时间 mean time between failures(MTBF)

可修复产品的一种基本可靠性参数。其度量方法为：在规定的条件下和规定的期间内，产品的寿命单位总数与故障总次数之比。

3.6 任务可靠度 mission reliability

任务可靠性的概率度量。

3.7 平均严重故障间隔时间 mean time between critical failures(MTBCF)

与任务有关的一种可靠性参数，其度量方法为：在规定的一系列任务剖面中，产品任务总时间与严重故障总数之比。原称致命性故障间的任务时间。

3.8 可靠性分配 reliability allocation

为了把产品的可靠性定量要求按照给定的准则分配给各组成部分而进行的工作。

4 符号和缩略语

4.1 符号

下列符号适用于本指南。

λ——故障率，单位为 10^{-6}/小时（10^{-6}/h）；

R_m——任务可靠度。

4.2 缩略语

下列缩略语使用于本指南。

AGREE——advisory group on reliability of electronic equipment，电子设备可靠性咨询组；

AHP——analytic hierarchy process，层次分析法；

COTS——commercial off-the-shelf，商用货架产品；

FMECA——failure modes, effect and criticality analysis,故障模式、影响及危害性分析；

FTA——fault tree analysis，故障树分析；

MTBF——mean time between failures，平均故障间隔时间，单位为小时（h）；

MMBMA——mean miles between mission abort，平均任务中断间隔里程，单位为千米（km）；

MFHBF——mean flight hours between failures，平均故障间隔飞行小时，单位为飞行小时（fh）；

MMBOMA——mean miles between operational mission abort，平均使用任务中断间隔里程，单位为千米（km）；

MTBCF——mean time between critical failures，平均严重故障间隔时间，单位为小时(h)；

TRL——technology readiness level，技术成熟水平。

5 一般要求

5.1 目的和作用

a) 目的

将系统可靠性的定量要求分配到规定的产品层次。通过分配使整体和部分的可靠性定量要求协调一致。它是一个整体到局部，由上到下的分解过程。

b) 作用

通过分配，把可靠性指标分摊到系统的各个组成部分，作为各组成部分进行可靠性设计的依据，并用这种定量分配的可靠性要求来估计所需的人力、时间和资源。与此同时，也把责任落实到相应层次产品的设计人员。

5.2 时机

在论证、方案、初步（初样）设计阶段应着手进行可靠性分配，一旦确定了型号的任务可靠性和基本可靠性要求，就要把这些定量要求分配到规定的产品层次。

5.3 系统可靠性分配的参数

系统可靠性分配的参数分为两类：第一类是描述系统基本可靠性的参数，常用的有：故障率 λ、平均故障间隔时间 MTBF 等；第二类是描述系统任务可靠性的参数，常用的有：任务可靠度 R_m、平均严重故障间隔时间 MTBCF 等。

对不同类型的型号描述系统可靠性的参数也不完全相同，如对于军用飞机，可用"平均故障间隔飞行小时（MFHBF）"描述基本可靠性指标，对于自行火炮，可用"平均使用任务中断间隔里程（MMBOMA）"描述任务可靠性指标。

可靠性分配的指标可以是规定值，作为可靠性设计的依据；也可以是最低可接受值，作为论证的依据。在分配之前应根据实际情况给分配指标增加一定余量。

5.4 系统可靠性分配的层次

系统可靠性分配是自顶向下的过程，开始于系统级，终止到需要提出定量可靠性要求的产品层次。一般来说，系统可靠性分配的层次，按下列原则确定：

a) 系统中的新研产品。

b) 系统中的改进产品。

特别是当上述新研或改进产品属外协配套产品时，原则上必须分配可靠性定量要求。

5.5 系统可靠性分配的原则

可靠性分配一般应遵循以下原则：

a) 分配时应综合考虑系统下属各功能级产品的复杂度、重要度、技术成熟程度、任务时间的长短以及实现可靠性要求所花费的代价及时间周期等因素。

b) 分配到同一层次产品的划分规模应尽可能适当，以便于权衡和比较。

c) 应根据产品特点和使用要求，确定采用哪一种可靠性参数进行分配，例如导弹用可靠度进行分配；雷达用系统平均故障间隔时间进行分配等。

d) 应按规定值进行可靠性分配。分配时应适当留有余地，以便在系统增加功能或局部改进设计时，不必再重新进行分配。

5.6 系统可靠性分配方法

5.6.1 概述

系统可靠性分配包括基本可靠性分配和任务可靠性分配。基本可靠性分配是以基本可靠性指标为分配目标的，本指南给出了工程上适用的评分分配法、比例组合分配法以及层次分析分配法（参见本指南第 6、7、8 部分）；任务可靠性分配是以任务可靠性指标为分配目标的，本指南给出了工程上适用的 AGREE 分配法（参见本指南第 9 部分），推荐了直接分配法（参见本指南附录 A）。

5.6.2 基本可靠性分配方法

基本可靠性分配方法的特点、应用条件和适用阶段等见表1。

表1　基本可靠性分配方法及应用研制阶段（无约束条件）

方法名称	特点	应用条件	适用阶段
评分分配法	主观因素较大，方法成熟应用广泛	需要有经验的技术人员和专家参与可靠性设计工作	论证、方案、初步（初样）设计
比例组合分配法	方法简单、需老系统可靠性信息	新、老系统具有相似性，并且老系统可靠性数据充分	论证、方案
层次分析分配法	主观因素相对较少，计算量较大	影响可靠性分配的因素可知，单元产品相对这些因素的重要程度可知	论证、方案、初步（初样）设计

5.6.3　任务可靠性分配方法

任务可靠性分配方法的特点及应用条件见表2。

表2　任务可靠性分配方法及应用研制阶段

方法	特点	应用条件	适用阶段
AGREE 分配法	工程应用较多，计算量较小	单元产品复杂程度、重要度、工作时间可知，无约束条件	方案、初步（初样）设计
直接分配法	满足约束条件的寻优过程，可得到相对最优解，计算量较小	多约束条件，假定单元产品可冗余	初步（初样）设计

5.7　系统可靠性分配的步骤

可靠性分配是一个反复迭代的过程，应尽早实施。型号系统可靠性分配是一个自上而下、从整体到局部逐步分解的过程。

型号系统可靠性分配过程的输入包括：规定的系统可靠性指标以及已知的系统各类信息。规定的系统可靠性指标是使用方提出的、在产品设计任务书（或合同）中规定的系统可靠性指标。已知的系统各类信息包括：系统的使用环境、技术成熟度等所有能够对系统可靠性造成影响的因素以及系统现有的设计信息、相似系统的信息等；系统可靠性分配过程的输出是系统可靠性分配报告。

型号系统可靠性分配的步骤，见图1。

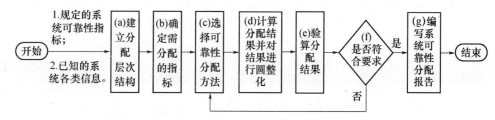

图 1　型号系统可靠性分配的步骤

图 1 中各步骤说明：

a) 建立分配层次结构

根据系统组成结构以及系统中哪些是新研或改进产品、哪些是货架产品、哪些是外协配套产品来确定可靠性分配的层次，并建立分配层次的树型结构，图 2 给出某型导弹可靠性分配层次示例：

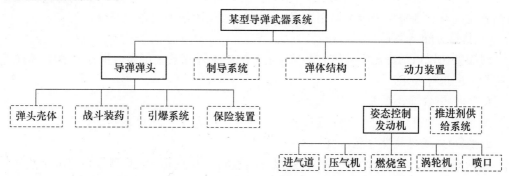

图 2　某型导弹武器系统分配层次图

图 2 中的虚框为分配终止的层次。其中，制导系统是外协配套产品，因此可靠性指标分配到制导系统即可；弹体结构采用货架产品，因此给其分配的指标值使用其固有的可靠性指标；而导弹弹头和动力装置是新研和改型的产品，因此可靠性指标分配要到这两个分系统下面的层次。

b) 确定需分配的指标

根据步骤 a）中给出的分配层次树型结构，将系统组成弹体结构中包含的货架产品的可靠性指标（这部分可靠性指标是定值），从规定的系统可靠性指标中去掉，确定系统中其他组成部分的剩余分配指标。

例如某型飞机共由 18 个分系统组成，其中 5 个分系统（发动机、前缘襟翼、应急系统、飞控系统、弹射救生系统）是货架产品，并已知其 MFHBF，见表 3。

表 3　已知 MFHBF 的子系统

分系统名称	已知 MFHBF/fh	分系统名称	已知 MFHBF/fh
发动机	50	飞控系统	142
前缘襟翼	80	弹射救生系统	280
应急系统	500		

计算得到上述 5 个分系统的 MFHBF$_{COTS}$ 总和为：

$$\text{MFHBF}_{COTS} = 1/(\frac{1}{50} + \frac{1}{80} + \frac{1}{500} + \frac{1}{142} + \frac{1}{280}) = 22.166 \, \text{fh}$$

若规定该型飞机可靠性指标 MFHBF=2.9fh，则需分配指标 MFHBF$_s^*$ 为：

$$\text{MFHBF}_s^* = 1/(\frac{1}{2.9} - \frac{1}{22.166}) = 3.337 \, \text{fh}$$

c) 选择可靠性分配方法

根据收集到现有信息、待分配的指标、不同分配层次的特点，研制阶段等，确定合适的分配方法，选择方法的原则可参见本指南 5.5 条。

d) 计算分配结果，并对结果进行圆整化

根据确定的分配层次以及在每个层次应用的分配方法，计算通过这些方法分配的可靠性结果，将分配结果转换成 MTBF（假定产品故障服从指数分布）。并且对分配结果进行圆整化处理，圆整化处理可采用四舍五入的方式保留结果的整数部分。

e) 验算分配结果

对圆整化以后的分配结果进行验算（用分配结果计算系统可靠性指标），确定系统是否符合分配指标要求。

f) 判断是否符合要求

如验算证明符合可靠性分配指标要求，则开始步骤 g），否则重新进行步骤 c）。

g) 编写系统可靠性分配报告

根据 GJB/Z 23《可靠性维修性工程报告编写的一般要求》编写型号系统可靠性分配报告。其内容一般包括：概述（对外协配套产品提出定量依据，确定各级设计人员对可靠性设计要求）、产品概述、规定的系统可靠性分配指标、分配的层次、采用的分配原则、选择的分配方法以及分配到每个单元产品的结果等。

6 评分分配法

6.1 概述

评分分配法是通过对影响产品可靠性的几种因素评分，并对评分值进行综合分析以获得各单元产品之间的可靠性相对比值——分配系数，再根据分配系数给每个单元产品的可靠性指标进行分配的方法。评分分配法可用于对故障率(λ)或 MTBF 等基本可靠性指标进行分配。

评分分配法的公式见公式(1)。

$$\lambda_i^* = C_i \lambda_S^* \tag{1}$$

式中：λ_i^*——分配给第 i 个单元的故障率（"*" 代表分配值，以下同），单位为 10^{-6}/小时（10^{-6}/h）；

C_i——分配系数；

λ_S^*——规定的故障率分配指标，单位为 10^{-6}/小时（10^{-6}/h）。

6.2 评分分配法实施步骤

评分分配法的实施步骤是：

a) 确定评分因素，给出评分依据，建立评分准则

评分分配法通常考虑的因素有：复杂程度、技术成熟水平、工作时间、故障后果、环境条件、可达性等。根据系统的特点可以增加或减少评分因素。确定评分因素后，应建立评分准则。评分准则是给专家提供的评分依据，该步骤中应确定各类因素的评价分数及范围，以及各分值的说明，其分值越高说明可靠性越差。

1) 复杂程度——根据被评产品的元部件数量以及它们组装的难易程度来评定。表4给出一种推荐的复杂程度因素评分准则。

2) 技术成熟水平——根据被评产品的技术水平和成熟程度进行评定。表5给出一种推荐的技术成熟水平因素评分准则。

3) 工作时间——根据被评产品的工作时间进行评定。表6给出一种推荐的工作时间因素评分准则。

4) 故障后果——根据故障发生后造成的损失进行评定。表7给出一种推荐的故障后果因素评分准则。

5) 环境条件——根据被评产品所处的环境进行评定。表8给出一种推荐的环境条件因素评分准则。

6) 可达性——根据被评产品到达同级产品最长时间的百分比进行评定。表9给出一种推荐的可达性因素评分准则。

其他因素的评分原则和依据，可根据系统特点以及对系统可靠性的影响程度来确定。

表4　复杂程度因素评分准则

等级	分数	说　　明
1	9~10	该单元产品的元部件数量（组装时间）是所有同级组成单元产品最大数量（最长组装时间）的100%~80%
2	7~8	该单元产品的元部件数量（组装时间）是所有同级组成单元产品最大数量（最长组装时间）的80%~60%
3	5~6	该单元产品的元部件数量（组装时间）是所有同级组成单元产品最大数量（最长组装时间）的60%~40%
4	3~4	该单元产品的元部件数量（组装时间）是所有同级组成单元产品最大数量（最长组装时间）的40%~20%
5	1~2	该单元产品的元部件数量（组装时间）是所有同级组成单元产品最大数量（最长组装时间）的20%以下

表5　技术成熟水平因素评分准则

等级	分数	说　　明
1	9~10	掌握技术的基本原理或明确技术概念及如何应用
2	7~8	已进行概念验证，主要功能的分析和验证或已在实验室环境中验证主要功能模块
3	5~6	已在相似环境中验证主要功能模块或已在相似环境中验证系统或原型
4	3~4	已在运行环境中验证原型或实际系统已通过试验和验证
5	1~2	实际系统已成功应用

表6 工作时间因素评分准则

等级	分数	说明
1	9~10	该单元产品的工作时间是同级单元产品最长工作时间的100%~80%
2	7~8	该单元产品的工作时间是同级单元产品最长工作时间的80%~60%
3	5~6	该单元产品的工作时间是同级单元产品最长工作时间的60%~40%
4	3~4	该单元产品的工作时间是同级单元产品最长工作时间的40%~20%
5	1~2	该单元产品的工作时间是同级单元产品最长工作时间的20%以下

表7 故障后果因素评分准则

等级	分数	说明
1	9~10	引起人员死亡、产品毁坏及重大环境损害
2	7~8	引起人员的严重伤害、重大经济损失或导致任务失败、产品严重损坏及严重环境损害
3	4~6	引起人员的轻度伤害、一定的经济损失或导致任务延误或降级、产品轻度损坏及中等程度的环境损害
4	1~3	不足以导致人员伤害、经济损失或产品损坏，但会导致非计划性维护或修理

表8 环境条件因素评分准则

等级	分数	说明
1	9~10	该单元产品处于系统中最恶劣的工作环境之中（如工作温度最高、振动加速度最大、湿度最大等）
2	7~8	该单元产品处于系统中较恶劣的工作环境之中（如工作温度较高、振动加速度较大、湿度较大等）
3	5~6	该单元产品处于系统中适中的工作环境之中（如工作温度适中、振动加速度适中、湿度适中等）
4	3~4	该单元产品处于系统中较好的工作环境之中（如工作温度适中、振动加速度较小、湿度较小等）
5	1~2	该单元产品处于系统中最好的工作环境之中（如工作温度适宜、振动加速度最小、湿度最低等）

表9 可达性因素评分准则

等级	分数	说明
1	9~10	到达该单元产品的时间是到达同级单元产品最长时间的100%~80%
2	7~8	到达该单元产品的时间是到达同级单元产品最长时间的80%~60%
3	5~6	到达该单元产品的时间是到达同级单元产品最长时间的60%~40%
4	3~4	到达该单元产品的时间是到达同级单元产品最长时间的40%~20%
5	1~2	到达该单元产品的时间是到达同级单元产品最长时间的20%以下

b) 对影响因素进行评分，并计算平均评分

专家对影响因素进行评分，并将结果填入表 10 中。

表 10　评分结果表

专家名称	XXX 专家				
单元产品	影响因素 1	影响因素 2	影响因素 3	……	影响因素 k
单元产品 1	t_{11}	t_{12}	t_{13}	t_{1j}	t_{1k}
单元产品 2	t_{21}	t_{22}	t_{23}	t_{2j}	t_{2k}
……	t_{i1}	t_{i2}	t_{i3}	t_{ij}	t_{ik}
单元产品 n	t_{n1}	t_{n2}	t_{n3}	t_{nj}	t_{nk}

每位专家都对所有因素的打分后，使用式（2）求这些打分算术平均分 S_{ij}：

$$S_{ij} = \frac{1}{m} \sum_{l=1}^{m} t_{ij}(l) \tag{2}$$

式中：S_{ij}——第 i 个单元产品，第 j 个因素的平均得分；

　　　m——打分专家数量；

　　　$t_{ij}(l)$——第 l 个专家给第 i 个单元产品，第 j 个因素的打分。（其中 $i=1,\cdots,n$；

　　　　　　　$j=1,\cdots,k$；$l=1,\cdots,m$）

计算的评分结果填入表 11 中。

表 11　评分结果表

单元产品	因素 1 平均分	因素 2 平均分	因素 3 平均分	……	因素 k 平均分
单元产品 1	S_{11}	S_{12}	S_{13}	S_{1j}	S_{1k}
单元产品 2	S_{21}	S_{22}	S_{23}	S_{2j}	S_{2k}
……	S_{i1}	S_{i2}	S_{i3}	S_{ij}	S_{ik}
单元产品 n	S_{n1}	S_{n2}	S_{n3}	S_{nj}	S_{nk}

c) 计算评分分配系数 C_i

　　使用式（3）计算每个单元产品总评分

$$S_i = \sum_{j=1}^{k} S_{ij} \tag{3}$$

式中：S_i——第 i 个单元产品的总评分；

　　　k——影响因素个数；

　　　S_{ij}——第 i 个单元产品，第 j 个因素的平均得分。

　　使用式（4）计算 C_i

$$C_i = S_i / \sum_{i=1}^{n} S_i \tag{4}$$

式中：C_i——第 i 个单元产品的评分分配系数；

n——单元产品数量；

S_i——第 i 个单元产品的总评分。

d) 计算分配结果

使用式（1）计算分配结果。

e) 处理计算结果

把分配得到的故障率 λ_i^* 求倒数得到 MTBF*，并对结果进行圆整化。

f) 编写分配报告。

6.3 评分分配法注意事项

a) 参与评分的人员应是有工程经验的专家。

b) 在确定评分因素时，应结合系统的特点，选取影响系统可靠性的主要因素作为评分因素。

c) 应制定符合系统特点的评分准则。

d) 如果遇到明显与其他评分专家不同的给分，应询问该专家评分原因，以确定其是否对准则的理解有误。

6.4 评分分配法的应用案例

某型火箭炮机械液压传动分系统由行军固定器、千斤顶、底架、底架固定器、方向机、回转机、高低机、摇架、定向管、瞄准装置、闭锁器、挡弹器、点火装置、平衡机及其他部分组成。规定的分系统故障率指标为 $\lambda_s^*=120\times10^{-6}$ /h。用评分分配法进行该分系统级可靠性分配的过程如下：

a) 确定评分因素，给出评分依据，建立评分准则

考虑的因素有：复杂程度、技术成熟水平、故障后果、环境条件、可达性等。详见表 4、5、7、8、9 中定义的评分准则。

b) 对影响因素进行评分，并计算平均评分

邀请 4 名专家参与打分，结果有效，并且经过计算得到评分结果见表 12。

表 12　评分结果表

单元产品	复杂程度平均打分 S_{i1}	技术水平平均打分 S_{i2}	故障后果平均打分 S_{i3}	环境条件平均打分 S_{i4}	可达性平均打分 S_{i5}
行军固定器	5.5	8	4.5	5.5	7.5
千斤顶	9	9	5.5	5.5	9
底架	5.5	7	7	1.5	2
底架固定器	4.5	8	8	2	7.5
方向机	9.9	9	3	2	2
回转机	5	6	4	1	3.5
高低机	8.5	8	3.5	7.5	3
摇架	3.5	8	3.5	1	8
定向管	5	9	2	8	7.5
瞄准装置	3	7	7	4	8

（续）

单元产品	复杂程度平均打分 S_{i1}	技术水平平均打分 S_{i2}	故障后果平均打分 S_{i3}	环境条件平均打分 S_{i4}	可达性平均打分 S_{i5}
闭锁器	1.5	8	6	3	7.5
挡弹器	1	9	5	4.5	7
点火装置	1	8	3.5	3.5	7
平衡机	10	9	1	9	7.5
其他	6.5	9	3	8	3.5
总和	—	—	—	—	—

c) 计算分配系数 C_i 及分配结果、处理分配结果

使用公式（3）、（4）、（1）计算得到总评分、分配系数、分配结果，并计算 MTBF^{*} 以及进行结果圆整化，结果见表13。

表 13　分配结果表

单元产品	S_i	C_i	$\lambda_i^{*} / (10^{-6}/\mathrm{h})$	$\mathrm{MTBF}_i^{*}/\mathrm{h}$	MTBF_i^{*} 圆整化/h
行军固定器	31	0.073044	8.765316	114086	114086
千斤顶	38	0.089538	10.74458	93070.18	93070
底架	23	0.054194	6.503299	153768.1	153768
底架固定器	30	0.070688	8.482564	117888.9	117889
方向机	25.9	0.061027	7.32328	136550.8	136551
回转机	19.5	0.045947	5.513666	181367.5	181368
高低机	30.5	0.071866	8.62394	115956.3	115956
摇架	24	0.05655	6.786051	147361.1	147361
定向管	31.5	0.074222	8.906692	112275.1	112275
瞄准装置	29	0.068332	8.199811	121954	121954
闭锁器	26	0.061263	7.351555	136025.6	136026
挡弹器	26.5	0.062441	7.492931	133459.1	133459
点火装置	23	0.054194	6.503299	153768.1	153768
平衡机	36.5	0.086004	10.32045	96894.98	96895
其他	30	0.070688	8.482564	117888.9	117889
总和	424.4	1	120	8333.333	8333

d) 验算分配结果

经验算，$\lambda_S^{*}=120\times10^{-6}$ /h，故分配结果满足分配目标。

e) 编写分配报告（略）。

7 比例组合分配法

7.1 概述

比例组合分配法是根据相似老系统中各单元产品的故障率或单元产品预计数据进行分配的一种方法。比例组合分配法可以对系统的故障率、MTBF 等基本可靠性指标进行分配。

7.2 比例组合分配法实施步骤

比例组合分配法的实施步骤是：

a) 确定新系统可靠性指标 $\lambda_{S新}^*$ 和相似老系统故障率 $\lambda_{S老}$，并按公式（5）计算比例系数 k：

$$k = \lambda_{S新}^* / \lambda_{S老} \tag{5}$$

式中：$\lambda_{S新}^*$ ——新系统可靠性指标，单位为 10^{-6}/小时（10^{-6}/h）；

$\lambda_{S老}$ ——相似老系统故障率，单位为 10^{-6}/小时（10^{-6}/h）；

k ——比例系数。

b) 获取相似老系统每个组成单元故障率 $\lambda_{i老}$。

通过已有老系统的使用统计数据，或可靠性预计获得各个单元产品的故障率，填入表14中。

表 14　某相似老系统各单元产品故障率

序　号	单 元 产 品	比例系数 k	$\lambda_{i老}$/（10^{-6}/h）
1	单元产品 1		$\lambda_{1老}$
2	单元产品 2		$\lambda_{2老}$
……	……		……
n	单元产品 n		$\lambda_{n老}$

c) 计算新系统中单元产品故障率。

使用式（6）计算分配给新系统第 i 个组成单元的故障率 $\lambda_{i新}^*$：

$$\lambda_{i新}^* = \lambda_{i老} \times k \tag{6}$$

式中：$\lambda_{i新}^*$ ——分配给第 i 个单元的故障率，单位为 10^{-6}/小时（10^{-6}/h）；

$\lambda_{i老}$ ——相似老系统中第 i 个单元的故障率，单位为 10^{-6}/小时（10^{-6}/h）；

k ——比例系数。

d) 处理计算结果。

把分配得到的故障率求倒数得到 MTBF*，并对结果进行圆整化。

e) 编写分配报告。

7.3 比例组合分配法注意事项

a) 该方法只能在新、老系统功能、结构、使用环境相似的条件下应用。

b) 老系统各单元产品故障率可以获取。

7.4 比例组合分配法应用案例

某型液压系统，其故障率 $\lambda_{S老}=256.0\times10^{-6}/h$，各单元产品故障率见表15第3列所示。

要求设计的新液压系统，其组成部分与老系统完全一致，仅要求提高新系统的可靠性，使其达到 $\lambda_{S新}^{*}=200.0\times10^{-6}/h$，用比例组合分配法分配结果如下：

a) 新系统 $\lambda_{S新}^{*}=200.0\times10^{-6}/h$，老系统 $\lambda_{S老}=256.0\times10^{-6}/h$，按公式（5）得 $k=0.7815$。

b) 通过统计得到相似老系统组成单元故障率，建立表15，并将数据填入第3列。

c) 使用公式（6）计算新系统中各子系统故障率，见表15中第4列。

d) 计算 $MTBF_i^{*}$，并将结果圆整化，见表15中第5、6列。

e) 编写分配报告（略）。

表 15　某液压系统各单元产品故障率

单元产品	比例系数/k	$\lambda_{i老}/(10^{-6}/h)$	$\lambda_{i新}^{*}/(10^{-6}/h)$	$MTBF_i^{*}/h$	圆整化 $MTBF_i^{*}/h$
油箱		3.0	2.34	427350.4	427350
拉紧装置		1.0	0.78	1282051	1282051
油泵		75.0	58.59	17067.76	17068
电动机		46.0	35.94	27824.15	27824
止回阀		30.0	23.44	42662.12	42662
安全阀	0.7815	26.0	20.31	49236.83	49237
油滤		4.0	3.13	319488.8	319489
联轴节		1.0	0.78	1282051	1282051
导管		3.0	2.34	427350.4	427350
启动器		67.0	52.34	19105.85	19106
总计（系统）		256.0	200.0	—	—

8　层次分析分配法

8.1　概述

应用层次分析分配法（AHP）进行可靠性分配时，找出影响系统可靠性的因素（如复杂度、技术成熟度、环境恶劣度、工作时间等），各单元产品以该因素为准则进行两两比较，综合所有因素的比较系数，确定单元产品相对于系统的权重，并根据权重确定单元产品可靠性指标的分配指标。应用层次分析分配法可以对系统的故障率、MTBF等基本可靠性指标进行分配。

8.2　层次分析分配法实施步骤

应用层次分析法进行可靠性分配的实施步骤是：

a) 确定影响因素

确定影响系统可靠性的因素。通常可以选择的因素有：复杂程度、技术成熟水平、环境条件、工作时间、故障后果、可达性等。

b) 确定判断尺度

判断尺度是指对两两比较的影响因素或单元产品的比较结果进行打分的依据，表16给出了判断尺度的一种推荐的取值。在分配过程中，也可根据实际情况调整判断尺度的打分。

表16 判断尺度定义

判断尺度	定 义
1/3	A_i 明显不如 A_j 重要
1/2	A_i 不如 A_j 重要
1	A_i 和 A_j 同样重要
2	A_i 比 A_j 重要
3	A_i 比 A_j 明显重要

c) 建立影响因素相对系统的两两比较结果矩阵 $\boldsymbol{P_A}$

$$\boldsymbol{P_A} = \begin{array}{c} \\ A_1 \\ A_2 \\ A_i \\ \cdots \\ A_k \end{array} \begin{array}{cccc} A_1 \quad A_2 \quad \cdots \quad A_j \quad A_k \\ \begin{bmatrix} 1 & a_{12} & \cdots & a_{1j} & a_{1k} \\ 1/a_{12} & 1 & \cdots & a_{2j} & a_{2k} \\ 1/a_{1i} & 1/a_{2i} & \cdots & a_{ij} & a_{ik} \\ \cdots & \cdots & \cdots & \cdots & \cdots \\ 1/a_{1k} & 1/a_{2k} & \cdots & 1/a_{jk} & 1 \end{bmatrix} \end{array}$$

式中：A_i，A_j——第 i，j 个影响因素；i，$j=1$，2，$\cdots$，k；

　　　k——影响因素个数；

　　　a_{ij}——根据判断尺度，第 i 个影响因素与第 j 个影响因素相对系统重要程度的比较结果。

d) 计算影响因素权重，相容性分析

求矩阵 $\boldsymbol{P_A}$ 的最大特征值 θ_A，及 θ_A 对应的特征向量，并对该特征向量进行归一化处理，得到影响因素权重向量 $w_A=(w_{a1}, w_{a2}, \cdots, w_{ai}, w_{ak})$。$w_{ai}$ 为第 i 个影响因素相对系统的权重。

归一化处理的过程如下所示：

设 $\theta_A=(w_1, w_2, \cdots, w_n)$，计算 $n=\sqrt{w_1^2+w_2^2+\cdots+w_n^2}$

计算 $\theta_{A1}=(w_1/n, w_2/n, \cdots, w_n/n)$ 完成对 θ_A 的归一化处理。

使用公式（7）计算相容性指标 C.I.

$$C.I. = \frac{\theta_A - n}{n-1} \tag{7}$$

式中：n——影响因素数量。

如果 C.I.≤0.1，则矩阵 $\boldsymbol{P}_A$ 满足相容性要求；如果不满足 C.I.≤0.1，则需重新建立 $\boldsymbol{P}_A$，重新计算影响因素权重。

e) 建立单元产品相对各影响因素的两两比较结果矩阵 $\boldsymbol{P}_{Bm}$

有多少影响因素，就需要建立多少比较结果矩阵，第 m 个影响因素的比较结果矩阵如下。

$$
\boldsymbol{P}_{B_m} = \begin{array}{c} \\ B_{m1} \\ B_{m2} \\ B_{mi} \\ \cdots \\ B_{mn} \end{array} \begin{array}{cccc} B_{m1} & B_{m2} & \cdots & B_{mj} \quad B_{mn} \end{array} \left[\begin{array}{ccccc} 1 & b_{m12} & \cdots & b_{m1j} & b_{m1n} \\ 1/b_{m12} & 1 & \cdots & b_{m2j} & b_{m2n} \\ 1/b_{m1i} & 1/b_{m2i} & \cdots & b_{mij} & b_{min} \\ \cdots & \cdots & \cdots & \cdots & \cdots \\ 1/b_{m1n} & 1/b_{m2n} & \cdots & 1/b_{mjn} & 1 \end{array} \right]
$$

式中：$\boldsymbol{P}_{Bm}$——第 m 个影响因素矩阵；

　　B_{mi}，B_{mj}——第 m 个影响因素矩阵中，第 i，j 个单元产品；i，j=1，2，…，n；

　　N——单元产品个数；

　　B_{mij}——根据判断尺度，第 i 个单元产品与第 j 个单元相对第 m 个因素重要程度的比较结果。

f) 计算单元产品相对影响因素的权重，建立单元产品相对影响因素的权重矩阵

求矩阵 $\boldsymbol{P}_{Bm}$ 的最大特征值 θ_{Bm}，及 θ_{Bm} 对应的特征向量，并对该特征向量进行归一化处理，得到权重向量 $\boldsymbol{w}_{Bm}=（w_{bm1}，w_{bm2}，\cdots，w_{bmi}，w_{bmn}）$。$w_{bmi}$ 为第 i 个单元产品相对影响因素 m 的权重。

使用式（7）计算矩阵 $\boldsymbol{P}_{Bm}$ 相容性指标 C.I.。

如果 C.I.≤0.1，则矩阵 $\boldsymbol{P}_{Bm}$ 满足相容性要求；如果不满足 C.I.≤0.1，则需重新建立 $\boldsymbol{P}_{Bm}$，重新计算单元产品相对影响因素 m 的权重。

计算单元产品相对所有影响因素的权重向量后，把这些权重向量组成权重矩阵 $\boldsymbol{P}_C$

$$
\boldsymbol{P}_C = \begin{bmatrix} w_{B1} \\ w_{B2} \\ \cdots \\ w_{Bm} \\ \cdots \\ w_{Bk} \end{bmatrix}
$$

g) 计算单元产品相对系统的权重

使用式（8）计算单元产品相对系统的权重 ω：

$$\boldsymbol{w}=\boldsymbol{w}_A \cdot \boldsymbol{P}_C \tag{8}$$

式（8）为矩阵乘法。

式中：$\boldsymbol{w}$——为单元产品相对系统的权重向量，$\boldsymbol{w}=（w_1，w_2，\cdots，w_i，w_n）$；

　　$\boldsymbol{w}_A$——为影响因素相对系统的权重向量；

　　$\boldsymbol{P}_C$——为单元产品相对各影响因素的权重矩阵。

h) 计算分配结果

使用公式（9）计算各单元产品的分配结果

$$\lambda_i^* = w_i \lambda_s^* \tag{9}$$

式中：λ_i^*——第 i 个单元产品的故障率分配值，i=1, 2, ..., n，单位为 10^{-6}/小时（10^{-6}/h）；

w_i——第 i 个单元产品的权重；

λ_s^*——规定的故障率指标，单位为 10^{-6}/小时（10^{-6}/h）。

i) 处理分配结果

把分配得到的故障率求倒数得到 MTBF，并对结果进行圆整化。

j) 编写分配报告。

8.3 层次分析分配法注意事项

a) 判断尺度由有一定经验的专家给定，对打分的处理过程可参考评分分配法。

b) 相容性检查也是必要的过程，是对判断结果可信性的重要检验。

c) 判断尺度的打分可根据实际情况给出。比如遇到相容性检查不合格的情况就可适当调整给分。

d) 矩阵相乘的方法、矩阵特征向量的计算方法可参考线性代数中的相关部分。

e) 应用层次分析分配法进行可靠性分配的计算量比较大，最好使用工具软件（如 MATLAB、EXCEL 等）辅助计算。

8.4 层次分析分配法应用案例

规定某型飞机的飞控系统中自动驾驶仪、离合器、副翼助力器、襟翼控制系统、驾驶盘的故障率指标 λ_s^*=7.0×10^{-3}/fh，试用 AHP 方法对该飞控系统这 5 个单元产品进行基本可靠性分配，步骤如下：

a) 确定影响因素

确定飞控系统可靠性影响因素有：复杂程度、技术成熟水平、环境条件、工作时间、可达性等因素综合影响，使用 A_1、A_2、A_3、A_4、A_5 代表这些影响因素。

b) 确定判断尺度

判断尺度采用表 16 给出的取值。

c) 建立影响因素相对系统的两两比较结果矩阵 $\boldsymbol{P_A}$

经过专家对这些影响因素相对飞控系统重要程度的打分，建立比较结果矩阵 $\boldsymbol{P_A}$ 如下所示：

$$\boldsymbol{P_A} = \begin{array}{c} \\ A_1 \\ A_2 \\ A_3 \\ A_4 \\ A_5 \end{array} \begin{array}{ccccc} A_1 & A_2 & A_3 & A_4 & A_5 \\ \left[\begin{array}{ccccc} 1 & 1 & 2 & 2 & 3 \\ 1 & 1 & 2 & 2 & 3 \\ 1/2 & 1/2 & 1 & 1 & 2 \\ 1/2 & 1/2 & 1 & 1 & 2 \\ 1/3 & 1/3 & 1/2 & 1/2 & 1 \end{array} \right] \end{array}$$

d) 计算影响因素权重，相容性分析

求矩阵 $\boldsymbol{P_A}$ 的最大特征值为 5.0133，对应的特征向量为（0.6143，0.6143，0.3254，

0.3254，0.1831），并对该特征向量进行归一化处理，得到影响因素权重向量 w_A=（0.2978，0.2978，0.1578，0.1578，0.0888）。

使用公式（7）计算 C.I.=0.0029<0.1，因此通过相容性检验。

e) 建立单元产品相对各影响因素的两两比较结果矩阵 P_{Bm}

由于影响因素有 5 个，因此单元产品相对于影响因素的比较结果矩阵也有 5 个。经过专家对单元产品相对这些影响因素重要程度的打分可以得到。

单元产品相对 A_1（复杂性）比较结果矩阵为：

$$P_{B1} = \begin{bmatrix} 1 & 2 & 3 & 2 & 1 \\ 1/2 & 1 & 2 & 1 & 1/2 \\ 1/3 & 1/2 & 1 & 1/2 & 1/3 \\ 1/2 & 1 & 2 & 1 & 1/2 \\ 1 & 2 & 3 & 2 & 1 \end{bmatrix}$$

单元产品相对 A_2（技术成熟水平）比较结果矩阵为：

$$P_{B2} = \begin{bmatrix} 1 & 1 & 3 & 2 & 3 \\ 1 & 1 & 3 & 2 & 3 \\ 1/3 & 1/3 & 1 & 1/2 & 1 \\ 1/2 & 1/2 & 2 & 1 & 2 \\ 1/3 & 1/3 & 1 & 1/2 & 1 \end{bmatrix}$$

单元产品相对 A_3（环境条件）比较结果矩阵为：

$$P_{B3} = \begin{bmatrix} 1 & 1 & 1/2 & 1 & 2 \\ 1 & 1 & 1/2 & 1 & 2 \\ 2 & 2 & 1 & 2 & 2 \\ 1 & 1 & 1/2 & 1 & 2 \\ 1/2 & 1/2 & 1/2 & 1/2 & 1 \end{bmatrix}$$

单元产品相对 A_4（工作时间）比较结果矩阵为：

$$P_{B4} = \begin{bmatrix} 1 & 2 & 2 & 2 & 1 \\ 1/2 & 1 & 1 & 1 & 1/2 \\ 1/2 & 1 & 1 & 1 & 1/2 \\ 1/2 & 1 & 1 & 1 & 1/2 \\ 1 & 2 & 2 & 2 & 1 \end{bmatrix}$$

单元产品相对 A_5（可达性）比较结果矩阵为：

$$P_{B5} = \begin{bmatrix} 1 & 1 & 3 & 1 & 1 \\ 1 & 1 & 3 & 1 & 1 \\ 1/3 & 1/3 & 1 & 1/3 & 1/3 \\ 1 & 1 & 3 & 1 & 1 \\ 1 & 1 & 3 & 1 & 1 \end{bmatrix}$$

f) 计算单元产品相对影响因素的权重，建立单元产品相对影响因素的权重矩阵

求矩阵 P_{B1}、P_{B2}、P_{B3}、P_{B4}、P_{B5} 的最大特征值对应的特征向量，并对该特征向量进行归一化处理，得到权重向量：

$w_{B1}=$（0.2978，0.1558，0.0888，0.1578，0.2978）；

$w_{B2}=$（0.3133，0.3133，0.0986，0.1763，0.0986）；

$w_{B3}=$（0.1867，0.1867，0.3301，0.1867，0.1267）；

$w_{B4}=$（0.2857，0.1429，0.1429，0.1429，0.2857）；

$w_{B5}=$（0.2308，0.2308，0.0769，0.2308，0.2308）。

使用公式（7）计算得到 $C.I._{B1}$、$C.I._{B2}$、$C.I._{B3}$、$C.I._{B4}$、$C.I._{B5}$ 都小于 0.1，因此通过相容性检查。

把这些权重向量组成权重矩阵 P_C 如下所示：

$$P_C=\begin{bmatrix} 0.2978 & 0.1558 & 0.0888 & 0.1578 & 0.2978 \\ 0.3133 & 0.3133 & 0.0986 & 0.1763 & 0.0986 \\ 0.1867 & 0.1867 & 0.3301 & 0.1867 & 0.1867 \\ 0.2857 & 0.1429 & 0.1429 & 0.1429 & 0.2857 \\ 0.2308 & 0.2308 & 0.0769 & 0.2308 & 0.2308 \end{bmatrix}$$

g) 计算单元产品相对系统的权重

使用公式（8）计算单元产品相对系统的权重 w

$$w=(0.2978,0.2978,0.1578,0.1578,0.0888)\times\begin{bmatrix} 0.2978 & 0.1558 & 0.0888 & 0.1578 & 0.2978 \\ 0.3133 & 0.3133 & 0.0986 & 0.1763 & 0.0986 \\ 0.1867 & 0.1867 & 0.3301 & 0.1867 & 0.1867 \\ 0.2857 & 0.1429 & 0.1429 & 0.1429 & 0.2857 \\ 0.2308 & 0.2308 & 0.0769 & 0.2308 & 0.2308 \end{bmatrix}$$

$=(0.277, 0.213, 0.135, 0.172, 0.204)$

h) 计算分配结果

使用公式（9）计算各单元产品的分配结果：

$\lambda_1^*=7.0\times10^{-3}\times0.277=1.94\times10^{-3}$ /fh；

$\lambda_2^*=7.0\times10^{-3}\times0.213=1.49\times10^{-3}$ /fh；

$\lambda_3^*=7.0\times10^{-3}\times0.135=0.94\times10^{-3}$ /fh；

$\lambda_4^*=7.0\times10^{-3}\times0.172=1.20\times10^{-3}$ /fh；

$\lambda_5^*=7.0\times10^{-3}\times0.204=1.43\times10^{-3}$ /fh。

i) 处理计算结果

把分配得到的故障率求倒数得到 MFHBF，并对结果进行圆整化，得到分配给各单元产品的 MFHBF 值：

自动驾驶仪： $MFHBF_1^*=516fh$；

离合器： $MFHBF_2^*=673fh$；

副翼助力器： $\text{MFHBF}_3^* = 1041\text{fh}$；

襟翼控制系统： $\text{MFHBF}_4^* = 831\text{fh}$；

驾驶盘： $\text{MFHBF}_5^* = 702\text{fh}$。

j) 编写分配报告（略）。

9 AGREE 分配法

9.1 概述

AGREE 分配法是适用于电子产品的一种方法，该方法根据各单元产品的重要程度、复杂程度以及工作时间进行可靠性指标的分配，是工程应用较广泛的一种分配方法。AGREE 分配法可以对系统进行任务可靠性分配，分配的指标是任务可靠度 R。

9.2 AGREE 分配法实施步骤

AGREE 分配法的实施步骤是：

a) 确定第 i 个单元产品包含的器件数量 n_i。

b) 确定第 i 个单元产品工作时间 t_i。

c) 确定第 i 个单元产品的重要度系数 ω_i

w_i 反映了单元产品故障影响任务完成的程度。$w=1$，说明单元产品故障将直接导致系统任务失败；$w<1$，说明单元产品故障，系统不一定不能完成任务。单元产品具有余度系统或其某些故障模式不会影响系统完成任务时 $w<1$。

a) 由下式计算分配给第 i 个单元产品的 MTBF

$$\theta_i^* = \frac{N w_i t_i}{n_i(-\ln R_s^*)} \tag{10}$$

式中：N——产品包含的器件总数量，$N = \sum_{i=1}^{K} n_i$，其中 K 为单元产品数量；

t_i——第 i 个单元产品工作时间，单位为小时（h）；

w_i——第 i 个单元产品的重要度系数；

n_i——第 i 个单元产品包含的器件数量；

R_s^*——产品的可靠度分配值。

b) 由公式（11）计算分配给第 i 个单元的任务可靠度 $R_i^*(t)$：

$$R_i^*(t) = \mathrm{e}^{-t_i/\theta_i^*} \tag{11}$$

式中：t_i——第 i 个单元产品工作时间，单位为小时（h）；

θ_i^*——分配给第 i 个单元产品的 MTBF，单位为小时（h）。

9.3 AGREE 分配法注意事项

单元产品的重要度系数可以通过可靠性模型、故障模式、影响及危害性分析（FMECA）或故障树分析（FTA）等方法得到。

9.4 AGREE 分配法应用案例

某分系统由发射装置、接收机、起飞用自动装置、控制设备、电源等单元组成，要求工作 12 小时的可靠度为 0.923，该分系统的各单元产品有关参数见表 17，用 AGREE

分配法分配各单元产品可靠度的过程如下：

a) 确定第 i 个单元产品包含的器件数量 n_i，见表 17 第 3 列。

b) 确定第 i 个单元产品工作时间 t_i，见表 17 第 4 列。

c) 确定第 i 个单元产品的重要度系数 ω_i，见表 17 第 5 列。

d) 由公式（10）计算分配给每个单元产品的 MTBCF：

$$\theta_1^* = \frac{-570 \times 1.0 \times 12}{102 \times \ln(0.923)} h = 837h ;$$

$$\theta_2^* = \frac{-570 \times 1.0 \times 12}{91 \times \ln(0.923)} h = 938h ;$$

$$\theta_3^* = \frac{-570 \times 0.3 \times 3}{95 \times \ln(0.923)} h = 2134h ;$$

$$\theta_4^* = \frac{-570 \times 1.0 \times 12}{242 \times \ln(0.923)} h = 353h ;$$

$$\theta_5^* = \frac{-570 \times 1.0 \times 12}{40 \times \ln(0.923)} h = 2134h 。$$

将结果填入表 17 第 6 列中。

e) 由公式（11）计算分配给每个单元产品分配可靠度

$$R_1^* = 0.9858 , \quad R_2^* = 0.9678 , \quad R_3^* = 0.9562 , \quad R_4^* = 0.9666 , \quad R_5^* = 0.9944$$

将结果填入表 17 第 7 列中。

表 17　各单元有关分配参数和指标

序号	单元产品	组件数 n_i	工作时 t_i /h	重要因子 w_i	MTBF(θ_i^*)	R_i^*
1	发射装置	102	12	1.0	837h	0.9858
2	接收机	91	12	1.0	938h	0.9678
3	起飞用自动装置	95	3	0.3	67h	0.9562
4	控制设备	242	12	1.0	353h	0.9666
5	电　源	40	12	1.0	2134h	0.9944
总计		570				

f) 编写分配报告（略）。

附录 A
（资料性附录）
直接分配法

A.1　概述

直接分配法是有约束条件的一种分配方法，该方法的思路是每次在系统中找出不可靠度相对较大的分系统，在这些分系统上并联一个余度单元产品，并检查约束条件。如果仍然在约束条件允许范围内，则继续进行相同过程，直到使系统可靠性达到最大，得到系统的单元产品组成方案。直接分配法得到的系统配置方案是一种近似最优解。

A.2　直接分配法实施步骤

直接分配法的一般步骤，见图 A.1。

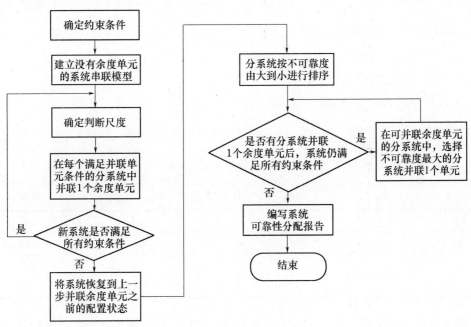

图 A.1　直接分配法一般步骤

a) 确定系统约束条件

确定系统约束条件包括最低可接受系统可靠度要求，费用约束条件、重量约束条件等。

b) 建立没有余度单元的系统串联模型。

c) 确定判断尺度。

判断尺度为 $F_L=0.5F_{MAX}$，F_{MAX} 为当前系统配置中，最大分系统不可靠度的取值。

d) 在每个满足并联单元条件的分系统中并联 1 个余度单元

满足并联单元条件的分系统是所有不可靠度大于或等于 F_L 的分系统。在这些分系统中，都并联一个余度单元。

e) 判断新配置的系统是否满足约束条件

针对并联余度单元后的系统进行是否满足步骤 a)中确定的约束条件。

1) 如果满足所有约束条件，继续步骤 c)。

2) 如果不满足，执行下一步骤。

f) 将系统恢复到上一步并联余度单元之前的配置状态

将系统恢复到上一步配置状态，即上一步所有并联 1 个余度单元的分系统取消这个并联余度单元的配置。确保系统在该配置下，满足所有约束条件。

g) 分系统按不可靠度由大到小进行排序。

h) 判断是否有分系统在并联 1 个余度单元后，系统仍满足所有约束条件

如果有，进行步骤 i)，如果没有，进行步骤 j)。

i) 在可并联余度单元的分系统中，选择不可靠度最大的分系统并联 1 个单元，继续步骤 g)。

j) 编写系统可靠性分配报告（略）。

A.3　直接分配法注意事项

a) 组成系统的分系统之间是串联关系，分系统可并联余度单元产品。

b) 直接分配法计算量相对较大。

c) 直接分配法得到的分配结果是近似最优解。

A.4　直接分配法示例

一个由 4 个分系统组成的串联系统，各单元的可靠度、单价及单重见表 A.1：

表 A.1　分系统数据

分 系 统	1	2	3	4
单元可靠度	0.8	0.7	0.75	0.85
单价/（万元）	1.2	2.3	3.4	4.5
单重/kg	1.0	1.0	1.0	1.0

约束条件为总价格 $C \leqslant 30$ 万元，总重量 $W \leqslant 15$kg，则运用直接分配法进行可靠性分配的过程如下。

a) 确定系统约束条件

确定系统约束条件为：$C \leqslant 30$ 万元，总重量 $W \leqslant 15$kg。

b) 建立没有余度单元的系统串联模型

系统由分系统 1、分系统 2、分系统 3、分系统 4 组成，每个分系统中包含的单元产品数量为 k_1, k_2, k_3, k_4，没有余度单元时（k_1, k_2, k_3, k_4）=（1,1,1,1）。

c) 确定判断尺度

第一步的判断尺度是 $F_L = 0.5 F_{MAX} = 0.5 \times 0.3 = 0.15$。

d) 在每个满足并联单元条件的分系统中并联 1 个余度单元

第一步选择并联余度单元的分系统是判断分系统的不可靠度是否大于等于 0.15，满足该条件的分系统是分系统 1、分系统 2、分系统 3 和分系统 4。在这些分系统中都并联一个余度单元，得到新系统配置状态 $(k_1,k_2,k_3,k_4)=(2,2,2,2)$。

e) 判断新配置的系统是否满足约束条件

经计算新系统配置下 $C=22.4\leqslant30$，$W=8\leqslant15$，即满足所有约束条件，因此继续步骤 c)；

整个并联过程见表 A.2，在进行到步骤 d)时，系统配置 $(k_1,k_2,k_3,k_4)=(3,4,3,3)$ 不满足费用约束条件，因此系统配置要恢复到上一步配置状态，即 $(k_1,k_2,k_3,k_4)=(2,3,3,2)$。

f) 将当前状态下各分系统按不可靠由大到小排序。

g) 判断系统中，是否有分系统在并联 1 个余度单元后，系统仍满足所有约束条件

有分系统 1 在并联余度单元后，系统仍满足所有约束条件，则给分系统 1 再并联 1 个单元。最终系统在配置为 $(k_1,k_2,k_3,k_4)=(3,3,3,2)$ 情况下所有分系统都不能再并联余度单元，分配结束。

此时各分系统可靠度为 0.992、0.973、0.984、0.977。在满足总价格 $C\leqslant30$ 万元，总重量 $W\leqslant15kg$ 的约束条件下，整个系统可靠度 $R_S=0.928$。

h) 编写分配报告（略）。

表 A.2 直接分配并联数量计算过程

序号	k_1	k_2	k_3	k_4	C/万元	W/kg	F_1	F_2	F_3	F_4	F_L
1	1	1	1	1	11.4	4	0.2	**0.3**	0.25	0.15	0.15
2	2	2	2	2	22.4	8	0.04	**0.09**	0.0625	0.0225	0.045
3	2	3	3	2	28.1	10	**0.04**	0.027	0.0156	0.0225	0.02
4	3	4	3	3	**36.5**	13	—	—	—	—	—
5	2	3	3	2	28.1	10	**0.04**	0.027	0.0156	0.0225	—
6	3	3	3	2	29.2	11	0.008	**0.027**	0.0156	0.0225	—
7	3	4	3	2	**31.5**	12	—	—	—	—	—
8	3	3	3	2	29.2	11	0.008	—	0.0156	**0.0225**	—
9	3	3	3	3	**33.7**	11	—	—	—	—	—
10	3	3	3	2	29.2	11	0.008	—	**0.0156**	—	—
11	3	3	4	3	**32.6**	11	—	—	—	—	—
12	3	3	3	2	29.2	11	**0.008**	—	—	—	—
13	3	3	3	3	**30.4**	11	—	—	—	—	—
14	3	3	3	2	29.2	11	—	—	—	—	—

注：□ 表示总价格超出约束条件

参 考 文 献

[1] 曾声奎，赵廷弟，张建国，等．系统可靠性设计分析教程[M]．北京：北京航空航天大学出版社，2001．

[2] 杨为民，阮镰，俞沼，等．可靠性维修性保障性总论[M]．北京：国防工业出版社，1995．

[3] 《可靠性维修性保障性术语集》编写组．可靠性维修性保障性术语集[M]．北京：国防工业出版社，2002．

[4] 宋保维．系统可靠性设计与分析[M]．西安：西北工业大学出版社，2000．

[5] 田蔚风，金志华．可靠性技术[M]．上海：上海交通大学出版社，1996．

[6] 李海泉，李刚．系统可靠性分析与设计[M]．北京：科学出版社，2003．

[7] 平志鸿，康锐，许海宝．汽车产品可靠性指标分配的因素综合法[J]．汽车工程，1997,1．

[8] 任建军，张喜斌，张恒喜．基于 AHP 的可靠性指标确定方法研究[J]．装备指挥技术学报，2004，15(1)．

[9] 彭宝华，赵建印，孙权．复杂系统可靠性分配的层次分析法[J]．电子产品可靠性与环境试验，2005，6．

[10] GJB 450A《装备可靠性工作通用要求》实施指南[M]．北京：总装备部电子信息基础部技术基础局，总装备部技术基础管理中心，2008．

XKG

型 号 可 靠 性 技 术 规 范

XKG / K03—2009

型号电子产品可靠性预计应用指南

Guide to the reliability prediction of electronic items for materiel

目　次

前　言

本指南的附录 A、附录 B 是资料性附录。

本指南由国防科技工业可靠性工程技术研究中心负责组织实施。

本指南起草单位：北京航空航天大学可靠性工程研究所、中国航空无线电电子研究所、兵器系统总体部、航空 613 所。

本指南主要起草人：李瑞莹、康锐、戴慈庄、施劲松、康蓉莉、艾永春。

型号电子产品可靠性预计应用指南

1 范围

本指南规定了型号（装备，下同）电子产品可靠性预计的要求、程序和方法。

本指南适用于型号电子产品在方案、工程研制阶段的可靠性预计。

2 规范性引用文件

下列文件中的有关条款通过引用而成为本指南的条款。凡注明日期或版次的引用文件，其后的任何修改单（不包括勘误的内容）或修订版本都不适用本指南，但提倡使用本指南的各方探讨使用其最新版本的可能性。凡未注日期或版次的引用文件，其最新版本适用于本指南。

GB/T 7289	可靠性、维修性与有效性预计报告编写指南
GB/T 7827	可靠性预计程序
GJB 450A	装备可靠性工作通用要求
GJB 451A	可靠性维修性保障性术语
GJB 813	可靠性模型的建立和可靠性预计
GJB/Z 23	可靠性和维修性工程报告编写的一般要求
GJB/Z 108A	电子设备非工作状态可靠性预计手册
GJB/Z 299C	电子设备可靠性预计手册

3 术语和定义

GJB 451A 确立的以及下列术语和定义适用于本指南。

3.1 故障 fault/failure

产品不能执行规定功能的状态。通常指功能故障。因预防性维修或其他计划性活动或缺乏外部资源造成不能执行规定功能的情况除外。

3.2 失效 failure

产品丧失完成规定功能的能力的事件。

注：实际应用中，特别是对硬件产品而言，故障与失效很难区分，故一般统称故障。

3.3 故障率 failure rate

产品可靠性的一种基本参数。其度量方法为：在规定的条件下和规定的期间内，产品的故障总数与寿命单位总数之比。有时亦称失效率。

3.4 可靠性预计 reliability prediction

为了估计产品在给定工作条件下的可靠性而进行的工作。

3.5 通用故障率 generic failure rate

元器件在某一环境类别中，在通用工作环境温度和常用工作应力下的故障率。在元器件计数可靠性预计时使用此通用故障率。

3.6 元器件质量等级 electronic component quality class

元器件装机使用之前，按产品执行标准或供需双方的技术协议，在制造、检验及筛选过程中其质量的控制等级。

3.7 质量系数 quality coefficient

不同质量等级对元器件工作故障率影响的调整系数。

3.8 环境类别 environmental type

依据电子设备使用时遇到的气候条件、机械条件、生物条件、化学活性物质以及机械活性物质等的特点及其相似的程度对环境进行划分，形成环境类别。

3.9 环境系数 environmental coefficient

不同环境类别的环境应力（除温度应力外）对元器件故障率影响的调整系数。

3.10 货架产品 off-the-shelf-item

无需进行研究、研制、试验与评价工作，或只稍作改进便能满足型号需求而购买的现有系统/设备。它可以是市场可买到的商品或库存中已有的系统/设备。

4 符号和缩略语

4.1 符号

下列符号适用于本指南。

λ——故障率，单位为10^{-6}/小时（10^{-6}/h）；

λ_G——通用故障率，单位为10^{-6}/小时（10^{-6}/h）；

π_Q——质量系数；

π_E——环境系数；

$R(t)$——产品在t时刻的可靠度。

4.2 缩略语

下列缩略语适用于本指南。

MTBF——mean time between failures，平均故障间隔时间，单位为小时（h）。

5 一般要求

5.1 目的和作用

a）目的

电子产品可靠性预计的目的是估计系统中电子产品的基本可靠性和任务可靠性，评价所提出的设计方案是否能满足规定的可靠性定量要求。

b）作用

电子产品可靠性预计的主要作用是预测产品能否达到合同规定的可靠性指标值，此外，还可起到以下作用：

1）检查电子产品可靠性指标分配的可行性和合理性。

2）通过对不同设计方案的预计结果，比较选择优化设计方案。

3) 发现设计中的薄弱环节，为改进设计、加强可靠性管理和生产质量控制提供依据。

4) 为元器件的选择、控制提供依据。

5) 为开展可靠性增长试验和验证试验等工作提供信息。

6) 为综合权衡可靠性、重量、成本、尺寸、维修性、测试性等参数提供依据，并为维修体制和保障性分析提供信息。

本指南提供了型号电子产品可靠性预计方法，XKG/K01—2009《型号系统可靠性建模与预计应用指南》和 XKG/K04—2009《型号非电子产品可靠性预计应用指南》则分别提供了型号系统和非电子产品可靠性预计指南。

5.2 时机

电子产品可靠性预计在研制早期就应着手进行，随着研制工作的进展，不断细化，并随设计的更改而修正，反复迭代进行。

5.3 假设

电子产品可靠性预计有如下假设：

a) 产品各组成部分寿命均服从指数分布。

b) 产品各组成部分之间的故障相互独立。

对于不服从假设 a)的电子产品，处理办法参见本指南 5.6 条"注意事项"中第 h)项；对于不服从假设 b)的电子产品，应进行适当修正，具体方法参见本指南附录 A。

5.4 程序

电子产品可靠性预计工作的程序见图 1。

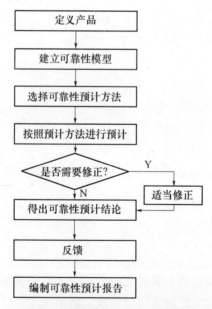

图 1　电子产品可靠性预计程序

a) 定义产品

包括产品的功能和任务、组成及其接口、所处研制阶段、工作条件、产品工作模式及不同工作模式下产品的组成成分、产品工作模式与任务的对应关系、产品的工作时间和故障判据。

b) 建立可靠性模型

根据产品定义，绘制产品可靠性框图，建立产品可靠性数学模型，包括基本可靠性模型和任务可靠性模型，具体方法见 XKG／K01—2009《型号系统可靠性建模与预计应用指南》。

c) 选择可靠性预计方法

根据产品所处研制阶段及其拥有的信息量，参见本指南 5.5 条选择适当的可靠性预计方法。

d) 按照预计方法进行预计

按照各种预计方法的实施步骤进行可靠性预计，参见本指南第 6 部分～第 8 部分中的"实施步骤"。

e) 适当修正（可选）

对可靠性预计结果进行适当修正，修正方法包括过程评分法、试验数据法、使用数据法。具体方法参见本指南附录 A。

f) 得出可靠性预计结论

可靠性预计结论，主要包括：

1) 给出产品可靠性预计结果。以方案对比为目的的可靠性预计要对比多个方案的可靠性预计值，选出可靠性最优的方案；以评价产品可靠性水平为目的的可靠性预计要判断预计值是否达到了产品成熟期的可靠性规定值。如果产品的组成部分有可靠性分配值，则应列出这些组成部分的可靠性预计结果，并与其可靠性分配值比较，以评价产品各组成部分是否达到了可靠性分配所确定的要求。

2) 进行薄弱环节分析，找到产品薄弱环节。

3) 提出改进产品可靠性的意见与建议。无论产品可靠性水平是否达到了产品成熟期的可靠性规定值，都应该进行此项工作。如有可能，应提供改进后可以达到的可靠性水平分析。例如，可以对不同的环境温度下的产品可靠性进行预计，作为开展热设计的依据之一。

g) 反馈

将可靠性预计结论反馈到设计过程中，综合其他工作的结论，根据第 f)项提出的改进产品可靠性的意见与建议，使得可靠性预计结果能够反映到产品的设计中，最终达到提高产品可靠性的目的。

h) 编制可靠性预计报告

报告主要包含：引言、产品概述、假设、可靠性模型、可靠性预计、预计原始数据的来源、结论、意见与建议、参考资料等，其格式应符合 GJB/Z 23《可靠性和维修性工程报告编写的一般要求》的规定。

5.5 方法及其选择

电子产品可靠性预计方法主要包括：相似电路法、元器件计数法和应力分析法等。各类电子产品可靠性预计方法的原理、适用范围、预计参数和前提条件等见表 1。一般应根据电子产品所处的研制阶段及其拥有的信息量来选择可靠性预计方法。在方案阶段，由于产品所拥有的信息量少，也可采用上下限法、相似产品法和专家评分法，具体方法见 XKG／K01—2009《型号系统可靠性建模与预计应用指南》。

表1 电子产品可靠性预计方法及其选择

预计方法	原　理	适用范围	预计参数	前提条件
相似电路法	将新设计的电路和已知可靠性的相似电路进行比较，从而简单地估计新电路可能达到的可靠性水平	方案阶段	MTBF、λ 等	a) 具有相似电路，且差别易于评定。 b) 相似电路具有可靠性数据，且该数据经过了现场评定
元器件计数法	根据经验确定各类元器件在不同工作环境下的通用故障率，将各个元器件通用故障率用质量系数修正，再累加得到系统故障率	工程研制阶段早期	λ、$R_m(t)$	a) 产品元器件的种类和数量、质量等级、工作环境已基本确定。 b) 能找到相关的数据手册，用以提供经验数据
应力分析法	根据工程经验建立各种元器件故障率同元器件质量等级、工作应力和环境等参数之间的函数关系，用这种工程经验公式计算每一个的元器件故障率，再运用产品可靠性模型，预计系统可靠性	工程研制阶段中后期	λ、$R_m(t)$	a) 产品元器件的具体种类、数量、工作应力和环境条件、质量等级等已确定。 b) 能找到相关的数据手册，用以提供经验公式和数据

5.6 注意事项

进行电子产品可靠性预计时，应注意：

a) 尽早预计

应尽早进行可靠性预计，以便当可靠性预计值未达到成熟期可靠性目标值时，能及早地在技术上和管理上予以注意，采取必要的措施。一般要求在方案阶段就开展可靠性预计。

b) 反复迭代

可靠性预计应与功能、性能设计同步进行，在研制的各个阶段，可靠性预计应反复迭代，使预计结果与产品的技术状态保持一致。随着设计工作的进展，产品定义进一步确定，可靠性模型将逐步细化，可靠性预计结果也将逐步接近实际。电子产品可靠性预计是一个反复迭代、动态管理的过程。

c) 可靠性预计结果的相对意义比具体值更为重要，要能影响产品设计

一般地，可靠性预计值与实际值的误差在1~2倍之内可认为是正常的，可靠性预计结果的相对意义比绝对值更为重要。可靠性预计结果要能影响设计，通过可靠性预计可以找到产品的薄弱环节，加以改进，提高产品可靠性水平。在对不同的设计方案进行优选、调整时，可靠性预计结果还是方案比较、选择的重要依据。

d) 预计结果应大于规定值

可靠性预计结果应大于研制总要求或合同中规定值的1.1~1.2倍,否则必须采取设计改进措施，直到满足为止。

e) 注意预计模型和数据来源的准确性

尽可能选择能反映电子产品可靠性真实水平的预计模型和数据。一般依据元器件的生产国、用途（军用/民用）、生产厂家所属行业、使用状态（工作/非工作）、生产年代的顺序选择数据手册，同一产品中不同元器件所需选用的数据手册可能是不一样的。各种电子产品可靠性数据手册参见本指南附录 B，其原则如下：

1) 依照元器件的国别，缩小数据手册范围。

例如，国产元器件，应选用我国的电子产品可靠性预计手册；从美国进口的元器件，应选用美国的数据手册；从英国进口的元器件，应选用英国的数据手册。

如果该国没有制定电子产品可靠性数据手册或无法获取该手册，则可采用与该国元器件设计、生产水平近似的国家的数据手册替代。

2) 依据元器件的用途是军用还是民用，进一步缩小数据手册范围。

例如，从美国进口的军用元器件，应选择 MIL-HDBK-217F《电子设备可靠性预计》（或 MIL-HDBK-217PLUS《电子设备可靠性预计》）；从美国进口的民用元器件，应选择民用数据手册，如 Telcordia SR-332《电子设备可靠性预计程序》（Issue 2）、PERL《电子设备可靠性预计方法》（Version 5.0）等。

如果该国没有民用电子产品可靠性数据手册，则采用该国的军用标准，但使用时应注意元器件质量等级的判定。

3) 按照元器件生产厂家所属的行业，进一步缩小数据手册范围。

例如，从美国进口的民用通信行业生产的元器件，应选用通信行业的电子产品可靠性数据手册 Telcordia SR-332《电子设备可靠性预计程序》（Issue 2）；从美国进口的民用汽车行业生产的元器件，应选用汽车行业的数据手册 PERL《电子设备可靠性预计方法》（Version 5.0）。

如果该国没有该行业的电子产品可靠性数据手册，则寻找近似行业的数据手册替代。如果元器件的用途是军用，则直接跳过此步。

4) 根据元器件使用时是否处于工作状态，进一步缩小数据手册范围。

在基本可靠性预计过程中，一般不对元器件使用状态进行区分，仅使用工作状态下的可靠性数据。

在任务可靠性预计或储存可靠性预计中，需要考虑元器件使用状态。例如，国产元器件使用时若处于工作状态，应选用 GJB/Z 299《电子设备可靠性预计手册》；若处于非工作状态，则应选用 GJB/Z 108《电子设备非工作状态可靠性预计手册》；若有可能处于工作状态也有可能处于非工作状态，则两个标准都选用。再如，国外进口元器件使用时若处于工作状态，应选用其对应的工作状态可靠性数据手册，如 MIL-HDBK-217F《电子设备可靠性预计》；若处于非工作状态，则应选用其对应的非工作状态数据手册，如无法获取，可将工作状态的数据作适当修正后使用。

5) 根据元器件生产年代，确定数据手册

一般而言，各类电子产品可靠性数据手册都有多个版次，如我国的 GJB 299 系列就有 GJB 299—1987、GJB/Z 299A—1991、GJB/Z 299B—1998、GJB/Z 299C—2006 等 4 个版本。不同时期的数据手册代表了不同时期元器件的可靠性水平，因此，应当选用能代表那个时期元器件特征的数据手册。

需注意：对于那些生产厂家提供了可靠性参数值的元器件，应优先选用生产厂家提供的数据；

f) 应说明数据来源与使用

预计中数据的来源务必一一说明，以便进行数据核查。若产品中包含货架产品或外包产品，其可靠性参数值应由供应商提供。

g) 对工作状态与非工作状态可靠性水平应进行综合预计

对于那些可能处于工作状态也有可能处于非工作状态的产品组成部分，需要先分别计算出该组成部分工作状态下的故障率和非工作状态下的故障率，再乘以各种状态所占整个产品工作时间的比率，累加得到该组成部分的故障率，见式（1）：

$$\lambda_i = d\lambda_{wi} + (1-d)\lambda_{nwi} \tag{1}$$

式中：λ_i——产品第 i 个组成部分的故障率，单位为 10^{-6}/小时（10^{-6}/h）；

d——产品第 i 个组成部分工作时间所占整个产品工作时间的比率；

λ_{wi}——产品第 i 个组成部分工作状态下的故障率，单位为 10^{-6}/小时（10^{-6}/h）；

λ_{nwi}——产品第 i 个组成部分非工作状态下的故障率，单位为 10^{-6}/小时（10^{-6}/h）。

对那些在产品工作过程中总处于工作状态的组成部分，$d=1$，即 $\lambda_i = \lambda_{wi}$，其故障率就等于工作状态的故障率，这是上述公式的特例。

h) 对含非指数分布组成部分的处理方法

若产品含非指数分布组成部分，那么对其中寿命满足指数分布的组成部分，仍采用本指南中指定的计算方法，得到故障率 λ_{ei}，再按 $R_{ei}(t) = e^{-\lambda_{ei}t}$ 计算可靠度；对其中寿命不满足指数分布的产品组成部分，则要按式（2）计算各组成部分的可靠度：

$$R_{nj}(t) = e^{-\int_0^t \lambda_{nj}(t)dt} = \int_t^\infty f_{nj}(t)dt \tag{2}$$

式中：$R_{nj}(t)$——第 j 个寿命不满足指数分布的产品组成部分在 t 时刻的可靠度；

$\lambda_{nj}(t)$——第 j 个寿命不满足指数分布的产品组成部分在 t 时刻的故障率，单位为 10^{-6}/小时（10^{-6}/h）；

$f_{nj}(t)$——第 j 个寿命不满足指数分布的产品组成部分的故障密度函数。对于不同的寿命分布类型，应采用不同的 $f_{nj}(t)$：

对于寿命服从正态分布的产品组成部分，$f_{nj}(t) = \dfrac{1}{\sigma\sqrt{2\pi}}e^{-(t-\theta)^2/2\sigma^2}$；

对于寿命服从对数正态分布的产品组成部分，$f_{nj}(t) = \dfrac{1}{\sigma t\sqrt{2\pi}}e^{-(\ln t-\theta)^2/2\sigma^2}$；

对于寿命服从威布尔分布（$\gamma=0$）的产品组成部分，$f_{nj}(t) = \dfrac{m}{t_0}t^{m-1}e^{\frac{-t^m}{t_0}}$。

尔后，再根据各组成部分之间的可靠性框图关系，计算产品的可靠度。例如，对于串联结构的产品，其电子产品可靠度 $R_S(t)$ 为：

$$R_S(t) = \prod_{i=1}^{n} R_{ei}(t) \times \prod_{j=1}^{m} R_{nj}(t) \tag{3}$$

式中： $R_S(t)$ ——产品在 t 时刻的可靠度；

$\quad\quad R_{ei}(t)$ ——第 i 个寿命满足指数分布的产品组成部分在 t 时刻的可靠度，这样的组
成部分在产品中共有 n 个；

$\quad\quad R_{nj}(t)$ ——第 j 个寿命不满足指数分布的产品组成部分在 t 时刻的可靠度，这样的
组成部分在产品中共有 m 个。

　　i) 系统中非电子产品的预计

　　电子系统中，也可能存在非电子产品，如紧固件、机箱、减振装置等，这些非电子
产品的可靠性预计方法见 XKG / K04-2009《型号非电子产品可靠性预计应用指南》。

　　j) 推荐使用计算机辅助设计软件

　　推荐使用计算机辅助设计软件进行电子产品可靠性预计，可提高效率、节省人力。
特别对于复杂非电子产品，效果更为明显。

6 相似电路法

6.1 概述

　　相似电路法是将正在研制的电路（如振荡、鉴别放大、调制和脉冲传输网络等）与
一个相似电路进行比较，该电路可靠性水平以前曾用某种方法确定过，并经过了现场评
定，利用从相似电路所获得的特定经验进行可靠性预计。预计的新设计电路不仅要与老
设计电路相似，而且还要易于确定和评定相互间细致的差别。

　　相似电路法适用于方案阶段的电子产品可靠性预计，特别适用于按系列开发的电
路。

6.2 实施步骤

　　相似电路法的步骤为：

　　a) 确定相似电路

　　考虑相似电路因素，选择确定与新研电路最为相似，且有可靠性数据的电路。

　　b) 分析相似因素对可靠性的影响

　　分析各种因素对电路可靠性的影响程度。其相似因素有：

　　1) 电路的结构和性能比较。

　　2) 设计的相似性。

　　3) 制造的相似性。

　　4) 电路任务剖面、寿命剖面的相似性（后勤的、工作的和环境的）。

　　根据 b）的分析，邀请有经验的，与产品相关的型号总师、副总师、主任设计师、
主管设计师、可靠性专家组成的专家组确定新研电路组成部分相对老电路组成部分的可
靠性变化。若新研电路较原电路有所进步，则取其相应的修正因子 $K_i > 1$ ；若与原电路
没有区别，则取 $K_i = 1$ ；否则取 $K_i < 1$ 。评定时，简单地可取各专家给出的修正因子的平
均值作为该修正因子的值，这一过程可用表 2 辅助完成。

表 2 修正因子 K_i 的确定

	组分 1	组分 2	……	组分 n
专家 1				
专家 2				
……				
专家 m				
均值			.	

c) 电路组成部分可靠性预计

根据 b) 的分析，由专家确定新研电路与相似电路相比可靠性改进的倍数，根据这一比值预计出新研电路的可靠性。

若预计参数为 λ，则计算方法为

$$\lambda_i = \lambda_{xsi} / K_i \qquad (i = 1, 2, \cdots, n) \tag{4}$$

式中：λ_i——新研电路组成部分 i 的故障率（电路中共有 n 个组成部分），单位为 10^{-6}/小时（10^{-6}/h）；

λ_{xsi}——相似电路中对应组成部分 i 的故障率，单位为 10^{-6}/小时（10^{-6}/h）；

K_i——新研电路较相似电路可靠性变化倍数。

若预计参数为 MTBF，则根据其与 λ 的关系进行换算。

d) 综合计算产品可靠性

根据可靠性建模得到的基本可靠性模型和任务可靠性模型，预计电路基本可靠性和任务可靠性。

6.3 注意事项

使用相似电路法时，需要注意：

a) 相似电路法的准确性取决于电路之间的相似程度，而不仅仅是决定于用来描述电路的一般性术语。例如：虽然两者都是通用音频放大器电路，但是，一个 0.1W 放大器电路可靠性一般不能用做研制 10W 放大器电路的预计，因为新研放大器的功率高得多，由于设计结构的差别和应力的关系，二者的可靠性水平并不能直接进行比较。如果有尺度因子能把可靠性与产品参数（例如功率水平）实际地联系起来，则可以进行比较。

b) 确保相似电路可靠性数据的准确性，所采用的相似电路可靠性数据必须是经过现场评定的。若相似电路可靠性数据不准确，也将直接影响预计的准确性。

c) 将单个电路的可靠性综合为产品可靠性预计时，应该考虑电路互联部分的可靠性因素。

6.4 应用案例

下面以某型激光测距系统为例，阐述相似电路法的应用。该系统规定的可靠性规定值要求：MTBF=300h，且 $R_m(t)=0.95$，其中 $t=20$ 小时，表示为 $R_m(20)=0.95$。

a) 定义产品

某型激光测距系统处于方案阶段，由控制面板和互联板、微处理机、显示器、高压

脉冲网络、电源电路、光电探测和放大电路等 6 个彼此独立的分系统（组成部分）组成。

该系统任务为利用激光探测两点之间的直线距离。执行该任务时，其工作模式为：接通电源后，一端激光发射，另一端激光接收，最后完成数据处理与显示。

由于工作时间短，假设该系统各组成部分工作时间相同。

b) 建立可靠性模型

假设：系统各组成部分寿命均服从指数分布，且系统各组成部分之间的故障相互独立。

1) 基本可靠性模型

该型激光测距系统的基本可靠性框图见图 2：

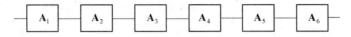

图 2　系统基本可靠性框图

A_1—控制面板和互联板；A_2—微处理机；A_3—显示器；A_4—高压脉冲网络；

A_5—电源电路；A_6—光电探测和放大电路。

基本可靠性数学模型为：

$$\lambda_S = \sum_{i=1}^{6} \lambda_i$$

式中：　λ_S——系统故障率，单位为 10^{-6}/小时（10^{-6}/h）；

λ_i——组成部分 $A_1 \sim A_6$ 的故障率，单位为 10^{-6}/小时（10^{-6}/h）。

2) 任务可靠性模型

根据产品任务及其对应工作模式描述，可知该型激光测距系统的任务可靠性框图也是串联结构，与基本可靠性框图相同，见图 2，任务可靠性数学模型为：

$$R_{mS}(t) = \prod_{i=1}^{6} e^{-\lambda_i t}$$

式中：　$R_{mS}(t)$——系统 t 时刻的可靠度；

λ_i——组成部分 $A_1 \sim A_6$ 的故障率，单位为 10^{-6}/小时（10^{-6}/h）。

c) 选择可靠性预计方法

由于该系统正处于方案阶段，且能找到有可靠性数据的某相似产品，因此采用相似电路法进行系统可靠性预计。

d) 按照预计方法进行预计

假设：本系统的光学和机械结构的故障率远小于电子组件部分的故障率，因此认为电子组件部分的可靠性水平可以直接反映该系统的可靠性水平。其步骤如下：

1) 确定相似电路

找到某相似电路——X 型激光测距系统各分系统的故障率 λ_{xsi}（该故障率数据为试验数据），见表 3 中第 2 列。

2) 分析相似因素对可靠性的影响

该激光测距系统的控制面板和互联板、微处理机与 X 型激光测距系统基本相同，为稳妥起见，认为这部分故障率提高了 1.2 倍；认为显示器较 X 型激光测距系统的故障率提高了 2 倍；高压脉冲网络、电源电路与 X 型激光测距系统基本相同，但因输入能量和充电电源增大，可靠性降低较多，认为故障率提高了 3 倍；光电探测和放大电路与 X 型激光测距系统基本相同，因此可靠性没有变化。

3) 系统组成部分可靠性预计

根据第 2）步的分析确定了该激光测距系统与 X 型激光测距系统相比可靠性水平提高的倍数，见表 3 中第 3 列；

可由式（4）计算出该激光测距系统各组成部分的故障率 λ_i，见表 3 中第 4 列。

表 3 某型激光测距系统应用相似电路法的可靠性预计

产品名称	X 型系统各组成部分故障率 $\lambda_{xsi} / (10^{-6}/h)$	该系统较 X 型系统各单元的可靠性改进倍数 K_i	该系统各组成部分故障率 $\lambda_i / (10^{-6}/h)$
控制面板和互联板（A₁）	115.18	1:1.2	138.22
微处理机（A₂）	134.8	1:1.2	161.76
显示器（A₃）	67	1:2	134
高压脉冲网络（A₄）	48.34	1:3	145.02
电源电路（A₅）	457.87	1:3	1373.61
光电探测和放大电路（A₆）	192.88	1:1	192.88
激光测距系统	1016.07		2145.49

4) 综合计算产品可靠性

(1) 根据基本可靠性模型计算该激光测距系统故障率 λ_S：

$$\lambda_S = \sum_{i=1}^{6} (\lambda_{xsi} / K_i) = 2145.49 \times 10^{-6}/h$$

由系统故障率计算系统平均故障间隔时间 MTBF：

$$\text{MTBF}_S = \frac{1}{\lambda_S} = 466.1h$$

(2) 根据任务可靠性模型计算该系统的任务可靠度为：

$$R_{mS}(20) = \prod_{i=1}^{6} e^{-\lambda_i t} = e^{-2145.49 \times 10^{-6} \times 20} = 0.958$$

e) 得出可靠性预计结论

该系统基本可靠性预计结果为，系统 MTBF 为 466.1h，达到了该系统基本可靠性规定值要求（MTBF=300h）；当该系统运行到 20h 时，系统可靠度为 0.958，也达到了该系统任务可靠性规定值要求（$R_m(20)=0.95$）。

其中，薄弱环节存在于电源电路，其故障率占整个系统故障率的 64%。

如需继续提高系统可靠性，可考虑对电源电路采用质量等级更高的元器件，或采取降额设计，改变电源电路的设计方案。

f) 反馈

将可靠性预计结论反馈到设计过程当中，综合其他工作的结论，考虑第 e)项提出的改进产品可靠性的意见与建议，使得可靠性预计结果能够影响产品设计，最终达到提高产品可靠性的目的。

g) 编制可靠性预计报告（略）

7 元器件计数法

7.1 概述

元器件计数法是通过工程经验建立各类元器件在不同环境下的通用故障率，形成数据表以便查找。计算时将电子产品可靠性模型等效为串联结构，把组成电子产品的元器件按其自身种类和所处环境条件进行划分，通过查表得知不同元器件的通用故障率，再用质量系数修正，将组成电子产品的所有元器件的故障率累加，即得到产品故障率。

元器件计数法适用于工程研制阶段早期的电子产品可靠性预计。此时，元器件的种类、数量、质量等级、工作环境已基本确定。

7.2 实施步骤

元器件计数法的步骤为：

a) 分析可靠性模型

根据可靠性框图，将每一组串联成分视为一组。如图 3 所示的可靠性框图中，A_1A_2、$B_1B_2B_3B_4$、 $C_1C_2C_3$、 $D_1D_2D_3D_4$ 就分别是 4 组串联结构；

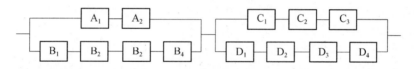

图 3 某产品可靠性框图

b) 统计元器件信息

1) 元器件的来源（生产国、用途（军用/民用）、生产厂家所属行业、使用状态（工作/非工作）、元器件生产年代）等。

2) 元器件种类和数量。

3) 元器件质量等级。

4) 产品工作环境。

c) 选择数据手册

根据元器件的来源选择数据手册，现有的数据手册参见本指南附录 B，数据手册选用原则参见本指南 5.6 条第 e)项，对于那些根据手册无法进行可靠性预计的元器件，需要厂家提供元器件故障率。在数据手册选择过程中需注意这些标准或手册是否包含该类元器件计数法的数据。如果没有，则根据上述原则寻找替代的数据手册。

d) 综合计算产品可靠性

对每组串联结构，查选择的数据手册，采用式（5）计算其中每类元器件的故障率：

$$\lambda_{\text{GS}} = \sum_{i=1}^{n} N_i \lambda_{\text{G}i} \pi_{\text{Q}i} \tag{5}$$

式中：λ_{GS}——产品总的故障率，单位为 10^{-6}/小时（10^{-6}/h）；

   N_i——第 i 类元器件的数量；

   λ_{Gi}——第 i 类元器件的通用故障率，单位为 10^{-6}/小时（10^{-6}/h）；

   π_{Qi}——第 i 类元器件的质量系数；

   n——产品所用元器件的种类数目。

综合计算产品可靠性时，可编制如表 4 所示的元器件计数法预计表，来辅助进行预计。

表 4   元器件计数法预计表

环境类别：

编号	元器件类别	数量	质量等级	质量系数	通用故障率 /(10^{-6} / h)	同类元器件 故障率/(10^{-6} / h)
1						
2						

对不同工作环境下的同种类元器件记为不同类别的元器件。若一个元器件既可能处于工作状态也可能处于非工作状态，则应按照本指南 5.6 条第 g)项的方法计算。对于同样工作环境下的同种类元器件，若工作状态所占整个系统工作时间的百分比不一致，也应记为不同类别的元器件。

e) 综合为产品可靠性结果

根据可靠性建模得到的基本可靠性模型和任务可靠性模型，预计系统基本可靠性和任务可靠性。

7.3 注意事项

使用元器件计数法时应注意：

a) 数据手册选择直接关系到可靠性预计结果的准确性。切忌为简单省事，不按元器件生产国、用途（军用/民用）、生产厂家所属行业、使用状况（工作/非工作）、元器件生产年代选择最为合适的数据手册。

b) 不同数据手册中，具体符号的表示有所不同，但方法、公式形式相同。使用时，需注意不同手册中的符号表达，避免代错数值，影响可靠性预计结果的正确性。

c) 注意区分不同小类的元器件，避免参数选择错误。

d) 凡超出手册上规定参数范围的元器件，不能随意外推，而应当优先选用其他替代的数据手册或根据经验判定其故障率，并给出理由。该项工作需与订货方沟通，所采用方法和数据需得到订货方认可。

e) 有些国产元器件的质量系数 π_Q 在 GJB/Z 299C《电子设备可靠性预计手册》和 GJB/Z 108A《电子设备非工作状态可靠性预计手册》中无法查到，可按以下原则进行：对国产元器件中按航天行业标准、航空行业标准、电子行业企业军用标准或按国外相关军用标准生产的元器件，可按质量等级 B_1 来取质量系数；如又按上级规定的二次筛选要求（规范）进行筛选的元器件可按质量等级 A 中最低的等级来取质量系数。

7.4 应用案例

下面以某电源的一个功能单元为例，阐述元器件计数法的应用。该系统可靠性规定值为：$\lambda = 2.5 \times 10^{-6} / h$，且当系统工作到 4 年时，$R_m(4 \times 365 \times 24) = 0.9$。

a) 定义产品

该功能单元处于工程研制阶段早期，由 4 个调整二极管，2 个合成电阻器，4 个云母电容器组成。

该功能单元执行任务时，所有元器件全部处于工作状态。其工作环境为战斗机座舱环境；

b) 建立可靠性模型

假设：该功能单元各组成部分寿命均服从指数分布，且各组成部分之间的故障相互独立。

1) 基本可靠性模型

该功能单元的基本可靠性框图是一个串联结构，框图形式略。

基本可靠性数学模型为：

$$\lambda_S = \sum_{i=1}^{10} \lambda_i$$

式中：λ_S——系统故障率，单位为 10^{-6} /小时（10^{-6} /h）；

λ_i——第 i 个元器件的故障率，单位为 10^{-6} /小时（10^{-6} /h）。

2) 任务可靠性模型

根据产品任务，执行任务时所有元器件都正常工作，且无备份。因此，该设备的任务可靠性框图也是串联结构，任务可靠性数学模型为：

$$R_{mS}(t) = \prod_{i=1}^{10} e^{-\lambda_i t}$$

式中：$R_{mS}(t)$——系统 t 时刻的可靠度；

λ_i——第 i 个元器件的故障率，单位为 10^{-6} /小时（10^{-6} /h）。

c) 选择可靠性预计方法

由于该功能单元正处于工程研制阶段早期，且元器件的种类和数量、质量等级、工作环境已基本确定，因此采用元器件计数法进行系统可靠性预计。

d) 按照预计方法进行预计

1) 分析可靠性模型

根据可靠性框图，可知该功能单元为一个串联结构。因此，对这个串联结构的可靠性预计结果就是功能单元本身的可靠性预计结果。

2) 统计元器件信息

(1) 元器件的来源

该功能单元的元器件中，4 个调整二极管为美国进口军用元器件，其他元器件为国产军用元器件，且两个合成电阻器任务剖面中 20%时间处于非工作状态，其余时间处于工作状态，其他元器件在整个任务剖面中均处于工作状态。

(2) 元器件种类和数量

元器件种类和数量见表 5、表 6。

(3) 元器件质量等级

美国进口元器件符合"军用产品"注册认证，因此其元器件质量等级为 JAN 级；

合成电阻器属于按"七专"技术条件组织生产的产品，根据 GJB/Z 299C《电子设备可靠性预计手册》的表 5.5.1-1，其元器件质量等级为 A_2；云母电容器属于符合七九〇五"七专"产品，根据 GJB/Z 299C《电子设备可靠性预计手册》的表 5.7.4-4，其元器件质量等级为 B_1。

元器件质量等级见表 5、表 6。

(4) 产品工作环境

根据产品工作环境，国产元器件工作环境为战斗机座舱环境（A_{IF}），美国进口元器件工作环境也为战斗机座舱环境（A_{IF}）。

3) 选择数据手册

根据本指南 5.6 条第 e)项所述的选用原则，得知对于调整二极管应选用 MIL-HDBK-217F《电子设备可靠性预计》，对于处于工作状态的国产元器件应选择 GJB/Z 299C《电子设备可靠性预计手册》，对处于非工作状态的国产合成电阻器则选择 GJB/Z 108A《电子设备非工作状态可靠性预计手册》。

4) 计算串联结构，即产品的故障率

(1) 在 MIL-HDBK-217F《电子设备可靠性预计》附录 A"元器件计数可靠性预计法"中根据质量等级 JAN 在"半导体分立器件质量系数"表中查找调整二极管的质量系数为 2.4，根据元器件工作环境 A_{IF} 在"半导体分立器件通用故障率"表查找到调整二极管的通用故障率为 $0.25×10^{-6}/h$。由本指南式（5）计算得调整二极管的故障率为 $2.4×10^{-6}/h$。

(2) 在 GJB/Z 299C《电子设备可靠性预计手册》中第 5.5.2 条"合成电阻器"，根据表 5.5.2-3"质量等级与质量系数"，由质量等级 A_2 查找到工作状态下合成电阻器的质量系数为 0.3；根据附录 A.3"元器件计数可靠性预计法"的表 A.3-11"电阻器通用故障率"，由元器件工作环境 A_{IF}，器件阻值不到 $1MΩ$，查找到合成电阻器的工作状态的通用故障率为 $0.00134×10^{-6}/h$；在 GJB/Z 108A《电子设备非工作状态可靠性预计手册》中第 6 条"元器件非工作计数可靠性预计法"，根据表 6-3"元件与电子管、石英谐振器等的非工作质量系数"，由质量等级 A_2 查找到非工作状态下合成电阻器的质量系数为 0.5，根据表 6-14"电阻器和电位器的非工作通用故障率"，由元器件工作环境 A_{IF}，查找到合成电阻器非工作状态的通用故障率为 $0.0017×10^{-6}/h$。由本指南式（5）分别计算得工作状态下的合成电阻器故障率为 $0.000804×10^{-6}/h$，非工作状态下的故障率为 $0.0017×10^{-6}/h$。

(3) 在 GJB/Z 299C《电子设备可靠性预计手册》中第 5.7.4 节"云母电容器"，根据表 5.7.4-4"质量等级与质量系数"，由质量等级 B_1 查找到工作状态下合成电阻器的质量系数为 0.5；根据附录 A.3"元器件计数可靠性预计法"的表 A.3-13"电容器通用故障率"，由元器件工作环境 A_{IF}，查找到云母电容器的工作状态的通用故障率为 $0.0026×10^{-6}/h$。

由本指南公式（5）计算得云母电容器的故障率为 $0.0052 \times 10^{-6} / h$。

在基本可靠性计算中，不考虑元器件的工作状态，因此，其计算表格见表5。

表 5　某电源的基本可靠性预计

环境类别：战斗机座舱环境 A_{IF}

编号	元器件类别	数量/个	质量等级	质量系数	通用故障率 $/(10^{-6} / h)$	同类元器件 故障率/$(10^{-6} / h)$
1	调整二极管	4	JAN	2.4	0.25	2.4
2	合成电阻器	2	A_2	0.3	0.00134	0.000804
3	云母电容器	4	B_1	0.5	0.0026	0.0052
总计						2.406

在任务可靠性计算中，则需要考虑元器件的工作状态，因此，其计算表格见表6。

表 6　某电源的任务可靠性预计

环境类别：战斗机座舱环境 A_{IF}

编号	元器件类别	使用状态	工作状态所占系统工作时间的百分比	数量/个	质量等级	质量系数	通用故障率 $/(10^{-6} / h)$	同类元器件故障率 $/(10^{-6} / h)$
1	调整二极管	工作		4	JAN	2.4	0.25	2.4
2	合成电阻器	工作	80%	2	A_2	0.3	0.00134	0.000983
		非工作	20%	2	A_2	0.5	0.0017	
3	云母电容器	工作		4	B_1	0.5	0.0026	0.0052
总计								2.406183

5）综合计算产品可靠性

根据该电源基本可靠性表达式，可计算出其故障率为：

$$\lambda_S = \sum_{i=1}^{10} \lambda_i = 2.406 \times 10^{-6} / h$$

再根据该电源任务可靠性表达式，计算得其任务可靠度为：

$$R_{mS}(35040) = \prod_{i=1}^{10} e^{-\lambda_i t} = e^{-2.406183 \times 10^{-6} \times 35040} = 0.919144$$

e）得出可靠性预计结论

该电源基本可靠性预计结果为设备故障率是 $2.406 \times 10^{-6} / h$，达到了该设备基本可靠性规定值要求（ $\lambda_S < 2.5 \times 10^{-6} / h$ ）；当设备工作4年时，设备任务可靠度为0.919，也达到了该设备任务可靠性规定值要求（ $R_{mS}(35040) > 0.9$ ）。

其中，薄弱环节存在于调整二极管，其故障率约占整个设备故障率的99%。

如需继续提高产品可靠性，应考虑采用更高质量等级的调整二极管，或改变这一部分的设计方案。

f) 反馈

将可靠性预计结论反馈到设计过程当中，综合其他工作的结论，考虑第 e)项提出的改进产品可靠性的意见与建议，使得可靠性预计结果能够影响产品设计，最终达到提高产品可靠性的目的。

g) 编制可靠性预计报告（略）。

8 应力分析法

8.1 概述

应力分析法是考虑电子产品中的每个元器件类型、工作应力、环境应力、质量等级的不同，根据经验详细计算每个元器件的故障率，再运用产品可靠性模型，预计系统故障率。

应力分析法适用于工程研制阶段中后期的电子产品可靠性预计。此时，元器件的具体种类、数量、工作应力和环境、质量系数等已确定。

8.2 实施步骤

应力分析法的步骤为：

a) 分析元器件来源，选择数据手册

首先分析元器件来源（生产国、用途（军用/民用）、生产厂家所属行业、使用状态（工作/非工作）、生产年代），选择数据手册，现有的数据手册参见本指南附录 B，数据手册选用原则参见本指南 5.6 条中第 e)项，对于那些根据手册无法进行可靠性预计的元器件，需要厂家提供元器件故障率。

b) 确定元器件进行应力分析的模型，统计元器件相关信息，计算元器件故障率

依照所选数据手册，确定出每种元器件进行应力分析所需的模型和相关参数，这些参数通常包括：工作应力、环境条件、质量等级等。了解元器件的相关信息，由此查找数据手册，得到模型中的各类系数，代入该元器件的故障率模型，由此可计算得出元器件故障率。

注意：若一个元器件既可能处于工作状态也可能处于非工作状态，则应分别计算。

计算元器件故障率时，可编制见表 7 的元器件应力分析法预计表，来辅助进行。

表 7 元器件应力分析法预计表

环境温度：

编号	元器件类别 (型号规格)	标识	基本故障率 $/(10^{-6}/\mathrm{h})$	质量等级	质量系数 π_Q	环境类别	环境系数 π_E	相关参数	各 π 系数	工作故障率 $/(10^{-6}/\mathrm{h})$
1										
2										

c) 综合计算产品可靠性

根据可靠性建模得到的基本可靠性模型和任务可靠性模型，预计系统基本可靠性和任务可靠性。

8.3 注意事项

使用应力分析法时应注意：

a) 数据手册选择直接关系到可靠性预计结果的准确性。切忌为简单省事，不按元器件生产国、用途（军用/民用）、生产厂家所属行业、使用状况（工作/非工作）、生产年代选择最为合适的数据手册。

b) 使用应力分析法进行可靠性预计时，通常从每块电路板上元器件开始，然后逐级向上累加，最后计算出整机（或系统）的可靠性。

c) 注意区分不同小类的元器件，避免参数选择错误。

d) 电路板上一般有不同种类的元器件，故应在预计表上列出各种元器件可靠性有关的系数。

e) 凡超出手册上规定参数范围的元器件，不能随意外推，而应当优先选用其他替代的数据手册或根据经验判定其故障率，并给出理由。该项工作需与订货方沟通，所采用方法和数据需得到订货方认可。

f) 不同数据手册上对同一品种元器件提供的故障率计算模型可能并不相同，因此，故障率模型和数据应采用同一手册上的的内容，不可混用。

g) 有些国产元器件的质量系数 π_Q 在 GJB/Z 299C《电子设备可靠性预计手册》和 GJB/Z 108A《电子设备非工作状态可靠性预计手册》中无法查到，可按以下原则进行：对国产元器件中按航天行业标准、航空行业标准、电子行业企业军用标准或按国外相关军用标准生产的元器件，可按质量等级 B_1 来取质量系数；如又按上级规定的二次筛选要求（规范）进行筛选的元器件可按质量等级 A 中最低的等级来取质量系数。

h) 预计手册中电应力比 S 的选取原则，即选择电应力参数 S 的方法，可参见本指南参考文献[32]中第三篇第 10 章。

i) 对半导体器件、电阻器、电容器等的环境系数 π_E，虽然属同一种类，但如果是不同品种，一般其环境系数 π_E 也不相同，选取系数时应认真查找有关的预计手册。

j) 在 Telcordia SR-332《电子设备可靠性预计程序》中，除了可以计算元器件稳态故障率外，还可以计算故障率的标准差。对于元器件故障率全部采用 Telcordia SR-332《电子设备可靠性预计程序》计算的电子产品，可以由此计算系统故障率的标准差。如果产品中只有个别元器件采用 Telcordia SR-332《电子设备可靠性预计程序》计算，则不必进一步计算这些元器件故障率的标准差。

k) 可靠性预计温度一般在产品环境温度的最高值的基础上进行调整：对于有通风条件的，环境温度需要适当降低；对于局部环境有发热器件的，环境温度需要适当升高。有条件的话，应当进行实际测量以明确器件温度。

l) 对某型元器件的具体要求：

1) 对半导体分立器件工作故障率的预计，应注意电应力比 S 与外加电压应力比 S_2，一般是不一致的，后者对不同器件有不同的外加电压。

2) 对电阻器工作故障率预计，应注意阻值系数 π_R，对不同的阻值范围，阻值系数是不一致的。对金属膜电阻器基本故障率 λ_b 的选取应注意电阻器适用的额定温度，额定温度不同（70℃或 125℃）λ_b 不相同。

3) 对电容器工作故障率预计，应注意其基本故障率 λ_b，不同的额定温度有不同的数据表，应采用相应表中的数据。

4) 对感性元器件工作故障率预计，应注意基本故障率 λ_b 表中有关参数不是环境温度而是热点温度 T_{HS}。故应估算 $T_{HS} = T_A + 1.1\Delta T$。其中 T_A 是工作环境温度，ΔT 是平均温升。

5) 对继电器工作故障率预计，应注意基本故障率 λ_b 对不同负载性质（阻性、感性、灯）及额定温度有不同的数据表，选用数据时应注意区分。

6) 对开关工作故障率预计，应注意其基本故障率 $\lambda_b = \lambda_{b1} + \lambda_{b2}$，同样，也要注意接触负载系数 π_L 与不同负载性质有关。

7) 对电连接器工作故障率预计，其基本故障率 λ_b 与绝缘材料性质有关（Ⅰ类、Ⅱ类），故应了解电连接器中采用何种绝缘材料，如不能得到确切的绝缘材料的情况下，则可从电连接器适用的温度范围，判定其是属于Ⅰ类还是Ⅱ类。

以上对一些常用的元器件提出在可靠性预计时经常容易忽略的一些问题，提醒注意。

8.4 应用案例

下面以某探测器为例，阐述应力分析法的应用。该探测器可靠性规定值为 MTBF 大于 10 年，即 87600 小时，且当产品工作 2 年时，任务可靠度大于 0.8。

a) 定义产品

该探测器处于工程研制阶段中后期，由 18 类 25 支元器件及电路板组成，见表 8 中第 2 列。

该探测器执行任务时，所有元器件在任务剖面内均处于工作状态。探测器的工作环境一般在普通建筑物内，为一般地面环境。

b) 建立可靠性模型

假设：该探测器各组成部分寿命均服从指数分布，且其各组成部分之间的故障相互独立。

1) 基本可靠性模型

该探测器的基本可靠性框图是一个串联结构，其框图形式见图 4。

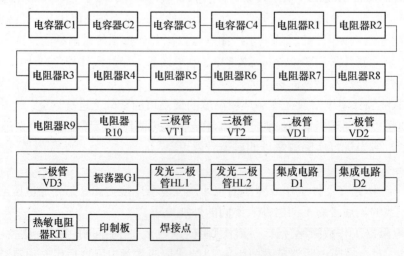

图 4 某探测器基本可靠性框图

基本可靠性数学模型为：

$$\lambda_S = \sum_{i=1}^{27} \lambda_i$$

式中：λ_S——系统故障率，单位为10^{-6}/小时（10^{-6}/h）；

$\quad\quad\lambda_i$——第 1~25 个元器件及印制板、焊接点的故障率，单位为10^{-6}/小时（10^{-6}/h）。

2) 任务可靠性模型

根据产品任务，为了确保探测器灯亮，该探测器冗余了一套发光电路。其任务可靠性框图见图5。

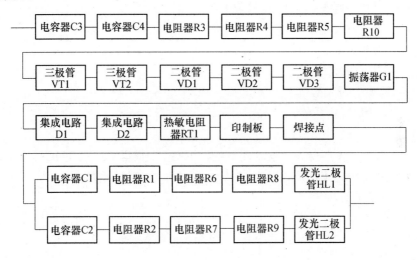

图 5　某探测器任务可靠性框图

任务可靠性数学模型为：

$$R_{mS}(t) = \prod_{i=1}^{17} e^{-\lambda_i t} \times \left(\prod_{j=1}^{5} e^{-\lambda_j t} + \prod_{k=1}^{5} e^{-\lambda_k t} - \prod_{j=1}^{5} e^{-\lambda_j t} \times \prod_{k=1}^{5} e^{-\lambda_k t} \right)$$

式中：$R_{mS}(t)$——系统t时刻的可靠度；

$\quad\quad\lambda_i$——第 1~15 个串联元器件及印制板、焊接点的故障率，单位为10^{-6}/小时（10^{-6}/h）；

$\quad\quad\lambda_j$——并联部分元器件 C1、R1、R6、R8、HL1 的故障率，单位为10^{-6}/小时（10^{-6}/h）；

$\quad\quad\lambda_k$——并联部分元器件 C2、R2、R7、R9、HL2 的故障率，单位为10^{-6}/小时（10^{-6}/h）。

c) 选择可靠性预计方法

由于该设备正处于工程研制阶段中后期，且元器件的具体种类、数量、工作应力和环境、质量等级等已确定，因此采用应力分析法进行系统可靠性预计。

d) 按照可靠性预计方法进行预计

1) 分析元器件来源，选择数据手册

所有元器件中，除振荡器 G1 是进口的美国军用元器件，铝电解电容器 C4 是进口的美国民用元器件外，其他元器件均是国产元器件。执行任务时，所有元器件均处于工作状态。因此，振荡器 G1 应选用 MIL-HDBK-217F《电子设备可靠性预计》，铝电解电容器 C4 应选用 Telcordia SR-332《电子设备可靠性预计程序》，其他元器件应选用 GJB/Z 299C《电子设备可靠性预计手册》。

2) 确定元器件进行应力分析的模型，统计元器件相关信息，计算元器件故障率

根据不同预计手册，明确进行应力分析的模型和数据，计算出元器件的故障率。

例如，对电容器 C1，确定其属于 1 类瓷介电容器，通过查找 GJB/Z 299C《电子设备可靠性预计手册》，工作故障率计算公式为：

$$\lambda_P = \lambda_b \pi_E \pi_Q \pi_{CV} \pi_{ch}$$

式中：λ_P ——工作故障率，单位为 10^{-6}/小时（10^{-6}/h）；

λ_b ——基本故障率，单位为 10^{-6}/小时（10^{-6}/h）；

π_E ——环境系数；

π_Q ——质量系数；

π_{CV} ——电容量系数；

π_{ch} ——表面帖装系数。

(1) 确定环境系数

由于探测器的工作环境为一般地面环境，即 G_{FI}。根据 GJB/Z 299C《电子设备可靠性预计手册》表 5.7.5-2 "环境系数"，可知，电容器 C1 环境系数为 2.4。

(2) 确定质量系数

由于电容器 C1 属于低档产品，根据 GJB/Z 299C《电子设备可靠性预计手册》表 5.7.5-3 "质量等级与质量系数"，可知，电容器 C1 质量系数为 5。

(3) 确定电容量系数

由于电容器 C1 电容为 82pF±5%，根据 GJB/Z 299C《电子设备可靠性预计手册》表 5.7.5-4 "电容量系数"，可知，电容器 C1 电容量系数为 0.75。

(4) 确定表面帖装系数

由于电容器 C1 是 1 类瓷介，片式，根据 GJB/Z 299C《电子设备可靠性预计手册》表 5.7.1-1 "表面帖装系数"，可知，电容器 C1 表面帖装系数为 1.5。

(5) 确定基本故障率

由于电容器 C1 工作电压与额定电压之比为 0.1，工作环境温度为 40℃，根据 GJB/Z 299C《电子设备可靠性预计手册》表 5.7.5-1 "基本故障率"，可知，电容器 C1 基本故障率为 0.0019×10^{-6} / h。

(6) 计算工作故障率

由此可知，电容器 C1 的工作故障率为：

$$\lambda_P = \lambda_b \pi_E \pi_Q \pi_{CV} \pi_{ch} = 0.02565 \times 10^{-6}/h$$

又如，对振荡器 G1，通过查找 MIL-HDBK-217F《电子设备可靠性预计》，确定其属于石英晶体元件，工作故障率计算公式为：

$$\lambda_P = \lambda_b \pi_Q \pi_E$$

式中：λ_P ——工作故障率，单位为 10^{-6} /小时（10^{-6} /h）；

λ_b ——基本故障率，单位为 10^{-6} /小时（10^{-6} /h）；

π_Q——质量系数；

π_E——环境系数。

(1) 确定基本故障率

在 MIL-HDBK-217F 《电子设备可靠性预计》19-1 节中，根据该振荡器的频率为 10MHz，查找到振荡器 G1 的基本故障率为 0.022×10^{-6} /h。

(2) 确定环境系数

由于振荡器 G1 工作环境为一般地面环境，即 G_F，根据 MIL-HDBK-217F 《电子设备可靠性预计》19-1 节"环境系数"表，可知，振荡器 G1 环境系数为 3.0。

(3) 确定质量系数

由于振荡器 G1 属于低档产品，根据 MIL-HDBK-217F《电子设备可靠性预计》19-1 节"质量系数"表，可知，振荡器 G1 质量系数为 2.1。

(4) 计算工作故障率

由此可知，振荡器 G1 的工作故障率为：

$$\lambda_P = \lambda_b \pi_Q \pi_E = 0.1386\times10^{-6}/h$$

再如，对铝电解电容器 C4，通过查找 Telcordia SR-332，确定其属于铝电解电容器，其故障率计算公式为：

$$\lambda_{BB} = \lambda_G \pi_Q \pi_S \pi_T$$

式中：λ_{BB}——黑箱稳态故障率[1]，单位为 10^{-6} /小时（10^{-6} /h）；

λ_G——平均通用稳态故障率，单位为 10^{-6} /小时（10^{-6} /h）；

π_Q——质量系数；

π_S——电应力系数；

π_T——温度系数。

(1) 确定基本故障率

由于铝电解电容器 C4 为 410μF，根据 Telcordia SR-332《电子设备可靠性预计程序》表 8-1 "电容器故障率参数"，可知，平均通用稳态故障率 λ_G 为 0.014×10^{-6} / h 。

(2) 确定质量系数

根据 Telcordia SR-332《电子设备可靠性预计程序》表 9-4 "元器件质量等级和质量系数"，铝电解电容器 C4 的质量等级属于 I 级，可知质量系数 π_Q 为 3。

(3) 确定电应力系数

由于铝电解电容器 C4 工作电压与额定电压之比为 0.5，根据 Telcordia SR-332《电子设备可靠性预计程序》表 9-2 "电应力系数"，可知电应力系数 π_S 为 1.0。

(4) 确定温度系数

由于铝电解电容器 C4 工作环境温度为 40℃，根据 Telcordia SR-332《电子设备可靠性预计程序》表 9-1 "温度系数"，可知温度系数 π_T 为 1.0。

注[1]：黑箱稳态故障率：black box steady-state failure rate。这是 Telcordia SR-332 中的表述方式，与 MIL-HDBK-217 中元器件计数法的工作故障率类似。

(5) 计算黑箱稳态故障率

由此可知，铝电解电容器 C4 的黑箱稳态故障率为：

$$\lambda_{BB} = \lambda_G \pi_Q \pi_S \pi_T = 0.042 \times 10^{-6}/h$$

其他元器件的故障率预计过程略。元器件的故障率预计结果见表 8。

3) 综合计算产品可靠性

根据基本可靠性模型，该探测器故障率为：

$$\lambda_S = \sum_{i=1}^{27} \lambda_i = 11.06861 \times 10^{-6}/h$$

该探测器的 MTBF 为：

$$MTBF_S = \frac{1}{\lambda_S} = 90345.56h$$

根据该探测器任务可靠性模型，可知其任务可靠度为：

$$R_{mS}(17520) = \prod_{i=1}^{17} e^{-\lambda_i t} \times \left(\prod_{j=1}^{5} e^{-\lambda_j t} + \prod_{k=1}^{5} e^{-\lambda_k t} - \prod_{j=1}^{5} e^{-\lambda_j t} \times \prod_{k=1}^{5} e^{-\lambda_k t} \right)$$
$$= e^{-10.43764 \times 10^{-6} \times 17520} \times \left(2 \times e^{-0.315486 \times 10^{-6} \times 17520} - (e^{-0.315486 \times 10^{-6} \times 17520})^2 \right)$$
$$= 0.833$$

e) 得出可靠性预计结论

该探测器基本可靠性预计结果，其 MTBF 为 90345.56h，达到了该设备基本可靠性要求（MTBF>87600h）；当产品工作到 2 年时，探测器任务可靠度为 0.833，达到了该设备任务可靠性要求（$R_m(17520)>0.8$）。

其中，薄弱环节存在于集成电路 D1 和 D2，其故障率分别都占整个探测器故障率的 27%。

建议提高集成电路 D1 和 D2 的质量等级，或采取降额设计法，加强筛选，改变设计方案，以达到提高产品可靠性的目的。

f) 反馈

将可靠性预计结论反馈到设计过程当中，综合其他工作的结论，考虑第 e)项提出的改进产品可靠性的意见与建议，使得可靠性预计结果能够影响产品设计，最终达到提高产品可靠性的目的。

g) 编制可靠性预计报告（略）。

表 8　某探测器的可靠性预计（部分）

编号	元器件类别（型号规格）	标识	基本故障率 $l/(10^{-6}/h)$	质量等级	质量系数 π_Q	环境类别	环境系数 π_E	相关参数	各 π 系数	工作故障率 $l/(10^{-6}/h)$
1	1类瓷介电容器 CC41L-0603-50V-20pF	C1	0.0019	C	5	G_{FI}	2.4	$T=40℃$　$S=0.1$	$\pi_{CV}=0.75$　$\pi_{ch}=1.5$	0.02565
2	1类瓷介电容器 CC41L-0603-50V-20pF	C2	0.0019	C	5	G_{FI}	2.4	$T=40℃$　$S=0.1$	$\pi_{CV}=0.75$　$\pi_{ch}=1.5$	0.02565
3	2类瓷介电容器 CT41L(B)-0805-10V-0.1μF	C3	0.00766	C	5	G_{FI}	2.8	$T=40℃$　$S=0.5$	$\pi_{CV}=1.6$　$\pi_{ch}=1.5$	0.257376
4	铝电解电容器 0805-10V-1μF	C4	0.014	I	3			$T=40℃$　$S=0.5$	$\pi_S=1.0$　$\pi_T=1.0$	0.042
5	碳膜电阻 RT-1206-300Ω	R1	0.0074	C	5	G_{FI}	1.8	$T=40℃$　$S=0.5$	$\pi_R=1.0$	0.0666
6	碳膜电阻 RT-1206-300Ω	R2	0.0074	C	5	G_{FI}	1.8	$T=40℃$　$S=0.5$	$\pi_R=1.0$	0.0666
7	整流二极管 FM4004	VD1	0.055	C	5	G_{FI}	1.7	$T=50℃$　$S=0.1$	$\pi_A=1.2$	0.561
8	振荡器 455BSFU(455kHz)	G1	0.011	Lower	2.1	G_F	3			0.0693
9	发光二极管 95-21SURC/S530-A2/TR9	HL1	0.0104	C	5	G_{FI}	1.8	$T=50℃$	$\pi_T=6.05$　$\pi_C=0.2$	0.113256
10	热敏电阻 NTC-104F400F	RT1	0.045	C	5	G_{FI}	2.5	$T=40℃$	$\pi_T=1.0$	0.5625
......										
26	印制板		$\lambda_{b1}=0.00017$ $\lambda_{b2}=0.0011$	C	4.5	G_{FI}	2	金属孔71个 电路板10层	$\pi_C=2.8$	0.331884
27	焊接点		0.000070	C	5	G_{FI}	2	金属孔71个 再流焊		0.0497

附录 A
（资料性附录）
可靠性预计结果的修正方法

A.1 修正原因

MIL-HDBK-217 系列手册是最早的电子产品可靠性预计手册，且是多个其他国家、组织、企业电子产品可靠性预计手册的蓝本，其为元器件计数法和应力分析法提供了必须的可靠性模型与数据。其基本思路就是采用累加计数法计算系统故障率，认为系统故障率等于系统中所有元器件故障率之和，即：

$$\lambda_S = \sum_{i=1}^{n} \lambda_i \tag{A.1}$$

然后再假设电子产品的寿命服从指数分布，得到平均故障间隔时间：

$$MTBF = \frac{1}{\lambda_S} \tag{A.2}$$

在使用过程中逐渐发现设计过程中的可靠性预计值与实际使用中统计出来的可靠性观察值差异甚大，1987 年进行的一系列独立试验发现可靠性预计值与观察值存在十几甚至几十倍的差异，见表 A.1。

表 A.1 可靠性预计值与观察值的差异比较

卖 方	MTBF 预计值/h（依据 MIL-HDBK-217F）	MTBF 观察值/h	相对误差/%
A	811	98	727.55
B	1269	74	1614.86
C	1845	2174	15.13
D	2000	624	220.51
E	2000	51	3821.57
F	2304	6903	66.62
G	2450	472	419.07
H	2840	1160	144.83
I	3080	3612	14.73

美国可靠性分析中心（RAC）统计得出，电子产品在设计、制造、管理等过程都可能引入一些非元器件故障，而只有 22% 的产品故障是由元器件故障引起的，见图 A.1：

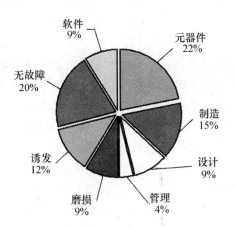

图 A.1　电子产品故障分布百分比

造成如此显著差异的原因可以归纳为：

a) 元器件故障率预计模型不够准确。

b) 元器件使用过程中受到外界环境干扰。

c) 系统故障并非都由元器件故障引起(软件故障、系统交联影响也占据了主要因素)。

d) 手册中的数据更新不及时。

e) 指数分布的假设存在较大偏差。

其中 c）是最关键原因，这说明直接导致了可靠性预计不准确的结果，因为实际上系统故障率并不等于元器件故障率之和，即：

$$\lambda_S = \sum_{i=1}^{n} \lambda_i \pm \delta \qquad (A.3)$$

式中：　λ_S——系统故障率，单位为 10^{-6}/小时（10^{-6}/h）;

　　　　λ_i——组成系统的元器件 i 的故障率，系统中共有 n 个元器件，单位为 10^{-6}/小时（10^{-6}/h）;

　　　　δ——偏差。

为了减小产品可靠性预计的误差，同时充分应用产品的相关数据，Telcordia SR-332《电子设备可靠性预计程序》、PRISM《电子系统可靠性预计工具》、FIDES《电子系统可靠性方法》等数据手册已经采用了修正方法对系统可靠性预计值进行修正，这些修正方法包括：过程评分修正法、试验数据修正法和现场数据修正法，见表 A.2。

表 A.2　手册中采用的修正方法

手 册 名 称	过程评分修正法	试验数据修正法	现场数据修正法
Telcordia SR-332		√	√
PRISM	√	√	√
FIDES	√		
注：√表示该手册中采用了这种方法			

A.2 过程评分修正法

过程评分修正法最早是由美国可靠性分析中心（RAC）在 PRISM《电子系统可靠性预计工具》中提出来的，并在 FIDES《电子系统可靠性方法》中得到了进一步的应用。采用过程评分修正法的目的是要将产品设计、制造、管理、使用、保障过程中引入的缺陷考虑到产品可靠性预计中，其思想源自图 A.1 的调查结果。

过程评分法实际就是让熟悉产品设计、制造、管理、使用、保障过程的人员回答一些与各个影响因素相关的问题，对每一问题的答案进行评分，将评分结果加权后按照公式计算得出各影响因素的修正值，再通过修正值修正可靠性预计结果。评分分数的高低直接反映了各个过程引入缺陷的可能性。PRISM《电子系统可靠性预计工具》中的修正公式如式（A.4）所示：

$$\lambda_P = \begin{cases} \lambda_{IA} \times (\Pi_P \Pi_{IM} \Pi_E + \Pi_D \Pi_G + \Pi_M \Pi_{IM} \Pi_E \Pi_G + \Pi_S \Pi_G + \Pi_I + \Pi_N + \Pi_W) + \lambda_{SW} & \text{（后勤模型）} \\ \lambda_{IA} \times (\Pi_P \Pi_{IM} \Pi_E + \Pi_D \Pi_G + \Pi_M \Pi_{IM} \Pi_E \Pi_G + \Pi_S \Pi_G + \Pi_W) + \lambda_{SW} & \text{（固有模型）} \end{cases}$$

(A.4)

式中：λ_P——工作故障率，单位为 10^{-6}/小时（10^{-6}/h）；

λ_{IA}——累加的系统故障率，单位为 10^{-6}/小时（10^{-6}/h）；

Π_P——元器件质量修正因子；

Π_{IM}——早期故障修正因子；

Π_E——环境修正因子；

Π_D——设计修正因子；

Π_G——增长修正因子；

Π_M——制造修正因子；

Π_S——系统管理修正因子；

Π_I——诱发修正因子；

Π_N——无故障[①] 修正因子；

Π_W——疲劳修正因子；

λ_{SW}——软件故障率，单位为 10^{-6}/小时（10^{-6}/h）。

式（A.4）中，前一个公式为后勤模型，适用于使用可靠性预计，其考虑了所有的过程因素，包括其他元器件故障诱发的故障以及战场上无法复现的故障对产品故障率造成的影响；后一个公式为固有模型，适用于固有可靠性预计，其中不含诱发修正因子和无故障修正因子。

A.3 试验数据修正法

试验数据修正法首先在 Telcordia SR-332《电子设备可靠性预计程序》的前身 Bellcore TR-332《电子设备可靠性预计程序》中提出，并进一步扩展应用到 PRISM《电子系统可

---

① 无故障是指由虚警造成的维修。

104

靠性预计工具》中的。采用试验数据修正法的目的是将产品研制、生产过程中所进行的各类可靠性试验（包括非加速试验和加速试验）的试验结果融入到可靠性预计当中，使得这些宝贵的试验数据得以有效利用。

试验数据修正法实际上是利用设备或元器件所进行过的可靠性试验结果对可靠性预计值进行修正，运用的是贝叶斯原理。Telcordia SR-332《电子设备可靠性预计程序》中对未曾老炼过的产品试验结果的修正公式如式（A.5）所示：

$$
\begin{cases}
\lambda_{SS} = (2+n)/[2/\lambda_{PC} + 4\times10^{-6} \times N_0 T_1^{0.25}/\pi_E\pi_T] & \text{若 } T_1 \leqslant 10000 \\
\lambda_{SS} = (2+n)/[2/\lambda_{PC} + (3\times10^{-5} + T_1\times10^{-9})N_0/\pi_E\pi_T] & \text{若 } T_1 > 10000
\end{cases}
$$

$$(A.5)$$

式中： λ_{SS} ——稳态故障率，单位为 10^{-6}/小时（10^{-6}/h）；

n ——试验中暴露的故障次数；

λ_{PC} ——单元累加故障率，单位为 10^{-6}/小时（10^{-6}/h）；

N_0 ——试验产品数量；

T_1 ——试验有效时间(对于加速试验，其试验有效时间=实际试验时间×加速因子)；

π_T ——温度加速系数；

π_E ——环境系数。

A.4 使用数据修正法

使用数据修正法也是首先在 Telcordia SR-332《电子设备可靠性预计程序》的前身 Bellcore TR-332《电子设备可靠性预计程序》中提出，并进一步扩展应用到 PRISM《电子系统可靠性预计工具》中的。采用使用数据修正法的目的是将产品自身已有的或相似产品的使用可靠性统计值融入到可靠性预计结果当中，使得可靠性预计结果更接近于实际使用值。

使用数据修正法实际上是利用产品自身或相似产品在使用中统计得来的可靠性数据对可靠性预计值进行修正，运用的是贝叶斯和前相似产品（Predecessor）原理。PRISM《电子系统可靠性预计工具》中利用相似产品数据进行修正的公式如式（A.6 所示）。

$$
\lambda_{新产品预计修正值} = \lambda_{相似产品使用统计值} \times \frac{\lambda_{新产品预计值}}{\lambda_{旧产品预计值}} \tag{A.6}
$$

A.5 修正方法对比

3 种可靠性预计修正方法各有不同，表 A.3 从理论依据、数据来源、数据有效程度和优缺点等方面对这 3 种修正方法进行了比较分析。

表 A.3 三种修正方法的对比分析

修正方法	理论依据	数据来源	数据有效程度	优 点	缺 点
过程评分修正法	a)经验模型	a)研制生产过程中的实际数据。 b)熟悉产品情况的人员的经验结论	一般	a)有效运用人的智慧。 b)数据容易获取	a)容易受到评分人员个人因素的影响。 b)评分过程较为复杂,耗费时间较长
试验数据修正法	a)贝叶斯法	a)各种可靠性试验结果	较大	a)有效运用试验数据。 b)数据容易获取。 c)计算量小,耗时短	试验环境条件较为单一,仅用试验数据修正不能有效反应环境对产品可靠性的影响
使用数据修正法	a)前相似产品法 b)贝叶斯法	a)相似产品使用可靠性统计结果。 b)本产品使用可靠性统计结果	大	a)有效运用相似产品及本产品使用数据。 b)计算量小,耗时短	数据不易获取,需要长时间的外场数据积累

附录 B

（资料性附录）

电子产品可靠性预计手册

世界上大多数国家、国际组织及主要电子工业部门都制订有电子产品可靠性预计手册或工具，见表 B.1，这些电子产品可靠性预计手册将随时进行更新。

其中部分标准仅以软件的方式面世，如美国可靠性分析中心（RAC）的 MIL-HDBK-217Plus《电子设备可靠性预计》和 PRISM《电子系统可靠性预计工具》（Version 1.5）；部分标准属于方法选择指导性文件，其中不含数据，如国际电工和电子工程师协会的 IEEE1413《IEEE 标准方法-电子系统和设备可靠性预计和评估》及其指南 IEEE1413.1《IEEE 指南-IEEE1413 可靠性预计方法的选择和使用》。

就数据手册而言，表 B.2 总结了常用数据手册的特点及其所包含的内容，以供选择手册时查阅。

表 B.1　电子产品可靠性预计手册

手 册 代 号	手 册 名 称	制 定 组 织	制定时间	适用产品
MIL-HDBK-217Plus	电子设备可靠性预计	美国可靠性 分析中心（RAC）	2006	军品
PRISM	电子系统可靠性预计工具	美国可靠性 分析中心（RAC）	2004	军品
Telcordia SR-332	电子设备可靠性预计程序	美国 Telcordia 公司	2006	民品
PREL	电子设备可靠性预计方法	美国汽车工程师协会	1990	民品
GJB/Z 299C	电子设备可靠性预计手册	中国人民解放军 总装备部	2006	军品
GJB/Z 108A	电子设备非工作状态 可靠性预计手册	中国人民解放军 总装备部	2006	军品
HRD-5	可靠性数据手册	英国电信	1995	民品
CNET RDF2000	CNET 程序	法国国家通信中心	2000	民品
FIDES	电子系统可靠性方法	法国工业协会	2004	民品
IEEE 1413	IEEE 标准方法-电子系统 和设备可靠性预计和评估	国际电工和电子 工程师协会	1998	民品
IEEE 1413.1	IEEE 指南-IEEE1413 可靠 性预计方法的选择和使用	国际电工和电子 工程师协会	2001	民品
IEC-TR-62380	可靠性数据手册——电子 元器件、PCB 板及设备的 可靠性预计通用模型	国际电工委员会	2003	民品
Simens SN29500	电子元器件故障率	德国西门子	1999	民品
NTT	半导体及元器件标准可靠性表	日本 NTT	1985	民品
Philips 国际标准 UAT-0387	可靠性预计故障率	荷兰飞利浦	1988	民品

表 B.2　常用的电子产品可靠性预计手册

	GJB/Z 299C	GJB/Z 108A	MIL-HDBK -217F	Telcordia SR-332 （Issue 2）	HRD-5	PRISM	FIDES	CNET RDF2000
出版地	中国	中国	美国	美国	英国	美国	法国	法国
军用/民用	军用	军用	军用	民用	民用	军用	民用	民用
行业				通信	通信			
出版时间	2006	2006	1995	2006	1995	2004	2004	2000
是否包含应力分析法？	Y	Y	Y	Y	Y	Y	Y	Y
是否包含元器件计数法？	Y	Y	Y	Y	N	Y	Y	Y
是否包含过程评分修正？	N	N	N	N	N	Y	Y	N
是否包含试验数据修正？	N	N	N	Y		Y	N	
是否包含使用数据修正？	N	N	N	Y		Y	N	
是否包含对工作状态故障率的预计？	Y	N	Y	Y		Y	Y	
是否包含对非工作状态故障率的预计？	N	Y	N	N		N	N	

参 考 文 献

[1] MIL-STD-756B．Reliability Modeling and Prediction[S]．Department of defense，1981.

[2] MIL-HDBK-217F．Reliability Prediction of Electronic Equipment[S]．Department of defense，1995.

[3] MIL-HDBK-338B．Electronic Reliability Design Handbook[S]．Defense Quality and Standardization Office，1998.

[4] Bellcore TR-332(Issue 6)．Reliability Prediction Procedure for Electronic Equipment[S]．Bellcore，1997.

[5] Telcordia SR-332(Issue 2)．Reliability Prediction Procedure for Electronic Equipment[S]．Telcordia，2006.

[6] Relex PRISM Handbook[S]．Relex Software Corporation，2004.

[7] FIDES Guide 2004 (Issue A)．Reliability Methodology for Electronic Systems[S]．FIDES Group，2004.

[8] IEEE1413．IEEE Standard Methodology for Reliability Prediction and．Assessment for Electronic Systems[S]．The Institute of Electrical and Electronics Engineers, Inc，1998.

[9] IEEE1413.1．IEEE Guide for Selecting and Using Reliability Predictions based on IEEE 1413[S]．The Institute of Electrical and Electronics Engineers, Inc，2002.

[10] IEC 60863．Presentation of Reliability, Maintainability and availability Predictions[S]．Commission Electrotechnique International，1986.

[11] XKG／K01—2009．型号系统可靠性建模与预计应用指南[M]．北京：国防科技工业可靠性工程技术研究中心，2009.

[12] XKG／K04—2009．型号非电子产品可靠性预计应用指南[M]．北京：国防科技工业可靠性工程技术研究中心，2009.

[13] 陆廷孝，郑鹏洲，何国伟，等．可靠性设计与分析[M]．北京：国防工业出版社，1995..

[14] 曾声奎，赵廷弟，张建国，等．系统可靠性设计分析教程[M]．北京：北京航空航天大学出版社，2001.

[15] 李海泉，李刚．系统可靠性分析与设计[M]．北京：科学出版社，2003.

[16] 吴晗平．某型激光测距系统可靠性预计[J]．应用光学，2005，26(4).

[17] 章国栋，陆廷孝，等．系统可靠性与维修性的分析与设计[M]．北京：北京航空航天大学出版社，1990.

[18] 梅启智，廖炯生，孙惠中．系统可靠性工程基础[M]．北京：科学出版社，1987.

[19] Seymour Morris．Reliability Prediction Methods – An Overview[J]．The Journal of RAC，3，1999.

[20] D. David Dylis．PRISM®: A New Approach to Reliability Prediction[J]．ASQ Reliability Review，March，2001.

[21] William Denson．The History of Reliability Prediction[J]．IEEE Transactions on Reliability，47(3)，1998.

[22] B. Foucher, J. Boullié, B. Meslet, D. Das．A Review of Reliability Prediction Methods for Electronic Devices[J]．Microelectronics Reliability，42，2002.

[23] So Who Are You and What Did You Do with RA[EB/OL]．http://acc.dau.mil/GetAttachment .aspx id= 31009&pname=file&aid=5573，2006.

[24] Michael J. C., David E. M., Thomas J. S., et al. Comparison of Electronics-Reliability Assessment Approaches[J]. IEEE Transactions on Reliability, 42(4), 1993.

[25] 曾利伟, 吕川. 可靠性预计方法及思考[J]. 电子质量, 9, 2005.

[26] 范士海. 电子系统可靠性研究的新进展[C]. 第二届电子信息系统质量与可靠性学术讨论会论文集, 2005.

[27] 常芳. 传统可靠性预计方法不准确的原因分析及其对策[C]. 中国电子学会可靠性分会第十二届学术年会论文集, 2004.

[28] D. David Dylis, Mary Gossin Priore. A comprehensive reliability assessment tool for electronic systems[C]. 2001 Proceedings Annual Reliability and Maintainability Symposium, 2001.

[29] Seymour Morris. Reliability Prediction Methods——An Overview[J]. The Journal of RAC, 3, 1999.

[30] 张增照, 潘勇. 电子产品可靠性预计[M]. 北京: 科学出版社, 2007.

[31] 《可靠性维修性保障性术语集》编写组. 可靠性维修性保障性术语集[M]. 北京: 国防工业出版社, 2002.

[32] 龚庆祥, 赵宇, 顾长鸿, 等. 型号可靠性工程手册[M]. 北京: 国防工业出版社, 2007.

[33] GJB 450A 装备可靠性工作通用要求实施指南[M]. 北京: 总装备部电子信息基础部技术基础局, 总装备部技术基础管理中心, 2008.

XKG

型 号 可 靠 性 技 术 规 范

XKG／K04—2009

型号非电子产品可靠性预计应用指南

Guide to the reliability prediction of non-electronic items for materiel

目　次

前　言

本指南的附录 A 是资料性附录。

本指南由国防科技工业可靠性工程技术研究中心负责组织实施。

本指南起草单位：北京航空航天大学可靠性工程研究所、兵器系统总体部、航空 601 所、航天三院总体部。

本指南主要起草人：李瑞莹、康锐、康蓉莉、李宏、刘婷。

型号非电子产品可靠性预计应用指南

1 范围

本指南规定了型号（装备，下同）非电子产品可靠性预计的要求、程序和方法。

本指南适用于型号非电子产品在方案、工程研制阶段的可靠性预计。

2 规范性引用文件

下列文件中的有关条款通过引用而成为本指南的条款。凡注日期或版次的引用文件，其后的任何修改单（不包括勘误的内容）或修订版本都不适用本指南，但提倡使用本指南的各方探讨使用其最新版本的可能性。凡未注日期或版次的引用文件，其最新版本适用于本指南。

GB/T 7289　　可靠性、维修性与有效性预计报告编写指南
GB/T 7827　　可靠性预计程序
GJB 450 A　　装备可靠性工作通用要求
GJB 451A　　可靠性维修性保障性术语
GJB 813　　可靠性模型的建立和可靠性预计
GJB/Z 23　　可靠性和维修性工程报告编写的一般要求
GJB/Z 299C　　电子设备可靠性预计手册

3 术语和定义

GJB 451A 确立的以及下列术语和定义适用于本指南。

3.1 故障 fault/failure

产品不能执行规定功能的状态。通常指功能故障。因预防性维修或其他计划性活动或缺乏外部资源造成不能执行规定功能的情况除外。

3.2 失效 failure

产品丧失完成规定功能的能力的事件。

注：实际应用中，特别是对硬件产品而言，故障与失效很难区分，故一般统称故障。

3.3 故障率 failure rate

产品可靠性的一种基本参数。其度量方法为：在规定的条件下和规定的期间内，产品的故障总数与寿命单位总数之比。有时亦称失效率。

3.4 可靠性预计 reliability prediction

为了估计产品在给定工作条件下的可靠性而进行的工作。

4 符号和缩略语

4.1 符号

下列符号适用于本指南。

$R(t)$——产品在 t 时刻的可靠度；

$R_m(t)$——产品在 t 时刻的任务可靠度；

λ——故障率，单位为 10^{-6}/小时（10^{-6}/h）；

$f(t)$——故障密度函数；

G——强度互补累积分布函数，单位为帕（Pa）；

H——应力累积分布函数，单位为帕（Pa）；

$f_r(x)$——强度分布密度函数；

$f_s(x)$——应力分布密度函数。

4.2 缩略语

下列缩略语适用于本指南。

AGMA——american gear manufacturers association，美国齿轮制造商协会；

BFR——binomial failure rate，二项故障率；

CLM——common load model，共同载荷模型；

KBMD——knowledge based multi-dimension discrete，基于知识的多维离散化；

MTBF——mean time between failures，平均故障间隔时间，单位为小时（h）；

NPRD——nonelectronic parts reliability data，非电子零部件可靠性数据；

NSWC——naval surface warfare center，美国海上战争中心；

RAC——reliability analysis center，美国可靠性分析中心。

5 一般要求

5.1 目的和作用

a) 目的

非电子产品可靠性预计的目的是估计系统中非电子产品的基本可靠性和任务可靠性，评价所提出的设计方案是否能满足规定的可靠性定量要求。

b) 作用

非电子产品可靠性预计的主要作用是预测产品能否达到合同规定的可靠性指标值，此外，还可起到以下作用：

1) 检查非电子产品可靠性指标分配的可行性和合理性。

2) 通过对不同设计方案的预计结果，比较选择优化设计方案。

3) 发现设计中的薄弱环节，为改进设计、加强可靠性管理和生产质量控制提供依据；

4) 为零部件的选择、控制提供依据。

5) 为开展可靠性增长试验和验证试验等工作提供信息。

6) 为综合权衡可靠性、重量、成本、尺寸、维修性、测试性等参数提供依据，并为维修体制和保障性分析提供信息。

本指南提供了型号非电子产品可靠性预计方法，XKG/K01-2009《型号系统可靠性建模与预计应用指南》和 XKG/K03-2009《型号电子产品可靠性预计应用指南》则分别提供了型号系统和电子产品可靠性预计指南。

5.2 时机

非电子产品可靠性预计在研制早期就应着手进行，随着研制工作的进展，不断细化，并随设计的更改而修正，反复迭代进行。

5.3 假设

非电子产品可靠性预计通常假设产品各组成部分之间的故障相互独立，对于不服从该假设的非电子产品，应进行适当修正，具体方法参见本指南附录 A。

5.4 程序

非电子产品可靠性预计工作的程序见图 1。

a) 定义产品

包括产品的功能和任务、组成及其接口、所处研制阶段、工作条件；产品工作模式及不同工作模式下产品的组成成分、产品工作模式与任务的对应关系、产品的工作时间和故障判据。

b) 建立可靠性模型

根据产品定义，绘制产品可靠性框图，建立产品可靠性数学模型，包括基本可靠性模型和任务可靠性模型，具体方法见 XKG／K01—2009《型号系统可靠性建模与预计应用指南》。

c) 选择可靠性预计方法

根据产品所处研制阶段及其拥有的信息量，参见本指南 5.5 条选择适当的可靠性预计方法。

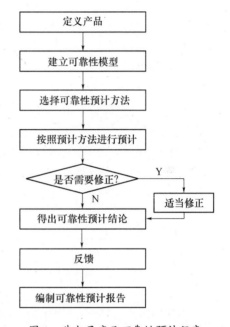

图 1 非电子产品可靠性预计程序

d) 按照预计方法进行预计

按照各种预计方法的实施步骤进行可靠性预计，参见本指南第 6～12 部分中的"实施步骤"。

e) 适当修正（可选）

考虑到非电子产品存在相关故障，对可靠性预计结果进行适当修正，具体方法参见本指南附录 A；

f) 得出可靠性预计结论

可靠性预计结论，主要包括：

1) 给出产品可靠性预计结果。以方案对比为目的的可靠性预计要对比多个方案的可靠性预计值，选出可靠性最优的方案；以评价产品可靠性水平为目的的可靠性预计要判断预计值是否达到了产品成熟期的可靠性规定值。如果产品的组成部分有可靠性分配值，则应列出这些组成部分的可靠性预计结果，并与其可靠性分配值比较，以评价产品各组成部分是否达到了可靠性分配所确定的要求。

2) 进行薄弱环节分析，找到产品薄弱环节。

3) 提出改进产品可靠性的意见与建议。无论产品可靠性水平是否达到了产品成熟期的可靠性规定值，都应该进行此项工作。如有可能，应提供改进后可以达到的可靠性水平分析。例如，可以对不同的环境温度下的产品可靠性进行预计，作为开展热设计的依据之一。

g) 反馈

将可靠性预计结论反馈到设计过程中，综合其他工作的结论，根据第 f)项提出的改进产品可靠性的意见与建议，使得可靠性预计结果能够反映到产品的设计中，最终达到提高产品可靠性的目的。

h) 编制可靠性预计报告

报告主要包含：引言、产品概述、假设、可靠性模型、可靠性预计、预计原始数据的来源、结论、意见与建议、参考资料等，其格式应符合 GJB/Z 23《可靠性和维修性工程报告编写的一般要求》的规定。

5.5 方法及其选择

非电子产品可靠性预计方法主要包括：相似产品类比论证法、修正系数法、图解近似计算法、故障率预计法、应力强度干涉法、一次二阶矩法和零部件累加计数法等。各类非电子产品可靠性预计方法的原理、适用范围、预计参数和前提条件等见表 1。一般应根据非电子产品所处的研制阶段及其拥有的信息量来选择可靠性预计方法。在方案阶段，由于产品所拥有的信息量少，也可采用上下限法、相似产品法和专家评分法，具体方法见 XKG / K01—2009《型号系统可靠性建模与预计应用指南》。

表 1   非电子产品可靠性预计方法及其选择

预计方法	原 理	适用范围	预计参数	前 提 条 件
相似产品类比论证法	将新产品和类似国内外产品进行比较，通过分析二者在组成结构、设计水平、制造工艺水平、原材料、零部件水平、使用环境等方面的差异，从而简单地估计新产品可能达到的可靠性水平	方案阶段	MTBF、λ 等	a) 具有相似产品，且该产品与相似产品间的差别易于评定。 b) 具有该相似产品的可靠性数据，且该数据经过了现场评定
修正系数法	根据经验建立零部件故障率与影响其故障模式的主要设计、使用参数的函数关系（即故障率模型），用这种经验公式计算新零部件的故障率水平，再运用产品可靠性模型，预计产品可靠性	工程研制阶段早期	λ	a) 有该零部件的故障率模型。 b) 能确定零部件模型中所需的设计、使用参数
图解近似计算法	根据应力强度干涉关系，在零部件的应力和强度概率分布不明确的情况下，根据已有的应力观测值 和强度实验数据，用作图的办法来近似计算零部件可靠度，再运用产品可靠性模型，预计产品可靠性	工程研制阶段早期	$R(t)$、$R_\mathrm{m}(t)$	a) 能收集到零部件强度试验观测值。 b) 能收集到零部件应力观测值
故障率预计法	根据产品使用环境与使用应力对零件实验室常温环境下测得的基本故障率进行修正，得到零件的工作故障率，再运用产品可靠性模型，预计产品可靠性	工程研制阶段中后期	λ	a) 具备产品的详细设计图，选定了零件，且已知它们的类型、数量、环境及使用应力。 b) 各零件实验室常温条件下的基本故障率可测得

(续)

预计方法	原　理	适用范围	预计参数	前　提　条　件
应力强度干涉法	认为当零部件的应力大于强度时，会发生故障现象。根据零部件应力强度分布，通过计算强度大于应力的概率可得到零部件的可靠度，再运用产品可靠性模型，预计产品可靠性	工程研制阶段中后期	$R(t)$、$R_m(t)$	能确定零部件强度和应力的分布形式、分布参数
一次二阶矩法	认为零部件的应力和强度都是基本随机变量的函数，由此建立极限状态方程。通过把极限状态方程一次性展开，并利用基本随机变量的一阶矩（均值）和二阶矩（标准差），计算安全余量大于 0 的概率——可靠度，再运用产品可靠性模型，预计产品可靠性	工程研制阶段中后期	$R(t)$、$R_m(t)$	能确定零部件应力和强度的表达式
零部件累加计数法	通过统计得到不同环境条件下不同零部件的故障率数据，形成数据手册。在新产品可靠性预计中，通过查找数据手册得知各零部件故障率，再运用产品可靠性模型，预计产品可靠性	工程研制阶段中后期	λ、MTBF 等	a) 能找到产品各组成部分的故障率数据手册。 b) 产品组成部分的类别和使用环境明确

5.6　注意事项

进行非电子产品可靠性预计时，需要注意：

a) 尽早预计

应尽早进行可靠性预计，以便当可靠性预计值未达到成熟期可靠性目标值时，能及早地在技术上和管理上予以注意，采取必要的措施。一般要求在方案阶段就开展可靠性预计。

b) 反复迭代

可靠性预计应与功能、性能设计同步进行，在研制的各个阶段，可靠性预计应反复迭代，使预计结果与产品的技术状态保持一致。随着设计工作的进展，产品定义进一步确定，可靠性模型将逐步细化，可靠性预计结果也将逐步接近实际。非电子产品可靠性预计是一个反复迭代、动态管理的过程。

c) 可靠性预计结果的相对意义比具体值更为重要，要能影响产品设计

一般地，可靠性预计值与实际值的误差在 1~2 倍之内可认为是正常的，可靠性预计结果的相对意义比绝对值更为重要。可靠性预计结果要能影响设计，通过可靠性预计可以找到产品的薄弱环节，加以改进，提高产品可靠性水平。在对不同的设计方案进行优选、调整时，可靠性预计结果还是方案比较、选择的重要依据。

d) 预计结果应大于规定值

可靠性预计结果应大于研制总要求或合同中规定值的 1.1~1.2 倍，否则必须采取设计改进措施，直到满足为止。

e) 注意预计模型和数据来源的准确性

尽可能选择能反映非电子产品可靠性真实水平的预计模型和数据。目前，修正系数法能使用的标准和手册为：NSWC-98/LE1《机械设备可靠性预计程序手册》；零部件累加计数法能使用的手册为：美国可靠性分析中心（RAC）的《非电子零部件可靠性数据（NPRD）》。引用到我国非电子产品可靠性预计时，要注意修正。

f) 系统中电子产品的预计

非电子系统中，也可能存在电子产品，这些电子产品的可靠性预计方法参见型号可靠性技术规范 XKG／K03—2009《型号电子产品可靠性预计应用指南》。

g) 含货架产品的处理方法

若产品中包含货架产品，其可靠性参数值应由供应商提供，在产品可靠性预计中直接引用，不必重新计算。

h) 推荐使用计算机辅助设计软件

推荐使用计算机辅助设计软件进行非电子产品可靠性预计，可提高效率、节省人力。特别对于复杂非电子产品，效果更为明显。

6 相似产品类比论证法

6.1 概述

相似产品类比论证法的基本思想是根据仿制或改型的类似国内外非电子产品的故障率（要求已知），分析两者在组成结构、设计水平、制造工艺水平、原材料与零部件水平、使用环境等方面的相似因素，通过专家评分给出各方面的修正系数，综合权衡后得出一个综合修正因子，再用相似产品故障率除以综合修正因子，得到新产品可靠性预计结果。

相似产品类比论证法适用于方案阶段的非电子产品可靠性预计，特别适用于按系列开发的产品。

6.2 实施步骤

相似产品类比论证法的实施步骤为：

a) 确定相似产品

考虑前述的相似因素，选择确定与新产品最为相似，且有可靠性数据的产品。

b) 分析相似因素对可靠性的影响

分析各种因素对产品各组成部分可靠性的影响程度，其考虑的相似因素有：

1) 产品结构的相似性。
2) 产品设计的相似性。
3) 工艺水平的相似性。
4) 原材料、零部件的相似性。
5) 使用环境的相似性。

需要特别说明的是，对不同的产品，所需考虑的相似因素可能是不同的，可以针对产品各部分的特点对相似因素进行增补或删减。

在此基础上，邀请有经验的、与产品相关的型号总师、副总师、主任设计师、主管设计师、可靠性专家组成的专家组确定新产品组成部分相对相似老产品组成部分的可靠性变化的比值，若新产品在某方面较老产品有所进步，则取其相应的修正因子 $K_i > 1$；若与老产品没有区别，则取 $K_i = 1$；否则取 $K_i < 1$。评定时，简单地可取各专家给出的各修正因子的平均值作为该修正因子的值，这一过程可用表2辅助完成。需要注意，产品的各个组成部分的修正系数可能是不同的，因此需要对产品的每个组成部分都进行打分，产品有多少个组成部分，就有多少张修正因子确定表。

表 2　修正因子的确定

	结构方面	设计方面	工艺方面	原材料、零部件方面	使用环境方面	……
专家1						
专家2						
……						
专家 m						
均值						

由此，可以确定新产品组成部分相对老产品组成部分的可靠性变化的比值，由有经验的专家对这些比值进行评定，得到第 i 个组成部分的综合修正因子，其通常可表示为：

$$D_i = K_{1i} \cdot K_{2i} \cdot K_{3i} \cdot K_{4i} \cdot K_{5i} \tag{1}$$

式中：K_{1i}——修正系数，表示研制单位对产品第 i 个组成部分在产品结构方面与老产品的差距或优势；

K_{2i}——修正系数，表示研制单位对产品第 i 个组成部分在产品设计经验方面与老产品的差距或优势；

K_{3i}——修正系数，表示研制单位对产品第 i 个组成部分在工艺水平方面与老产品的差距或优势；

K_{4i}——修正系数，表示研制单位对产品第 i 个组成部分在原材料、零部件方面与老产品的差距或优势；

K_{5i}——修正系数，表示研制单位对产品第 i 个组成部分在使用环境方面与老产品的差距或优势。

值得注意的是：

1) 若新产品在某方面较老产品有所进步，则取其相应的修正因子 $K_i > 1$；若与老产品没有区别，则取 $K_i = 1$；否则取 $K_i < 1$。

2) 这一公式在应用中可根据实际情况对修正系数进行增补或删减。

c) 新产品可靠性预计

根据比值预计出新产品的可靠性，为：

$$\lambda_i = \lambda_{oi} / D_i \quad (i = 1, 2, \cdots, n) \tag{2}$$

式中：λ_i——产品第 i 个组成部分预计得出的故障率，产品中共有 n 个组成部分，单位为 10^{-6}/小时（10^{-6}/h）；

λ_{oi}——老产品中对应产品第 i 个组成部分的故障率，单位为 10^{-6}/小时（10^{-6}/h）；

D_i——新研产品第 i 个组成部分较老产品对应组成部分可靠性变化倍数。

若预计参数为 MTBF，则根据其与 λ 的关系进行换算。

d) 综合计算产品可靠性

根据由可靠性建模得到的基本可靠性模型和任务可靠性模型，预计产品基本可靠性和任务可靠性。

6.3 注意事项

使用相似产品类比论证法时，需要注意：

a) 确保新产品与老产品间的相似性，要从相似产品类比论证法考虑的几个因素对产品间的相似性进行度量。若产品间相似性不好，将直接影响预计的准确性。

b) 确保老产品可靠性数据的准确性，所采用的老产品可靠性数据必须是经过现场评定的。若老产品可靠性数据不准确，也将直接影响预计的准确性。

6.4 应用案例

下面以某型飞机电源系统的恒装为例，阐述相似产品类比论证法的应用。该恒装的可靠性规定值为：MTBF=1000h。

a) 定义产品

某型飞机电源系统的恒装处于方案阶段。假设恒装各组成部分工作时间相同。

b) 建立可靠性模型

由于该恒装处于方案阶段，其组成成分不明确，因此，当前预计时将其作为一个整体进行，从而不需建立可靠性模型。

c) 选择可靠性预计方法

该产品是飞机电源系统的一个组成部分，由于已知该恒装是参照国外某公司的产品研制的，国外的液压机械式恒装 MTBF =4000h，且它们之间的差异可评定，故拟采用相似产品类比论证法对比分析国产恒装的 MTBF。

d) 按照预计方法进行预计

假设该恒装寿命服从指数分布。

1) 确定相似产品

因为国产恒装是在国外产品基础上研制的，且已知原型产品的 MTBF=4000h，即以该国外恒装作为相似产品。

2) 分析相似因素对可靠性的影响

由于国产恒装是双排泵—马达结构，而国外产品是单排结构，因此该国产恒装在结构经验的修正因子取 $K_1 =1/1.2$，在设计经验方面的修正因子取 $K_2 =1/1.2$，在工艺水平方面的修正因子取 $K_3 =1/1.5$，在原材料、零部件方面的修正因子取 $K_4 =1/1.2$；由于该型国产恒装工作温度正常情况在 150℃，而国外产品一般工作温度在 125℃左右，故在产品使用环境方面的修正因子取 $K_5 =1/1.2$。

根据式（1），可计算得：

$$D=K_1 \cdot K_2 \cdot K_3 \cdot K_4 \cdot K_5 = \frac{1}{1.2 \times 1.2 \times 1.5 \times 1.2 \times 1.2} = 0.3215$$

3) 新产品可靠性预计

根据式（2），该型国产恒装的故障率：

$$\lambda_{新} = \lambda_{原} / D = \frac{1}{4000} / 0.3215 = 7.776 \times 10^{-4} /\text{h}$$

由于该恒装寿命服从指数分布，故得：

$$\text{MTBF}_{新} = 1/\lambda_{新} = 1286.0\text{h}$$

4) 综合计算产品可靠性

预计中，本产品是作为一个整体进行的，故此步骤省略。

e) 得出可靠性预计结论

该恒装可靠性预计结果为：MTBF=1286.0h，达到了该产品可靠性规定值要求（MTBF=1000h）。

与国外恒装相比，对该恒装可靠性影响最大的是研制单位在产品工艺水平方面与老产品的差距。因此，建议研制单位结合工艺故障模式、影响及危害性分析（PFMECA）的结果，使用先进制造技术，减少工艺过程中对产品的损伤。

f) 反馈

将可靠性预计结论反馈到设计过程当中，综合其他工作的结论，考虑第 e)项提出的改进产品可靠性的意见与建议，使得可靠性预计结果能够影响产品设计，最终达到提高产品可靠性的目的。

g) 编制可靠性预计报告（略）。

7 修正系数法

7.1 概述

修正系数法预计的基本思路是：虽然非电子产品的"个性"较强，难以建立产品级的可靠性预计模型，但若将它们分解到零部件级，则有许多基础零部件是通用的。通过建立零部件故障率与影响其故障模式的主要设计、使用参数的函数关系（即故障率模型），用这种函数关系来预计新零部件的故障率，再运用产品可靠性模型，预计产品可靠性。

修正系数法适用于工程研制阶段早期的非电子产品可靠性预计。

7.2 实施步骤

修正系数法的实施步骤为：

a) 建立零部件故障率模型

根据零部件的种类，选择预计标准和手册，确定故障率模型。

目前，可使用的标准和手册为 NSWC-98/LE1《机械设备可靠性预计程序手册》（参见本指南参考文献[2]）。其中，对密封件、弹簧、电磁铁、阀门、轴承、齿轮和花键、作动器、泵、过滤器、制动器和离合器、压缩机、电动机、蓄电池和储存器、螺纹紧固件、机械轴节、曲柄滑块机构、传感器和换能器等多类零部件建立了故障率模型。

b) 确定零部件的相关参数

依照所选定的故障率模型，确定零部件预计所需的各种参数，这些参数主要是设计、使用参数，例如，对齿轮而言，这些参数主要包括设计速度、使用速度；设计载荷、使用载荷；偏差角；规定润滑剂的黏度、使用润滑剂的黏度；规定温度、使用温度；AGMA（美国齿轮制造商协会）运行系数等。

c) 计算零部件故障率

将 b）中获得的信息代入 a）中的故障率模型，可计算得出零部件对应的故障率。

d) 综合计算产品可靠性

根据可靠性建模得到的基本可靠性模型和任务可靠性模型，预计产品基本可靠性和任务可靠性。

7.3 注意事项

使用修正系数法时，需要注意：

a) 选择恰当的故障率计算模型，选择故障率计算模型时可参考 NSWC-98/LE1《机械设备可靠性预计程序手册》，将该手册应用于国产零部件时要注意根据具体情况加以修正。

b) 利用修正系数法预计是很繁琐费时的。目前，已经出现了大量商业化和非商业化的非电子产品可靠性预计软件，运用这些软件可大量节省预计时间。

7.4 应用案例

下面以某齿轮为例，阐述修正系数法的应用。该齿轮可靠性规定值为：$\lambda = 5 \times 10^{-6}/h$。

a) 定义产品

齿轮是一个零件，其处于工程研制阶段早期，使用环境为地面一般工作环境。

b) 建立可靠性模型

由于该产品不可分割，因此不需构建可靠性模型。

c) 选择可靠性预计方法

由于该产品正处于工程研制阶段早期，且 NSWC-98/LE1《机械设备可靠性预计程序手册》中有齿轮故障率模型，因此采用修正系数法进行齿轮可靠性预计。

d) 按照预计方法进行预计

1) 建立零部件故障率模型

从 NSWC-98/LE1《机械设备可靠性预计程序手册》找出齿轮故障率模型为：

$$\lambda_{GE} = \lambda_{GE,B} \cdot C_{GS} \cdot C_{GP} \cdot C_{GA} \cdot C_{GL} \cdot C_{GT} \cdot C_{GV} \tag{3}$$

式中：λ_{GE}——在特定使用情况下齿轮故障率，单位为 $10^{-6}/$小时（$10^{-6}/h$）；

$\lambda_{GE,B}$——制造商提供的基本故障率，表示在规定速度、载荷、润滑和温度条件下的故障率，单位为 $10^{-6}/$小时（$10^{-6}/h$）；

C_{GS}——速度偏差（相对于设计）的修正系数，$C_{GS} = k + (\frac{使用速度}{设计速度})^{0.7}$（其中 k 为常数1）；

C_{GP}——载荷偏差（相对于设计）的修正系数，$C_{GP} = (\frac{使用载荷/设计载荷}{k})^{4.69}$（其中 k 为常数0.5）；

C_{GA}——轴线不重合度的修正系数，$C_{GA} = (\frac{偏差角}{0.006})^{2.36}$，偏差角单位为弧度(rad)；

C_{GL}——润滑偏差（相对于设计）的修正系数，$C_{GL} = (\frac{规定润滑剂的黏度}{使用润滑剂的黏度})^{0.54}$；

C_{GT} ——温度的修正系数，$C_{GT} = (\dfrac{使用温度}{规定温度})^3$；

C_{GV} ——AGMA 保养因素的修正系数，C_{GV} = AGMA运行系数，可由 NSWC-98/LE1《机械设备可靠性预计程序手册》的表 8-1 查到。

2) 确定零部件的相关参数

该齿轮制造商规定的基本故障率 $\lambda_{GE,B} = 0.5 \times 10^{-6} / h$；设计转速是 25r/min，使用转速为 20r/min；设计载荷为 30Nm，使用载荷为 20Nm；偏差角为 1/3°，即 0.0058rad；设计和使用的润滑剂黏度相同；规定温度与使用温度均为 35℃；主动力带有中等冲击，从动件的冲击正常，查 NSWC-98/LE1《机械设备可靠性预计程序手册》的表 8-1 可知，AGMA（美国齿轮制造商协会）运行系数为 1.25。

3) 计算零部件故障率

根据公式（3），计算齿轮的故障率，

$$\lambda_{GE} = \lambda_{GE,B} \cdot C_{GS} \cdot C_{GP} \cdot C_{GA} \cdot C_{GL} \cdot C_{GN} \cdot C_{GT} \cdot C_{GV}$$

$$= 0.5 \times 10^{-6} \times [1 + (\frac{20}{25})^{0.7}] \times (\frac{20/30}{0.5})^{4.69} \times (\frac{0.0058}{0.006})^{2.36} \times 1 \times 1 \times 1.25$$

$$= 4.126 \times 10^{-6} / h$$

4) 综合计算产品可靠性

预计中，本产品是作为一个整体进行的，故此步骤省略。

e) 得出可靠性预计结论

该齿轮可靠性预计结果，齿轮故障率为 4.126×10^{-6}/h，达到了该齿轮可靠性规定值要求（$\lambda = 5 \times 10^{-6}$/h）。

综合分析使用对齿轮可靠性的影响，发现载荷因子对齿轮故障率的修正比例最大，几乎将故障率提高了 4 倍。因此，建议设计中尽量减小使用载荷，或者提高齿轮的设计载荷。略微的改动，如将使用载荷降低 2Nm，齿轮故障率将降低到 2.517×10^{-6}/h。

f) 反馈

将可靠性预计结论反馈到设计过程当中，综合其他工作的结论，考虑第 e)项提出的改进产品可靠性的意见与建议，使得可靠性预计结果能够影响产品设计，最终达到提高产品可靠性的目的。

g) 编制可靠性预计报告（略）。

8 图解近似计算法

8.1 概述

图解近似计算法的原理是应力强度干涉原理，即认为强度大于应力时零部件正常，反之零部件故障。记强度分布密度函数为 $f_r(x)$，应力分布密度函数为 $f_s(x)$，由应力强度干涉关系，有：

$$R = \int_{-\infty}^{\infty} f_s(x) [\int_X^{\infty} f_r(y) \mathrm{d}y] \mathrm{d}x \tag{4}$$

记强度互补累积分布函数为

$$G = \int_X^{\infty} f_r(x) \mathrm{d}x = 1 - F_r(x) \tag{5}$$

记应力累积分布函数为

$$H = \int_{\infty}^{X} f_s(x)\mathrm{d}x = F_s(x) \quad (\text{即 } \mathrm{d}H = f_s(x)\mathrm{d}x) \tag{6}$$

将 G、$\mathrm{d}H$ 代入式（4），即有：

$$R = \int_0^1 G\mathrm{d}H \tag{7}$$

式（7）的含义是：G-H 曲线下的面积就是零部件的可靠度。图解近似计算法是在不知道零部件强度和应力概率分布的情况下，根据已有的强度、应力经验数据，用作图的办法来近似计算零部件的可靠度，再运用产品可靠性模型，预计产品可靠性。

图解近似计算法适用于工程研制阶段早期的非电子产品可靠性预计。

8.2 实施步骤

图解近似计算法的实施步骤为：

a) 获取零部件应力、强度的相关数据

获取零部件应力与强度观测值，将这些观测值分别按从小到大进行排列：$s_1, s_2, \cdots s_n$，$r_1, r_2, \cdots, r_m$。应力、强度观测值的累积分布函数计算方法如下：

$$\hat{F}_s(x) = \frac{i}{n} \quad (i = 1, 2, \cdots, n); \quad \hat{F}_r(x) = \frac{i}{m} \quad (i = 1, 2, \cdots, m) \tag{8}$$

根据计算结果绘制分布曲线。

b) 计算 G 和 H 值，绘制 G-H 函数关系曲线

根据绘制出的零部件强度和应力分布曲线，计算典型应力下 G、H 值，并绘制 G-H 函数关系曲线，见图 2。

c) 计算可靠度

计算图 2 阴影部分面积，即得到该零部件的可靠度。

d) 综合计算产品可靠性

根据可靠性建模得到的基本可靠性模型和任务可靠性模型，预计产品基本可靠性和任务可靠性。

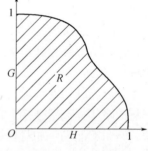

图 2 G-H 函数关系曲线

8.3 注意事项

使用图解近似计算法时，需要注意：为了使预计结果更为准确，应尽可能多地获取零部件强度和应力的观察值。

8.4 应用案例

下面以某零件为例，阐述图解近似计算法的应用。该零件可靠度规定值为：$R=0.97$。

a) 定义产品

该零件是一个不可分割的产品，处于工程研制阶段早期。

b) 建立可靠性模型

由于该零件不可分割，因此不需构建可靠性模型。

c) 选择可靠性预计方法

由于该零件处于工程研制阶段早期，且能收集到零件强度试验观测值与零件应力观测值，因此对该零件采用图解近似计算法来计算它的可靠度。

d) 按照预计方法进行预计

1) 获取零件应力、强度的相关数据

对零件进行应力分析，得到 10 个观测值。这 10 个应力观测值与其对应的应力累积分布函数见表3。

表3 零件应力观测值

次序	应力/MPa	$\hat{F}_s(x)$	次序	应力/MPa	$\hat{F}_s(x)$	次序	应力/MPa	$\hat{F}_s(x)$
1	20750	0.10	5	26250	0.50	8	30000	0.80
2	23600	0.20	6	27500	0.60	9	33750	0.90
3	24500	0.30	7	29250	0.70	10	37500	1.00
4	26250	0.40						

根据表3中的数据作出应力的经验分布，见图3。

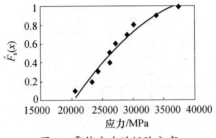

图3 零件应力的经验分布

对零件进行强度试验，得到 14 个试验观测值。这 14 个强度观测值与其对应的强度累积分布函数见表4。

表4 零件强度试验数值

次序	强度/MPa	$\hat{F}_r(x)$	次序	强度/MPa	$\hat{F}_r(x)$	次序	强度/MPa	$\hat{F}_r(x)$
1	33800	0.07	6	36000	0.43	11	38200	0.78
2	34300	0.14	7	36800	0.5	12	38500	0.85
3	35400	0.21	8	37000	0.57	13	40000	0.93
4	35900	0.28	9	37100	0.64	14	42000	1
5	36000	0.35	10	37300	0.71			

根据表4中的数据作出强度的经验分布，见图4。

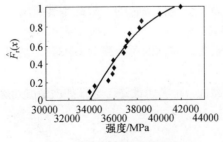

图·4 零件强度的经验分布

2) 计算 G 和 H 值，绘制 G-H 函数关系曲线

根据上面两个经验分布，计算出不同应力下的 G 和 H 值，G 和 H 值的对应关系见表 5。

表 5 H 和 G 的对应值

应力/MPa	$H = \hat{F}_s(x)$	$G = \hat{F}_r(x)$	应力/MPa	$H = \hat{F}_s(x)$	$G = \hat{F}_r(x)$
0	0	1	35000	0.96	0.81
10000	0	1	36000	0.98	0.67
15000	0	1	37000	0.99	0.42
20000	0.07	1	38000	0.995	0.22
25000	0.31	1	39000	1	0.12
30000	0.77	1	40000	1	0.05
32000	0.87	0.98	41000	1	0.02
33000	0.9	0.95	42000	1	0.01
34000	0.94	0.9			

根据表 5 中的数据作出 G 和 H 的函数关系曲线，见图 5。

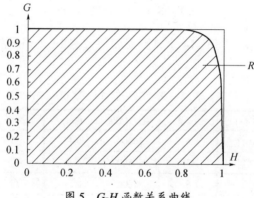

图 5 G-H 函数关系曲线

3) 计算可靠度

根据图 5，计算出曲线下面积即为零件的可靠度 $R=0.9878$。

4) 综合计算产品可靠性

预计中，本零件是作为一个整体进行的，故此步骤省略。

e) 得出可靠性预计结论

该零件可靠性预计结果为，零件的可靠度为 0.9878，达到了该零件可靠性规定值要求（$R=0.95$）。

如需继续提高产品可靠性，可考虑改进工艺（如改进热处理方案），尽可能提高材料强度。

f) 反馈

将可靠性预计结论反馈到设计过程当中，综合其他工作的结论，考虑第 e)项提出的

改进产品可靠性的意见与建议，使得可靠性预计结果能够影响产品设计，最终达到提高产品可靠性的目的。

g) 编制可靠性预计报告（略）。

9 故障率预计法

9.1 概述

故障率预计法是在实验室常温条件下测得非电子产品零部件基本故障率的基础上，考虑各零部件所处使用环境及使用应力的不同，通过环境系数和降额系数对零部件基本故障率进行修正，得到非电子产品零部件工作故障率，再运用产品可靠性模型，预计产品可靠性。

故障率预计法适用于工程研制阶段中后期的非电子产品可靠性预计。此时，非电子产品的详细设计图已完成，零部件已选定，零部件的类型、数量、环境及使用应力已知，并测得了各零部件在实验室常温条件下的故障率。

9.2 实施步骤

故障率预计法的实施步骤为：

a) 获取产品相关信息

这些信息包括：实验室常温条件下所测得的产品各零部件的基本故障率，各零部件的使用环境及使用应力。

b) 计算环境因子 K 和降额因子 D

根据各零部件使用环境，参考电子设备可靠性预计手册 GJB/Z 299C《电子设备可靠性预计手册》中所列的各种环境系数 π_E，确定各零部件环境因子 K 的取值。

根据各零部件使用应力，由工程经验确定各零部件降额因子 D 的取值。

c) 计算零部件工作故障率

按式（9）计算零部件工作故障率：

$$\lambda = \lambda_b \cdot K \cdot D \tag{9}$$

式中：λ——工作故障率，单位为 10^{-6}/小时（10^{-6}/h）；

λ_b——基本故障率，单位为 10^{-6}/小时（10^{-6}/h）；

K——环境因子，取值参考 GJB/Z 299C《电子设备可靠性预计手册》确定；

D——降额因子，取值由工程经验确定。

d) 综合为产品可靠性预计结果

根据可靠性建模得到的基本可靠性模型和任务可靠性模型，预计产品的基本可靠性和任务可靠性。

9.3 注意事项

使用故障率预计法时，需要注意：由于故障率预计法中环境因子 K、减额因子 D 的取值均由工程经验确定，因此，该方法的准确性极大地依赖于工程人员的经验水平。

9.4 应用案例

下面对某型运输机升降舵和方向舵的液压操纵系统进行可靠性预计，该系统可靠性规定值为：MTBF=100h，且 $R_m(4)=0.98$。

a) 定义产品

该液压操纵系统处于工程研制阶段中后期，由液压油箱、节流阀、泵、快卸接头、止回阀、油滤、蓄压器、联轴节、伺服阀、作动筒等10个单元组成。假设系统各组成部分工作时间相同。

b) 建立可靠性模型

假设：系统各组成部分寿命均服从指数分布，且系统各组成部分之间的故障相互独立。

1) 基本可靠性模型

根据产品定义，该液压操纵系统的基本可靠性框图见图6：

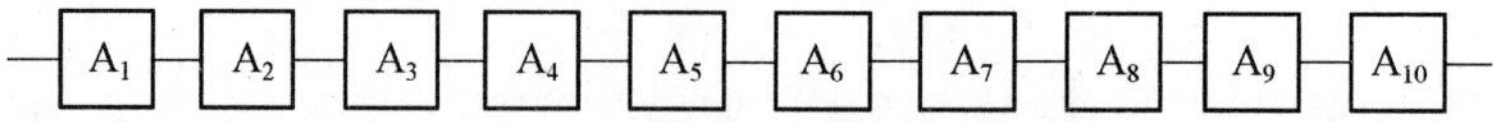

图6 液压操纵系统可靠性框图

A₁—液压油箱；A₂—节流阀；A₃—泵；A₄—快卸接头；A₅—止回阀；A₆—油滤；

A₇—蓄压器；A₈—联轴节；A₉—伺服阀；A₁₀—作动筒。

基本可靠性数学模型为：

$$\lambda_S = \sum_{n=1}^{10} \lambda_i$$

式中：λ_S——系统故障率，单位为 10^{-6}/小时（10^{-6}/h）；

λ_i——组成部分 $A_1 \sim A_{10}$ 的故障率，单位为 10^{-6}/小时（10^{-6}/h）。

2) 任务可靠性模型

根据产品任务及其对应工作模式描述，可知，该液压操纵系统的任务可靠性框图也是串联结构，见图6，任务可靠性数学模型为：

$$R_{mS}(t) = \prod_{i=1}^{10} e^{-\lambda_i t}$$

式中：$R_{mS}(t)$——系统 t 时刻的任务可靠度；

λ_i——组成部分 $A_1 \sim A_{10}$ 的故障率，单位为 10^{-6}/小时（10^{-6}/h）。

c) 选择可靠性预计方法

由于该系统已完成了设计，能得到产品的详细设计图，选定了零部件，且已知它们的类型、数量、环境及使用应力，各零部件在实验室常温条件下的基本故障率已测得，因此采用故障率预计法计算产品可靠性。

d) 按照预计方法进行预计

1) 获取产品相关信息

测得产品各零部件的基本故障率，见表6第2列。

2) 计算环境因子 K_i 和降额因子 D_i

由于该型飞机属于有人运输机，因此环境因子 K_i 选定为3.2，见表6第3列；

根据各零部件的使用应力，确定其降额因子 D_i，见表6第4列。

3) 计算零部件的"工作故障率"

根据式（9）计算出各单元的工作故障率，见表6第5列。

表 6 液压操纵系统单元及其故障率

单元名称	基本故障率/($\times 10^{-6}$/h)	K_i	D_i	工作故障率/($\times 10^{-6}$/h)
液压油箱	34.0	3.2	1.0	108.8
节流阀	10.0	3.2	0.9	28.8
泵	1070.0	3.2	0.7	2396.8
快卸接头	80.0	3.2	1.0	256
止回阀	23.0	3.2	0.9	66.24
油滤	52.0	3.2	0.9	149.76
蓄压器	113.0	3.2	1.0	361.6
联轴节	120.0	3.2	0.8	307.2
伺服阀	300.0	3.2	0.8	768
作动筒	180.0	3.2	1.0	576

4) 综合为产品可靠性预计结果

首先，根据基本可靠性模型计算该液压操纵系统故障率 λ_S：

$$\lambda_S = \sum_{i=1}^{10} \lambda_i = 5019.2 \times 10^{-6}/h$$

由于该系统各组成部分的寿命均服从指数分布，故由系统故障率可计算得出平均故障间隔时间 MTBF：

$$MTBF_S = \frac{1}{\lambda_S} = 199.2349h$$

接着，根据任务可靠性模型计算该系统的任务可靠度为：

$$R_{mS}(4) = \prod_{i=1}^{10} e^{-\lambda_i t} = e^{-5019.2 \times 10^{-6} \times 4} = 0.980123$$

e) 得出可靠性预计结论

该系统 MTBF 为 199.2349h，达到了该系统基本可靠性规定值要求（MTBF=100h）；当该系统运行到 4h 时，系统可靠度为 0.980123，基本满足该系统任务可靠性规定值要求（$R(4)$=0.98）。

其中，薄弱环节存在于泵，其故障率为整个液压操纵系统的 47.8%。

如需继续提高产品可靠性，可考虑选择可靠性水平更高的泵，例如分析实验中泵故障原因，通过改进材料、工艺等提高泵的可靠性水平。

f) 反馈

将可靠性预计结论反馈到设计过程当中，综合其他工作的结论，考虑第 e)项提出的改进产品可靠性的意见与建议，使得可靠性预计结果能够影响产品设计，最终达到提高产品可靠性的目的。

g) 编制可靠性预计报告（略）。

10 应力强度干涉法

10.1 概述

应力强度干涉法的基本思想为：零部件是否故障取决于强度与应力的关系，当强度大于应力时，认为零部件正常，而当应力大于强度时，则认为零部件必定故障。实际工作中应力与强度都是呈分布状态的随机变量，将应力和强度在同一坐标中表示，见图7。图中阴影部分表示的应力强度"干涉区"就可能发生应力大于强度（即故障）的情况。这种根据应力和强度的干涉情况，计算干涉区内强度小于应力的概率（故障概率）模型，称之为应力强度干涉模型。

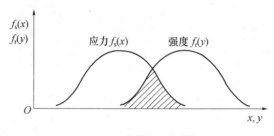

图 7 应力强度干涉模型

在应力强度干涉模型理论中，记强度分布密度函数为 $f_r(x)$，应力分布密度函数为 $f_s(x)$，强度大于应力的概率（即可靠度）可表示为：

$$R=P(Y-X>0)=\int_{-\infty}^{\infty} f_s(x)\left[\int_{X}^{\infty} f_r(y)\mathrm{d}y\right]\mathrm{d}x \tag{10}$$

应力强度干涉法适用于工程研制阶段中后期的非电子产品可靠性预计。此时，零部件的应力和强度分布已经确定。

10.2 实施步骤

应力强度干涉法的实施步骤为：

a) 确定零部件应力、强度分布

确定零部件应力与强度的分布形式、分布参数。

b) 可靠度的计算

根据公式（10）来计算零部件的可靠度。常用概率分布的可靠度计算公式见表7。

表 7 常用概率分布的可靠度计算公式

序号	应　力	强　度	可靠度计算公式
1	正态分布 $N(\mu_s,\sigma_s^2)$	正态分布 $N(\mu_r,\sigma_r^2)$	$R=\int_{-\infty}^{\beta}\frac{1}{\sqrt{2\pi}}\mathrm{e}^{-\frac{u^2}{2}}\mathrm{d}u=\Phi(\frac{\mu_r-\mu_s}{\sqrt{\sigma_r^2+\sigma_s^2}})$
2	对数正态分布 $\ln s \sim N(\mu_{\ln s},\sigma_{\ln s}^2)$	对数正态分布 $\ln r \sim N(\mu_{\ln r},\sigma_{\ln r}^2)$	$R=\int_{-\infty}^{\beta}\frac{1}{\sqrt{2\pi}}\mathrm{e}^{-\frac{u^2}{2}}\mathrm{d}u=\Phi(\frac{\mu_{\ln r}-\mu_{\ln s}}{\sqrt{\sigma_{\ln r}^2+\sigma_{\ln s}^2}})$
3	指数分布 $e(\lambda_s)$	指数分布 $e(\lambda_r)$	$R=\frac{\lambda_s}{\lambda_s+\lambda_r}$

(续)

序号	应 力	强 度	可 靠 度 计 算 公 式
4	正态分布 $N(\mu_s, \sigma_s^2)$	指数分布 $e(\lambda_r)$	$R = [1 - \Phi(-\dfrac{\mu_s - \lambda_r \sigma_s^2}{\sigma_s})] \times \exp[\dfrac{1}{2} \lambda_r^2 \sigma_s^2 - \lambda_r \mu_s]$
5	指数分布 $e(\lambda_s)$	正态分布 $N(\mu_r, \sigma_r^2)$	$R = 1 - \Phi(-\dfrac{\mu_r}{\sigma_r}) - [1 - \Phi(-\dfrac{\mu_r - \lambda_s \sigma_r^2}{\sigma_r})]$ $\times \exp[\dfrac{1}{2} \lambda_s^2 \sigma_r^2 - \lambda_s \mu_r]$
6	指数分布 $e(\lambda_s)$	Γ 分布 $\Gamma(\lambda_r, m)$	$R = 1 - (\dfrac{\lambda_r}{\lambda_s + \lambda_r})^m$
7	Γ 分布 $\Gamma(\lambda_s, n)$	指数分布 $e(\lambda_r)$	$R = (\dfrac{\lambda_s}{\lambda_s + \lambda_r})^n$
注：表中 $\Phi(x) = P(X \leqslant x)$，即标准正态曲线从 $-\infty$ 到 x（当前值）范围内的比例			

c) 综合计算产品可靠性

根据可靠性建模得到的基本可靠性模型和任务可靠性模型，预计产品基本可靠性和任务可靠性。

10.3 注意事项

使用应力强度干涉法时，需要注意：

a) 为了使可靠度的计算更为准确，需要清楚地了解零部件的应力和强度分布形式及分布参数。

b) 干涉理论要求知道应力和强度这两个随机变量的概率密度函数，这些函数在实际中是难以得到的，因而在工程应用中受到了限制。

c) 将干涉模型中的应力和强度的概念推广，即凡是引起故障的因素都称之为"应力"，凡是阻止故障的因素都称之为"强度"，则应力强度干涉理论同样可以应用到刚度、磨损及其他可靠性问题中。

10.4 应用案例

下面以某汽车后门弹簧为例，阐述应力强度干涉法的应用。该产品可靠性规定值为：3 年后的可靠度 $R(3 \times 365) = 0.99$。

a) 定义产品

该弹簧处于工程研制阶段中后期。

b) 建立可靠性模型

由于该零部件不可分割，因此不需构建可靠性模型。

c) 选择可靠性预计方法

由于该弹簧正处于工程研制阶段中后期，且能确定强度和应力的分布形式、分布参数，因此采用应力强度干涉法进行弹簧可靠性预计。

d) 按照预计方法进行预计

1) 确定零部件应力、强度分布

根据市场调查，某汽车后车门的开关次数为随机变量服从正态分布，其均值和标准偏差分别为 15.4 次/天和 4.1 次/天；根据扭转弹簧的强度试验结果知道，强度服从正态分布，其均值为 28000 次，标准偏差为 1350 次。

2) 可靠度的计算

3 年后弹簧所承受的应力的均值和标准偏差为：

$$\mu_s = 15.4 \times 365 \times 3 = 16863 次$$

$$\sigma_s = 4.1 \times 365 \times 3 = 4489.5 次$$

根据表 7 中应力和强度均为正态分布的可靠度计算公式，有：

$$\beta = \frac{\mu_r - \mu_s}{\sqrt{\sigma_r^2 + \sigma_s^2}} = 2.3756$$

$$R = \Phi(\beta) = 0.9911$$

即该汽车后门弹簧 3 年后的可靠度为 0.9911。

3) 综合计算产品可靠性

预计中，本零部件是作为一个整体进行的，故此步骤省略。

e) 得出可靠性预计结论

该弹簧可靠性预计结果，弹簧 3 年后可靠度为 0.9911，达到了其可靠性规定值要求（$R(3 \times 365) = 0.99$）。

如需继续提高产品可靠性，可考虑改进工艺（如改进热处理方案），尽可能提高材料强度。

f) 反馈

将可靠性预计结论反馈到设计过程当中，综合其他工作的结论，考虑第 e)项提出的改进产品可靠性的意见与建议，使得可靠性预计结果能够影响产品设计，最终达到提高产品可靠性的目的。

g) 编制可靠性预计报告（略）。

11 一次二阶矩法

11.1 概述

一次二阶矩法是不需要提前知道应力和强度分布的一种非电子产品专用可靠度性预计方法。该方法是近似概率法之一，在机械、结构可靠性领域得到了广泛的应用，且经过几十年的发展已经成为世界各国结构安全标准、规范的基础。

一次二阶矩法认为安全余量可表示为：

$$Z = r - s \tag{11}$$

式中：Z——安全余量，也称功能函数；

r——零部件的强度，单位为帕（Pa）；

s——零部件的应力，单位为帕（Pa）。

$Z>0$ 表示强度大于应力，认为这种状态下结构可靠；$Z<0$ 则表示应力大于强度，认为这种状态下结构故障；$Z=0$ 则表示结构处于临界的极限状态。称

$$Z = r - s = 0 \tag{12}$$

为极限状态方程，这时结构处于正常与故障的临界状态。

由于零部件的应力和强度都是基本随机变量的函数，所以极限状态方程可表示为：

$$Z = g(X) = g(x_1, x_2, \cdots, x_n) = 0 \tag{13}$$

在几何上，上述极限状态方程是一个 n 维超曲面。在 $g(X)>0$ 的一侧，处于安全状态；在 $g(X)<0$ 的一侧，处于故障状态，称 $g(X)=0$ 的 n 维超曲面。

一次二阶矩法就是把极限状态方程一次性展开，并利用基本随机变量的一阶矩（均值）和二阶矩（标准差），计算安全余量大于 0 的概率——可靠度。

一次二阶矩法适用于研制阶段中后期的非电子产品可靠性预计。

11.2 实施步骤

一次二阶矩法的实施步骤为：

a) 确定极限状态方程

确定极限状态的表达，得到极限状态方程。

b) 计算可靠度

1) 对于线性的极限状态方程，即 $Z = g(X) = a_0 + \sum_{i=1}^{n} a_i x_i = 0$ 的情况，可靠度可由下式计算：

$$R = \Phi(\beta) = \Phi \left[\frac{a_0 + \sum_{i=1}^{n} a_i \mu_{x_i}}{[\sum_{i=1}^{n} (a_i \sigma_{x_i})^2]^{\frac{1}{2}}} \right] \tag{14}$$

2) 对于非线性极限状态方程，可靠度则需迭代计算。

(1) 确定初始设计点 p^*

① 对于随机变量服从正态分布的极限状态方程，$p^* = (\mu_{x_1}, \mu_{x_2}, \ldots \mu_{x_n})$；

② 对于随机变量不服从正态分布的极限状态方程，则在设计验算点 p^* 处对其进行当量正态化，即找出正态随机变量 x_N，使 p^* 出满足下列条件：

i) $F_{x_N}(x^*) = F_x(x^*)$，即 x_N 的分布函数在 p^* 处的值与非正态变量 x 的分布函数在 p^* 处的值相等；

ii) $f_{x_N}(x^*) = f_x(x^*)$，即 x_N 的密度函数在 p^* 处的值与非正态变量 x 的密度函数在 p^* 处的值相等。

(2) 计算功能函数的偏导数 $a_i^* = \left. \frac{\partial g}{\partial x_i} \right|_{p^*}$。

(3) 用 $\alpha_i = \dfrac{a_i^* \sigma_i}{\sqrt{\sum_{i=1}^{n} (a_i^* \sigma_i)^2 + \sum_{i=1}^{n} \sum_{\substack{j=1 \\ i \neq j}}^{n} \rho_{ij} a_i^* a_j^* \sigma_i \sigma_j}}$ 计算灵敏度系数 α_i，其中 ρ_{ij} 为变量 x_i 和

x_j 的相关系数。

(4) 计算 β 值： $\beta = \dfrac{\sum\limits_{i=1}^{n} a_i^*(\mu_i - x_i^*)}{\sqrt{\sum\limits_{i=1}^{n} (a_i^* \sigma_i)^2 + \sum\limits_{i=1}^{n} \sum\limits_{\substack{j=1 \\ i \neq j}}^{n} \rho_{ij} a_i^* a_j^* \sigma_i \sigma_j}}$ 。

(5) 用 $x_i^* = \mu_i - \beta \alpha_i \sigma_i$ 计算新的 p^* 。

(6) 比较上一次的 β 值与这一次的 β 值，若二者之差小于 ε ，则用这个 β 值计算可靠度。

(7) 计算可靠度值： $R = \Phi(\beta) = \Phi(\dfrac{\sum\limits_{i=1}^{n} a_i^*(\mu_i - x_i^*)}{\sqrt{\sum\limits_{i=1}^{n} (a_i^* \sigma_i)^2 + \sum\limits_{i=1}^{n} \sum\limits_{\substack{j=1 \\ i \neq j}}^{n} \rho_{ij} a_i^* a_j^* \sigma_i \sigma_j}})$

c) 综合计算产品可靠性

根据由可靠性建模得到的基本可靠性模型和任务可靠性模型，预计产品基本可靠性和任务可靠性。

11.3 注意事项

使用一次二阶矩法时，需要注意：

a) 注意区分随机变量的分布形式，对正态分布和非正态分布的随机变量要分别处置。

b) 一次二阶矩法计算量较大，应尽量采用计算机辅助工具。

11.4 应用案例

下面以某钢梁为例，阐述一次二阶矩法的应用。该钢梁规定的可靠性要求为可靠度必须大于 0.99。

a) 定义产品

该钢梁处于工程研制阶段中后期。

b) 建立可靠性模型

由于该部件不可分割，因此不需构建可靠性模型。

c) 选择可靠性预计方法

由于该设备正处于工程研制阶段中后期，且能确定零部件应力和强度的表达式，因此采用一次二阶矩法进行产品可靠性预计。

d) 按照预计方法进行预计

1) 确定极限状态方程

该钢梁承受弯矩 m ，梁的剖面系数为 ω ，材料的屈服极限为 s ，其极限状态方程可表示为

$$Z = g(x) = s\omega - m = 0$$

可认为 m 、 ω 、 s 等为非相关变量，且服从正态分布，其中， $\mu_m = 112965120\text{N} \cdot \text{mm}$ ， $\sigma_m = 22593024\text{N} \cdot \text{mm}$ ， $\mu_s = 274.6\text{MPa}$ ， $\sigma_s = 34.3\text{MPa}$ ， $\mu_w = 820000\text{mm}^3$ ， $\sigma_w = 41000\text{mm}^3$ 。

2) 计算可靠度

这是非线性极限状态方程，且其中各变量都服从正态分布。

下面设初始设计点 $p^* = (\mu_s, \mu_\omega, \mu_m)$，计算过程见表8。

表8 计算迭代过程

迭代次序	变量	起始的 p^*	$\left.\dfrac{\partial g}{\partial x_i}\right|_{p^*}\sigma_{x_i}$	a_i	新的 p^*
1	s	274.6	28 126 000	-0.744	274.6-25.5β
	ω	820 000	11 258 600	-0.298	820 000-12 218β
	m	112 965 120	-22 593 024	0.598	112 965 120+13 510 628β
	\multicolumn{5}{c}{$g(x) = \beta^2 - 1212\beta + 356.9 = 0$, $\beta = 3.04$(取小值)。}				
2	s	197.08	26 851 995	-0.746	274.6-25.588β
	ω	782 857	8 080 280	-0.224	820 000-918 4β
	m	154 037 429	-22 593 024	0.627	112 965 120+14 165 826β
	\multicolumn{5}{c}{$g(x) = \beta^2 - 160.29\beta + 477.47 = 0$, $\beta = 3.0363$(取小值)。}				
3	S	196.907	27 169 510	-0.7496	274.6-25.71β
	ω	7 921.14	8 073 187	-0.223	820 000-914.3β
	m	155 976 874	-22 593 024	0.623	112 965 120+14 082 622β
	\multicolumn{5}{c}{$g(x) = \beta^2 - 160.27\beta + 477.32 = 0$, $\beta = 3.036$(取小值)。}				

由于第二次和第三次迭代的 β 计算结果相近，所以求得 $\beta \approx 3.036$，梁的可靠度 $R = \Phi(\beta) = 0.9988$。

3) 综合计算产品可靠性

预计中，本部件是作为一个整体进行的，故此步骤省略。

e) 得出可靠性预计结论

该钢梁可靠性预计结果，钢梁可靠度为 0.9988，达到了其可靠性规定值要求 （R=0.99）。

如需继续提高产品可靠性，可考虑改进工艺（如改进热处理方案），尽可能提高材料强度。

f) 反馈

将可靠性预计结论反馈到设计过程当中，综合其他工作的结论，考虑第 e)项提出的改进产品可靠性的意见与建议，使得可靠性预计结果能够影响产品设计，最终达到提高产品可靠性的目的。

g) 编制可靠性预计报告（略）。

12 零部件累加计数法

12.1 概述

零部件累加计数法是根据零部件信息在已有非电子产品可靠性数据手册中直接查找故障率的可靠性预计方法。目前可供使用的非电子产品可靠性数据手册是美国可靠性分析中心（RAC）的《非电子零部件可靠性数据》，其中包含了电气、机械、机电、液压及旋转装置的故障率。

零部件累加计数法适用于工程研制阶段中后期，此时，零部件类型、使用环境已明确。

12.2 实施步骤

零部件累加计数法的实施步骤为：

a) 确定零部件信息

确定零部件信息主要包括：

1) 零部件类型，如轴承、膜片串波纹管、磁力制动器等。

2) 使用环境。

3) 军用还是民用。

b) 查找故障率点估计

在非电子产品可靠性数据手册中依据上述零部件信息查找故障率点估计。目前仅有《非电子零部件可靠性数据》（参见本指南参考文献[5]）可供使用。

c) 综合计算产品可靠性

根据由可靠性建模得到的基本可靠性模型和任务可靠性模型，预计产品基本可靠性和任务可靠性。

12.3 注意事项

使用零部件累加计数法时，需要注意：

a) 一定要明确零部件归属的类别，例如同属波纹管，膜片串波纹管和燥发式波纹管的故障率就大为不同。

b) 一定要明确零部件的使用环境，不同环境下零部件的故障率会有所不同。

c) 如果数据手册中没有该类型零部件在其使用环境下的故障率数据，则可以找相似零部件或相似环境下的数据修正后替代。

12.4 应用案例

下面以某减速器传动部分为例，阐述零部件累加计数法的应用。该系统可靠性规定值要求为 MTBF=20000h，且 $R_m(2000)=0.9$。

a) 定义产品

该减速器处于工程研制阶段中后期，该传动部分由大齿轮（A_1）、小齿轮（A_2）、轴承（A_3）、齿轮轴（A_4）和平键（A_5）等组成。假设系统各组成部分工作时间相同。

b) 建立可靠性模型

假设：系统各组成部分寿命均服从指数分布，且系统各组成部分之间的故障相互独立。

1) 基本可靠性模型

根据产品定义，该减速器传动部分的基本可靠性框图见图 8。

图 8 某减速器传动部分可靠性框图

基本可靠性数学模型为：

$$\lambda_S = \sum_{i=1}^{5} \lambda_i$$

式中：λ_S——系统故障率，单位为 10^{-6}/小时（10^{-6}/h）；

λ_i——组成部分 $A_1 \sim A_5$ 的故障率，单位为 10^{-6}/小时（10^{-6}/h）；

2）任务可靠性模型

根据产品任务及其对应工作模式描述，可知，该减速器传动部分的任务可靠性框图也是串联结构，见图 8，任务可靠性数学模型为：

$$R_{mS}(t) = \prod_{i=1}^{5} e^{-\lambda_i t}$$

式中：$R_{mS}(t)$——系统 t 时刻的可靠度；

λ_i——组成部分 $A_1 \sim A_5$ 的故障率，单位为 10^{-6}/小时（10^{-6}/h）。

c）选择可靠性预计方法

由于该减速器传动部分正处于工程研制阶段中后期，且能确定其零部件类别和应用环境，因此采用零部件累加计数法进行产品可靠性预计。

d）按照预计方法进行预计

1）确定零部件信息

$A_1 \sim A_5$ 等零部件的类型、使用环境和军用/民用等信息见表 9 中第 2～4 列。

2）查找故障率点估计和置信区间

$A_1 \sim A_5$ 等零部件的故障率见表 9 中第 5 列。

表 9　减速器传动部分基本信息及其故障率

单元名称	零部件类型	使用环境	军用还是民用	故障率/($\times 10^{-6}$/h)
大齿轮	机械装置（齿轮）	GF（一般地面）	C（民用）	0.169
小齿轮	机械装置（齿轮）	GF（一般地面）	C（民用）	0.169
轴承	轴承（普通）	GF（一般地面）	C（民用）	4.068
齿轮轴	机械装置（齿轮轴）	GF（一般地面）	C（民用）	32.206
平键	连接件（矩形）	GF（一般地面）	C（民用）	0.097

3）综合为产品可靠性预计结果

首先，根据基本可靠性模型计算该减速器故障率 λ_S：

$$\lambda_S = \sum_{i=1}^{5} \lambda_i = 36.709 \times 10^{-6}/\text{h}$$

由于该减速器各组成部分寿命均服从指数分布，故可由故障率计算得平均故障间隔时间 MTBF：

$$\text{MTBF}_S = \frac{1}{\lambda_S} = 27241.3\text{h}$$

接着，根据任务可靠性模型计算该系统的任务可靠度为：

$$R_{mS}(2000) = \prod_{i=1}^{5} e^{-\lambda_i t} = e^{-36.709 \times 10^{-6} \times 2000} = 0.9292$$

e）得出可靠性预计结论

该减速器传动部分基本可靠性预计结果：系统 MTBF 为 27241.3h，达到了该系统基本可靠性规定值要求（MTBF=20000h）；当该系统运行到 2000h 时，系统可靠度为 0.9292，也达到了该系统任务可靠性规定值要求（$R_m(2000)=0.9$）。

其中，薄弱环节存在于齿轮轴，其故障率占整个减速器传动部分故障率的 87.7%。

如需继续提高产品可靠性，可考虑改变设计方案，选择可靠性水平更高的齿轮轴。

f) 反馈

将可靠性预计结论反馈到设计过程当中，综合其他工作的结论，考虑第 e)项提出的改进产品可靠性的意见与建议，使得可靠性预计结果能够影响产品设计，最终达到提高产品可靠性的目的。

g) 编制可靠性预计报告（略）。

附录 A
（资料性附录）
相关故障的可靠性预计结果修正

A.1 概述

在航空航天、核电站等高可靠性要求的系统中，为了提高系统可靠性，常常设计成冗余结构。应用传统的方法计算冗余系统的可靠度时，常常假设系统组成部分的故障是相互独立的，从而得出了非常乐观的结果。但在实际应用中所得到的系统故障概率却常常高于使用独立假设的预测值，而且有时偏差很大。这使人们意识到相关故障的存在，经过长期的实践表明，"相关"是系统故障的普遍特征，相关故障严重地削弱了冗余的作用，降低了冗余系统的可靠性，而且在那些高可靠性要求的系统中占有较大的比重。比如，近些年来许多国家的核工业概率风险分析报告都已表明，相关故障是系统故障和设备不可用的主要原因之一，它是不可忽视的风险来源之一。

目前，适用于相关故障可靠性预计的方法主要可划分为两类：概率统计模型和物理模型。

A.2 概率统计模型

A2.1 β 因子模型

β 因子模型是应用于风险评价和可靠性分析中的第一个参数模型。在该模型中，零部件的故障被分为独立故障（只有一个零部件故障）和共因故障（所有零部件全部故障）两部分。即：

$$\lambda = \lambda_1 + \lambda_c \tag{A.1}$$

式中：λ ——零部件的故障率，单位为 10^{-6}/小时（10^{-6}/h）；

λ_1 ——独立故障率，单位为 10^{-6}/小时（10^{-6}/h）；

λ_c ——共因故障率，单位为 10^{-6}/小时（10^{-6}/h）。

用参数 β 表示共因故障因子，即：$\beta = \lambda_c / \lambda$。共因故障因子 β 可以从统计的数据来确定。

假设系统中共有零部件 m 个，某共因事件使得 k 个零部件同时故障，则得到的各阶故障率为：

$$\lambda_k = \begin{cases} (1-\beta)\lambda & k=1 \\ 0 & 1<k<m \\ \beta\lambda & k=m \end{cases} \tag{A.2}$$

显然，β 因子模型有其局限性，当系统中的零部件数多于两个时，会出现中间数零部件故障率为 0 的情况。实际上，由外部冲击所导致的共因故障，可能产生系统中任意个数零部件同时故障。

所以 β 因子模型只适用于二阶冗余系统，而对于高阶冗余系统，计算结果偏于保守。但由于该模型简单、灵活易于掌握，所以，目前仍被人们用于概率风险评价和可靠性分析中的预估。

A.2.2 α 因子模型

基于 β 因子模型的缺陷，Mosleh 和 Siu 提出了 α 因子模型，该模型考虑了任意阶数故障的情况，所以引入了 m 个参数（对于 m 阶冗余系统），即：$\lambda_1, \lambda_2, \cdots, \lambda_m$。单个零部件的故障率 λ 与它们的关系为：

$$\lambda = \sum_{k=1}^{m} C_{m-1}^{k-1} \lambda_k \tag{A.3}$$

式中：λ_k ——特定 k 个零部件的故障率，单位为 10^{-6}/小时（10^{-6}/h）。

通常零部件的故障率可以根据已知数据求得。此外，在 α 因子模型中又引入了参数 $\alpha_k (k=1,2,\cdots,m)$，其意义为：由于共同原因造成的 k 个零部件的故障率与系统故障率之比，即：$\alpha_k = C_m^k \dfrac{\lambda_k}{\lambda_s}$

式中：λ_S ——系统故障率，$\lambda_S = \sum_{k=1}^{m} \lambda_k$，单位为 10^{-6}/小时（10^{-6}/h）。

最后用概率统计方法（如极大似然估计法），根据已知的故障数据确定参数 α_k，从而求得各阶故障率 λ_k。

A.2.3 二项故障率（BFR）模型

在二项故障率（BFR）模型中，考虑了两种类型的故障，即一种是在正常环境载荷下零部件的独立故障，另一种是由冲击引起的故障，冲击分为两种：致命冲击和非致命冲击。在致命冲击出现时，假定全部零部件都以数值 1 的条件概率故障，而在非致命冲击出现时假设共因故障组中的各个零部件以互不相干的常数故障概率故障。假设系统中共有零部件 m 个，某共因事件使得 k 个零部件同时故障，由此得到各阶故障率的数学表达式如下：

$$\lambda_k = \begin{cases} \lambda_i + \mu p(1-p)^{m-1} & k=1 \\ \mu p^k (1-p)^{m-k} & 1<k<m \\ \mu p^m + \omega & k=m \end{cases} \tag{A.4}$$

式中：λ_i ——单个零部件的独立故障率，单位为 10^{-6}/小时（10^{-6}/h）；

μ ——非致命冲击发生率；

p ——在非致命冲击出现时，零部件的条件故障概率；

ω ——致命冲击发生率。

在实际情况中，冲击可能由各种不同的根源产生（如环境改变、维修错误、操作错误），使得冲击具有随机性，因而零部件对冲击的抵抗能力也具有随机性，即零部件的故障概率是随机变量，而不是常量，而且各零部件之间的故障也具有相关性。

A.3 物理模型

各种概率统计模型最终求得的结果都是故障率 λ，而且是平均故障率，是与时间无关的常数故障率。然而，非电子产品的寿命大都不服从指数分布，对于这部分非电子产品，应当采用物理模型。

A.3.1　共同载荷模型（CLM）

共同载荷模型（CLM）是通过物理的应力—强度干涉理论来建立共因故障概率的，其中所有共同的原因（如环境应力、人为差错等）都用应力变量分布来表达，而一些非直接的共因故障机理（如系统的退化、零部件性能的变化）则通过强度的分布描述。所以，该模型的表达式为：

$$Q_{k/m} = C_m^k \int_0^\infty f_s(x_s) [\int_0^{x_s} f_r(x_r) dx_r]^k [\int_{x_s}^\infty f_r(x_r) dx_r]^{m-k} dx_s \tag{A.5}$$

式中：$Q_{k/m}$——m 阶冗余系统，k 个零部件同时故障的概率；

$f_s(x_s)$——应力 X_s 的概率密度函数；

$f_r(x_r)$——强度 X_r 的概率密度函数。

A.3.2　基于知识的多维离散化（KBMD）共因故障模型

A.3.1 节中得出的共因故障形式，是以应力和强度分布为基础的。对于工程实际问题，可能无法确定这些分布的参数，但一般会有一些故障事件记录数据。为了能够应用有限的故障数据估算系统故障概率，基于知识的多维离散化（KBMD）共因故障模型把系统共因故障概率的基本模型转化为离散化模型，并给出通过故障数据确定模型参数的方法。

可以将式 $Q_{k/m} = C_m^k \int_0^\infty f_s(x_s) [\int_0^{x_s} f_r(x_r) dx_r]^k [\int_{x_s}^\infty f_r(x_r) dx_r]^{m-k} dx_s$ 近似地用多项式和的形式离散化表达为：

$$Q_{k/m} = C_m^k \sum_s [p(x_{ei})]^k [1 - p(x_{ei})]^{m-k} f_s(x_{ei}) \Delta x_{ei} \tag{A.6}$$

式中：$p(x_{ei})$——零部件在应力取值为 x_{ei} 时的条件故障概率，$p(x_{ei}) = \int_0^{x_{ei}} f_r(x_r) dx_r$，

$p(x_{ei}) = \dfrac{i}{i + (n+1-i) F_{2(n+1-i), 2i, 0.5}}$，$F_{2(n+1-i), 2i, 0.5}$ 是 F 分布函数；

$f_s(x_{ei}) \Delta x_{ei}$——应力出现于区间 $(x_{ei} - \Delta x_{ei}/2, x_{ei} + \Delta x_{ei}/2)$ 内的概率，

$f_s(x_{ei}) \Delta x_{ei} = \dfrac{出现 i 阶故障的次数 m_i}{系统试验次数 m}$。

参 考 文 献

[1]   MIL-STD-756B．Reliability Modeling and Prediction[S]．Department of defense，1981.

[2]   NSWC-98/LE1．Handbook of Reliability Prediction Procedures for Mechanical Equipment[S]．Naval Surface Warfare Center，1998.

[3]   XKG／K01—2009．型号系统可靠性建模与预计应用指南[M]．北京：国防科技工业可靠性工程技术研究中心，2009.

[4]   XKG／K03—2009．型号电子产品可靠性预计应用指南[M]．北京：国防科技工业可靠性工程技术研究中心，2009.

[5]   中国船舶工业总公司标准化研究所(译)．非电子零部件可靠性数据（NPRD）(1985 年版)[S]．北京：中国船舶工业总公司标准化研究所，1987.

[6]   陆廷孝，郑鹏洲，何国伟，等．可靠性设计与分析[M]．北京：国防工业出版社，1995.

[7]   曾声奎，赵廷弟，张建国，等．系统可靠性设计分析教程[M]．北京：北京航空航天大学出版社，2001.

[8]   李海泉，李刚．系统可靠性分析与设计[M]．北京：科学出版社，2003.

[9]   章国栋，陆廷孝，等．系统可靠性与维修性的分析与设计[M]．北京：北京航空航天大学出版社，1990.

[10] 牟致忠．机械零件可靠性设计[M]．北京：机械工业出版社，1988.

[11] 刘惟信．机械可靠性设计[M]．北京：清华大学出版社，1998.

[12] 高社生，张玲霞．可靠性理论与工程应用[M]．北京：国防工业出版社，2002.

[13] 肖德辉．可靠性工程[M]．北京：宇航出版社，1985.

[14] 李良巧，顾唯明．机械可靠性设计与分析[M]．北京：国防工业出版社，1998.

[15] 宋保维．系统可靠性设计与分析[M]．西安：西北工业大学出版社，2000.

[16] 李翠玲，谢里阳．相关失效分析方法评述与探讨[J]．机械设计与制造，3，2003.

[17] 谢里阳，林文强．共因失效概率预测的离散化模型[J]．核科学与工程，22(2)，2002.

[18] 谢里阳，李翠玲．应力—强度干涉模型在系统失效概率分析中的应用及相关问题[J]．机械强度，27(4)，2005.

[19] GJB/Z 299C-2006 电子设备可靠性预计手册[S]．

[20] GJB 450A《装备可靠性工作通用要求》实施指南[M]．北京：总装备部电子信息基础部技术基础局，总装备部技术基础管理中心，2008.

XKG

型 号 可 靠 性 技 术 规 范

XKG／K05—2009

型号机械产品耐久性设计与分析应用指南

Guide to the durability design and analysis

of mechanical items for materiel

目　次

前　言

本指南的附录 A～附录 C 均为《资料性附录》。

本指南由国防科技工业可靠性工程技术研究中心负责组织实施。

本指南起草单位：北京航空航天大学可靠性工程研究所、航空 603 所、航天二院 25 所、兵器 201 所、船舶工业综合技术经济研究院。

本指南主要起草人：陈云霞、林逢春、石荣德、许丹、梁力、李庚雨、张忠、陈大圣。

型号机械产品耐久性设计与分析应用指南

1 范围

本指南规定了型号（装备，下同）机械产品耐久性设计与分析的程序和主要方法。

本指南适用于各类型号机械产品（含结构、机构）在方案和工程研制阶段的耐久性设计与分析工作。

2 规范性引用文件

下列文件中的有关条款通过引用而成为本指南的条款。凡注明日期或版次的引用文件，其后的任何修改单（不包括勘误的内容）或修订版本都不适用本指南，但提倡使用本指南的各方探讨使用其最新版本的可能性。凡未注日期或版次的引用文件，其最新版本适用于本指南。

GJB 67.1   军用飞机强度和刚度规范   总则

GJB 67.6   军用飞机强度和刚度规范   可靠性要求和疲劳载荷

GJB 450A   装备可靠性工作通用要求

GJB 451A   可靠性维修性保障性术语

GJB 775.1   军用飞机结构完整性大纲   飞机要求

GJB 776   军用飞机损伤容限要求

GJB 1259   履带车辆挂胶负重轮规范

GJB 1372   装甲车辆通用规范

GJB 1909A   装备可靠性维修性保障性论证要求

GJB 6227   装甲车辆柴油机设计准则

GJB/Z 21A   潜艇结构设计计算方法

GJB/Z 119   水面舰艇结构设计计算方法

GJB/Z 1391   故障模式、影响及危害性分析指南

3 术语和定义

GJB451A 确立的以及下列术语和定义适用于本指南。

3.1 耐久性 durability

产品在规定的使用、储存与维修条件下，达到极限状态之前，完成规定功能的能力，一般用寿命度量。极限状态是指由于耗损（如疲劳、磨损、腐蚀、变质等）使产品从技术上或从经济上考虑，都不宜再继续使用而必须大修或报废的状态。

3.2 耗损故障 wear out failure

因疲劳、磨损、腐蚀、老化等原因引起的故障，其故障率随着产品使用持续时间的

增加而增加。

3.3 经济寿命 economic life

在规定的使用、储存与维修条件下，产品使用到无论从技术上还是从经济上考虑都不宜再使用而必须报废的工作时间和（或）日历持续时间。对于可修复产品，经济寿命是总寿命的一种表现形式。

3.4 安全寿命 safe life

采用较大的寿命分散系数所获得的具有极低故障率的产品寿命。

3.5 中值寿命 median life

可靠度为 50% 的产品寿命。

3.6 寿命分散系数 life scatter factors

中值寿命与安全寿命的比值，取决于可靠度要求和寿命的随机分散性。

3.7 损伤容限 damage tolerance

在给定的未修使用期内，结构抵抗因存在缺陷、裂纹或其他损伤而引起破坏的能力。

3.8 损伤容限结构 damage tolerance structure

具有损伤容限能力的结构。

3.9 剩余强度 residual intensity

含裂纹结构在未修使用期内任一时刻能够达到的静强度值。它随材料的韧性、裂纹几何形状和结构构型而变化，随裂纹尺寸的增长而减小。

3.10 关键件 critical part

影响产品安全使用的零部件。

3.11 关键部位 key position

影响产品安全使用的部位，可以是单个零件（结构）的部位，也可以是多个零件构成的组件的部位。

4 符号和缩略语

4.1 符号

下列符号适用于本指南。

a——裂纹长度—寿命（$a-N$）曲线中的裂纹长度，单位为毫米（mm）；

a_0——初始损伤（裂纹）长度（尺寸），单位为毫米（mm）；

a_{cr}——临界裂纹长度（尺寸），单位为毫米（mm）；

a_d——可检裂纹尺寸，单位为毫米（mm）；

da/dN——裂纹扩展速率，单位为毫米/次（mm/次）；

K——应力强度因子，单位为兆帕·$\sqrt{毫米}$（MPa·$\sqrt{mm}$）；使用环境腐蚀疲劳影响系数；

K_t——应力集中系数；

L_f——疲劳寿命分散系数；

M_W——磨损安全余量，$M_W = W^* - W$，单位为毫米（mm）、毫米³（mm³）或克（g）；

N——$a-N$、应力—寿命（$S-N$）、存活率—应力—寿命（$p-S-N$）、预腐蚀时间—应力—寿命（$T-S-N$）、预腐蚀时间—存活率—应力—寿命（$T-p-S-N$）曲线中的寿命，单位为次（c）或小时（h）；

N_{50}——中值寿命，单位为次（c）或小时（h）；

N_c、t_c——中值裂纹扩展寿命，单位为次（c）或小时（h）；

N_d——裂纹从初始长度 a_0 到可检裂纹长度 a_d 的累积加载循环数或加载时间，单位为次（c）或小时（h）；

N_f、t_f——裂纹扩展寿命，裂纹从初始长度 a_0 到临界长度 a_{cr} 的累积加载循环数或加载时间，单位为次（c）或小时（h）；

Np——安全寿命，单位为次（c）或小时（h）；

N_{pc}——腐蚀环境下的安全寿命，单位为次（c）或小时（h）；

p——p-S-N、T-p-S-N 曲线中的存活率；可靠度；

R——应力循环的应力比，$R = \dfrac{S_{\min}}{S_{\max}}$；

S——S-N、p-S-N、T-S-N、T-p-S-N 曲线中的应力，单位为兆帕（MPa）；

S_a——应力循环的应力幅值，$S_a = \dfrac{1}{2}(S_{\max} - S_{\min})$，单位为兆帕（MPa）；

S_m——应力循环的应力均值，$S_m = \dfrac{1}{2}(S_{\max} + S_{\min})$，单位为兆帕（MPa）；

$S_{\max}$——应力循环的应力最大值，单位为兆帕（MPa）；

$S_{\min}$——应力循环的应力最小值，单位为兆帕（MPa）；

T——T-S-N、T-p-S-N 曲线中的预腐蚀时间，单位为年（a）；

t_W——磨损寿命，单位为小时（h）；

t_{W_p}——磨损安全寿命，单位为小时（h）；

v_w——磨损速度，单位为毫米/小时（mm/h）、毫米^3/小时（mm^3/h）或克/小时（g/h）；

W——磨损量，单位为毫米（mm）、毫米^3（mm^3）或克（g）；

W^*——容许磨损量，单位为毫米（mm）、毫米^3（mm^3）或克（g）；

u_p——标准正态分布的 p 分位值；

σ_b——材料拉伸强度极限，单位为兆帕（MPa）；

σ_s——材料屈服强度极限，单位为兆帕（MPa）；

σ_{syu}——剩余强度，单位为兆帕（MPa）。

4.2 缩略语

下列缩略语适用于本指南。

CA——criticality analysis，危害性分析；

DNV——det norske veritas，挪威船级社；

FEA——finite element analysis，有限元分析；

FMEA——failure mode and effect analysis，故障模式及影响分析；

FMECA——failure modes, effects and criticality analysis，故障模式、影响及危害性分析；

FMMEA——failure modes, mechanisms and effects analysis，故障模式、机理及影响

分析；

MPUSU ——minimum period of unrepaired service usage，最小未修使用期，单位为次（c）、小时（h）；

NDI——nondestructive inspection，无损检测；

PUSU——period of unrepaired service usage，未修使用期，单位为次（c）、小时（h）。

5 一般要求

5.1 目的与作用

a) 目的

1) 通过采取各种设计措施对产品的耗损过程进行监控，提高产品的耐久性。

2) 尽早识别可能过早发生耗损故障的产品，分析和确定耗损故障的根本原因，制订可能采取的纠正措施，解决相关的耗损故障设计问题。

b) 作用

1) 根据产品的耗损特征，采用相应的耐久性设计方法，进行材料、工艺规程、零部件的选用和设计，对于可修复产品还要制订相应的维修计划，以延长产品寿命（使用寿命、储存寿命等）。

2) 根据产品的耗损特征，采用相应的耐久性分析方法，确定产品的寿命（使用寿命、储存寿命等），为制订维修策略和产品改进计划提供有效的依据。

5.2 耐久性设计与分析时机

耐久性设计与分析时机是：

a) 耐久性设计应在产品设计初期与产品功能、性能和可靠性设计一同进行。

b) 对关键零部件或已知耐久性问题应尽早进行耐久性设计和分析工作，最好在研制初期进行。

c) 进行耐久性设计后应进行耐久性分析，确定所采用的设计措施能否使所设计的产品满足其耐久性要求，如果能够满足则确定产品寿命（使用寿命、储存寿命等）。

d) 耐久性分析应贯穿于产品研制的全过程。

5.3 主要耐久性参数

产品耐久性主要是用寿命进行度量，根据产品的不同特征常用的耐久性参数有：

a) 根据产品是否可修，常用的耐久性参数有：

1) 对于不可修复产品，产品在故障后即予以报废，使用寿命是其主要的耐久性参数。

2) 对于可修复产品，产品在整个寿命周期内会进行若干次检查和修理，首次大修期限、大修间隔期限、总寿命是其主要的耐久性参数。

b) 根据产品的使用特点，常用的耐久性参数有：

1) 对于一次使用的产品，如火箭、导弹等，产品的使用（工作）时间很短，产品在其整个寿命周期内主要处于储存状态，储存寿命是其主要的耐久性参数。

2) 对于多次使用的产品，如飞机、卫星、坦克装甲车辆、舰船等，产品寿命包含使用（工作）和停放（储存）两部分。在使用中会承受使用载荷（含疲劳载荷）和环境的共同作用，停放时则受到环境腐蚀（老化）和停放应力的作用，其寿命通常要包括工作时间和（或）日历持续时间。其中，工作时间通常用飞行小时数（针对飞机）、行驶公里数（针对车辆）、承受波浪的循环次数（针对水面舰艇）；日历持续时间通常用使用年限表示，综合反映了产品的使用寿命（工作寿命）和储存寿命情况，常称为日历寿命。

c) 根据产品的不同故障模式（疲劳、腐蚀和磨损），常用的耐久性参数有：

1) 对于具有疲劳特征的产品，疲劳寿命是其主要的耐久性参数，主要采用安全寿命和经济寿命这两种参数：

(1) 安全寿命：根据安全寿命准则确定，采用大分散系数实现安全寿命期内产品具有很低的故障率，确保产品的使用安全；

(2) 经济寿命：根据经济寿命准则确定，采用损伤容限设计，通过检查和（或）实施经济修理确保产品在整个寿命周期内安全使用。经济寿命可以同时考虑产品的使用安全性和经济性。

2) 对于处于腐蚀环境的产品（如飞机、舰船等），应考虑腐蚀对产品寿命的影响，腐蚀环境下的疲劳寿命和日历寿命是其主要的耐久性参数。

3) 对于具有磨损特征的产品（如轴承、齿轮、铰链等），应考虑磨损对产品寿命的影响，磨损寿命是其主要的耐久性参数。

5.4 耐久性设计与分析特点

a) 耐久性设计与分析以疲劳/断裂理论、腐蚀理论、摩擦磨损理论为基础，根据产品在预期的寿命周期内的应力应变分析、故障模式和故障机理分析，确定产品结构关键件及其耗损特征，然后根据不同的耗损特征（疲劳、腐蚀、磨损等）采取相应的耐久性设计和防范措施（抗疲劳设计、防腐蚀设计、耐磨损设计等），并选取相应的分析方法进行耐久性分析，确定产品寿命。

b) 进行耐久性设计与分析的产品必须具有耗损故障特征，并且在耐久性设计与分析过程中必须根据产品的耗损特征选取适当的方法。

5.5 耐久性设计准则

5.5.1 概述

对于结构，本指南主要针对抗疲劳设计（含防腐蚀设计），采用安全寿命设计准则、疲劳/损伤容限设计准则和耐久性/损伤容限设计准则；对于机构，本指南主要针对摩擦副（铰链、导轨等）的耐磨损设计，采用磨损安全设计准则。

5.5.2 安全寿命设计准则

a) 安全寿命设计应综合考虑材料、应力水平和结构布局等因素，采取抗疲劳设计措施（如合理选择产品材料和加工工艺、减少局部应力集中、进行环境防护设计等）提高结构的抗疲劳能力，延长结构的使用寿命。

b) 安全寿命设计根据 S-N、T-S-N（腐蚀环境）或 p-S-N、T-p-S-N（腐蚀环境）以及累积损伤理论通过疲劳分析确定产品的使用寿命。

c) 根据安全寿命设计准则确定的产品使用寿命就是安全寿命，即结构的无裂纹寿命（出现工程可检裂纹之前的寿命）。安全寿命应不小于（等于或大于）产品的设计使用寿命，以保证产品在一定的使用期限内安全使用。

5.3.3 疲劳/损伤容限设计准则

a) 疲劳/损伤容限设计应综合考虑材料、应力水平和结构布局等因素，使得结构使用中允许进行常规检查，并且采取抗疲劳设计措施提高结构的抗疲劳和抗裂纹扩展能力，延长结构的使用寿命。

b) 疲劳/损伤容限设计根据 S-N、T-S-N（腐蚀环境）或 p-S-N、T-p-S-N（腐蚀环境）以及累积损伤理论通过疲劳分析初步确定产品的使用寿命，使其不小于（等于或大于）产品的设计使用寿命。

c) 疲劳/损伤容限设计根据裂纹扩展曲线和剩余强度曲线通过损伤容限分析确定产品在设计使用寿命期内能否安全使用，根据安全裂纹扩展寿命确定结构检修周期，综合疲劳分析结果确定结构的使用寿命。

d) 结构使用中通过定期检查确定结构裂纹是否已经出现，一旦经检查发现裂纹，则分析和判断当前结构是否能够继续使用（结构剩余强度要求是否满足），如果不能继续使用则使用寿命终止，如果能够继续使用则应对裂纹扩展情况进行严密监控，确保产品在使用寿命周期内安全使用。

5.4.4 耐久性/损伤容限设计准则

a) 耐久性/损伤容限设计应综合考虑材料、应力水平和结构布局等因素，使得结构使用中允许进行常规检查和实施经济修理，并且采取抗疲劳设计措施提高结构的抗疲劳和抗裂纹扩展能力，延长结构的使用寿命。

b) 耐久性/损伤容限设计允许结构进行若干次经济修理，应合理设计修理次数以及每次实施修理时结构疲劳损伤（裂纹长度）的临界值，确保因未能检出的缺陷、裂纹等损伤的扩展导致产品在使用寿命周期内无法安全使用的概率最小，并且结构损伤对维修工作和费用造成的影响减至最小，从而使得结构兼顾安全性和经济性。

c) 疲劳/损伤容限设计通过疲劳分析和损伤容限分析确定产品的首翻期和大修间隔期限，其总寿命就是经济寿命。经济寿命应不小于（等于或大于）产品的设计使用寿命。

d) 结构使用中通过定期检查确定结构裂纹是否已经出现，一旦经检查发现裂纹，则分析和判断当前结构是否能够继续使用（结构剩余强度要求是否满足），如果不能继续使用则应予以修理或更换，如果能够继续使用则应对裂纹扩展情况进行严密监控，确保产品在使用寿命周期内安全使用。

5.5.5 磨损安全设计准则

a) 磨损安全设计应综合考虑材料、应力水平和润滑情况等因素，采取耐磨损设计措施（如合理选择产品材料和加工工艺、表面处理、改善机构润滑情况等）提高机构的耐磨损能力，延长机构的磨损寿命。

b) 根据机构运行特点，合理设计机构细节，减少磨损的发生，增加磨损安全裕量，同时合理设计机构的承载和运转速度组合，降低磨损速度，以延长机构的磨损寿命。

c) 磨损安全设计根据磨损曲线和磨损安全裕量确定产品的磨损安全寿命，使其不小于（等于或大于）产品的设计使用寿命，确保产品在使用寿命期内不会出现超出容许磨损量而导致故障。

5.5.6 耐久性设计准则选用原则

上述设计准则的选用原则是：

a) 安全寿命设计准则、疲劳/损伤容限设计准则和耐久性/损伤容限设计准则均适用于具有疲劳耗损特征的结构，可按以下原则选用：

1) 安全寿命设计准则主要用于不可检结构。安全寿命设计准则认为结构不存在初始损伤（裂纹），以结构的无裂纹寿命作为设计目标，一旦出现可检裂纹则认为安全寿命终止。

2) 疲劳/损伤容限设计准则主要用于可检/不可修结构。疲劳/损伤容限设计准则采用了损伤容限设计，认为结构存在由于材料初始缺陷和制造缺陷等导致的初始损伤（裂纹），损伤容限设计允许结构在使用寿命期内出现损伤（裂纹），但要求损伤（裂纹）必须是可检的，并且在损伤（裂纹）被检出前必须保证结构具有足够的剩余强度，产品能够完成其规定功能。

3) 耐久性/损伤容限设计准则主要用于可检/可修结构。耐久性/损伤容限设计准则也采用了损伤容限设计。产品在整个寿命周期内允许进行若干次经济修理，各次大修期（首翻期、大修间隔期限）内依靠检查保证产品的安全使用。

b) 安全寿命设计准则也适用于处于腐蚀环境下的具有疲劳耗损特征的结构，但在进行耐久性设计与分析时均须考虑腐蚀环境的影响，如采用涂层等防腐蚀措施对结构进行防护，引入预腐蚀疲劳曲线、环境腐蚀疲劳影响系数估算结构使用寿命等。

c) 磨损安全设计准则适用于机构中的铰链、导轨等具有一般性质的摩擦副。对于轴承、齿轮和凸轮机构等具有各自特点的摩擦副已形成独立的设计与分析方法，应采用专门方法进行设计与分析。

5.6 耐久性设计与分析的基本步骤

耐久性设计与分析的基本步骤见图1。

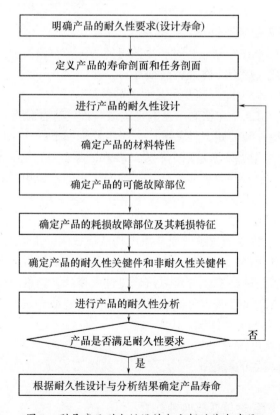

图 1　型号产品耐久性设计与分析的基本步骤

a) 明确产品的耐久性要求（设计寿命）

产品的耐久性要求包括工作寿命（使用寿命、首翻期）和非工作寿命（储存寿命）要求，据此确定产品的使用寿命设计值和储存寿命设计值（即设计寿命）。根据产品研制要求和本指南 5.3 条，确定产品的耐久性参数和对应指标。

b) 定义产品的寿命剖面和任务剖面

产品的寿命剖面和任务剖面包括使用载荷、温度、湿度、振动以及其他环境参数，由此确定产品的载荷/环境应力及其作用的时间。

c) 进行产品的耐久性设计

根据本指南 5.5 条内容选择适当的耐久性设计准则，并据此进行产品的耐久性设计，设计内容包括但不限于结构、材料、尺寸、工艺、连接方法的选择以及腐蚀防护、热防护和磨损防护等。

d) 确定产品的材料特性

产品选材完成后，可以依据公开出版的手册确定产品的材料特性。如果采用了特殊材料，其材料特性可以根据相近材料的材料特性确定，或进行专门试验确定。

e) 确定产品的可能故障部位

采用故障模式、机理及影响分析（FMMEA）方法确定产品的可能故障部位。故障部位通常假定为应用新材料、新产品或新技术的结构或设计，考虑的因素包括严重变形部位、应力水平高及应力集中部位、高温循环部位、高热膨胀材料、腐蚀敏感部位、摩擦副和试验出现的故障部位等。

f) 确定产品的耗损故障部位及其耗损特征

根据工程经验和 FMMEA 结果，对产品的可能故障部位进行分析，确定其中的耗损故障部位及其耗损特征（疲劳、腐蚀、磨损等）。

g) 确定产品的耐久性关键件和非耐久性关键件

采用有限元分析（FEA）方法对产品的耗损故障部位进行分析，结合 FMMEA 结果确定产品的耐久性关键件和非耐久性关键件，确定原则如下：

1) 耐久性关键件是指必须满足耐久性设计要求的零部件，包括影响产品安全使用的重要零部件，也包括其他一些重要零部件，一般是昂贵的，或更换是不经济的，有可能影响系统或分系统功能的零部件。它主要从功能可靠和经济性来考虑，主要控制 1mm 以下疲劳裂纹的萌生和扩展。

2) 非耐久性关键件的故障对系统或分系统功能造成的经济影响比较轻微，但要求给予维修和（或）修理或更换以保证能够继续执行功能。非耐久性关键件通常在研制、生产过程中不要求给予特别的注意，并可以按修复性维修或预防性维修的方式加以维护。

耐久性关键件和非耐久性关键件的选取可以根据下述原则进行综合分析与判断：

1) 应力水平的高低与受力情况；

2) 应力集中严重程度；

3) 影响结构安全使用的程度；

4) 修理和更换费用；

5) 材料的疲劳、断裂性能及抗腐蚀能力；

6) 在载荷/环境谱作用下疲劳裂纹扩展速率的高低；

7) 借鉴以往同类产品（结构）的耐久性试验结果以及维修情况记录；

8) 损伤结构的剩余强度水平；

9) 损伤对结构功能影响的程度。

FEA 方法的实施步骤参见本指南附录 A。

h) 进行产品的耐久性分析

根据本指南 5.7 条选择适合的耐久性分析方法对产品的耐久性关键件和非耐久性关键件进行耐久性分析，得到当前设计方案下的产品寿命（使用寿命、储存寿命）。

i) 判断产品是否满足耐久性要求

1) 如果当前设计方案下的产品寿命小于设计寿命,则产品在设计寿命周期内将会发生故障，即当前设计方案下的产品不能满足规定的耐久性要求，应改进产品设计并重新进行耐久性分析。

2) 如果当前设计方案下的产品寿命大于或等于设计寿命,则产品在设计寿命周期内不会发生故障，即当前设计方案下的产品能够满足规定的耐久性要求。

j) 根据耐久性设计与分析结果确定产品寿命

如果产品能够满足规定的耐久性要求，则根据耐久性设计与分析结果确定产品寿命（使用寿命、储存寿命）。

5.7 耐久性设计与分析的主要方法

耐久性设计与分析的主要方法有工程分析方法、安全寿命设计与分析方法、损伤容限设计与分析方法、腐蚀环境下的耐久性设计与分析方法和基于磨损特征的耐久性设计与分析方法等，见表 1。

表 1 耐久性设计与分析的主要方法

方法名称	主要内容	特　点	应　用　范　围				
			产品对象		耗损特征		
			结构	机构	疲劳	腐蚀	磨损
工程分析方法	a) 薄弱环节方法。 b) 相似产品法。 c) 折算方法	a) 简单易行。 b) 薄弱环节方法根据产品中寿命最短的产品确定产品寿命。 c) 相似产品方法利用相似产品的已知寿命确定产品寿命。 d) 折算方法实现同一产品不同寿命单位之间的折算，或者利用同类产品的已知寿命确定产品寿命	√	√	√	√	√
安全寿命设计与分析方法	安全寿命估算	a) 假设结构没有初始损伤（裂纹）。 b) 结构出现工程可检裂纹即认为寿命终止	√		√		

(续)

方法名称	主要内容	特　点	应　用　范　围				
			产品对象		耗损特征		
			结构	机构	疲劳	腐蚀	磨损
损伤容限设计与分析方法	a) 裂纹扩展分析。 b) 剩余强度分析	a) 承认结构存在初始损伤（裂纹）。 b) 允许结构出现损伤（裂纹）后继续使用。 c) 结构存在的损伤·（裂纹）必须是可检的。 d) 依靠检查保证产品的安全使用。 e) 易于满足经济性要求	√		√		
腐蚀环境下的耐久性设计与分析方法	腐蚀环境下的安全寿命估算	a) 假设结构没有初始损伤（裂纹）。 b) 考虑腐蚀环境对疲劳寿命的影响。 c) 结构出现工程可检裂纹即认为寿命终止	√		√	√	
基于磨损特征的耐久性设计与分析方法	磨损安全寿命估算	a) 假设磨损寿命主要由正常磨损阶段决定，进入急剧磨损阶段即认为磨损寿命终止。 b) 正常磨损阶段磨损量与磨损时间的关系可由线性模型描述		√			√

5.8　耐久性设计与分析方法选用原则

a) 在产品的不同研制阶段，耐久性设计与分析方法的选用原则

1) 在产品研制初期，应采用工程分析方法对产品的耐久性进行初步分析，如果不能满足规定的耐久性要求，则应改进设计，以提高产品的耐久性。

2) 在产品研制过程中，确定产品的材料和设计特性后，可以采用安全寿命设计与分析方法、损伤容限设计与分析方法、腐蚀环境下的耐久性设计与分析方法和（或）基于磨损特征的耐久性设计与分析方法对产品的结构和机构进行耐久性分析，判断产品是否已达到耐久性要求，为判断产品耐久性设计成功与否、确定产品寿命、制订维修策略和产品改进计划提供有效的依据。

b) 根据产品的耗损特征，耐久性设计与分析方法的选用原则

1) 对于具有疲劳耗损特征的产品,应对产品进行抗疲劳设计，并采用工程分析方法、安全寿命设计与分析方法和（或）损伤容限设计与分析方法对其耐久性进行分析。具体的耐久性设计与分析方法的选用原则如下：

(1) 对于耐久性关键件，必须采用安全寿命设计与分析方法和（或）损伤容限设计与分析方法对其进行重点的设计和分析，确定其使用寿命（首翻期、大修间隔期限等）；

对于非耐久性关键件，可以采用工程分析方法、安全寿命设计与分析方法和损伤容限设计与分析方法，确定其使用寿命（首翻期、大修间隔期限等）。

(2) 对于不可检/不可修结构，主要采用安全寿命设计与分析方法；对于可检/不可修结构，可以采用安全寿命设计与分析方法，也可以采用损伤容限设计与分析方法；对于可检/可修结构，主要采用损伤容限设计与分析方法。

2) 对于处于腐蚀环境下的产品，应对产品进行腐蚀防护设计，并采用腐蚀环境下的耐久性设计与分析对其耐久性进行分析，确定其使用寿命（首翻期、大修间隔期限等）。

3) 对于具有磨损特征的产品，应对产品进行耐磨损设计，并采用基于磨损特征的耐久性设计与分析方法对其耐久性进行分析，确定其磨损寿命。

c) 根据产品是否为新研产品，耐久性设计与分析方法的选用原则

1) 对新研产品，需要综合采用工程分析方法、安全寿命设计与分析方法和损伤容限设计与分析方法，确定其使用寿命（首翻期、大修间隔期限等）。如果产品包含处于腐蚀环境的结构和具有磨损特征的机构，还应采用腐蚀环境下和基于磨损特征的耐久性设计与分析方法进行耐久性设计与分析。

2) 对改型产品，其耐久性关键件仍需综合采用工程分析方法、安全寿命设计与分析方法和损伤容限设计与分析方法进行耐久性设计与分析，确定其使用寿命（首翻期、大修间隔期限等）；非耐久性关键件则可参照老品采用工程分析方法进行耐久性设计与分析，确定其使用寿命（首翻期、大修间隔期限等）。

d) 产品同时采用几种方法进行耐久性设计与分析的选用原则

工程分析结果一般只作为确定产品使用寿命的参考，安全寿命设计与分析、损伤容限设计与分析、腐蚀环境下的耐久性设计与分析和基于磨损特征的耐久性设计与分析的结果才是确定产品使用寿命的重要依据，详见图2。

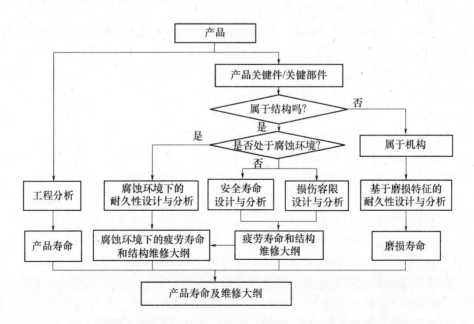

图 2   多种耗损特征同时存在情况下的耐久性综合设计与分析流程

1) 进行安全寿命设计与分析或损伤容限设计与分析,得到产品的疲劳寿命,制订初步的产品维修大纲。

2) 如果产品工作或储存在腐蚀环境,则应考虑腐蚀环境的影响,调整产品的维修大纲,协调疲劳部位和腐蚀部位的检修周期,并制订产品的腐蚀维修大纲。

3) 如果产品存在易发生磨损故障的机构,则应考虑机构的磨损寿命,如果该机构不能在产品整个寿命期内安全使用,还需对产品的维修大纲进行修正,确定该机构的维修(含更换)时机,该时机应与产品的检修周期相协调。

5.9 注意事项

a) 订购方在合同中应明确给出耐久性要求、寿命剖面、任务剖面以及故障判据。

b) 进行耐久性设计与分析前,应建立产品的故障模式库,特别是耗损故障,并确定耗损故障的类型,针对不同类型的耗损故障进行设计与分析。

c) 进行耐久性设计与分析时,应综合考虑产品在预期的寿命周期内的载荷与应力、结构、材料特性、工艺、故障模式和故障机理等,确定产品的耗损特征及相关的设计与分析问题。

d) 进行耐久性设计与分析时,应采用工程分析方法以及 FMECA、FMMEA 和 FEA 等方法(参见本指南附录 A)确定产品的耐久性关键件和非耐久性关键件,以选取适当的方法进行耐久性设计和分析。

e) 耐久性设计与分析过程中,当能确定产品的材料和设计特性时,可以采用 FEA 方法对产品的机械强度和热特性等进行分析和评价,以尽早发现产品的薄弱环节,并及时采取设计改进措施;同时,也为产品故障机理分析和受载情况分析提供手段。FEA 一般在初步(初样)设计方案确定之后、详细(正样)设计完成之前进行最为有效。

f) 对于产品的耐久性关键件应进行重点的分析、试验、生产质量控制和维护,以保证其在整个寿命周期内的安全使用。

g) 对采用损伤容限设计的结构,应制订完善的维修大纲,并对结构进行损伤容限分析以验证维修大纲的有效性。

h) 对于处于腐蚀环境下的产品,应制订产品的腐蚀维修大纲,腐蚀维修可以在疲劳裂纹维修的同时进行。

i) 结构应力集中较严重的细节部位以及结构连接处较易发生由疲劳和(或)腐蚀引起的故障,应对其耐久性进行重点分析。

j) 根据耐久性分析结果确定产品寿命时,可以采用安全寿命准则和经济寿命准则。这两种准则属于定寿准则,而非设计准则。本指南给出的安全寿命设计与分析方法、腐蚀环境下的耐久性设计与分析方法和基于磨损特征的耐久性设计与分析方法采用安全寿命准则确定使用寿命,设计过程中前两者可以采用安全寿命设计准则,最后一种方法采用磨损安全设计准则;损伤容限设计与分析方法则采用经济寿命准则确定使用寿命,设计过程中可以采用疲劳/损伤容限设计准则和耐久性/损伤容限设计准则。

k) 随着产品设计过程的进展,耐久性分析应迭代进行。初步(初样)设计或每次改进设计(含详细(正样)设计)完成后,都应进行耐久性分析,如果能够满足规定的耐久性要求则采用适当的耐久性分析方法确定产品的使用寿命(首翻期、大修间隔期限等),否则应改进设计,提高产品的耐久性,并在改进设计完成后重新对产品的耐久性进行分析，直至设计完成的产品能够满足产品的耐久性要求。

6 工程分析方法

6.1 概述

工程分析方法是在已掌握大量的产品试验数据或外场使用数据的基础上，通过理论计算和数据分析确定产品寿命的一种工程方法，主要有薄弱环节方法、相似产品方法和折算方法三种：

a) 薄弱环节方法是根据产品中寿命最短的主要零部件的寿命来确定产品的寿命（使用寿命、储存寿命）。

b) 相似产品方法是利用相似产品的已知及使用环境寿命来确定新产品的寿命（使用寿命、储存寿命）。相似产品是指在设计制造、材料、功能及使用环境上确实相似的产品。

c) 折算方法有两种运用形式：一种是将产品寿命由一种寿命单位折算到另一种寿命单位，如由工作时间（循环数、次数、工作小时数等）折算为日历持续时间（年）；另一种是利用同类产品其他使用环境下的已知寿命确定产品的寿命（使用寿命、储存寿命），通过折算系数实现（以下称为折算系数方法），其中折算系数应通过分析不同使用环境对产品寿命的影响来确定。

上述 3 种方法中，相似产品和折算系数方法分别根据相似和同类产品的已知寿命确定产品的寿命，无法准确计量产品的环境/载荷应力对产品寿命的影响，具有一定的局限性；薄弱环节方法则是根据产品零部件的寿命确定产品的寿命，不依赖相似或同类产品的已有寿命信息，能够客观反映产品自身的寿命特征，是工程中最为常用的工程分析方法。本指南仅介绍薄弱环节方法的实施步骤。

6.2 实施步骤

薄弱环节方法的实施步骤是：

a) 确定产品的薄弱环节

通过工程经验、FMECA 或 FMMEA 确定产品的薄弱环节，即影响产品寿命的薄弱零部件。

b) 进行薄弱环节的厂内寿命试验

根据产品的实际使用条件确定薄弱零部件的厂内寿命试验条件并进行试验，厂内寿命试验条件指的是薄弱零部件的环境条件、寿命剖面和维护使用条件。进行厂内寿命试验时，一般选用不少于 2 台（套）薄弱零部件新品作为试验样品。

c) 根据厂内寿命试验确定薄弱环节寿命，据此确定产品寿命

设选用 n 个薄弱零部件进行厂内寿命试验，采用工程经验方法、图估计方法或分析法对试验数据进行分析，确定产品的首翻期（可修复产品）或使用寿命（不可修复产品）T_0。数据分析方法详见 XKG/K17—2009《型号设备延寿方法应用指南》。

d) 判断产品是否满足耐久性要求，如不满足则制订相应纠正措施

将上一步所确定的产品首翻期（可修复产品）或使用寿命（不可修复产品）T_0 与产品耐久性要求的设计寿命进行比较，如果 T_0 大于设计寿命，则产品满足耐久性要求，可将 T_0 作为产品的首翻期（可修复产品）或使用寿命（不可修复产品）；如果 T_0 小于设计

寿命，则产品不能满足耐久性要求，此时，可以用新设计、新工艺、新材料等措施延长其寿命，也可以在使用中通过对薄弱环节进行定期更换延长产品寿命，使产品在设计寿命期内能够安全使用。例如，经分析某型滚珠轴承的润滑油挥发性较强，轴承运转时间较长时极易因润滑状况太差导致轴承严重磨损，影响机构的运转精度甚至造成机构卡死，对此，可以通过采用润滑性能好、挥发性小的润滑油代替原润滑油，或者通过定期添加润滑油保持良好的润滑状况，来延长轴承的使用寿命。

6.3　注意事项

a) 应尽量找到产品所有的故障模式，建立产品的故障模式库，特别是耗损故障模式库。

b) 利用工程经验、FMECA 或 FMMEA 查找薄弱环节，要做到定位准确、机理清楚，以采取有效的纠正措施。

c) 薄弱环节的厂内寿命试验条件应尽量模拟实际使用条件，以保证试验确定的产品寿命能够反映实际使用条件下的真实寿命。

d) 根据厂内寿命试验确定薄弱环节寿命时，应只对厂内寿命试验中的关联故障数据进行分析，故应仔细分析和判断所发生的故障是否为关联故障，判断规则如下：

1) 对可修复产品，关联故障和非关联故障的判定规则是：

(1) 引起产品大修的耗损期内的耗损型故障应计为关联故障。

(2) 不引起产品大修的耗损性故障应计为非关联故障，例如电机电刷的磨损引起电机不发电或不旋转的故障，只需及时更换电刷即可排除，无需大修，不应计为关联故障。

(3) 任何时候发生的偶然型故障采用定时维修方法是无法预防和消除的，偶然故障不作为确定首翻期的关联故障，即使是需要大修的偶然故障也属于非关联故障。

2) 对不可修复产品，出现的耗损型和偶然型故障均计为关联故障。

e) 对于相似或同类产品寿命已知的情况下，可以先采用相似产品方法和折算系数方法预估产品寿命，如果能够满足产品的设计寿命要求再采用薄弱环节方法进行厂内寿命试验确定产品寿命，否则应先进行产品的改进设计。采用相似产品方法和折算系数方法预估得到的产品寿命 T_0 为：

$$T_0 = K \cdot T \tag{1}$$

式中：T——相似或同类产品的寿命，单位为小时（h）或次（c）；

　　　　K——折算系数。对于相似产品，K 取决于两相似产品在结构、性能、设计、材料和制造工艺、使用剖面（保障、使用和环境条件）的相似性，两者的相似程度越高，K 应越接近于 1；对于同类产品，K 取决于不同使用环境对产品寿命的影响，使用环境越相近，K 应越接近于 1。

6.4　应用示例

下面以某型飞机机载成品 R-24、R-6、R-9 可变电阻器为例，阐述工程分析方法的应用。按技术条件规定，R-24、R-6、R-9 可变电阻器的首翻期均为 3500 飞行小时（fh，下同）。其步骤是：

a) 确定薄弱环节

根据工程经验以及 FMECA，确定 R-24、R-6、R-9 可变电阻器是影响某型飞机可靠使用的薄弱环节。

b) 进行 R-24、R-6、R-9 可变电阻器的厂内寿命试验

R-24、R-6、R-9 可变电阻器每种各取 3 只××年的合格产品,作为厂内寿命试验样品。R-24、R-6、R-9 可变电阻器寿命均采用工作次数表示。按技术条件的规定,在规定负载下进行寿命试验,累计可靠工作了 10000 次,全部产品均未出现关联故障。

c) 确定 R-24、R-6、R-9 可变电阻器的首翻期

采用工程经验法估算 R-24、R-6、R-9 可变电阻器的首翻期。由于 3 种可变电阻器的全部产品均未出现关联故障,故 3 种可变电阻器的首翻期均为:

$$T_0 = \frac{T}{K} = \frac{10000}{1.2} = 8333 \text{（次）} \tag{2}$$

式中: T——厂内寿命试验时间或次数,单位为小时（h）或次（c）;

K——经验系数,一般取为 1.5,适用于各型产品的具体数值应由承制方和使用方逐项产品协商确定。由于 R-24、R-6、R-9 可变电阻器都属于故障不直接影响飞行安全和任务完成的一般产品,可将经验系数取得小些,取 $K=1.2$。

d) 判断 R-24、R-6、R-9 是否满足耐久性要求

根据该型飞机 1fh 相当于 1.3 个起落,那么首翻期 3500fh 相当于 4550 个起落。地面维护占使用次数的 30%,每个起落使用 3 次,白天夜晚飞行次数之比为 3:1,据此将起落次数折算为工作次数。该产品一般用于夜航,首翻期内产品在空中实际工作的总次数 K_1 为:

$$K_1 = 4550 \times \frac{3}{3+1} = 3412.5 \text{（次）} \tag{3}$$

地面维护占使用次数的 30%,首翻期内产品在地面维护检查的总次数折算为空中工作的总次数 D_1 为:

$$D_1 = D_1' \times K_1 \times 30\% = 1 \times 3412.5 \times 30\% = 1023.75 \text{（次）} \tag{4}$$

式中: D_1'——将地面工作次数折算为空中工作次数的折算系数,由于产品安装于气密舱,取 $D_1' = 1$。

所以,折算为工作次数的首翻期 M_1 为:

$$M_1 = K_1 + D_1 = 3412.5 + 1023.75 = 4436.25 \text{（次）} \tag{5}$$

根据厂内寿命试验,R-24,R-6,R-7 可变电阻器首翻期 $T_0=8333$ 次>4436.25 次,即 R-24,R-6,R-7 可变电阻器能够满足首翻期 3500fh 的要求。

e) 结论

R-24,R-6,R-7 可变电阻器的首翻期均可定为 3500fh。

7 安全寿命设计与分析方法

7.1 概述

疲劳是机械产品的重要故障模式之一,主要发生在承受交变载荷的产品零部件上,其后果是产生裂纹,造成结构承载能力下降乃至发生结构断裂破坏,导致产品不能完成其规定功能而发生故障。

基于疲劳特征的耐久性设计主要通过产品的抗疲劳设计来延长产品的使用寿命,耐久性分析主要通过安全寿命设计与分析方法和损伤容限设计与分析方法进行。常用的抗疲劳设计措施有:

a) 应根据产品结构承载特点和设计原则合理选材,原则如下:

1) 在安全寿命设计与分析中,高应力低周疲劳时应选择塑性好的材料,低应力高周疲劳时应选择强度高的材料。

2) 在损伤容限设计与分析中,应选择裂纹扩展速率较低、断裂韧性较高的材料。

b) 进行细节设计减少应力集中,如加大应力集中部位的圆角半径,降低表面粗糙度等。

c) 采用机械处理和热机械处理,如采用锻造工艺、时效处理等。

d) 采用表面冷作强化(喷丸、滚压强化、冲击强化、机械超载)、表面热处理强化(表面淬火、渗碳、渗氮等)。

e) 建立预应力或预紧力。

本条将给出安全寿命设计与分析方法。安全寿命设计与分析方法是按照一定的累积损伤理论估算总的疲劳损伤,保证产品在一定的使用期限内安全使用,是许多机械产品的主导设计思想,如飞机、汽车等对可靠性、安全性有较高要求的产品,都使用这种设计方法进行疲劳设计。

7.2 实施步骤

安全寿命设计与分析方法的实施步骤是:

a) 由载荷谱和关键部位细节应力分析得到关键部位的名义应力谱

通过关键部位的细节应力分析,根据总体结构的载荷谱得到关键部位的名义应力谱。目前,工程上普遍采用大型结构有限元建模和分析软件实现关键部位的细节应力分析,主要通过以下两种方法进行:

1) 模拟支持下的 FEA

对关键件结构细网格有限元模型进行单独的 FEA,其载荷和边界约束条件可以从总体有限元模型分析结果中提取。

2) 总体模型下的 FEA

使用总体模型的总体载荷和边界约束条件以及作用在该模型上的载荷,对含有关键件细网格有限元模型的总体有限元模型进行 FEA。

b) 建立结构关键部位的 S-N 曲线

通常只需要建立载荷谱中疲劳损伤严重的载荷级对应的应力比 R* 下的一条 S-N 曲线,可以通过试验测定,也可通过参数计算反推方法得到。其中试验测定方法费用高,周期长,工程上难以实现,特别是在结构设计阶段,推荐采用参数计算反推方法。

参数计算反推方法以与关键部位应力集中系数 K_t 相同的材料 S-N 曲线为基础建立关键部位的 S-N 曲线。关键部位的 S-N 曲线用三参数式描述:

$$S = C\left(1 + \frac{A}{N^\alpha}\right) \tag{6}$$

式中：S——应力，单位为兆帕（MPa）；

N——寿命，单位为次（c）或小时（h）；

C——$N \to \infty$ 时对应的 S 值，即理论疲劳极限，单位为兆帕（MPa）；

α，A——$S\text{-}N$ 曲线形状参数。

1) 确定 $S\text{-}N$ 曲线形状参数 α、A

从材料疲劳性能手册中查找与结构关键部位应力集中系数 K_t 大致相同的材料 $S\text{-}N$ 曲线，将其形状参数 α、A 作为结构关键部位 $S\text{-}N$ 曲线的 α、A。

2) 确定 $S\text{-}N$ 曲线参数 C

(1) 获取中值寿命 N_{50}^{*}

采用一组结构关键部位模拟试件，进行谱载下的疲劳试验，取得试验中值寿命 N_{50}^{*}。在系列结构（如飞机）研制中，如果已有结构与新研结构有相同的关键结构件，并且已有模拟试件在原结构谱载下的中值试验寿命数据或有全尺寸结构试验的该部位寿命数据，则可予以采用，不必再进行模拟试件疲劳试验。

(2) 采用步长迭代或二分法求解 C 值

选定 C 初始值后，由结构关键部位指定应力比 R^{*} 下 $S\text{-}N$ 曲线、选择的等寿命曲线和试验载荷（应力）谱，依据线性累积损伤理论估算中值寿命，不断调整 C 的取值，直至中值寿命计算结果与 N_{50}^{*} 一致，此时得到的 C 值即为结构关键部位 $S\text{-}N$ 曲线参数 C 的取值。

c) 选择等寿命曲线形式

等寿命曲线通常用式(7)描述：

$$S_{\mathrm{a}} = S_{-1}\left(1 - \frac{S_{\mathrm{m}}}{S_{\mathrm{m0}}}\right) \tag{7}$$

式中：S_{a}——应力幅值，单位为兆帕（MPa）；

S_{-1}——均值为 0 对应的应力幅值，它等于应力比 $R = -1$ 对应的应力峰值，单位为兆帕（MPa）；

S_{m}——应力均值，单位为兆帕（MPa）；

S_{m0}——幅值为 0 对应的应力均值，单位为兆帕（MPa）。若取 $S_{\mathrm{m0}} = \sigma_{\mathrm{b}}$，公式(7)为古德曼（Goodman）公式；若取 $S_{\mathrm{m0}} = \sigma_{\mathrm{s}}$，公式(7)为索德伯格（Soderberg）公式。索德伯格公式偏于保守，在寿命估计时多采用索德伯格公式。

d) 计算载荷谱各级载荷（应力）对应的疲劳寿命

载荷谱中第 i 级载荷（应力）对应的疲劳寿命 N_i 为：

$$N_i = \left(\frac{A}{S_i^{*}/C - 1}\right)^{1/\alpha} \tag{8}$$

式中：S_i^{*}——与第 i 级载荷（应力）等寿命的应力比为 R^{*} 对应的当量最大应力，根据选定的等寿命曲线公式(7)进行当量折算，即：

$$\dot{S}_i^* = \frac{(1-R_i)S_{m0}S_i}{S_{m0}(1-R^*)+S_i(R^*-R_i)}$$ (9)

式中：S_i——第 i 级载荷（应力）的最大应力，单位为兆帕（MPa）；

R_i——第 i 级载荷（应力）的应力比。

e) 采用线性累积损伤理论估算结构的中值寿命

采用线性累积损伤迈纳（Miner）理论，可以求得结构的中值寿命，用式(10)表示：

$$N_{50} = N_0 \Big/ \sum_{i=1}^{k} \frac{n_i}{N_i}$$ (10)

式中：N_{50}——中值寿命，单位为次（c）或小时（h）；

N_0——载荷谱一个谱块代表的结构使用时间，单位为次（c）或小时（h）；

k——载荷级数；

n_i——载荷谱一个谱块中第 i 级载荷（应力）的循环数，单位为次（c）；

N_i——载荷谱第 i 级载荷（应力）对应的疲劳寿命（循环数），单位为次（c）。

f) 评定结构的安全寿命

安全寿命为中值寿命除以疲劳寿命分散系数，即：

$$N_p = N_{50}/L_f$$ (11)

式中：N_p——安全寿命，单位为次（c）或小时（h）；

L_f——疲劳寿命分散系数，与可靠度有关，一般取值 4～6，具体计算方法参见本指南附录 B。

7.3 注意事项

a) 进行产品安全寿命设计与分析时，应重点对疲劳关键件（部位）进行分析。疲劳关键件（部位）主要控制使用寿命期内的裂纹生成，可以根据下述原则选取：

1) 受疲劳载荷且应力水平较高的结构或部位。

2) 材料抗疲劳性能较差的结构或部位。

3) 应力集中比较严重的结构或部位。

4) 主承力结构等一旦出现疲劳故障会对结构使用可靠性、安全性造成较大影响的结构或部位。

b) 分析过程中使用的疲劳载荷谱,应能够反映结构的真实受载情况（包括载荷大小、出现频数和先后顺序），特别是设计使用分布内的严重使用情况。

c) 采用 FEA 进行细节应力分析时，所建立的结构几何模型、施加载荷、边界约束条件应尽可能反映结构的真实受载情况。

d) 在进行 FEA 时，单元网格划分是一项繁琐的工作，但是对分析结果精度的高低具有较大影响，因此，在建立结构细网格有限元模型时，应尽量使用成熟的 FEA 软件，利用其自带的网格自动生成功能，结合手工划分，完成有限元模型的细网格划分。

e) 细节应力分析的有限元规模往往都很大，所需原始数据量也非常多，为避免出现差错必须对分析结果进行多方面的仔细分析和评估，可采用分析软件提供的实时动画、等值线、$X-Y$ 曲线、云纹图等手段，对 FEA 结果的合理性和正确性进行直观的评估。

但更重要的是不断积累工程经验，以判断分析结果是否符合规律，其量级是否合理。

f) 计算安全寿命时，应根据可靠性要求，确定合理的疲劳寿命分散系数。

g) 安全寿命计算完成后，应判断安全寿命能否满足设计使用寿命要求，如不能满足则应改进设计，并重新进行分析。

7.4 应用示例

下面以某型 40000 吨成品油轮为例，阐述安全寿命分析方法的应用。

a) 由载荷谱和关键部位细节应力分析得到关键部位的名义应力谱

经分析，确定船舯位置 6 根纵骨为该成品油轮的关键部位，包括甲板纵骨 1 根，外壳纵骨 2 根（水线以上 1 根，水线以下 1 根），内壳纵骨 1 根，外底纵骨 1 根，内底纵骨 1 根。所受疲劳载荷为随机谱（具体谱型略），设计使用寿命为 20a。

b) 建立结构关键部位的 $S-N$ 曲线

根据挪威船级社 DNV 规范确定关键部位的 $S-N$ 曲线如下：

$$NS^m = A \tag{12}$$

式中：m，A——$S-N$ 曲线幂函数式参数。根据挪威船级社 DNV 规范，取 lg$A$=13.00，m=3.0。

c) 采用线性累积损伤理论估算结构的中值寿命

采用线性累积损伤迈纳（Miner）理论，可以求得该油轮 6 根纵骨的中值寿命，见表 2。

表 2　油轮纵骨的疲劳寿命（单位：年）

纵 骨 部 位	中值寿命	安全寿命	纵 骨 部 位	中值寿命	安全寿命
甲板	117.65	29.41	内壳	142.86	35.72
外壳（水线以上）	117.65	29.41	外底	50.00	12.50
外壳（水线以下）	41.67	10.42	内底	83.33	20.83

d) 评定结构的安全寿命

在 99.9% 可靠度下，疲劳寿命分散系数取 4，计算得到 6 根纵骨的安全寿命，见表 2。

e) 结论

上述 6 根纵骨中外壳纵骨（水线以下）的安全寿命最低（10.42 年），外底纵骨次之（12.50 年），在 20 年以内，不能满足设计使用寿命要求，其余均在 20 年以上，能够满足设计使用寿命要求。故应对外壳纵骨（水线以下）和外底纵骨进行改进设计，以延长其使用寿命。

8　损伤容限设计与分析方法

8.1　概述

损伤容限设计与分析方法是基于疲劳特征的另一种耐久性设计与分析方法。它是以断裂力学为理论基础，以无损检测（NDI）技术和断裂韧性与裂纹扩展速率的测定技术为手段，对有初始缺陷或裂纹结构的剩余寿命进行估算，确保其在使用期内能够安全使用的一种设计方法。与安全寿命设计不同，损伤容限设计承认结构在使用前存在可能漏检的初始缺陷，但要求这些缺陷在规定的检查间隔内的扩展控制在一定范围，在此期间结构应能满足规定的剩余强度要求,即损伤容限设计将结构设计成能承受一定量的损伤,依靠检查来保证结构的安全使用。

图 3 表示了损伤容限要求中剩余强度、裂纹扩展和损伤检查的相关性。图 3 中的两条粗实线分别代表剩余强度－时间曲线和损伤尺寸－时间曲线。随着使用时间的增长,结构的损伤尺寸由初始损伤尺寸开始增大;当损伤尺寸增大到 NDI 门槛值(对应使用时间 t_1)后,结构损伤可通过 NDI 技术被检测出来,结构进入 NDI 检查期;当损伤尺寸继续增大到目视检查门槛(对应使用时间 t_2)后,结构损伤可通过目视检查被检测出来,结构进入目视检查期;NDI 检查期和目视检查期均持续到损伤尺寸增大到临界损伤尺寸(对应使用时间 t_4)为止;在 NDI 检查期和目视检查期检测出来的损伤可根据结构的具体受载情况、当前的维修技术情况等采取立即修理或延后修理措施,图 3 所示结构损伤在目视检查期(对应使用时间 t_3)被检出,并立即进行了修理。随着结构损伤尺寸的增长,结构剩余强度越来越低,当剩余强度下降到剩余强度要求值(对于使用时间 t_4)时,如果继续使用则结构将会发生故障,此时对应的损伤尺寸－时间曲线的损伤尺寸就是临界损伤尺寸。结构损伤经过修理后,结构剩余强度提高(即图 3 剩余强度－时间曲线在使用时间 t_3 处出现跳跃),能够继续使用,结构进入新一轮的损伤增长过程。这种修理可以反复进行数次,从而可以大幅延长结构的使用寿命;而通过合理安排 NDI、目视检查间隔,可以保证在结构剩余强度低于其要求值之前检出结构存在的损伤,以及时对其进行修理,从而保证了结构在寿命期内的安全使用。

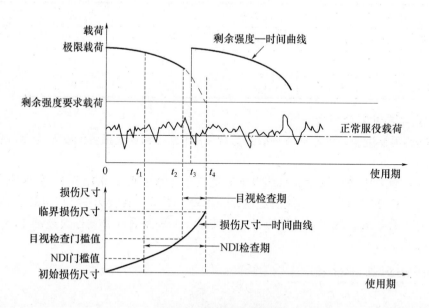

图 3　损伤容限强度要求

根据损伤容限要求,在所有构件中均假设存在初始缺陷或裂纹。在规定的使用期内,直至裂纹被检出(包括 NDI 和目视检查)前,这些裂纹不应扩展到临界尺寸,而结构仍能承受要求的剩余强度载荷。在剩余强度载荷(正常服役载荷)作用下,在规定的未修使用期内,这些裂纹不应扩展至失稳尺寸(临界尺寸)。因此,结构损伤容限分析主要包括裂纹扩展寿命预测和剩余强度评定，目标是通过裂纹扩展分析与剩余强度分析确定结构合理的检查间隔，并判断它是否满足结构规定的检查间隔要求。

8.2 实施步骤

损伤容限设计与分析方法的实施步骤是：

a) 确定采用的损伤容限结构类型

损伤容限结构类型由设计概念和可检查度组成，规定了结构的典型检查间隔、初始缺陷假设、剩余强度要求以及最小未修使用期。

1) 设计概念

损伤容限结构的设计概念主要包括缓慢裂纹扩展、破损安全多途径传力以及破损安全止裂。

2) 可检查度和典型检查间隔

可检查度和典型检查间隔根据结构损伤的检测手段确定。一般的，检查级别越高（如超声波探伤等），越精密，可检裂纹尺寸越小，越容易及早发现结构中存在的损伤，但相应的检查费用较高，通常典型检查间隔较长；相反的，检查级别越低（如目视检查等），可检裂纹尺寸越大，容易发生裂纹漏检，但相应的检查费用较低，通常典型检查间隔较短。GJB 776《军用飞机损伤容限要求》规定了飞机的可检查度和典型检查间隔，其他类型产品可根据自身特点参考 GJB 776《军用飞机损伤容限要求》确定可检查度和典型检查间隔。

3) 初始缺陷假设

GJB 776《军用飞机损伤容限要求》针对关键部位不同形式规定了对应的初始缺陷形状（孔边角裂纹、表面裂纹、穿透裂纹等）和尺寸，其中初始缺陷尺寸是由规定的无损检测手段和方法按 90%的裂纹检出概率和 95%的置信水平得出的。

4) 剩余强度要求

结构剩余强度要求是在未修使用期内含裂纹结构仍能承受剩余强度载荷，即剩余强度应大于剩余强度载荷。

5) 最小未修使用期

含裂纹结构在规定的最小未修使用期内应保持要求的剩余强度。对于缓慢裂纹扩展结构，要求最小未修使用期为 2 倍设计使用寿命（不可检结构）或 2 倍场站级检查间隔（场站级或基地级可检）；对于破损安全完整结构，要求最小未修使用期为 1 倍检查间隔，即 1 倍设计寿命或 1 倍场站级检查间隔；对于破损安全剩余结构，最小未修使用期则根据检查能力而定。

b) 裂纹扩展分析

在整个裂纹扩展过程中，裂纹长度是衡量损伤的尺度，而裂纹扩展速率将确定损伤累积的速率。图 4 给出了一个典型的裂纹扩展特性图（a-N 曲线），其中 a 为裂纹长度，N 为循环数（寿命）。随着结构承受循环加载，裂纹从初始损伤尺寸 a_0 开始增长，当裂纹长度达到临界裂纹长度 a_{cr} 时，裂纹进入失稳扩展，结构元件发生断裂，并且断裂过程几乎在一瞬间发生，从而导致结构破坏。裂纹长度达到临界尺寸 a_{cr} 时累积加载循环数 N_f（或加载时间 t_f）就是裂纹扩展寿命。

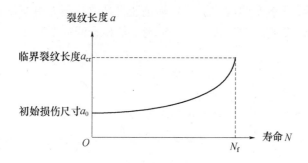

图 4　a–N 曲线

裂纹扩展分析的目的就是确定结构疲劳裂纹的扩展曲线。裂纹扩展分析的基本步骤是：

1) 明确载荷谱以及初始损伤尺寸 a_0。

2) 逐次计算每次载荷循环的裂纹长度增量

第 i 次载荷循环的应力比为 R_i，如果 R_i 恒定（恒幅载荷），则裂纹扩展速率 $\mathrm{d}a/\mathrm{d}N$ 可用 Paris 幂函数公式描述，那么，第 i 次载荷循环的裂纹长度增量 Δa_i 为：

$$\Delta a_i = (\mathrm{d}a/\mathrm{d}N)_i = C(\Delta K_i)^n \tag{13}$$

式中：ΔK_i——第 i 次载荷循环对应的应力强度因子变程，与当前应力和裂纹长度有关，单位为兆帕·$\sqrt{\text{毫米}}$（$\mathrm{MPa}\cdot\sqrt{\mathrm{mm}}$）；

　　　C、n——材料常数，可查阅材料手册（如：《飞机结构技术材料力学性能手册　第 2 卷》）。

如果 R_i 不恒定（变幅载荷），则裂纹扩展速率 $\mathrm{d}a/\mathrm{d}N$ 可用 Walker 公式描述，那么，第 i 次载荷循环的裂纹长度增量 Δa_i 为：

$$\Delta a_i = (\mathrm{d}a/\mathrm{d}N)_i = \begin{cases} C[(1-R_i)^{M_1-1}\Delta K_i]^n, & 0 < R < 1 \\ C[(1-R_i)^{M_2-1}\Delta K_i]^n, & -1 < R \leqslant 0 \end{cases} \tag{14}$$

式中：C、n、M_1、M_2——材料常数，可查阅材料手册（如：《军用飞机疲劳·损伤容限·耐久性设计手册：第三册　损伤容限设计》）。

对于变幅载荷，如果载荷谱中各个载荷的峰值（或谷值）相差较大（相邻两级载荷比（超载比）大于 1.3），则载荷顺序对裂纹扩展影响不能忽略，此时，可以采用惠勒（Wheeler）模型、广义威伦伯格（Willenborg）模型和闭合效应模型等模拟迟滞效应，计算每次载荷循环的裂纹长度增量 $\Delta a_i = (\mathrm{d}a/\mathrm{d}N)_i$。

3) 按照损伤累积方法计算裂纹长度

根据损伤累积理论，第 N 次载荷循环后的裂纹长度为：

$$a = a_0 + \sum_{i=1}^{N}\Delta a_i = a_0 + \sum_{i=1}^{N}(\mathrm{d}a/\mathrm{d}N)_i \tag{15}$$

4) 绘制裂纹扩展的 $a-N$ 曲线

根据上一步的裂纹长度计算结果，绘制裂纹扩展的 $a-N$ 曲线，通常 N 应不小于 2 倍设计寿命，见图 5。

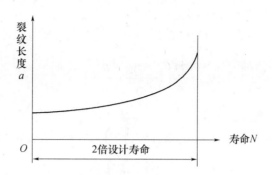

图 5   裂纹扩展曲线

c) 剩余强度分析

损伤容限结构的剩余强度要求可以等价为在未修使用期内结构裂纹尺寸不大于剩余强度载荷对应的临界裂纹尺寸。剩余强度分析的目的就是得到临界裂纹尺寸。剩余强度分析的基本步骤是：

1) 明确剩余强度要求值 σ_{xy} 和结构材料平面应变断裂韧性 K_{1C} 或平面应力断裂韧性 K_C。

2) 计算弹性断裂情况下的最大允许裂纹长度 a_{tx}

(1) 如果临界裂纹是在裂纹穿透材料厚度之前，剩余强度限制条件是非穿透裂纹，必须选用平面应变断裂韧性 K_{1C}，此时最大允许裂纹长度 a_{tx} 为：

$$a_{tx} = \frac{K_{1C}^2}{\pi\beta^2\sigma_{xy}^2} \tag{16}$$

式中：K_{1C}——平面应变断裂韧性，可由有关材料手册中查出，单位为千克·毫米$^{-\frac{3}{2}}$

（$\text{kg}\cdot\text{mm}^{-\frac{3}{2}}$）；

β——应力强度因子修正系数；

σ_{xy}——剩余强度要求值，即许用的最小剩余强度，单位为兆帕（MPa）。

(2) 如果临界裂纹是在裂纹穿透材料厚度之后，剩余强度限制条件是穿透裂纹，必须选用平面应力断裂韧性 K_C，此时最大允许裂纹长度 a_{tx} 为：

$$a_{tx} = \frac{K_C^2}{\pi\beta^2\sigma_{xy}^2} \tag{17}$$

式中：K_C——平面应力断裂韧性，可由有关材料手册中查出，单位为千克.毫米$^{-\frac{3}{2}}$

（$\text{kg}\cdot\text{mm}^{-\frac{3}{2}}$）。

3) 计算净截面屈服断裂情况下的最大允许裂纹长度 a_{jq}

根据净截面屈服准则计算净截面屈服断裂情况下的最大允许裂纹长度 a_{jq}，计算公式可查阅相关文献（如文献[1]中图 11-34 给出了几种典型的构件裂纹形式和加载方式下的净截面屈服临界裂纹长度计算公式）。

4) 计算弹塑性断裂情况下的最大允许裂纹长度 a_{ts}

采用切线法可以计算得到弹塑性断裂情况下最大允许裂纹长度 a_{ts}：

$$a_{ts} = \frac{27}{4}\left(1 - \frac{\sigma_{xy}}{\sigma_s}\right)\left(\frac{\sigma_{xy}}{\sigma_s}\right)^2 a_{tx} \tag{18}$$

5) 计算最大允许裂纹长度 a_{xy}

(1) 如果从角裂纹开始，并且 a_{tx} 是在穿透厚度之前，那么 a_{xy} 由公式(19)确定：

$$a_{xy} = \begin{cases} a_{tx}, & \text{对于纯弯曲} \\ a_{tx}, & \text{对于弹性断裂} \\ a_{ts}, & \text{对于弹塑性断裂} \end{cases} \tag{19}$$

(2) 如果 a_{tx} 是在穿透裂纹之后，那么 a_{xy} 由公式(20)确定：

$$a_{xy} = \begin{cases} \min\{a_{tx}, a_{jq}\}, & \text{对于纯弯曲或弹性断裂或净截面屈服断裂} \\ \min\{a_{ts}, a_{jq}\}, & \text{对于弹塑性断裂或塑性断裂} \end{cases} \tag{20}$$

最大允许裂纹长度 a_{xy} 即为要求的临界裂纹长度 a_{cr}。如果在规定的未修使用期内，随着载荷历程的延续使裂纹长度超过了 a_{xy}，则意味着构件的剩余强度不够，需要修改原设计。

对于比较复杂的结构，如加筋板或其它具有止裂作用的或多途经传力的结构构型，需要绘制剩余强度曲线（见图 6），才能进行剩余强度分析，并确定临界裂纹长度。在剩余强度曲线上与剩余强度 σ_{xy} 对应的裂纹尺寸 a_{xy} 就是临界裂纹长度 a_{cr}。

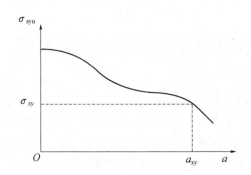

图 6 剩余强度曲线

d) 按剩余强度要求确定结构寿命

根据裂纹扩展曲线，由上一步得到的临界裂纹尺寸，可以确定裂纹从起始尺寸到临界裂纹尺寸之间的使用期。当裂纹长度 a 达到临界裂纹长度 a_{cr} 时，所经历的载荷循环数（加载时间）就是裂纹扩展寿命 N_c（t_c），即结构寿命（此为中值寿命）。

e) 确定至可检裂纹尺寸时的使用期

根据裂纹扩展曲线，由可检裂纹尺寸 a_d 可以得到至可检裂纹长度的时间 N_d。

f) 确定未修使用期

未修使用期（PUSU）定义为

$$PUSU = N_c - N_d \tag{21}$$

g) 比较未修使用期和最小未修使用期

损伤容限结构类型确定了最小未修使用期（MPUSU），如果

$$PUSU > MPUSU \tag{22}$$

则结构合格，否则需要重新规定损伤容限结构类型，并返回 d）。

h) 确定检查间隔

根据对裂纹扩展寿命的可靠性要求，选取对应的裂纹扩展寿命分散系数，确定安全裂纹扩展寿命，即检查间隔。裂纹扩展寿命分散系数通常取 2（对应可靠度 99.9%），即检查间隔为 $N_c/2$。

i) 损伤容限诸要求与维修大纲的一致性验证

损伤容限结构应具有完善的维修大纲，通过损伤容限分析可以解释维修大纲的规定，并验证其一致性。

8.3 注意事项

a) 损伤容限设计与分析方法只适用于损伤容限结构的设计和分析，通常在常规疲劳分析完成后进行。

b) 进行产品损伤容限设计与分析时，应重点对损伤容限关键件（又称断裂关键件）进行分析。损伤容限关键件必须是影响产品安全使用的重要零部件，主要控制 1mm 以上的裂纹扩展。损伤容限关键件可以参考常规疲劳分析结果，根据下述原则选取：

1) 应力水平较高的结构或部位。

2) 材料抗断裂性能较差的结构或部位。

3) 结构剩余强度要求较高的结构或部位。

4) 在载荷/环境谱作用下疲劳裂纹扩展速率较高的结构。

5) 复杂的结构连接处，如蒙皮桁条结构、焊接结构等。

6) 不易检的主承力结构等重要结构或部位。

7) 修理和更换费用较高的零部件。

c) 作为裂纹扩展寿命计算起点的结构裂纹初始缺陷尺寸的大小，对裂纹扩展寿命的计算值影响很大。因在较小的裂纹尺寸阶段（初始缺陷尺寸一般较小），裂纹扩展缓慢，较小的初始缺陷尺寸将引起裂纹寿命的较大变化，故在结构损伤容限分析中应合理假设和确定结构初始缺陷尺寸。

d) 选择裂纹扩展速率公式时，应综合考虑不同经验公式的适用条件。如果应力比确定，则选择 Paris 幂函数公式；如果需要考虑应力比的影响则采用 Walker 公式。

e) 确定裂纹扩展速率公式的材料常数时，由于不同公式中的材料常数含义不同，其具体取值的公式适用范围也不同，所以确定材料常数时，应做到材料常数与所选取的公式的适用范围相匹配，如果确定的材料常数超出适用范围，则势必将会对裂纹扩展寿命带来较大误差。

f) 环境影响是裂纹扩展速率的主要影响因素之一，通常体现在裂纹扩展速率公式的材料常数 C 中，因此，确定裂纹扩展速率公式的材料常数时，应同时考虑环境影响。

g) 载荷顺序也是裂纹扩展速率的主要影响因素之一，如果载荷顺序的影响不可忽略，则应建立合理的裂纹扩展分析模型，模拟超载迟滞效应，并据此进行裂纹扩展分析。

h) 不同的断裂判据具有不同的适用范围，进行剩余强度分析时，应选择适合的断裂判据进行分析。

i) 绘制复杂结构构型的剩余强度曲线时，应综合弹性断裂、净截面屈服断裂、弹塑性断裂剩余强度曲线以及适合的损伤容限类型确定最终的剩余强度曲线。

j) 损伤容限设计准则通常与经济寿命准则一起使用。根据修理是否经济可以确定经济修理极限的裂纹尺寸，通过确定性裂纹增长方法可以分析和确定经济寿命，此时须重点对耐久性关键件进行分析。确定性裂纹增长方法采用相对小裂纹（当量）扩展速率公式，根据使用应力谱、初始缺陷尺寸进行裂纹扩展分析。如果结构最严重应力区 2 倍设计寿命对应的裂纹尺寸，以及各应力区最差细节 1 倍设计寿命对应的裂纹尺寸均小于经济修理极限，则认为结构满足耐久性设计要求。反之，亦可确定结构的经济寿命，即结构最严重应力区裂纹尺寸达到经济修理极限的对应寿命的 1/2，以及各应力区最差细节裂纹尺寸达到经济修理极限的对应寿命中的最小值。需要注意的是，耐久性关键件和损伤容限关键件的划分没有严格的界限，只是从它们在结构的安全性、经济性和裂纹扩展的后果有所不同、或侧重点不一样时必须满足和应用各自对应的准则、要求、设计、分析和试验方法来划分的。损伤容限关键件和耐久性关键件的选择一般同时进行，由于实际结构和载荷谱的复杂性有时很难区分这两类关键件，往往需要根据类似产品的实际使用经验作出适当的判断，对于某些特别重要的零部件，为了可靠起见，可以同时列入这两类关键件清单之中。

8.4 应用示例

某型飞机翼梁由 7075T7351 铝合金锻制而成，关键部位为下凸缘螺栓孔，孔径 $2r = 9.5\text{mm}$，所受疲劳载荷谱为随机谱（具体谱型略），谱中最大载荷为限制载荷的80%，关键部位最大名义应力为 103MPa。设计中将翼梁确定为不可检－缓慢裂纹扩展结构，要求分析在 5000fh 使用寿命内能否在 99.9%可靠度下确保结构安全。

a) 确定采用的损伤容限结构类型

该翼梁采用的损伤容限结构类型为不可检－缓慢裂纹扩展结构。按 GJB 776《军用飞机损伤容限要求》的规定，典型检查间隔为 1 个寿命期，即 5000fh；初始裂纹为 1/4 圆弧形孔边单侧角裂纹，$a_0 = 0.125\text{mm}$；最小未修使用期为 2 个寿命期，即 10000fh。

b) 裂纹扩展分析

该翼梁所受疲劳载荷谱为随机谱，需要考虑载荷顺序对裂纹扩展的影响，采用广义威伦伯格（Willenborg）模型模拟迟滞效应，Walker 公式描述裂纹扩展速率 da/dN。其中，Walker 公式中的材料常数为 $C = 1.19 \times 10^{-10}\,\text{MPa} \cdot \sqrt{\text{m}}$，$n = 3.50$，$M_1 = 0.6$，$M_2 = 0.12$；应力强度因子 K 采用近似公式：

$$K = \beta\sigma\sqrt{\pi a} \tag{23}$$

式中：σ——应力，单位为兆帕（MPa）；

β——应力强度因子修正系数，随裂纹长度 a 的变化见表 3。

表3　应力强度因子修正系数 β

a/r	0	0.1	0.2	0.3	0.4	0.5
β	3.36	2.73	2.31	2.03	1.84	1.70

c) 剩余强度分析

剩余强度载荷对应的名义应力取为：

$$\sigma_{syu} = 1.2 \times \frac{103}{80\%} = 154.4 \text{MPa} \tag{24}$$

进行剩余强度分析，得到临界裂纹长度 $a_{cr} = 10.9 \text{mm}$ 。

d) 按剩余强度要求确定结构寿命

根据裂纹扩展分析，裂纹扩展寿命为 11000fh。

e) 确定检查间隔

在 99.9%可靠度下，检查间隔为 11000/2=5500fh。

f) 结论

在 99.9%可靠度下，检查间隔大于一倍使用寿命 5000fh，即在 5000fh 使用寿命内能够确保结构安全，故在设计中将该型飞机的翼梁结构定为不可检结构是安全的。

9 腐蚀环境下的耐久性设计与分析方法

9.1 概述

腐蚀会导致结构疲劳寿命降低，缩短产品的使用寿命，处于腐蚀环境的产品的耐久性设计与分析必须考虑环境腐蚀的影响。环境腐蚀影响包括储存腐蚀影响和使用环境影响。

腐蚀环境下产品耐久性设计主要通过产品的防腐蚀设计来延长腐蚀环境下产品的使用寿命，常用的防腐蚀措施有：

a) 选择耐腐蚀性能较好的材料。

b) 采用表面防腐蚀工艺处理，如采用涂层隔离结构和外界环境，防止腐蚀介质的侵蚀。

c) 采用防腐蚀结构，如合理设计结构布局和结构细节，通过密封、通风、填充等措施，尽量避免腐蚀介质接触或积存在易腐蚀部位。

腐蚀环境下产品耐久性分析的目的是确定腐蚀环境下产品的使用寿命。对于主要处于储存状态或使用强度不高的产品，储存腐蚀将起主导作用，产品使用寿命主要取决于储存腐蚀；对于使用强度较高的产品，使用环境影响不可忽略，应综合考虑储存腐蚀影响和使用环境影响确定产品使用寿命。本指南在安全寿命设计与分析方法的基础上给出腐蚀环境下的耐久性设计与分析方法。

9.2 实施步骤

腐蚀环境下的耐久性设计与分析方法的实施步骤是：

a) 由载荷谱和关键部位细节应力分析得到关键部位的名义应力谱，参见本指南 7.2 条步骤 a）。

b) 选择等寿命曲线形式参见本指南 7.2 条步骤 c）。

c) 建立结构关键部位 $T-p-S-N$ 曲线。

通常只需建立载荷谱中疲劳损伤严重的载荷级对应的应力比 R^* 下的 $T-p-S-N$ 曲线（其中 T 为预腐蚀时间），见图 7。当 $p=50\%$ 时称为 $T-S-N$ 曲线。$T-p-S-N$ 曲线可以根据预腐蚀疲劳寿命的变化规律修正一般环境（如室温大气环境）下的疲劳曲线得到，即寿命修正预腐蚀疲劳曲线；也可以根据预腐蚀疲劳寿命数据直接拟合曲线参数或建立曲线参数随预腐蚀时间的变化规律，即参数修正预腐蚀疲劳曲线。本指南选用参数修正预腐蚀疲劳曲线。

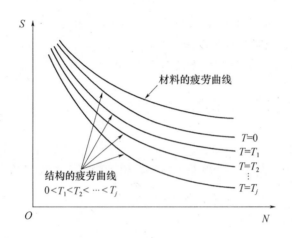

图 7 $T-p-S-N$ 曲线

结构关键部位的 $T-p-S-N$ 曲线用简化的三参数式描述。预腐蚀 T 时间后结构关键部位指定应力比 R^* 下 $p-S-N$ 曲线与一般环境下该部位的 $p-S-N$ 曲线具有相同的函数形式和形状参数，即：

$$S = C_p(T)\left(1 + \frac{A_p}{N_p^{\alpha_p}(T)}\right)$$
(25)

式中：S——应力，单位为兆帕（MPa）；

$N_p(T)$——安全寿命，单位为次（c）或小时（h）；

$C_p(T)$——疲劳极限，单位为兆帕（MPa）；

α_p，A_p——$T-p-S-N$ 曲线形状参数。

1) 安全寿命 $N_p(T)$

安全寿命 $N_p(T)$ 可由公式(26)确定：

$$N_p(T) = N(T)/L_f$$
(26)

式中：$N(T)$——中值寿命，单位为次（c）或小时（h）；

L_f——疲劳寿命分散系数，通常取 4~6。

2) 疲劳极限 $C_p(T)$

疲劳极限 $C_p(T)$ 可由关键部位在谱载下的安全寿命 $N_p(T)$ 反推得到，具体过程参见本指南 7.2 条步骤 b）2）。得到不同预腐蚀时间 T 对应的 $C_p(T)$ 值后可以用直线拟合 $C_p(T)-T$ 曲线，即 $C_p(T)=A+BT$，其中 A 和 B 分别为常数项和斜率。

3）形状参数 α_p、A_p

形状参数 α_p、A_p 取为一般环境下该部位 $p-S-N$ 曲线的对应参数值，也可取为材料 $p-S-N$ 曲线的相应参数值。

d）采用线性累积损伤（Miner）理论估算结构腐蚀环境下的安全寿命

1）不考虑使用环境影响的情况

设一个完整的载荷谱周期有 k 级载荷，对应寿命为 H。根据使用要求给定或由实际使用情况统计得到某结构的第 j 年的使用强度为 ΔN_j，则第 j 年的损伤为：

$$D(j)=\frac{\Delta N_j}{H}\sum_{i=1}^{k}\frac{n_i(j)}{N_{p,i}(j)} \tag{27}$$

式中：H——一个完整的载荷谱周期的对应寿命，单位为次（c）或小时（h）；

ΔN_j——第 j 年的使用强度，与 H 同量纲；

$n_i(j)$ b——第 j 年第 i 级应力作用的次数；

$N_{p,i}(j)$——结构经过 j 年环境腐蚀在第 i 级应力作用下的安全寿命，由 $T-p-S-N$ 曲线求出，单位为次（c）或小时（h），即：

$$N_{p,i}(j)=\left(\frac{A_p}{S_i^*/C_p(j)-1}\right)^{1/\alpha_p} \tag{28}$$

式中：S_i^*——载荷谱中第 i 级载荷（应力）（S_i，R_i）根据等寿命曲线折算到指定应力比 R^* 下的当量应力，单位为兆帕（MPa）；

$C_p(j)$——第 j 年 $T-p-S-N$ 曲线参数，单位为兆帕（MPa）。

当年使用强度相同，即 $\Delta N=\Delta N_j$ 时，有

$$D(j)=\frac{\Delta N}{H}\sum_{i=1}^{k}\frac{n_i(j)}{N_{p,i}(j)} \tag{29}$$

对预腐蚀后的疲劳损伤进行逐年累加，当在 n_{pc} 年使总损伤

$$D=\sum_{j=1}^{n_{pc}}D(j)=1 \tag{30}$$

则结构只考虑储存腐蚀影响的安全寿命为：

$$N_{pc}=\sum_{j=1}^{n_{pc}}\Delta N_j \tag{31}$$

而 n_{pc} 就是对应的日历使用年限（日历寿命）。

2）考虑使用环境影响的情况

环境与载荷的共同作用会加剧疲劳损伤，谱载下各级应力水平恒幅作用下的疲劳寿命 $N_{p,i}(j)$ 会减小，而相应的疲劳损伤 $D(j)$ 值会增加。对于需要考虑使用环境影响的情

况，可以对 $N_{p,i}(j)$ 乘以一个小于 1.0 的系数 K 加以修正。从而有：

$$D'(j) = D(j)/K \tag{32}$$

式中：K——使用环境腐蚀疲劳影响系数。

同样，对疲劳损伤进行逐年累加，当累积损伤为 1 时即得到腐蚀环境下的安全寿命 N_{pc} c。

需要注意的是，上述过程 ΔN、ΔN_j 为年使用强度，是以年为单位时间间隔的，对于其它单位时间间隔可以类似处理，只是在计算日历使用年限（日历寿命）时需将 n_{pc} 个单位时间间隔换算到以年为单位。

9.3 注意事项

a) 进行腐蚀环境下的产品耐久性分析时，必须明确给出产品寿命周期内的使用环境和年使用强度，并应重点对疲劳关键件（部位）和腐蚀故障关键件（部位）进行分析。

1) 疲劳关键件（部位）的选取原则是：

(1) 室温大气环境下疲劳分析的主要疲劳关键件（部位）均应定为腐蚀环境下的疲劳关键件（部位）。

(2) 对受腐蚀影响比较严重的主承力件关键部位，特别是有些虽未列入室温大气环境下的主要疲劳关键部位，但应力水平相对较高，且局部环境比较严重，有可能经腐蚀修正后疲劳寿命下降较多的部位，也应定为腐蚀环境下的疲劳关键部位。

2) 腐蚀故障关键件（部位）的选取原则是：

(1) 主要受腐蚀环境作用，承受应力水平较低，在全寿命期内不会发生疲劳破坏，不需进行结构疲劳修理的部位应定为腐蚀故障关键部位。

(2) 受腐蚀介质作用比较严重的部位应定为腐蚀故障关键部位。

(3) 基体材料对环境敏感，容易产生腐蚀损伤，涂层防腐性能较差的部位应定为腐蚀故障关键部位。

(4) 连接形式不同的相近部位应视为不同的腐蚀故障关键部位。

b) 进行腐蚀环境下的产品耐久性分析后，应与未考虑腐蚀环境影响时制定的维修大纲相比较，对不可修复产品，如果腐蚀环境下的寿命分析结果与维修大纲规定的使用年限不相协调则应修改产品设计；对可修复产品，如果腐蚀环境下的寿命分析结果与维修大纲规定的修理年限不相协调，则应调整修理年限，甚至修理次数。

c) 对于采用表面涂层防腐的结构，结构的使用寿命主要取决于表面涂层的使用寿命。表面涂层的使用寿命要求是：

1) 对于不可检结构，在整个设计使用寿命期内不应发生导致结构故障的腐蚀损伤。

2) 对于可检/可修结构，在检查周期内不应发生不可修复的腐蚀损伤。

表面涂层的使用寿命可根据涂层故障准则予以确定，涂层故障是指无法通过经济修理恢复涂层的完好状态，当涂层在环境作用下丧失对基体的保护作用时即认为涂层故障，此时基体不应发生明显的腐蚀损伤。表面涂层的使用寿命通常根据实验室环境下的涂层故障时间，通过由加速腐蚀试验确定的当量加速关系加以确定。如果结构表面涂层不能满足其使用寿命要求，则应对其加以改进。

d) 对于可检/可修结构，应制订与结构使用寿命相对应的维修大纲，须在疲劳裂纹检修要求基础上增加腐蚀检修要求。对于疲劳关键部位，腐蚀修理要求与裂纹修理要求应综合考虑，如孔的修理问题通常采取扩孔方法清除裂纹，而孔边、孔壁的蚀点或蚀坑也可以在扩孔时消除，故应综合考虑确定扩孔量。

9.4 应用示例

某型飞机机翼主梁为 30CrMnSiNi2A 锻件，剖面形状为工字型，根部下凸缘螺栓孔为疲劳关键危险部位，具有 2.35 的应力集中系数。无腐蚀环境下主梁螺栓孔应力水平并未导致其发生大范围屈服，下面对该机翼主梁在腐蚀环境下的耐久性进行分析。

a) 由载荷谱和关键部位细节应力分析得到关键部位的名义应力谱。

b) 选择等寿命曲线形式，采用索德伯格公式。

$$S_a = S_{-1} \left(1 - \frac{S_m}{\sigma_s} \right) \tag{33}$$

式中：σ_s——30CrMnSiNi2A 的屈服强度极限，查材料手册得到 $\sigma_s = 1400 \text{MPa}$。

c) 建立结构关键部位 $T - p - S - N$ 曲线

根据该型机翼主梁试件预腐蚀不同时间后室温大气环境下的谱载疲劳试验数据，疲劳寿命分散系数取 4，得到不同预腐蚀时间 T 对应的安全寿命 $N_p(T)$，进而拟合得到安全寿命 $N_p(T)$ 与预腐蚀时间 T 的关系式为：

$$N_p(T) = 1558 - 16.4525 T^{0.6678} \tag{34}$$

地面停放结构 $T - p - S - N$ 曲线采用三参数式，如公式(25)。根据公式(34)计算每年的疲劳安全寿命 $N_p(T)$，由载荷谱和相应的 $p - S - N$ 曲线参数通过计算反推得到主梁螺栓孔 $T - p - S - N$ 曲线对应各年的 $C_p(T)$取值，见表 4。主梁地面停放 0a、10a、20a 和 30a 后的疲劳曲线见图 8。

表 4 主梁螺栓孔 $T - p - S - N$ 曲线参数 $C_p(T)$ 和疲劳损伤 $D_G(T)$ 和 $D_A(T)$

年限 T /a	$C_p(T)$ /MPa	$D_G(T)$	$D_A(T)$
0	250.96	0.0345027	0.03583
1	250.32	0.0347287	0.03606
2	249.93	0.0349571	0.03630
3	249.61	0.0351486	0.03650
…	…	…	…
26	245.03	0.0380015	0.03946
27	244.87	0.0381080	0.03957
28	244.72	0.0382072	0.03968

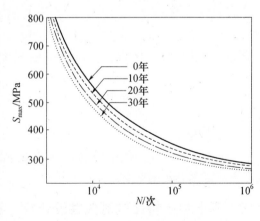

图 6 主梁 $T - p - S - N$ 曲线

d) 估算结构疲劳安全寿命

对于飞机结构，年使用强度对应于年飞行强度，由年平均飞行小时数（YFH）给出；

地面停放腐蚀对应于储存腐蚀；空中环境腐蚀对应于使用环境腐蚀。

该型飞机的年平均飞行小时数为 YFH = 100 fh，不考虑腐蚀影响，计算得到该型机翼主梁室温大气环境下的疲劳安全寿命为 2911fh。

仅考虑地面停放腐蚀影响，不考虑空中环境腐蚀影响时，按采用 Miner 累计损伤法逐年计算对应的疲劳损伤 $D_G(T)$，见表 4。计算得到该型机翼主梁仅考虑停放腐蚀影响时 27a 的累积损伤为：

$$D_{G1} = \sum_{j=1}^{27} D_G(j) = 0.988275 \tag{35}$$

28a 的累积损伤为：

$$D_{G2} = \sum_{j=1}^{28} D_G(j) = 1.026482 \tag{36}$$

所以仅考虑停放腐蚀影响的疲劳安全寿命为：

$$N_{pc,G} = \text{YFH} \times n_{pc,G} = 100 \times \left(27 + \frac{1 - 0.988275}{1.026482 - 0.988275} \right) = 2731 \ (\text{fh}) \tag{37}$$

引入该型飞机机翼主梁的空中环境腐蚀影响系数 $K = 0.963$，每年对应的疲劳损伤为 $D_A(T) = D_G(T)/K$，见表4。计算得到该型机翼主梁同时考虑空中环境腐蚀影响情况下26a 的累积损伤为：

$$D_{A1} = \sum_{j=1}^{26} D_A(j) = 0.9877 \tag{38}$$

27a 的累积损伤为：

$$D_{A2} = \sum_{j=1}^{28} D_A(j) = 1.0273 \tag{39}$$

因此，同时考虑空中环境腐蚀影响的疲劳安全寿命为：

$$N_{pc,A} = \text{YFH} \times n_{pc,A} = 100 \times \left(26 + \frac{1 - 0.9877}{1.0273 - 0.9877} \right) = 2631 \ (\text{fh}) \tag{40}$$

e) 结论

该型飞机年飞行强度 YFH = 100 fh 的机翼主梁使用寿命可定为 2631fh 或更小，日历寿命可定为 26a 或更小。

10 基于磨损特征的耐久性设计与分析方法

10.1 概述

磨损是引起运动机构故障的重要故障模式之一，主要发生在具有相对运动的产品零部件（如轴承、齿轮、铰链和导轨等）上，其后果是破坏零部件的配合尺寸和强度，导致产品不能完成其规定功能而发生故障。

基于磨损特征的耐久性设计主要通过产品的耐磨损设计来延长产品的使用寿命（磨损寿命），常用的耐磨损措施有：

a) 选择耐磨损性能较好的材料，并根据不同的磨损机理合理选配摩擦副的材料。

b) 合理设计选定摩擦表面的粗糙度，过大或过小都会导致摩擦因数过大，加剧磨损过程。

c) 采用表面技术提高材料耐磨性。表面技术利用各种物理的、化学的或机械的工艺方法使材料表面获得特殊的成分、组织结构与性能，以提高其耐磨损性能，延长其使用寿命，如表面淬火、表面化学热处理（渗碳、渗氮、渗硼等）、电镀、热喷涂、堆焊、激光表面处理、气相沉积技术等。

d) 改善机构的润滑情况，合理设计机构的承载和运转速度组合，以减小摩擦因数，降低磨损速度。

基于磨损特征的耐久性分析方法的目的是确定产品零部件的磨损寿命，其基本原理是通过磨损方程建立零部件的磨损曲线，描述磨损量随磨损时间的变化规律，从而根据容许磨损量确定零部件的磨损寿命。

10.2 实施步骤

基于磨损特征的耐久性分析方法的实施步骤是：

a) 分析确定磨损关键件

主要根据工程经验、FMMEA 确定磨损关键件。

b) 建立磨损关键件的磨损曲线

磨损曲线反映了磨损量随磨损时间的变化规律。图 9 给出了典型磨损曲线，它由初期磨损阶段 I、正常磨损阶段 II 和急剧磨损阶段 III 组成，其中 W 为磨损量，t 为磨损时间。当磨损进入第 III 阶段时磨损量急剧增大，磨损寿命终止，即磨损寿命 $t_W = \Delta t_I + \Delta t_{II}$，与之对应的磨损量 W_{max} 即为最大磨损量。通常第 I 阶段所经历的时间 Δt_I 及磨损量 W_0 很小，可以忽略不计，即磨损寿命 $t_W = \Delta t_{II}$，第 I 阶段磨损量 $W_0 = 0$。在绝大多数无润滑及润滑特性一般的情况，正常磨损阶段的磨损特性可由线性模型描述，因此，磨损方程可由式(41)给出：

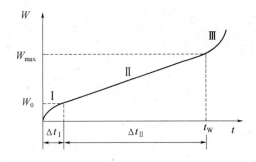

图 9 典型磨损曲线（W-t 曲线）

$$W = v_W t \tag{41}$$

式中：W——磨损量，单位为毫米（mm）、毫米^3（mm^3）或克（g）；

T——磨损时间，单位为次（c）或小时（h）；

V_W——磨损速度，可由实验测定或查阅相关手册计算，单位为毫米/小时（mm/h）、毫米^3/小时（mm^3/h）或克/小时（g/h）。

c) 确定容许磨损量

容许磨损量 W^* 可从使用经验、试验结果、计算分析 3 方面综合确定，也可通过有限元仿真计算得到。下面简单介绍使用经验方法和有限元仿真方法；

1) 使用经验方法

对于飞机损伤零部件，当配合精度属于飞机要求范围时，容许磨损量 W^* 约为：

$$W^* = (0.008 \sim 0.016)D \tag{42}$$

式中：D——名义直径，单位为毫米（mm）。

根据大量实验计算统计，大多数情况下可取 $W^* = 0.01D$。

2) 有限元仿真方法

上述方法因行业不同、产品要求不同不能完全适用。在这种情况下，可以通过有限元仿真确定容许磨损量 W^*。基本步骤是：

(1) 针对具体的故障模式确定故障判据，如磨损状态下强度不足或应变过大等；

(2) 进行故障模式仿真分析，分别建立不同磨损量下的有限元模型，分析模型在不同磨损量下的应力和应变情况，考核在此磨损量下是否发生故障，并据此确定容许磨损量。

d) 计算磨损寿命

磨损安全边界方程可由式(43)给出：

$$M_{\mathrm{W}} = W^* - W = 0 \tag{43}$$

式中：M_{W}——磨损安全裕量，单位为毫米（mm）、毫米^3（mm^3）或克（g）；

W^*——容许磨损量，单位为毫米（mm）、毫米^3（mm^3）或克（g）。

当 $M_{\mathrm{W}} > 0$，机构是安全的；$M_{\mathrm{W}} \leqslant 0$，机构发生磨损故障。因此，磨损寿命 t_{W} 可由公式(44)确定：

$$t_{\mathrm{W}} = \frac{W^*}{v_{\mathrm{W}}} \tag{44}$$

e) 计算磨损安全寿命

根据对磨损寿命的可靠性要求，确定磨损安全寿命。根据大量实验计算统计，可认为磨损速度服从正态分布，则可靠度 p 下的磨损安全寿命 $t_{\mathrm{W},p}$ 可由公式(45)确定：

$$t_{W,p} = \frac{W^*}{v_{\mathrm{W}} + u_p \sigma_{\mathrm{v}}} \tag{45}$$

式中：σ_{v}——磨损速度的标准差，可以通过试验测定；

u_p——标准正态分布的 p 分位值。

10.3 注意事项

a) 进行产品运动机构的耐久性设计和分析时，需要考虑相对运动零部件的磨损问题，进行耐磨损设计，并确定其磨损寿命。

b) 基于磨损特征进行产品的耐久性设计与分析时，应重点对磨损关键件进行分析。磨损关键件可以根据下述原则选取：

1) 承载较大、运动速度较大的运动机构零部件。

2) 润滑状态较差的运动机构零部件。

3) 材料抗磨损性能较差的运动机构零部件。

4) 一旦出现磨损故障会对机构使用可靠性、安全性造成较大影响的零部件。

c) 进行耐磨损设计和磨损寿命估算时，必须明确给出产品寿命周期内的机构运转情况，包括磨损行程、润滑情况、载荷和环境温度等。

d) 磨损量可以采用长度磨损量、体积磨损量和重量磨损量表示，所以磨损速度也有很多种不同的表示形式，在进行磨损寿命计算时应根据具体情况确定适合的磨损速度表示形式。

e) 磨损速度可以通过磨损试验测定，也可根据材料的磨损率（单位行程的磨损量）、比磨损率（单位载荷单位行程的磨损量），结合发生磨损的零部件之间的相对运动速度计算得出。

f) 如果零部件的磨损寿命不能满足产品的使用寿命要求，则应考虑改进设计，或通过更换易磨损零部件保证产品在使用寿命期内安全使用。

10.4 应用示例

现以某传送铰链为例，阐述基于磨损特征的耐久性分析方法的应用。

a) 分析确定磨损关键件

该传送铰链用于某剪切装置的送料系统，其功能是按给定剪切长度将待剪切物品送入剪切装置进行剪切，因此，传送机构应具有足够的传送精度。铰链链轴是传送铰链承载传送力过程中的关键件，由于传送铰链处于无润滑状态工况下工作，长期使用，链板磨损较严重而导致强度不足产生过大变形，最终导致传送铰链不能准确将待剪切物品送入剪切装置，并影响最终剪切长度的变化，即传送铰链故障。经分析，传送铰链的使用寿命主要取决于链板的磨损寿命，将链板定为磨损关键件。

b) 建立磨损曲线

该传送铰链处于无润滑状态工况下工作，可以认为链板磨损量 W 服从线性模型。根据链板磨损实验数据确定磨损速度为 $v_w = 0.002136$ mm/h，则磨损方程为：

$$W = 0.002136t \tag{46}$$

式中：t——磨损时间，单位为小时（h）。

c) 确定容许磨损量

根据有限元仿真方法，确定链板容许磨损量为 $W^* = 0.475$ mm。

d) 计算磨损寿命

链板磨损寿命 t_W 为：

$$t_W = \frac{W^*}{v_w} = \frac{0.475}{0.002136} = 222.4 \ （h） \tag{47}$$

e) 计算磨损安全寿命

根据链板磨损实验数据确定磨损速度的标准差为 $\sigma_v = 0.000079$ mm/h，那么可靠度 $p =$ 99.9%下链板的磨损安全寿命为：

$$t_{\mathrm{W},p} = \frac{W^*}{v_{\mathrm{W}} + u_p \sigma_v} = \frac{0.475}{0.002136 + 3.090 \times 0.000079} = 199.5 \quad (\mathrm{h}) \tag{48}$$

f) 结论

如果送料系统的使用寿命小于或等于199.5h，则目前的设计能够满足链板的使用寿命要求；如果送料系统的使用寿命大于199.5h，则应改进设计延长链板的使用寿命，或者通过定时更换链板使之能够在送料系统使用寿命期内安全使用。

附录 A
（资料性附录）
有限元分析方法

A.1 概述

有限元分析（FEA）方法是将连续体离散化的一种近似求解方法，其理论基础是变分原理、连续体剖分与分片插值，是进行产品静态力学特征、动态力学特性、非线性问题、热传导问题、以及电磁问题分析的重要手段。通过 FEA 可以对产品的机械强度和热特性等进行分析和评价，以尽早发现产品的薄弱环节，并及时采取设计改进措施；同时，也为确定产品的最大应力设计极限和产品故障机理的分析提供手段。

A.2 实施步骤

FEA 的基本步骤是：首先找到对所求解的数学物理问题的变分表示，对于固体力学问题是写出其总能量表示式；然后将问题的求解区域剖分成有限个小单元的集合，在单元内用分片插值表示物理函数的分布，再求解离散后的代数方程得到物理函数的数值解。

FEA 的具体实施步骤可分为前处理阶段、计算阶段和后处理阶段，见图 A.1。

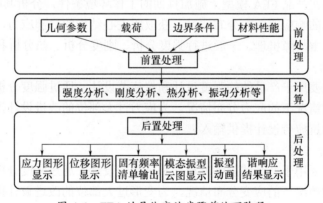

图 A.1 FEA 的具体实施步骤前处理阶段

a) 前处理阶段

前处理阶段是建立有限元模型，需要明确分析类型，进行实体建模，主要内容有几何建模、材料定义、单元定义、网格划分、添加边界条件及载荷等。

1) 几何建模

采用CAD导入结合手工修改的方法，即将CAD建立的几何模型通过中间格式如igs、step、parasolid 等导入到 FEA 软件中，然后根据产品特点（如细节的简化、降维处理、结构等效和对称的利用等）进行处理。

2) 材料定义

将结构的材料性质、物理特性等赋予相应的网格单元。

3) 单元定义

单元定义包括几何形状定义和形函数定义。几何形状定义就是将结构的外形特征(如板壳的厚度、截面特性等)赋予相应的网格单元;形函数即为插值函数,它决定了单元内的物理量与节点处对应的物理量的关系,形函数的阶次越高 FEA 计算精度越高,但形函数阶次的增加要求成倍增加单元节点数,会使计算成本成倍提高,因此应该综合权衡计算精度和计算成本,根据分析的对象特点合理选择单元。

4) 网格划分和质量检查

网格划分是将几何模型按定义的单元形状离散化,是 FEA 的重要环节之一,对有 FEA 的计算精度和计算效率均有重要影响。几何模型应用网格进行离散化,常用的网格划分方法有映射方法、自由划分方法、拉伸方法、手工分割方法等。网格划分主要遵循以下几点:

① 划分网格应采用半自动划分方法。

② 权衡网格数量对精度、计算规模和单元阶次的影响。

③ 根据结构布局决定网格疏密程度,而不能统一划分。

④ 进行振动分析时网格应比较均匀。

网格的划分质量决定着 FEA 计算结果的准确性或精度的高低。网格划分之后应对网格划分质量进行检查,也就是检查网格形状在 FEA 中的合理性。网格质量检查的主要内容有:细长比检查,内角检查,翘曲量检查、重合节点检查、自由边检查。

b) 计算阶段

计算阶段指在产品 FEA 模型上施加预期的工作环境条件,分析其响应和应力分布,以了解产品内部的响应或应力分布情况,获取所关心结构的局部应力,并进行相应的设计优化以及找出主故障机理。一般进行强度分析、刚度分析、热分析和振动分析。

1) 强度分析

强度分析主要用于产品的静强度设计和抗疲劳设计,通过强度分析可以得到产品结构、零部件受载情况下的应力分布情况,为应力过大部位的改进设计提供依据,同时也为静强度设计和抗疲劳设计提供输入。

2) 刚度分析

刚度分析主要用于产品的静强度设计和抗疲劳设计,通过刚度分析可以得到产品结构、零部件受载情况下的应变分布情况,为变形过大部位的改进设计提供依据,同时也为静强度设计和抗疲劳设计提供输入。

3) 热分析

热分析主要用于产品的耐热设计,通过热分析可以得到产品高温部位,为过热部位的改进设计提供依据。热分析的主要内容有稳态温度分析和瞬态温度分析。

4) 振动分析

振动分析主要用于产品的抗振设计,通过振动分析可以得到产品振动环境中的应力分布情况,确定应力水平过大部位和抗振设计的缺陷部位,为改进优化设计产品提供依据。振动分析的主要内容有模态分析、频率响应分析和随机响应分析。

c) 后处理阶段

后处理阶段的任务是对计算输出的结果进行必要的处理,将计算结果以彩色云图、曲线、列表、动画等形式显示或输出，如获得静态变形、应力云图、模态分析固有频率、振型云图和动画以及位移响应曲线等，以便对结构性能的好坏或设计的合理性进行分析，并作为相应的改进或优化设计的依据。

A.3 注意事项

a) 由于 FEA 费时费力，对于所分析项目应当仔细选择，在耐久性设计时一般先识别出那些有可能对耐久性有影响的产品、材料或结构再进行 FEA。选择准则应当包括：采用的新材料或新工艺；承受严酷的环境负载条件；承受苛刻的机械或热负荷。

b) 在 FEA 中，单元网格划分是十分繁琐和效率低下的工作，现在已经有很多 FEA 软件实现了网格自动生成功能，并有极强的前、后处理功能，因此工程人员进行 FEA 时应当尽量利用成熟的有限元软件。目前，国内外常用的 FEA 软件及主要功能模块如下。

1) ANSYS——结构静力分析、结构动力分析、结构非线性分析、热分析、电场磁场分析和耦合场分析、流体动力分析、材料与单元库。

2) I-DEAS——图形有限元建模、梁结构的综合造型、线性分析、非线性分析、响应分析、结构系统动态分析、热模型构造及分析、叠层复合材料设计分析、优化设计、变量化分析、疲劳设计分析。

3) MSC/NASTRAN——静力、动力学分析、热传导分析、非线性分析、空气动力弹性及颤振分析、设计灵敏度分析及优化模块、多级超单元分析模块、用户开发工具模块和高级对称分析模块等。

4) MARC——结构的位移场和应力场分析、非结构的温度场分析、流场分析、电场、磁场和声场分析、多种场的耦合分析。

5) JIFEX——弹性静力分析、模态、动力分析、屈曲稳定性分析、热传导、接触、弹塑性分析。

c) 进行 FEA 时，所建立的结构几何模型、施加载荷、边界约束条件以及结构材料参数等输入条件应尽可能反映真实。

d) 进行 FEA 时，涉及到的量纲有质量、长度、时间、力、应力、能量等，应当注意所使用的输入量的量纲必须是协调的。

e) 进行网格划分时，对同一分析对象，根据可能的应力应变情况，不同的区域应取不同的网格密度。

1) 对于几何上有凹角、台阶、孔洞等突变的区域、有多种材料连接的区域和边界条件比较复杂的区域，由于存在应力集中、变形复杂等原因需要较高的分析和计算精度，这些区域网格密度应适当加密。

2) 相邻两个单元的应变梯度不宜太大，特别是对于一次形函数的单元，相邻两个单元的应变梯度过大会造成结果精度下降。

f) 进行 FEA 分析所需原始数据量通常非常多，为避免出现差错，分析前应仔细检查各个输入参数的正确性，分析完成后应对分析结果进行多方面的详细分析，包括根据工程经验进行判断和使用分析软件提供的实时动画、等值线、$X-Y$ 曲线、云纹图等手段进行直观分析。

附录 B
(资料性附录)
疲劳寿命分散系数的计算方法

B.1 概述

采用安全寿命设计与分析方法进行产品耐久性分析时，通常通过中值寿命除以分散系数得到产品（结构）的安全寿命。如果分散系数过大，虽然能够更好的保证产品的安全使用，但会使产品提早报废，造成较大的经济损失；如果分散系数过小，则不能保证产品在使用寿命期内安全使用。因此，确定合适的分散系数至关重要。

疲劳寿命分散系数定义为中值寿命与安全寿命之比，即：

$$L_f = \frac{N_{50}}{N_p} \tag{B.1}$$

式中：L_f——分散系数；

N_{50}——中值寿命，对应于可靠度 p=0.5，单位为次（c）或小时（h）；

N_p——安全寿命，对应于可靠度 p，单位为次（c）或小时（h）。

从中可见，疲劳寿命分散系数由疲劳寿命的分布和可靠度要求确定。大量研究表明，结构疲劳寿命服从对数正态分布或双参数威布尔分布，例如，战斗机的疲劳寿命一般认为服从对数正态分布，民机结构的疲劳寿命一般认为服从双参数威布尔分布。下面分别给出疲劳寿命服从对数正态分布和威布尔分布时的分散系数计算方法。

B.2 服从对数正态分布时的分散系数

B.2.1 疲劳寿命分布

设疲劳寿命 N 服从对数正态分布，有：

$$X = \lg N \sim N(\mu, \sigma_0^2) \tag{B.2}$$

式中：μ——疲劳寿命的对数均值，对应于可靠度 p=0.5；

σ_0——疲劳寿命的对数标准差。

疲劳寿命 N 的概率密度函数为：

$$f(N) = \frac{\lg e}{N\sigma_0\sqrt{2\pi}} \exp\left[-\frac{(\lg N - \mu)^2}{2\sigma_0^2}\right] \tag{B.3}$$

分布函数为：

$$F(N) = \frac{\lg e}{\sigma_0\sqrt{2\pi}} \int_0^\infty \frac{1}{N} \exp\left[-\frac{(\lg N - \mu)^2}{2\sigma_0^2}\right] dN \tag{B.4}$$

B.2.2 中值寿命和安全寿命

中值寿命由公(B.5)给出：

$$N_{50} = 10^{\mu} \tag{B.5}$$

可靠度 p 对应的安全寿命为：

$$N_p = 10^{x_p} = 10^{\mu - u_p \sigma_0} \tag{B.6}$$

式中： u_p ——标准正态分布的 p 分位值。

B.2.3 分散系数

可靠度 p 对应的分散系数为：

$$L_{\mathrm{f}} = \frac{10^{\mu}}{10^{\mu - u_p \sigma_0}} = 10^{u_p \sigma_0} \tag{B.7}$$

根据长期使用经验和大量结构试验结果统计分析，一般取 $\sigma_0 = 0.176 \sim 0.2$。从偏安全的角度出发，取 $\sigma_0 = 0.2$，计算得到几种常用可靠度 p 对应的分散系数 L_{f}，见表 B.1。从中可见，对于疲劳寿命服从对数正态分布的情况，通常按照 $4 \sim 6$ 范围取 L_{f} 值是适用的。

表 B.1 对数正态分布疲劳寿命分散系数

p	99%	99.9%	99.99%
L_{f}	2.92	4.15	5.54

B.3 服从 Weibull 分布时的分散系数

B.3.1 疲劳寿命分布

设疲劳寿命 N 服从两参数 Weibull 分布，具有概率密度函数：

$$f(N) = \frac{\alpha}{\beta}\left(\frac{N}{\beta}\right)^{\alpha-1} \exp\left[-\left(\frac{N}{\beta}\right)^{\alpha}\right] \tag{B.8}$$

分布函数为：

$$F(N) = 1 - \exp\left[-\left(\frac{N}{\beta}\right)^{\alpha}\right] \tag{B.9}$$

式中： α ——形状参数；

β ——特征寿命，对应于可靠度 $p = 0.368$。

B.3.2 中值寿命和安全寿命

中值寿命由公式(B.10)给出：

$$N_{50} = \beta(-\ln 0.5)^{1/\alpha} \tag{B.10}$$

可靠度 p 对应的安全寿命为：

$$N_p = \beta(-\ln p)^{1/\alpha} \tag{B.11}$$

B.3.3 分散系数

可靠度 p 对应的分散系数为：

$$L_f = \frac{\beta(-\ln 0.5)^{1/\alpha}}{\beta(-\ln p)^{1/\alpha}} = \left(\frac{\ln 0.5}{\ln p}\right)^{1/\alpha} \tag{B.12}$$

根据长期使用经验和大量结构试验结果统计分析，一般取

$$\alpha = \begin{cases} 4.0 & \text{铝合金} \\ 3.0 & \text{钛合金及中强钢}(\sigma_b < 1660\text{MPa}) \\ 2.2 & \text{高强钢}(\sigma_b > 1660\text{MPa}) \end{cases} \tag{B.13}$$

取不同 α，计算得到几种常用可靠度 p 对应的分散系数 L_f，见表 B.2。从表 B.2 中可见，对于疲劳寿命服从 Weibull 分布的情况，如果仍然按照 4～6 范围取 L_f 值则极有可能导致估算的安全寿命偏于危险。

表 B.2　Weibull 分布疲劳寿命分散系数

α	p / L_f 99%	99.9%	99.99%
4.0	2.881783	5.13041	9.124329
3.0	4.100923	8.848495	19.06637
2.2	6.850901	19.55175	55.69547

B.4　注意事项

a) 附录 B 给出的分散系数为理论分散系数，如果是根据寿命试验数据确定安全寿命，还需注意试验得到的中值寿命是具有随机性的，应该采用较大的分散系数，具体的计算公式可参阅文献[1]中 12.2 节内容，在此不再详述。

b) 对比表 B.1 和表 B.2 可见，不同分布相同可靠度下的分散系数存在很大差异。目前常用的分散系数取值基本都是在对数正态分布假设上给出的，当疲劳寿命不服从对数正态分布（或分布拟合效果很差）时，应该慎重选择疲劳寿命分散系数，以免造成安全隐患。

c) 疲劳寿命的分布形式可以根据大量工程经验假定，也可通过疲劳寿命试验数据的分布拟合检验确定，具体的分布参数则可以根据长期使用经验或寿命试验数据统计分析得到。

附录 C

(资料性附录)

某型高亚声速中程轰炸机机体结构耐久性分析综合应用案例

C.1 概述

本附录以某型高亚声速中程轰炸机机体结构的耐久性分析工作为例，阐述了本指南方法的综合应用。经分析，该型轰炸机机体结构具有疲劳和腐蚀耗损特征，为此，综合采用安全寿命设计与分析、损伤容限设计与分析以及腐蚀环境下的耐久性设计与分析方法开展了机体结构的耐久性分析工作，初步确定了该型轰炸机机体结构的使用寿命和检修期，为耐久性验证试验方案的确定提供了有力依据。由于本例不涉及机构定寿问题，故并未应用基于磨损特征的耐久性设计与分析方法。

该型轰炸机机体结构的定寿工作首先通过飞机外场使用调研和飞机载荷谱的飞行实测，获得了同类型飞机的使用维护和使用寿命等资料，编制了能够代表飞机机群使用载荷的疲劳载荷谱；然后通过全机有限元分析，确定了耐久性关键件和非耐久性关键件，并采用本指南方法重点对耐久性关键件进行疲劳分析和（或）损伤容限分析以及腐蚀环境下的耐久性分析，初步确定了机体结构的使用寿命和检修周期等结构维修大纲；最后进行了机体结构的疲劳、损伤容限试验，对耐久性分析确定的使用寿命和维修大纲进行了验证和修正，最终确定飞机的使用寿命、检修期限和补充维修大纲等技术文件，完成定寿总结及报告。

该型轰炸机机体结构主要采用耐久性/损伤容限设计准则，只有个别不满足损伤容限设计要求的结构采用安全寿命设计准则。在初步设计阶段，根据同类型飞机的使用寿命资料，采用工程分析方法粗略地进行耐久性关键件和非耐久性关键件的耐久性分析，并据此为机体结构的详细设计提供了很多修改建议，发挥了较大的作用。在后续改进设计（含详细设计）阶段，主要采用安全寿命设计与分析、损伤容限设计与分析以及腐蚀环境下的耐久性设计与分析方法进行分析。

本例耐久性分析工作是在详细设计完成之后进行。首先，根据全机有限元分析结果确定疲劳分析部位，对其中采用安全寿命设计准则的部位运用安全寿命设计与分析方法进行耐久性分析，确定该部位的安全寿命；采用耐久性/损伤容限设计准则的部位运用损伤容限设计与分析方法进行耐久性分析，确定该部位的安全裂纹扩展寿命和检查周期，制订初步的机体结构维修大纲。然后，综合考虑疲劳分析结果和飞行/停放环境选取疲劳关键件（部位）和腐蚀故障关键件，采用腐蚀环境下的耐久性设计与分析方法对其进行分析，调整机体结构维修大纲，协调疲劳部位和腐蚀部位的检修周期，并制订产品的腐蚀维修大纲。通过随后进行的耐久性验证试验（机体结构的疲劳、损伤容限试验）对上述耐久性分析结果进行了验证，并参照试验结果进行了损伤容限修正计算，对损伤容限分析过程中的临界裂纹长度进行修正，据此重新修正了损伤容限分析结果，并最终确定了机体结构的维修大纲，形成相关技术文件。

C.2 定寿原则

C.2.1 疲劳分析的定寿原则

a) 概述

除个别不满足损伤容限设计要求的结构采用安全寿命设计准则外，对全机结构开展全面的损伤容限设计和分析，采用耐久性/损伤容限设计准则。

b) 安全寿命准则

对于不具有损伤容限特性的结构，如起落架、发动机架等特定结构采用安全寿命准则，疲劳寿命分散系数一般取值4~6。铝合金结构取4~5，钢结构取6。

c) 耐久性/损伤容限准则

在充分进行安全裂纹扩展、破损安全分析和试验验证的基础上，通过制定合理的检修期和检修方案来保障飞机的使用安全。进行损伤容限分析时规定：

1) 初始裂纹尺寸

初始裂纹尺寸 $a_0 = 1.25\text{mm}$ ；当量初始缺陷尺寸 $a_i = 0.125\text{mm}$ 。

2) 工程可检裂纹尺寸

一般目视检查 $a_d = 50\text{mm}$ ；特定部位目视检查 $a_d = 8\text{mm}$ ；无损检测 $a_d = 6\text{mm}$ ；特定部位无损检测 $a_d = 3\text{mm}$ 。

3) 临界裂纹尺寸

临界裂纹尺寸 a_{cr} 的定义见GJB776《军用飞机损伤容限要求》。对于需进行维修保障经济寿命的结构，临界裂纹应考虑结构修复的可行性。

4) 检测周期裂纹扩展分散系数

单路传载结构取3；多路传载结构取2。

5) 首检（检查门槛值）分散系数

按裂纹形成寿命取5~6；按裂纹扩展寿命取2。按损伤容限要求的结构，首检期最大不应超过半倍使用寿命。

6) 寿命分散系数

根据飞机结构的重要程度和检修性，选用不同的寿命分散系数获得合理的经济寿命。

不满足经济修理的关键受力结构取寿命分散系数4；不易接近检查、修理的重要结构取3；一般主要受力结构最小取2，但其应为视情修理结构；对于易于检修、加强，并具有良好损伤容限特性的受力结构，按经济维修要求来满足飞机的使用寿命。

C.2.2 腐蚀控制的定寿原则

决定日历检修期限的主要因素是腐蚀，提高日历检修期限的主要工作是防腐和腐蚀维修。主要通过结构的防腐设计、外场飞机使用经验和腐蚀维修的试验研究，给定防腐和腐蚀控制技术要求，并通过对外场飞机的具体实施逐步延长总使用年限。

C.3 实施步骤

该型轰炸机机体结构定寿工作的程序见图C.1。该型轰炸机定寿工作的主要内容有：

a) 外场使用调研

调研内容包括：外场飞机的使用维护、疲劳损伤和腐蚀及意外损伤等情况，以及与该飞机同类型飞机的外场通报和有关使用寿命资料等。其中，外场飞机的腐蚀情况及与腐蚀有关的疲劳损伤情况，以及与腐蚀有关的同类型飞机使用寿命资料，可以为机体结构的防腐和腐蚀维修技术研究提供依据；而外场飞机的使用维护资料可以为该型飞机的飞行剖面制订提供依据。

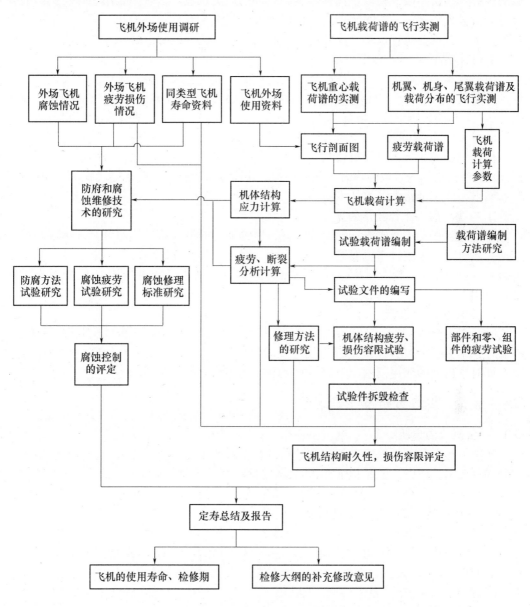

图 C.1　某型轰炸机机体结构定寿工作程序框图

　b) 载荷谱飞行实测

　　实测内容包括：飞机飞行过程中的重心载荷谱，机翼、机身和尾翼载荷谱及载荷分布，以及相应的飞行参数等有关数据。根据载荷谱飞行实测结果可以制订飞机的飞行剖面，并得到飞机飞行的疲劳载荷谱，进而进行飞机载荷计算和机体结构应力计算，为疲劳载荷计算及试验载荷谱编制提供依据。

c) 试验载荷谱和试验任务书编制

根据外场统计和实测给出的飞行剖面、载荷谱数据以及修正计算给出的载荷数据,按照经过论证确定的试验方案,编制试验载荷谱和试验任务书,试验任务书包括机体结构的疲劳、损伤容限试验以及部件和零、组件的疲劳试验,后者主要用于疲劳、断裂分析时分析参数的确定（如安全寿命设计与分析时结构 S-N 曲线的测定）等,可根据实际情况决定是否需要进行试验。在载荷谱编制过程中需进行载荷谱编制方法的研究。

d) 机体结构疲劳、损伤容限试验

根据编制的试验任务书进行机体结构的疲劳、损伤容限试验。采用该型飞机中一架经过大修的飞机进行全机疲劳试验,试验内容包括:裂纹形成试验、裂纹扩展试验和剩余强度试验。试验过程中认真检查飞机损伤情况并进行记录,最后完成拆毁检查和断口分析。

e) 疲劳、断裂分析及飞机定寿

根据编制的载荷谱以及机体结构的应力计算结果,对该机进行大量的疲劳、断裂分析,根据分析结果进行疲劳修理方法的研究,并通过试验验证最终确定飞机的使用寿命、检修期限和补充维修大纲等技术文件。

f) 防腐和腐蚀维修技术研究

研究内容包括:防腐方法的试验研究、腐蚀疲劳的试验研究和腐蚀修理标准研究。根据上述研究成果进行飞机腐蚀控制评定,针对飞机具体使用情况和不同腐蚀环境综合给出重点检查部位、检查时机、检查方法和维修措施（维修方法和标准）,并对后批飞机进行防腐设计改进。

g) 定寿总结及报告

根据飞机腐蚀控制评定结果和耐久性、损伤容限评定结果,总结定寿过程中的技术方法,并编写定寿报告,给出飞机的经济使用寿命/检修期和检查方案以及维修大纲等技术文件。

针对本指南的应用范围,下面仅对(c)和(f)内容进行详细说明。

C.4 疲劳、断裂分析及飞机定寿

C.4.1 全机应力分析

按全机疲劳载荷计算给出的载荷数据进行全机有限元分析,为疲劳分析和全机疲劳试验提供依据。应力计算用 MSC/NASTRAN 标准有限元程序完成的,计算时模型的选取基本上都采用了自然单元,对长桁、框和肋未进行合并,模型划分较细,计算结果可靠。

C.4.2 飞机结构主要部位的疲劳分析

疲劳分析部位的确定原则:

a) 在结构总体应力分析的基础上,选取应力水平高的构件或连接区。

b) 结构中的主要受力结构,一旦出现裂纹破坏会影响飞机安全的关键部位。

c) 结构应力集中严重的部位。

d) 飞机外场使用过程中损伤情况。

按照上述原则,经分析、研究后共确定了 33 个疲劳分析部位,其中机身 8 个,中央翼 5 个,中外翼 8 个,外翼 6 个,平尾 4 个,垂尾 2 个。计算结构表明,疲劳薄弱部位主要集中在机翼结构上,疲劳薄弱部位有:

a) 中外翼 II 梁 7 肋下缘条连接区。

b) 中外翼 I 梁 7 肋下缘条连接区。

c) 中外翼 II 梁框下接头连接区。

d) 外翼下壁板增压泵开口连接区。

e) 外翼工字型 5 长桁 7 肋连接区。

f) 外翼 7 肋 6 长桁端头与梳妆件连接区。

机身、平尾和垂尾结构疲劳分析损伤均较小，疲劳寿命较长。

C.4.3 飞机结构断裂分析

在疲劳分析的基础上，共选取了 10 个重要部位进行断裂分析，其中中央翼 1 个、中外翼 5 个、外翼 4 个。分析表明，中央翼下壁板 5 长桁与梳妆件连接区、中外翼 I 梁 7 肋连接区、外翼 7 肋 6 长桁头与梳妆件连接区、外翼下壁板放油口及外翼 9 长桁端头等部位为重点监控部位。该分析结果为疲劳试验和裂纹扩展试验中的裂纹控制提供了依据。

在飞机疲劳试验件拆毁检查和断口分析后，参照试验结果对飞机暴露的主要薄弱部位进行了全面的损伤容限修正计算，最终给出的临界裂纹长度和安全裂纹扩展寿命作为定寿的依据。

C.4.4 飞机定寿

按照 C.2.1 给出的疲劳分析定寿原则，根据结构类型和试验数据综合确定飞机的经济使用寿命/检修期和检查方案。该型飞机结构重点部位的评定程序见图 C.2。

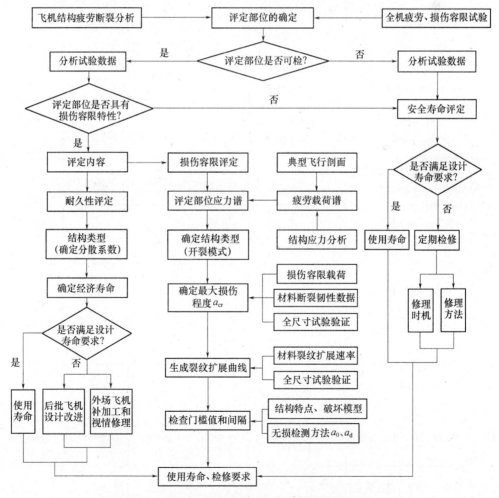

图 C.2 某型轰炸机全机结构重点部位评定程序框图

　　根据疲劳分析和试验结果，按照耐久性/损伤容限准则，依据经济修理极限裂纹尺寸（根据修理是否经济确定），确定全机结构的经济寿命和检修期。其中中外翼是关键薄弱部位，是定寿工作的重点。该型轰炸机主要疲劳部位的使用寿命分析和检修期分析分别见表 C.1 和表 C.2。表 C.1 列入关键部位的发动机机架 2 号杆不可检，机翼 II 梁框可检但不可修，其使用寿命必须不小于设计使用寿命要求（本例最后确定使用寿命为 6000 起落、6000fh）；列入重要部位的两个部位不易检修，应尽量延长其未修使用期，以减少检修次数；列入疲劳薄弱部位和重点分析部位的 6 个部位均为易检修的部位，但列入疲劳薄弱部位的 3 个部位的使用寿命较短。

表 C.1　某型轰炸机主要疲劳部位的使用寿命分析

部 位 名 称		检修性	分散系数	试验寿命（起落）	使用寿命（起落）	备 注
关键部位	发动机机架 2 号杆	安全寿命结构（易替换）	6	26917	4486	安全寿命定期替换
	机翼 II 梁框	损伤容限结构（可检关键件）	4	25855	6464	
重要部位	中外翼 2 肋处下壁板蒙皮	损伤容限结构（不易检修）	3	19855	6618	
	中外翼 6 肋~7 肋处后梁至 4 长桁蒙皮	损伤容限结构（不易检修）	3	20355	6785	
疲劳薄弱部位	中外翼 7 肋前梁处蒙皮"R"区	损伤容限结构（易检修）	2	12080	6040	外场飞机补加工
	外翼下壁板 9 长桁端头处蒙皮	损伤容限结构（易检修）	2	8690	4345	
	外翼放油口处蒙皮	损伤容限结构（易检修）	2	12438	6219	
重点分析部位	中外翼 7 肋 5 长桁处下壁板蒙皮	损伤容限结构（易检修）	2	12964	6482	
	外翼 7 肋处下壁板蒙皮	损伤容限结构（易检修）	2	13961	6980	
	外翼 8 肋处下壁板蒙皮	损伤容限结构（易检修）	2	18598	9299	
	外翼 12 肋处下壁板蒙皮	损伤容限结构（易检修）	2	18864	9432	

表 C.2　某型轰炸机主要疲劳部位的检修期分析（单位：起落）

部位名称	结构类型	裂纹形成寿命/使用寿命	检查门槛值	裂纹扩展寿命（无损检测）/大修检查周期	外场检测方法（目视检查）/外场检查周期
发动机架2号杆	安全寿命结构	26917/4486	3000~4000 起落时更换		
梁框	损伤容限结构，单路传力关键件	25855/6464	小于 8mm 缺陷打磨后使用	>20000/>6000	
中外翼2肋处下壁板蒙皮	多路传力损伤容限结构，不易检、外部不可检	19855/6618	3309	5000/2500	
中外翼7肋处后梁至4长桁蒙皮	多路传力损伤容限结构，不易检修	20355/6785	3392	4400/2200	一般目视检查
中外翼7肋内前梁处蒙皮	多路传力损伤容限结构，易检修、外部可检	12080/6040	2013	破损安全结构	一般目视检查
外翼9长桁端头处下壁板蒙皮	多路传力损伤容限结构，易检修、外部可检	8690/4345	3100	4000/2000	一般目视检查
外翼下壁板放油口处蒙皮	多路传力损伤容限结构，易检修、外部可检	12438/6219	2073	4900/2450	一般目视检查
中外翼7肋5长桁处下壁板蒙皮	多路传力损伤容限结构，易检修、外部可检	12964/6482	2160	2100/1050	特殊目视检查/300fh 定检
外翼7肋处下壁板蒙皮	多路传力损伤容限结构，易检修、外部可检	13961/6980	2327	2300/1150	特殊目视检查/300fh 定检
外翼8肋处下壁板蒙皮	多路传力损伤容限结构，易检修、外部可检	18598/9299	3300	6800/3400	一般目视检查
外翼12肋处下壁板蒙皮	多路传力损伤容限结构，易检修、外部可检	18864/9432	3144	6800/3400	一般目视检查

注：a) 一般目视检查：充分利用结构的破损安全特性，采用简单经济的目视检查发现长裂纹（≥50mm），确保飞行安全；

　　b) 特殊目视检查：利用特殊目视检查保证最小可修裂纹的可检度，在完成特殊检查的同时还应实施一般目视检查上述分析结果表明：

a) 采用定期更换发动机 2 号杆后，该机使用寿命可以满足 6000 起落、6000fh 的要求。为满足维修经济性要求，对外翼下壁板 9 长桁端头进行外场补加工和后批飞机设计更改。

b) 该机主要疲劳薄弱部位的首检期（检查门槛值）均可满足 2000 起落、2000fh 的要求。

c) 因检修周期偏短的疲劳薄弱部位，均为易于检修的外部可检结构，该机大修检查间隔在 1000 起落、1000fh 至 2000 起落、2000fh 为宜。

C.5 机体结构腐蚀控制

C.5.1 机体结构防腐蚀品质细节设计改进和防腐检修技术

为提高机体结构的防腐控制能力和整机良好的防腐蚀品质，降低机体结构维修费用，进行该型轰炸机机体结构防腐蚀品质改进技术研究。机体结构防腐蚀品质细节设计改进包括：

a) 零件表面防护层设计改进。

b) 结构装配防腐蚀设计改进。

c) 口盖密封设计改进。

d) 气密机身 $\phi2$、$\phi6$ 段防腐蚀设计改进。

e) 排水通风系统设计改进。

f) 机翼软油箱舱的设计改进。

同时，对机体结构防腐维修技术进行了研究，以满足结构腐蚀控制要求。主要技术有：

a) 根据静强度分析计算，并考虑疲劳强度的要求，制定易腐蚀主要承力结构腐蚀修理标准，见表 C.3。该腐蚀修理标准是结构不换件或不加强的最大允许腐蚀深度。

表 C.3 某型轰炸机主要承力结构腐蚀修理标准

元件名称	中央翼 I 大梁下缘条	中央翼 下壁板桁条	外翼 上壁板桁条	外翼 下壁板桁条	中央翼 下对接型材	机身口框 镁合金件	垂直安定面 后梁缘条
最大允许腐蚀深度/mm	2.5, 3	3	3	3, 2.5	1.5, 2, 2.5	2	不大于厚度的 20%

b) 结构件腐蚀原位修理的主要程序是：拆卸准备；腐蚀故障检测；腐蚀的清除和整修；腐蚀深度测量；清洗；化学氧化；涂底漆；涂面漆。

c) 结构腐蚀损伤表面防护的处理步骤是：

1) 铝合金件：氧化；涂漆；涂胶。

2) 镁合金件：化学氧化；涂漆；涂密封胶。

3) 双金属接触件：装配前的表面处理；装配面的周围涂底漆；湿装配；涂密封胶。

d) 结构的密封排水的总原则是上密下泄。在不改变原结构形式的前提下运用简便实用的方法达到防止结构腐蚀的目的。

C.5.2　机体结构腐蚀控制评定

外场调研和腐蚀试验结果表明，该型轰炸机易腐蚀主要受力构件不是疲劳薄弱部位。在腐蚀调研和维修的基础上，通过防腐蚀设计改进和腐蚀维修的试验研究，将该型轰炸机的检修年限规定为：首次大修间隔期限 10 年、二次大修间隔期限 8 年、三次大修间隔期限 7 年，以后均为 6 年，并给出了相应的腐蚀维修大纲。

C.6　结论

经过上述分析，综合确定该型轰炸机的使用寿命和检修期如下：

a) 总使用寿命：6000 起落、6000fh，以先到为准。

b) 建议检修控制周期：

1) 首翻期：2000 起落、2000fh，以先到为准。

2) 二次大修间隔期限：1600 起落、1600fh，以先到为准。

3) 三次大修间隔期限：1400 起落、1400fh，以先到为准。

4) 第三次大修后，大修间隔期限均为 1000 起落、1000fh，以先到为准，但不应超过总使用寿命指标。对于不满足疲劳寿命检修期要求的部位，可视情增加外场 300fh、600fh、900fh 的定检。飞机使用后期（4000 起落、4000fh）对外场可检部位均应增加一般目视检查。

c) 建议腐蚀控制检查期限：

1) 首次检修间隔：10 年。

2) 二次检修间隔：8 年。

3) 三次检修间隔：7 年。

4) 第三次检修后，检修间隔均为 6 年。

d) 根据分析计算，外翼下壁板 8、9、10 长桁端头的裂纹扩展寿命不足 2 倍使用寿命，按经济寿命要求，为防止飞机使用中一旦产生裂纹给飞机在外场修理造成不应有的困难，在临近的下次大修时对 9 长桁末端及与其相似的 8、10 长桁末端进行补加工（加长桁端头斜削尺寸）。

e) 对于机身 43 框左右侧的发动机架 2 号拉杆，须在飞行 3000~4000 起落期间的大修时予以换新。

f) 根据全机疲劳分析、试验和评定结果确定机体结构的重点检查部位 25 个，规定各检查部位的检查准确裂纹发生位置、检测工具和方法，并给出其中 9 个部位的修理建议。

g) 根据腐蚀维修经验给出易腐蚀部位 20 处，规定腐蚀部位的检查、维修和表面防护方法。

本例中耐久性分析工作以代表外场飞机机群使用载荷为基础，通过真实模拟飞机服役过程中载荷历程的分析和试验，综合采用安全寿命设计与分析方法、损伤容限设计与分析方法以及腐蚀环境下的耐久性设计与分析方法，结合耐久性验证试验结果，评定给出机体结构的使用寿命和维修大纲，可以指导外场飞机更合理地使用和维修，从而保障飞机使用的安全性和经济性。实践表明，上述结论是正确而有效的。

参 考 文 献

[1]　刘文珽，等. 结构可靠性设计手册[M]. 北京：国防工业出版社，2008.

[2]　《可靠性维修保障性术语集》编写组. 可靠性维修保障性术语集[M]. 北京：国防工业出版社，2002.

[3]　龚庆祥，赵宇，顾长鸿，等. 型号可靠性工程手册[M]. 北京：国防工业出版社，2007.

[4]　赵廷弟，屠庆慈，等. 重点型号可靠性维修性保障性培训教材[M]. 北京：国防工业出版社，2009.

[5]　李顺铭. 机械疲劳与可靠性设计[M]. 北京：科学出版社，2006.

[6]　宋笔锋，冯蕴雯，刘晓东，等. 飞行器可靠性工程[M]. 西安：西安工业大学出版社，2006.

[7]　中国航空研究院. 军用飞机疲劳·损伤容限·耐久性设计手册：第三册　损伤容限设计[M]. 北京：
中国航空研究院，1994.

[8]　航空航天工业部科学技术研究院（译）. 美国空军损伤容限设计手册[M]. 西安：西北工业大学出
版社，1989.

[9]　冯国庆. 船舶结构疲劳强度评估方法研究[D]. 哈尔滨：哈尔滨工程大学，2006.

[10]　刘文珽，李玉海. 飞机结构日历寿命体系评定技术[M]. 北京：航空工业出版社，2004.

[11]　李玉海，刘文珽，李鹏，等. 军用飞机结构日历寿命体系评定应用范例[M]. 北京：航空工业出版社，
2005.

[12]　张清. 金属磨损和金属耐磨材料手册[M]. 北京：冶金工业出版社，1991.

[13]　冯元生. 机构磨损可靠性[J]. 航空学报，14(12)，1993.

[14]　冯元生，冯蕴雯，吕震宙，等. 机构磨损可靠性分析方法研究[J]. 质量与可靠性，3，1999.

[15]　姜智锐. 机电产品可靠性耐久性综合分析评价技术[D]. 北京：北京航空航天大学，2008.

[16]　贺小帆，刘文珽. 服从不同分布的疲劳寿命分散系数分析[J]. 北京航空航天大学学报，28(1)，2002.

[17]　科六字第 1325 号. 航空技术装备寿命和可靠性工作暂行规定（试行）[R]. 国防科工委，1985.

[18]　GJB 450A 装备可靠性工作通用要求实施指南[M]. 北京：总装备部电子信息基础部技术基础局，
总装备部技术基础管理中心，2008.

[19]　MIL-STD-1530A. Miltary Stuctural Integrity Program, Airplane Requirements[S]. Department of
Defence，1975.

[20]　MIL-A-83444（USAF）. Miltary Specification: Airplane Damage Tolerance Requirements[S]. United
States Air Force，1974.

[21]　MIL-A-008861A （USAF）. Miltary Specification: Airplane Strength and Rigidity - Flight
Loads[S]. United States Air Force，1971.

[22]　MIL-A-008866B （USAF）. Miltary Specification: Airplane Strength and Rigidity Reliability
Requirements, Repeated Loads and Fatigue[S]. United States Air Force，1975.

[23]　MIL-HDBK-1530B（USAF）. DOD Handbook Aircraft Sturctural Integrity Program, Genral Guidelines for
(Report MIL-HDBK-1530B, ASC/ENOI, Wright-Patterson AFB,OH 2002)[S]. Department of Defence，2002.

[24]　JSSG-2006. DOD Joint Service Specification Guide, Aiecraft Structures[S]. Department of Defence，1998.

[25]　XKG/K17-2009. 型号设备延寿方法应用指南[M]. 北京：国防科技工业可靠性工程技术研究中心，2009.

XKG

型 号 可 靠 性 技 术 规 范

XKG / K06—2009

型号工艺 FMECA 应用指南

Guide to the FMECA of technical precess for materiel

目　次

前　言

本指南的附录 A～C 均为资料性附录。

本指南由国防科技工业可靠性工程技术研究中心负责组织实施。

本指南起草单位：北京航空航天大学可靠性工程研究所、船舶 705 所昆明分部、航空 014 中心、航天二院 23 所。

本指南主要起草人：张建国，石荣德，魏苹，张璐，史兴宽。

型号工艺 FMECA 应用指南

1 范围

本指南规定了型号（装备，下同）工艺故障模式、影响及危害性分析（工艺 FMECA 或 PFMECA）的要求、程序和方法。

本指南适用于型号在工程研制与定型、生产阶段 PFMECA。

2 规范性引用文件

下列文件中的有关条款通过引用而成为本指南的条款。凡注明日期或版次的引用文件，其后的任何修改单（不包括勘误的内容）或修订版本都不适用于本指南，但提倡使用本指南的各方探讨使用其最新版本的可能性。凡不注日期或版次的引用文件，其最新版本适用于本指南。

GJB 450A	装备可靠性工作通用要求
GJB 451A	可靠性维修性保障性术语
GJB 900	系统安全性通用大纲
GJB/Z 1391	故障模式、影响及危害性分析指南

3 术语和定义

GJB451A 确立的以及下列术语和定义适用于本指南。

3.1 约定层次 indenture levels

根据PFMECA的需要，按型号的功能关系或组成特点进行PFMECA的型号所在的功能层次或结构层次。一般是从复杂的系统到简单的零件进行划分。

3.2 初始约定层次 initial indenture level

要进行PFMECA总的、完整的型号所在的约定层次中最高层次的型号所在的层次。它是PFMECA最终影响的对象。

3.3 其他约定层次 other indenture levels

相继的约定层次（第二、第三、第四等），这些层次表明了直至较简单的组成部分的有顺序的排列。

3.4 最低约定层次 lowest indenture level

约定层次中最底层的型号所在的层次。它决定了PFMECA工作深入、细致的程度。

3.5 设计改进措施 corrective action in design

针对某一故障模式，在设计和工艺上采取的消除/减轻故障影响或降低故障发生概率的改进措施。

3.6 使用补偿措施 compensating provision in operation

针对某一故障模式，为了预防其发生而采取的维修措施，或一旦出现该故障模式后操作人员应采取的最恰当的补救措施。

3.7 危害性 criticality

对某一故障模式的后果及其发生概率的综合度量。

3.8 危害性分析 criticality analysis

对型号中的每一故障模式的严重程度及其发生的概率所产生的综合影响进行分析，以全面评价型号各种可能出现的故障模式的影响。

3.9 严酷度 severity

故障模式所产生后果的严重程度。

3.10 单点故障 single point failure

引起型号的故障且没有冗余或替代的工作程序作为补救的故障。

3.11 故障模式探测度 detection degree

故障模式探测度是指描述在过程控制中故障被探测出的可能性。探测度(D)也是一个相对比较的等级。为了得到较低的探测度数值，过程控制需要不断地改进。

3.12 风险优先数(RPN)risk prority number

风险优先数是故障模式严酷度(S)、故障模式发生概率(O)和故障模式探测度(D)的乘积。风险伏先数是对潜在故障模式风险等级的评价，它反映了对故障模式发生的可能性及其后果严重性的综合度量。

4 符号和缩略语

4.1 符号

下列符号适用于本指南。

A——采用防错措施检查工艺故障模式；

B——使用量具测量工艺故障模式；

C——人工检查工艺故障模式；

D——故障模式探测度；

O——故障模式发生概率；

S——故障模式严酷度；

H/D——圆柱体毛坯高度 H 与直径 D 的比值；

D_0/D——坯料直径 D_0 与冲头直径 D 的比值。

4.2 缩略语

下列缩略语适用于本指南。

ESS——environmental stress screening，环境应力筛选；

FMECA——failure modes, effect and criticality analysis，故障模式、影响及危害性分析；

PFMECA——process failure modes, effect and criticality analysis，工艺故障模式、影响及危害性分析；

RPN——risk priority number，风险优先数。

5 一般要求

5.1 目的、作用和时机

a) 目的

在假定所设计的型号满足要求的前提下，针对型号在试制生产工艺中每个工艺步骤可能发生的故障模式、原因及其对型号造成的所有影响，按故障模式的风险优先数（RPN）值的大小，针对工艺薄弱环节制定改进措施，并预测或跟踪所采取改进措施后减少 RPN 值的有效性，使 RPN 达到可接受的水平，进而提高型号的可靠性。

b) 作用

根据工艺故障模式、影响及危害性分析的结果，找出系统中的缺陷和薄弱环节，并制定和实施各种改进与控制措施，以提高型号的可靠性。

c) 时机

PFMECA 在工艺编制和实施过程中的任何阶段开展都是有益的，但最佳时机应是在工艺初步设计时就应进行 PFMECA，并应随着工艺设计的深入与工艺编制工作同步展开。这样有利于及时发现工艺设计中的薄弱环节，并为安排改进措施的先后顺序提供依据。同时，应按照产品生产阶段的不同，进行不同程度、不同层次的分析。即 PFMECA 应及时反映工艺设计和生产工艺上的变化，并随着研制阶段的展开而不断补充、完善和反复迭代。

5.2 工艺 FMECA 的步骤

工艺FMECA的步骤见图1。

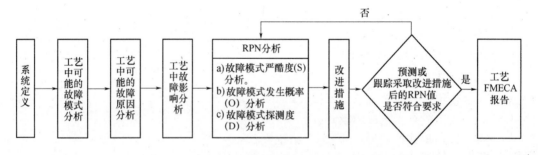

图 1　工艺 FMECA 的步骤

6　工艺 FMECA 步骤的主要内容

6.1　系统定义

与功能及硬件FMECA一样，工艺FMECA首先对分析对象进行定义。其内容可概括为功能分析、绘制"工艺流程表"及"零部件－工艺关系矩阵"。

a) 功能分析：对被分析工艺的目的、功能、作用及有关要求等进行分析。

b) 绘制"工艺流程表"及"零部件－工艺关系矩阵"。

1) 绘制"工艺流程表"（见表 1）。它表示各工序相关的工艺特性和结果。它是工艺 FMECA 的准备工作。

2) 绘制"零部件－工艺关系矩阵"（见表 2）。它表示零件特性与工艺操作各工序间的关系。

"工艺流程表"、"零部件－工艺关系矩阵"均应作为工艺 FMECA 报告的一部分。

表 1   工艺流程表

零部件名称：　　　　　　生产工艺：

零部件号：　　　　　　　部门名称：　　　　　审核：　　　　　　第　页共　页

型号名称：　　　　　　　分析人员：　　　　　批准：　　　　　　填表日期

工艺流程	输　入	输　出　结　果
工序1		
工序2		
......		

表 2   零部件—工艺关系矩阵

零部件名称：　　　　　　生产工艺：

零部件号：　　　　　　　部门名称：　　　　　审核：　　　　　　第　页共　页

型号名称：　　　　　　　分析人员：　　　　　批准：　　　　　　填表日期

零部件特性	工　艺　操　作			
	工序1	工序2	工序3	......
特性1				
特性2				
......				

6.2   工艺故障模式分析

工艺故障模式是指不能满足工艺要求和/或设计意图的缺陷。它可能是引起下一道（下游）工序的故障模式的原因，也可能是上一道（上游）工序故障模式的后果。一般情况下，在工艺FMECA中，是假定提供的零件/材料是合格的。典型的工艺故障模式示例（不局限于）见表3。

表 3   典型的工艺故障模式示例（不局限于）①

序　号	故障模式	序　号	故障模式	序　号	故障模式
（1）	弯曲	（7）	尺寸超差	（13）	光滑度超差
（2）	变形	（8）	位置超差	（14）	未贴标签
（3）	裂纹	（9）	形状超差	（15）	错贴标签
（4）	断裂	（10）	（电的）开路	（16）	搬运损坏
（5）	毛刺	（11）	（电的）短路	（17）	表面污染
（6）	漏孔	（12）	粗糙度超差	（18）	遗留多余物
①：故障模式应采用物理的、专业性的术语，而不要采用所见的故障现象进行故障模式的描述					

6.3   工艺故障原因分析

工艺故障原因是指故障为何发生。典型的工艺故障原因示例（不局限于）见表4。

表4 典型的工艺故障原因示例（不局限于）

序 号	故 障 原 因	序 号	故 障 原 因
（1）	扭矩过大、过小	（11）	工具磨损
（2）	焊接电流、电压、时间不正确	（12）	零件漏装
（3）	虚焊	（13）	零件错装
（4）	铸造浇口/通气口不正确	（14）	安装不当
（5）	粘接不牢	（15）	定位器磨损
（6）	热处理时间、温度、介质不正确	（16）	定位器上有碎屑
（7）	量具不精确	（17）	破孔
（8）	润滑不当	（18）	机器设置不正确
（9）	工件内应力过大	（19）	程序设计不正确
（10）	无润滑	（20）	工装或夹具不正确

6.4 工艺故障影响分析

工艺故障影响是指故障模式对"顾客"的影响。"顾客"是指下道工序/后续的工序，和/或最终使用者。故障影响可分为下道工序、组件和装备。

a) 对下道工序/后续工序而言：工艺故障影响应该用工艺/工序特性进行描述，见表5（不局限于）。

表5 典型的工艺故障影响示例（对下道工序/后续工序而言）

序号	故 障 影 响	序号	故 障 影 响
（1）	无法取出	（6）	无法配合
（2）	无法钻孔/攻丝	（7）	无法加工表面
（3）	不匹配	（8）	导致工具工艺磨损
（4）	无法安装	（9）	损坏设备
（5）	无法连接	（10）	危害操作者

b) 对最终使用者而言：工艺故障影响应该用型号的特性进行描述，见表6（不局限于）。

表6 典型的工艺故障影响示例（对最终使用者而言）

序号	故 障 影 响	序号	故 障 影 响
（1）	噪声过大	（9）	工作性能不稳定
（2）	振动过大	（10）	损耗过大
（3）	阻力过大	（11）	漏水
（4）	操作费力	（12）	漏油
（5）	散发异常的气味	（13）	表面缺陷
（6）	作业不正常	（14）	尺寸、位置、形状超差
（7）	间歇性作业	（15）	非计划维修
（8）	不工作	（16）	废弃

6.5 风险优先数（RPN）分析

风险优先数(RPN)是故障模式严酷度(简称严酷度S)、故障模式发生概率(简称发生概率O)和故障模式探测度(简称探测度D)的乘积，即

$$RPN=S\times O\times D \tag{1}$$

RPN是对潜在故障模式风险等级的评价，它反映了对故障模式发生的可能性及其后果严重性的综合度量。RPN值越大，即该故障模式的危害性越大。

a) 工艺故障模式严酷度(S)：是指工艺中的某个工艺故障模式的最严重影响程度。其等级的评分准则见表7。

表7 工艺故障模式严酷度（S）等级的评分准则

影响程度	工艺故障模式的最终影响（对最终使用者而言）	工艺故障模式的最终影响（对下道作业/后续作业而言）	严酷度等级
灾难性的	产品毁坏或功能丧失	人员死亡/严重危及作业人员安全及重大环境损害	10、9
致命性的	产品功能基本丧失而无法运行/能运行但性能下降/最终使用者非常不满意	危及作业人员安全、100%产品可能废弃/产品需在专门修理厂进行修理及严重环境损害	8、7
中等的	产品能运行，但运行性能下降/最终使用者不满意，大多数情况(>75%)发现产品有缺陷	可能有部分（<100%）产品不经筛选而被废弃/产品在专门部门或下生产线进行修理及中等程度的环境损害	6、5、4
轻度的	有25%～50%的最终使用者可发现产品有缺陷，或没有可识别的影响	导致产品非计划维修或修理	3、2、1

b) 工艺故障模式发生概率(O)：是指某个工艺故障模式发生的可能性。发生概率（O）级别数在 PFMECA 范围中是一个相对比较的等级，不代表工艺故障模式真实的发生概率。其评分准则见表8。

表8 工艺故障模式发生概率（O）评分准则

工艺故障模式发生的可能性	可能的工艺故障模式概率（P_o）	级别
很高（持续发生的故障）	$P_o \geqslant 10^{-1}$	10
	$5\times 10^{-2} \leqslant P_o < 10^{-1}$	9
高（经常发生的故障）	$2\times 10^{-2} \leqslant P_o < 5\times 10^{-2}$	8
	$1\times 10^{-2} \leqslant P_o < 2\times 10^{-2}$	7
中等（偶尔发生的故障）	$5\times 10^{-3} \leqslant P_o < 1\times 10^{-2}$	6
	$2\times 10^{-3} \leqslant P_o < 5\times 10^{-3}$	5
	$1\times 10^{-3} \leqslant P_o < 2\times 10^{-3}$	4
低（很少发生的故障）	$5\times 10^{-4} \leqslant P_o < 1\times 10^{-3}$	3
	$1\times 10^{-4} \leqslant P_o < 5\times 10^{-4}$	2
极低（不大可能发生故障）	$P_o < 1\times 10^{-4}$	1

c) 工艺故障模式探测度(D)：是描述在工艺控制中工艺故障模式被探测出的可能性。探测度(D)也是一个相对比较的等级。为了得到较低的探测度数值，型号加工、装备工艺控制需要不断地改进。其评分准则见表9。

表9 工艺故障模式探测度(D)的评分准则

| 探测度 | 评 分 准 则 | 检查方式① | | | 推荐的探测度分级方法 | 级别 |
		A	B	C		
几乎不可能	无法探测			√	无法探测或无法检查	10
很微小	现行探测方法几乎不可能探测出			√	以间接的检查进行探测	9
微小	现行探测方法只有微小的机会去探测出			√	以目视检查来进行探测	8
很小	现行探测方法只有很小的机会去探测出			√	以双重的目视检查进行探测	7
小	现行探测方法可以探测		√	√	以图表方法进行探测	6
中等	现行探测方法基本上可以探测出		√		在零件离开工位之后以量具进行探测	5
中上	现行探测方法有较多机会可以探测出	√	√		在后续的工序中实行误差检测，或进行工序前测定检查，进行探测	4
高	现行探测方法很可能探测出	√	√		在当场可以测错，或在后续工序中探测（如库存、挑选、设置、验证）。不接受缺陷零件	3
很高	现行探测方法几乎肯定可以探测出	√	√		当场探测(有自动停止功能的自动化量具)。缺陷零件不能通过	2
肯定	现行探测方法肯定可以探测出	√			工艺/产品设计了防错措施，不会生产出有缺陷的零件	1

①：检查类型：A—采用防错措施；B—使用量具测量；C—人工检查

6.6 改进措施

改进措施是指以减少工艺故障模式的严酷度(S)、发生概率(O)和探测度(D)的级别为出发点的任何工艺设计改进措施和使用补偿措施。一般不论RPN的大小如何，对严酷度(S)等级为9或10的项目应通过工艺设计上的改进措施或使用补偿措施等手段，以满足降低该风险的要求。在所有的状况下，当一个工艺故障模式的后果可能对制造/组装人员产生危害时，应该采取预防/改进措施，以排除、减轻、控制或避免该工艺故障模式的发生。对某工艺故障模式确无改进措施，则应在工艺FMECA表相应栏中填写"无"。

6.7 RPN 值的预测或跟踪

制定改进措施后，应进行预测或跟踪改进措施的落实结果、实施的有效性；对工艺故障模式严酷度（S）、工艺故障模式发生概率（O）和工艺故障模式探测度（D）级别的变化情况进行分析，计算相应的RPN值是否符合要求。当不满足要求，尚需进一步改进，并按上述步骤重复进行，直到RPN值满足最低可接受水平为止。

6.8 工艺FMECA报告

将工艺FMECA的结果进行归纳、整理成技术报告。其主要内容包括：概述、工艺的描述、系统定义、工艺FMECA表格的填写、结论及建议、附表（如"工艺流程表"、"零部件－工艺关系矩阵"）等。

6.9 工艺FMECA的实施

实施PFMECA的主要工作是填写工艺FMECA表格（见表10）。应用时，可根据实际情况对表格的内容进行增、删。

表10 工艺FMECA表格

产品名称（标识）①　生产工艺③　　　　　　审核　　　　　第　页共　页
所属装备/型号②　　分析人员　　　　　　　批准　　　　　填表日期

工序名称	工序功能要求	工艺故障模式	工艺故障原因	工艺故障影响			改进前的风险优先数（RPN）				改进措施	责任部门	改进措施执行情况	改进措施执行后的（RPN）				备注
				下道工序影响	组件影响	装备影响	严酷度S	发生概率O	探测度D	RPN				严酷度S	发生率O	探测度D	RPN	
④	⑤	⑥	⑦	⑧			⑨				⑩	⑪	⑫	⑬				⑭

表10中各标号的填写说明如下：

① 型号名称（标识）：是指被分析的型号名称与标识（如型号代号、工程图号等）。

② 所属装备/型号：是指被分析的型号安装在哪一种装备/型号上，如果该型号被多个装备/型号选用，则一一列出。

③ 生产工艺：是指被分析型号生产工艺的名称（如××加工、××装配）。

④ 工序名称：是指被分析生产工艺的工艺步骤名称，该名称应与工艺流程表中的各步骤名称相一致。

⑤ 工艺功能/要求：是指被分析的工艺或工序的功能（如车、铣、钻、攻丝、焊接、装配等），并记录被分析型号的相关工艺/工序编号。如果工艺包括很多不同故障模式的工序（例如装配），则可以把这些工序以独立项目逐一列出。

⑥ 工艺故障模式：按照本指南6.2条的要求填写。

⑦ 工艺故障原因：按照本指南6.3条的要求填写。

⑧ 工艺故障影响：按照本指南6.4条的要求填写。

⑨ 工艺改进前风险优先数RPN：按照本指南6.5条的要求填写。

⑩ 改进措施：按照本指南6.6条的要求填写。

⑪ 责任部门：是指负责改进措施实施的部门和个人，以及预计完成的日期。

⑫ 改进措施执行情况：是指实施改进措施后，简要记录其执行情况。

⑬ 改进措施执行后的RPN：按照本指南6.7条的要求填写。

⑭ 备注：是指对各栏的注释和补充。

7 工艺 FMECA 的注意事项

主要包括:

a) 掌握 PFMECA 的时机与适用范围:在型号工艺可行性分析、生产工装准备之前,从零部件到系统均应进行工艺 FMECA 工作。PFMECA 主要是考虑型号试制生产工艺的分析,也可能包括包装、储存、运输等其他工艺的 PFMECA。

b) 明确 PFMECA 与设计的关系:PFMECA 中的缺陷不能靠更改型号设计来克服,应坚持"谁工艺设计、谁分析"的原则。但工艺 FMECA 也应充分考虑型号设计特性,根据需要,邀请型号设计人员参与分析工作,并促进不同部门之间充分交换意见,以最大限度地确保型号满足"顾客"的需求。

c) 掌握 PFMECA 是一个迭代的过程:PFMECA 是对工艺故障模式的风险优先数(RPN)值的大小进行排序,并对关键工艺采取有效地改进措施,进而对改进后的 RPN 进行跟踪,直到 RPN 值满足可接受水平为止。PFMECA 是一个动态的、反复迭代分析的工艺。

d) 积累经验、注重工艺信息。与设计 FMECA 一样,工艺 FMECA 亦应从相似试制生产工艺或工序中,积累有关工艺故障模式、故障模式原因、故障模式严酷度(S)、故障模式发生概率(O)和故障模式探测度(D)等信息,并相应建立数据库,为有效开展 PFMECA 提供支持。

附录 A
（资料性附录）
某型发射机装联工艺 FMECA 的应用案例

A.1 概述

某导弹导引头是导弹空中飞行时制导的关键产品，发射机是导引头重要组件。

在发射机电子元器件装联工艺中，元器件的电性能测试不稳定或不合要求，导致发射机装联工艺出现较多问题。

同时，一些电子元器件需手工装联。质量不稳定，导致较多的装联工艺潜在故障。

A.2 系统定义

A.2.1 功能分析

A.2.1.1 功能组成

发射机组件（P121400）是某导弹导引头的射频发射装置，主要功能是形成如下信号：

a) 频率为 f_i 的准连续波微波探测信号。

b) 频率为 $f_G = f_i + f_{28}$ 的本机振荡器连续波微波信号（本振信号），其中 f_{28} 为接收机第一中频（28MHz）。

c) 提供给导引头测试设备的频率为 f_i 的连续波微波信号（测试信号）。

d) 给导引头接收机的频率为 $f_i + f_M$ 的连续波导航信号，其中，f_M 为多普勒调制频率。

A.2.1.2 发射机设计特性

发射机由大量功能独立的部件组成，其中主要的单元模块及其功能如下：

a) 发射模块：由主振源和脉冲功率放大器——速调管组成。

b) 高压电源（P121410）：用以形成速调管供电电压。

c) 28MHz 放大器（P121420）：对 28MHz 信号进行匹配选通放大，送给主振器中的混频器。

d) 控制信号形成器（P121440）。

e) 稳压器（P121450）：给主振器中的放大器、控制信号形成器、高压电源供电。

f) 领航信号形成器（QZJ008）。

g) 稳压器（P121430）：主振源中的振荡器供电。

h) 波导传输检波装置（BB170−02）：将探测信号的部分微波功率转换为视频信号，用于形成与探测信号输出功率成正比的功率指示电平；同时，将探测信号功率传给波导同轴转换装置。

i) 波导同轴转换装置（TSB−170）：用于将探测信号由波导传输检波装置的输出端传送至天线。

A.2.1.3 发射机工艺特性

在发射机的装联工艺中，以手工焊接为主。电路焊接，就是将电子元器件、导线置于预先设计好的电路图形上，如印制电路板或由电气接插件组成的电路机架，利用焊接工具（设备），使焊料加热熔融，在短暂的时间内把元器件的引线（导线）与电路图形上的焊盘或接片连成一体，实现良好的电接触。

A.2.2 绘制工艺流程和工艺关系矩阵

A.2.2.1 绘制"发射机高压电源"部件的装联工艺流程和工艺关系矩阵

A.2.2.1.1 绘制"发射机高压电源"部件的装联工艺流程

"发射机高压电源"部件装联工艺流程见表A.1。

表 A.1 "发射机高压电源"部件的装联工艺流程

零组件名称：发射机高压电源	生产工艺：高压电源装联	审核：×××	
零组件号：P121410	部门名称：×××	批准：×××	第×页共×页
型号名称：某型导弹	分析人员：×××	填表日期：×年×月×日	

工 艺 流 程	输 入	输 出 结 果
15 布线：高压电源装配布线	导线、焊锡、焊料等	有关导线形状和尺寸误差、线路是否正确、是否未完全隔开等
20 检验：目测检验和通电检验	检验方法、检验仪器（设备）	导线的布置是否正确、电路连接是否通畅、是否短路、电路电阻是否超差
25 器件装焊：转换装置1装配焊接	器件、焊锡、焊料、设备等	器件安装位置、安装紧固性、焊点质量
30 检验：目测检验和通电检验	检验方法、检验仪器（设备）	转换装置1是否正常工作、焊点是否牢固、是否短路、电路电阻是否超差
35 器件装焊：转换装置2装配焊接	器件、焊锡、焊料、设备等	器件安装位置、安装紧固性、焊点质量
40 检验：目测检验和通电检验	检验方法、检验仪器（设备）	转换装置2是否正常工作、焊点是否牢固、是否短路、电路电阻是否超差
45 器件装焊：整流器1装配焊接	器件、焊锡、焊料、设备等	器件安装位置、安装紧固性、焊点质量
50 检验：目测检验和通电检验	检验方法、检验仪器（设备）	整流器1是否正常工作、焊点是否牢固、是否短路、电路电阻是否超差
55 器件装焊：整流器2装配焊接	器件、焊锡、焊料、设备等	器件安装位置、安装紧固性、焊点质量
60 检验：目测检验和通电检验	检验方法、检验仪器（设备）	整流器2是否正常工作、焊点是否牢固、是否短路、电路电阻是否超差
65 器件装焊：前置调制器装配焊接	器件、焊锡、焊料、设备等	器件安装位置、安装紧固性、焊点质量
70 检验：目测检验和通电检验	检验方法、检验仪器（设备）	前置调制器是否正常工作、焊点是否牢固、是否短路、电路电阻是否超差

(续)

工 艺 流 程	输 入	输 出 结 果
75 器件装焊：基座装配	器件、焊锡、焊料、设备等	基座安装位置、安装紧固性、焊点质量
80 检验：目测检验和通电检验	检验方法、检验仪器（设备）	焊点是否牢固、是否短路、电路电阻是否超差
85 器件装焊：滤波器装配焊接	器件、焊锡、焊料、设备等	器件安装位置、安装紧固性、焊点质量
90 检验：目测检验和通电检验	检验方法、检验仪器（设备）	滤波器是否正常工作、焊点是否牢固、是否短路、电路电阻是否超差
95 器件装焊：稳压装置装配焊接	器件、焊锡、焊料、设备等	器件安装位置、安装紧固性、焊点质量
100 检验：目测检验和通电检验	检验方法、检验仪器（设备）	稳压装置是否正常工作、焊点是否牢固、是否短路、电路电阻是否超差

A.2.2.1.1　绘制"发射机高压电源"部件的零件——工艺关系矩阵

"发射机高压电源"部件的零件—工艺关系矩阵见表 A.2。

表 A.2　"发射机高压电源"部件的零件—工艺关系矩阵

零组件名称：发射机高压电源　　生产工艺：高压电源装联　　审核：×××

零组件号：P121410　　　　　部门名称：×××　　批准：×××　　　第 × 页共 × 页

型号名称：某型导弹　　　　　分析人员：×××　　填表日期：×年×月×日

部件特性	工 艺 操 作												
	15	25	30	35	40	45	55	60	65	70	75	85	95
本振功率						√	√		√			√	
器件松动		√		√		√	√				√	√	√
振动时无功率									√		√	√	√
电参数不合要求		√		√		√	√		√				√
电性能不稳定	√	√		√		√	√		√			√	√
器件相互干涉	√	√		√		√	√				√	√	√

A.2.2.2　绘制"发射机"组件的装联工艺流程和工艺关系矩阵工艺 FMEA

A.2.2.2.1　绘制"发射机"组件的装联工艺流程

"发射机"组件装联工艺流程见表 A.3。

表 A.3 "发射机"组件的装联工艺流程

零组件名称：发射机　　　生产工艺：发射机装联　　　审核：×××

零组件号：P121400　　　部门名称：×××　　　批准：×××　　　第 × 页 共 × 页

型号名称：某型导弹　　　分析人员：×××　　　填表日期：×年×月×日

工 艺 流 程	输 入	输 出 结 果
15 布线：发射机装配布线	导线、焊锡、焊料等	有关导线形状和尺寸误差、线路是否正确、是否未完全隔开等
20 检验：目测检验和通电检验	检验方法、检验仪器（设备）	导线的布置是否正确、电路连接是否通畅、是否短路、电路电阻是否超差
25 器件装焊：壳体组合装配	部件、焊锡、焊料、设备等	部件安装位置、安装紧固性、焊点质量
30 检验：目测检验和通电检验	检验方法、检验仪器（设备）	部件安装位置是否干涉、焊点是否牢固、是否短路、电路电阻是否超差
35 器件装焊：28MHz 放大器装配焊接	部件、焊锡、焊料、设备等	部件安装位置、安装紧固性、焊点质量
40 检验：目测检验和通电检验	检验方法、检验仪器（设备）	放大器是否正常工作、焊点是否牢固、是否短路、电路电阻是否超差
45 器件装焊：框架装配焊接	部件、焊锡、焊料、设备等	部件安装位置、安装紧固性、焊点质量
50 检验：目测检验和通电检验	检验方法、检验仪器（设备）	框架是否和其他器件干涉、焊点是否牢固、是否短路、电路电阻是否超差
55 器件装焊：电缆 42XW1～XW2 和电缆 44XW1～44XW2 装配焊接	器件、焊锡、焊料、设备等	器件安装位置、安装紧固性、焊点质量
60 检验：目测检验和通电检验	检验方法、检验仪器（设备）	电缆是否正常工作、焊点是否牢固、是否短路、电路电阻是否超差
65 器件装焊：稳压器 1 装配焊接	部件、焊锡、焊料、设备等	部件安装位置、安装紧固性、焊点质量
70 检验：目测检验和通电检验	检验方法、检验仪器（设备）	稳压器 1 是否正常工作、焊点是否牢固、是否短路、电路电阻是否超差
75 器件装焊：滤波器装配焊接	部件、焊锡、焊料、设备等	部件安装位置、安装紧固性、焊点质量
80 检验：目测检验和通电检验	检验方法、检验仪器（设备）	滤波器是否正常工作、焊点是否牢固、是否短路、电路电阻是否超差
85 器件装焊：控制信号形成器装配焊接	部件、焊锡、焊料、设备等	部件安装位置、安装紧固性、焊点质量
90 检验：目测检验和通电检验	检验方法、检验仪器（设备）	控制信号形成器是否正常工作、焊点是否牢固、是否短路、电路电阻是否超差
95 器件装焊：稳压器 2 装配焊接	部件、焊锡、焊料、设备等	部件安装位置、安装紧固性、焊点质量
100 检验：目测检验和通电检验	检验方法、检验仪器（设备）	稳压器 2 是否正常工作、焊点是否牢固、是否短路、电路电阻是否超差

（续）

工 艺 流 程	输 入	输 出 结 果
105 器件装焊：发射模块装配	部件、焊锡、焊料、设备等	部件安装位置、安装紧固性、焊点质量
110 检验：目测检验和通电检验	检验方法、检验仪器（设备）	发射模块是否正常工作、焊点是否牢固、是否短路、电路电阻是否超差
115 器件装焊：线束组布线	器件、焊锡、焊料、设备等	器件安装位置、安装紧固性、焊点质量
120 检验：目测检验和通电检验	检验方法、检验仪器（设备）	布线是否正确、焊点是否牢固、是否短路、电路电阻是否超差

A.2.2.2.2 绘制"发射机"组件的零件——工艺关系矩阵

"发射机"组件的零件——工艺关系矩阵见表 A.4。

表 A.4 "发射机高压电源"组件的零件—工艺关系矩阵

零组件名称：发射机　　　　　生产工艺：发射机装联　　　　审核：×××

零组件号：P121400　　　　　部门名称：×××　　　　　批准：×××　　　第×页 共×页

型号名称：某型导弹　　　　　分析人员：×××　　　　　填表日期：×年×月×日

组件特性	过 程 操 作										
	15	25	35	45	55	65	75	85	95	105	115
本振功率			√		√	√	√				
器件松动	√	√		√		√	√	√	√	√	√
振动时无功率			√		√	√	√	√	√	√	√
电参数不合格			√		√	√	√		√	√	
电性能不稳定			√		√	√	√	√		√	
器件干涉	√	√		√					√		√

A.3 工艺 FMECA 表格的填写

工艺 FMECA 表格的形式和具体步骤参见本指南第 5.2 条，其表格见表 A.5、A.6。

A.4 分析结论与建议

A.4.1 "发射机高压电源"部件的分析结论与建议

A.4.1.1 关键工序和重要工序

从零件—工艺关系矩阵表 A.2 和表 A.5 中可以看出工序 25、工序 35 和工序 45 里的有些潜在工艺故障模式的严酷度（S）和风险优先数（RPN）值较高。据此确定工序 25 为关键工序，工序 45 为重要工序。

表 A.5 某型"发射机高压电源"部件装联工艺 FMECA 表

产品名称（标识）：发射机高压电源　生产工艺：×××　审核：×××

所属型号：某型导弹　分析人员：×××　批准：×××

共　4　页　第　1　页

填表日期：×年×月×日

工序号	工序名称	工艺故障模式	工艺故障原因	工艺故障影响		改进前的风险优先数（RPN）				改进措施	责任部门	改进措施执行情况	措施执行后的RPN			
				下道工序影响	最终影响	严酷度S	发生概率O	探测度D	风险优先数RPN				严酷度S	发生概率O	探测度D	风险优先数RPN
15 布线	高压电源装配布线	高频信号走线宽度不符合要求	信号频率过高	高压电源无大影响	发射机	5	5	5	125							
20 检验	目测检验和通电检验	焊盘质量差、容差不符合设计要求，电路板烧坏	加工工艺差，电路原理不符合要求	电路中某一部分烧毁	电路无法正常工作	6	5	3	90							
25 器件装焊	转换装置1装配焊接	内部器件电容器松动	硅橡胶GD4145与派埃林粘接技术不好，使高压电容器引脚在振动冲击应力作用下发生过载断裂	转换装置1不工作	发射机不工作，导弹发射后无法正常飞行	9	5	8	360 ▲	按照发射机返修工艺进行电容补充固定，并进行相应补充试验		良好	5	3	5	75
30 检验	目测检验和通电检验	电路板局部发热	电路原理图不符合设计要求	电路中某一部分发生短路等原因飞段	电路无法正常工作	5	5	3	75							

产品名称（标识）：发射机高压电源　　　生产工艺：×××　　　审核：×××

所属型号：某型导弹　　　分析人员：×××　　　批准：×××

共 4 页·第 2 页

填表日期：×年×月×日

（续）

工序号	工序名称	工艺故障模式	工艺故障原因	工艺故障影响		改进前的风险优先数（RPN）				改进措施	责任部门	改进措施执行情况	措施执行后的RPN			
				下道工序影响	最终影响	严酷度S	发生概率O	探测度D	风险优先数RPN				严酷度S	发生概率O	探测度D	风险优先数RPN
35 器件装焊	转换装置2装配焊接	3C8电容器松动	由于硅橡胶GD414与派埃林粘接力不好，使高压电容在振动冲击应力作用下发生过载断裂	转换装置2性能异常	发射机性能不稳，定-导弹不能准确击中目标	8	7	5	280▲	更换转换装置2，增加电容规定工艺规程		良好	4	5	4	80
40 检验	目测检验和通电检验	电路中有断路、短路、桥接现象	加工工艺差	有质量问题的部分无法进行通电检验	电路正常无法正常工作	5	6	4	120							
45 器件装焊	整流器1装配焊接	整流器1经电装转至发射机时发现3C7,3C8电容器松动	印制板（P121413）安装好元器件，先喷涂派埃林，然后再用硅橡胶GD414粘接高压电容，由于硅橡胶GD414与派埃林粘接力不好，使高压电容在振动冲击应力作用下发生过载断裂	整流器1工作异常	发射机功能异常，导弹性能不稳定	8	4	8	272▲	更换整流器1，按电容补充固定工艺规程（FX（0107）-GX（DF）-P121413.01)进行电容固定返修		良好	4	4	6	96

(续)

产品名称（标识）：发射机　　生产工艺：×××　　审核：×××　　共 4 页 第 3 页

所属型号：某型导弹　　分析人员：×××　　批准：×××　　填表日期：×年×月×日

工序号	工序名称	工艺故障模式	工艺故障原因	工艺故障影响		改进前的风险优先数（RPN）				改进措施	责任部门	改进措施执行情况	措施执行后的RPN			
				下道工序影响	最终影响	严酷度 S	发生概率 O	探测度 D	风险优先数 RPN				严酷度 S	发生概率 O	探测度 D	风险优先数 RPN
50 检验	目测检验和通电检验	焊料堆积	焊料质量不好；元器件引线松动	局部电路无法进行电气测试	电路不能正常工作	3	4	5	60							
55 器件装焊	整流器2装配焊接	虚焊	元器件引线清洁好，未镀好锡或锡氧化	局部电路无法进行电气测试	电路不能正常工作	4	4	5	64							
60 检验	目测检验和通电检验	松动	焊锡未凝固前引线移动造成空隙	局部电路无法进行电气测试	电路不能正常工作	5	5	4	125							
65 器件装焊	前置调制器装配焊接	过热	烙铁功率过大、加热时间过长	前置调制器不能正常工作	发射机功能异常、导弹性能不稳定	4	6	5	120							
70 检验	目测检验和通电检验	不对称	焊料流动性不好；助焊剂不足或质量差	局部电路无法进行电气测试	电路不能正常工作	5	5	5	125							
75 器件装焊	基座装配	浸润不良	焊件清理不干净、助焊剂不足或质量差	基座不能正常工作	发射机功能异常、导弹性能不稳定	5	5	5	125							

产品名称（标识）：发射机　　　生产工艺：×××　　　审核：×××　　　共 4 页　第 4 页

所属型号：某型导弹　　　分析人员：×××　　　批准：×××　　　填表日期：×年×月×日

（续）

工序号	工序名称	工艺故障模式	工艺故障原因	工艺故障影响		改进前的风险优先数（RPN）				改进措施	责任部门	改进措施执行情况	措施执行后的RPN			
				下道工序影响	最终影响	严酷度 S	发生概率 O	探测度 D	风险优先数 RPN				严酷度 S	发生概率 O	探测度 D	风险优先数 RPN
80 检验	目测检验和通电检验	焊料过少	焊锡流动性差或焊丝撤离过早	局部电路无法进行电气测试	电路不能正常工作	4	4	4	64							
85 器件装焊	滤波器装配焊接	桥接	焊锡过多；烙铁撤离方向不当	滤波器电路短路	发射机功能异常，导弹性能不稳定	4	5	4	80							
90 检验	目测检验和通电检验	焊料堆积	焊料质量不好；无器件引线松动	局部电路无法进行电气测试	电路不能正常工作	3	4	5	60							
95 器件装焊	稳压装置装配焊接	松香焊	助焊剂过多或已失效；焊接时间不足，加热不足；表面被氧化	稳压装置没有电气特性	发射机功能异常，导弹性能不稳定	5	5	5	125							
100 检验	目测检验和通电检验	焊料过多	焊丝撤离过迟	局部电路无法进行电气测试	电路不能正常工作	3	4	5	60							

A.4.1.2　分析结论与建议

a) 结论

1) 从表 A.5 中可以看出工序 25 "转换装置 1 装配焊接"中的工艺故障模式"内部器件电容器松动"的原因是"硅橡胶 GD4145 与派埃林粘接力不好，使高压电容器引脚在振动冲击应力作用下发生过载断裂"，该工序 RPN 值最高，严酷度及发生了概率最高，作为重点控制。故障原因是装焊时粘结剂粘结力不够，不能承受过大的冲击应力，虽然经目视检验和电性能检验合格，但在导弹飞行试验或者振动试验时，该故障有时仍会暴露出来。

2) 工序 35 "转换装置 2 装配焊接"中的工艺故障模式"3C8 电容器松动"的原因同样是"由于硅橡胶（GD4145）与派埃林粘接力不好，使高压电容器在振动冲击应力作用下发生过载断裂"。

b) 建议

1) 按照发射机返修工艺进行相关器件的补充固定，并进行相应工艺评定和振动试验。确保各个器件在导弹飞行时的环境应力下能正常工作。

2) 分析表 A.5 中写明其它故障模式（原因）的严酷度（S）都比较低，由于有可行的现行工艺控制方法，它们的发生概率（O）的级别比较低，同时它们的可探测度（D）级别也较低，所以，它们的风险优先数（RPN）值也就不高。因此，不需要进行工艺改进。

A.4.2　"发射机"组件的分析结论与建议

A.4.2.1　关键工序和重要工序

从零件—工艺关系矩阵表 A.4 和表 A.6 中可以看出工序 35、工序 55、工序 105 等工序里的有些工艺故障模式的严酷度（S）和风险优先数（RPN）值较高，据此确定工序 105 和工序 35 为关键工序，工序 55 为重要工序。

A.4.2.2　分析结论与建议

a) 结论

1) 从表 A.6 中可以看出工序 105 "发射模块装配"中的故障模式"发射机更换速调管后测试，振动 X 向无功率"的故障原因是"1R17 电阻引脚断裂，速调管打火"，它的发生概率（O）不是最高，但是一旦发生，其严酷度（S）和可探测度（D）等级都非常高，导致其风险优先数（RPN）值最高。故障原因是电阻的引脚在过大应力下发生断裂。

2) 工序 35 "28MHz 放大器装配焊接"中的故障模式"常温 28MHz 边频为-26.66dB，(要求≤-30dB)"的原因是"28MHz 放大器（42XT5）上引线绑扎时受力折断"的 RPN 值较高，严重度及发生概率等级也非常高。故障原因是因为装焊时操作不当引起。

表 A.6 某型"发射机"组件电装工艺 FMECA 表

产品名称（标识）：发射机 生产工艺：××× 审核：××× 共 4 页 第 1 页
所属型号：某型导弹 分析人员：××× 批准：××× 填表日期：×年×月×日

工序号	工序名称	工艺故障模式	工艺故障原因	工艺故障影响 下道工序影响	工艺故障影响 最终影响	改进前的风险优先数（RPN） 严酷度 S	改进前的风险优先数（RPN） 发生概率 O	改进前的风险优先数（RPN） 探测度 D	改进前的风险优先数（RPN） 风险优先数 RPN	改进措施	责任部门	改进措施执行情况	措施执行后的 RPN 严酷度 S	措施执行后的 RPN 发生概率 O	措施执行后的 RPN 探测度 D	措施执行后的 RPN 风险优先数 RPN
15 布线	发射机装配布线	端口处的串扰	元器件质量所致	对发射机无大影响	影响较小	5	5	5	125							
20 检验	目测检验和通电检验	焊盘质量差	加工工艺差	无大影响	影响不大	5	4	4	80							
25 器件装焊	壳体组合装配	错位	定位偏差	影响不大	影响不大	5	4	4	80							
30 检验	目测检验和通电检验	焊接气孔	焊速过快	无大影响	无大影响	6	5	4	120							
35 器件装焊	28MHz 放大器装配焊接	常温 28MHz 边频为-26.66dB，频率过大（要求≤-30dB）	28MHz 放大器 42XT5 上引线绑扎时受力折断，导致 28MHz 放大器输出信号功率及频谱变化	发射机工作性能变化超差	导弹性能不稳定，可能发射失败	8	7	6	326 ▲	将 28MHz 放大器 42XT5 上引线焊上，装上原发射模块重新测试，发射机测试合格后可转入后续工作		良好	5	2	6	60

共 4 页第 2 页　（续）
填表日期: ×年×月×日

产品名称（标识）: 发射机　　生产工艺: ×××　　审核: ×××
所属型号: 某型导弹　　分析人员: ×××　　批准: ×××

工序号	工序名称	工艺故障模式	工艺故障原因	下道工序影响	最终影响	严酷度S	发生概率O	探测度D	风险优先数RPN	改进措施	责任部门	改进措施执行情况	严酷度S	发生概率O	探测度D	风险优先数RPN
				工艺故障影响		改进前的风险优先数（RPN）							措施执行后的RPN			
40 检验	目测检验和通电检验	焊接气孔	焊速过快	无大影响	无大影响	6	5	4	120							
45 器件装焊	框架装配焊接	焊缝尺寸不符合要求	装配不当	影响不大	影响不大	5	4	5	100							
50 检验	目测检验和通电检验	通电故障	外部插座故障	无影响	无影响	4	3	4	48							
55 器件装焊	电缆 42XW1~XW2 和电缆 44XW1~44XW2 装配焊接	发射机更换电阻后测试振动率在30mW~80mW之间跳变,读数不稳定	该发射机上的本振电缆的 48XWI(05096 063)插头松动	发射机本振功率不稳定	导弹性能不稳定,无法正常飞行	8	6	6	288 ▲	更换本振电缆,故障件返厂分析,发射机测试合格后可以交付		很好	5	4	3	60
		发射机本振功率在 58 mW~80mW 之间抖动,要求≥65mW	本振电缆 48XW1(050960 69) 40XP7 端屏蔽层松动	发射机本振性能不稳定	导弹性能不稳定,可能无法击中目标	6	5	7	210 ▲	将故障电缆拆下退厂分析原因,现场用经过 Ess 试验的本振电缆进行更换		很好	4	3	2	24

产品名称（标识）：发射机　　　生产工艺：×××　　　审核：×××

所属型号：某型导弹　　　分析人员：×××　　　批准：×××

共 4 页 第 3 页

填表日期：×年×月×日

（续）

工序号	工序名称	工艺故障模式	工艺故障原因	工艺故障影响		改进前的风险优先数（RPN）				改进措施	责任部门	改进措施执行情况	措施执行后的RPN			
				下道工序影响	最终影响	严酷度 S	发生概率 O	探测度 D	风险优先数 RPN				严酷度 S	发生概率 O	探测度 D	风险优先数 RPN
60 检验	目测检验和通电检验	焊接气孔	焊速过快	无大影响	无大影响	6	5	4	120							
65 器件装焊	稳压器1装配焊接	气孔	焊速过快	无大影响	无大影响	6	5	4	120							
70 检验	目测检验和通电检验	焊盘质量差	加工工艺差	无大影响	影响不大	5	4	4	80							
75 器件装焊	滤波器装配焊接	夹渣	主体金属不清洁	影响不大	影响不大	6	4	6	144							
80 检验	目测检验和通电检验	焊盘质量差	加工工艺差	无大影响	影响不大	5	4	4	80							
85 器件装焊	控制信号形成器装配焊接	气孔	焊速过快	无大影响	无大影响	6	5	4	120							
90 检验	目测检验和通电检验	焊盘质量差	加工工艺差	无大影响	影响不大	5	4	4	80							

产品名称(标识): 发射机　　　生产工艺: ×××　　　审核: ×××
所属型号: 某型导弹　　　分析人员: ×××　　　批准: ×××
填表日期: ×年×月×日

工序号	工序名称	工艺故障模式	工艺故障原因	工艺故障影响		改进前的风险优先数(RPN)				改进措施	责任部门	改进措施执行情况	措施执行后的RPN			
				下道工序影响	最终影响	严酷度S	发生概率O	探测度D	风险优先数RPN				严酷度S	发生概率O	探测度D	风险优先数RPN
95 器件装焊	稳压器2装配焊接	裂纹	焊接时加热或冷却速度过快	无大影响	无大影响	6	4	5	120							
100 检验	目测检验和通电检验	焊盘质量差	加工工艺差	无大影响	影响不大	5	4	4	80							
105 器件装焊	发射模块装配	发射机更换速调管后测试, X向无功率	1R17电阻器引脚断裂, 速调管打火	发射模块不工作	导弹发射失败	6	8	8	384 ▲	更换1R17电阻和2X12电阻、速调管退厂返修, 发射机补做振动试验		良好	4	3	4	48
110 检验	目测检验和通电检验	焊盘质量差	加工工艺差	无大影响	影响不大	5	4	4	80							
115 器件装焊	线束组布线	线路中间串扰	线缆质量所引起的	无大影响	无大影响	6	4	5	120							

3) 工序 55"电缆（42XW1～XW2）和电缆（44XW1～44XW2）装配焊接"中有两个较为严重的故障模式。其中故障模式"发射机更换电阻后测试振动，本振功率在 30mV～80mW 之间跳变，读数不稳定"，原因是"该发射机上的本振电缆 48XWI（05096063）插头"，在较大应力下松动；故障模式"发射机本振功率在 58mV~80mW 之间抖动，要求≥65mW"原因是"本振电缆 48XW1（05096069）40XP7 端屏蔽层松动"。

4) 其它的故障模式的发生概率（O）都不高，现行工艺控制方法可行，它们的发生频度的级别比较低，同时它们的不可探测度（D）级别也较低。因此，不需要进行工艺改进。

b) 建议：

1) 将 28MHz 放大器 42XT5 上引线焊上，装上原发射模块重新测试，增加工艺评定和振动试验；

2) 更换本振电缆，故障件返厂分析，进行发射机测试和振动试验；

3) 将故障电缆拆下退厂分析原因，现场用经过环境应力筛选（ESS）试验的本振电缆进行更换。

经过采取以上工艺改进措施，"发射机"组件及"高压电源"部件中电容松动、引脚虚焊、插头焊接不牢等故障大大减少。

附录 B
（资料性附录）
典型机械的产品加工工艺故障模式、故障原因与改进措施

B.1 典型机械产品的机械加工工艺

B.1.1 概述

机械加工主要是指对材料或工件的切削加工，即用切削刀具在切削机床或工作台上将多余的材料切削掉，使其获得规定的尺寸、形状、位置精度和表面质量。一般的机械加工方法有：车削、钻削、镗削、铣削、刨削、拉削、磨削，珩磨，数控加工等。

B.1.2 机械加工工艺的故障模式的分类

B1.2.1 加工精度的工艺故障模式

零件的加工精度是指零件在加工后的实际几何参数与理想几何参数的符合程度。它包括尺寸精度、形状精度和位置精度的工艺故障模式。

a) 尺寸精度指的是零件的直径、长度、表面间距离、角度等尺寸的实际数值与理想数值的接近程度。尺寸精度是用尺寸公差来控制的。尺寸公差是机械加工中零件尺寸允许的变动量。

b) 形状精度是指加工后零件上的线、面的实际形状与理想形状的符合程度。评定形状精度的项目有：直线度、平面度、圆度、圆柱度、线轮廓度和面轮廓度等六项。形状精度是用形状公差来控制的。

c) 位置精度是指加工后的点、线、面的实际位置与理想位置的符合程度。评定位置精度的项目有：平行度、垂直度、倾斜度、同轴度、对称度、位置度、圆跳动和全跳动等八项。位置精度是用位置公差来控制的。

B1.2.2 表面质量的工艺故障模式

表面质量的加工精度是指零件加工后表面层的质量状况。它包括：表面粗糙度与表面波纹度、表面缺陷等。

a) 在切削加工中，由于振动、刀痕以及刀具与工件之间的摩擦，在工件已加工表面不可避免地留下一些微小峰谷。零件表面上这些微小峰谷的高低程度按峰谷值与峰谷间距的比值可分为：表面粗糙度和表面波纹度。

b) 表面缺陷是指由于某些不正常因素使加工表面在加工中或加工后产生的非正常纹理如划伤、碰伤等。

综上所述，对于机械加工而言，工艺故障模式的分类是指：尺寸超差、形状和位置误差超差和表面缺陷(包括：表面粗糙度、表面波纹度、表面缺陷)等。

具体的故障模式（部分）见表 B.1。

表 B.1 典型机械加工故障模式表（部分）

加工方法	加工结果	潜在故障模式			
		尺寸超差	形状超差	位置超差	表面缺陷
车削	内/外圆 a) 平面； b) 锥面； c) 螺纹	长度超差、直径超差、角度超差	圆度超差、圆柱度超差、直线度超差	平行度超差、垂直度超差、同轴度超差、圆/全跳动超差	a) 表面粗糙度超差。 b) 表面缺陷
		长度超差、角度超差	平面度超差	平行度超差、垂直度超差	
		长度超差、直径超差、角度超差	圆度超差、直线度超差	平行度超差、垂直度超差、同轴度超差、圆/全跳动超差	
		长度超差、中径超差/大径超差、牙型角超差	直线度超差	平行度超差、垂直度超差、同轴度超差、圆/全跳动超差	
钻削	孔或孔组	长度超差、直径超差、角度超差	圆柱度超差、直线度超差	平行度超差、垂直度超差、同轴度超差、位置度超差	a) 表面粗糙度超差。 b) 表面缺陷
镗削	孔和孔系	直径超差	圆柱度超差、直线度超差	平行度超差、垂直度超差、同轴度超差、对称度超差、位置度超差、圆/全跳动超差	a) 表面粗糙度超差。 b) 表面缺陷
	外圆	直径超差	圆柱度超差、直线度超差	平行度超差、垂直度超差、同轴度超差、对称度超差、位置度超差、圆/全跳动超差	
	端平面	长度超差	平面度超差	平行度超差、垂直度超差、对称度超差、圆/全跳动超差	
铣削	平面	长度超差、角度超差	直线度超差、平面度超差	平行度超差、垂直度超差、倾斜度超差、对称度超差	a) 表面粗糙度超差。 b) 表面缺陷
	沟槽	长度超差、直径超差、角度超差	直线度超差、线轮廓度超差	平行度超差、垂直度超差、对称度超差	
	成型面	长度超差、直径超差、角度超差	线/面轮廓度超差	垂直度超差	
	孔	长度超差、直径超差、角度超差	圆度超差、圆柱度超差、直线度超差	平行度超差、垂直度超差、同轴度超差、倾斜度超差、对称度超差、位置度超差	

(续)

加工方法	加工结果	潜在故障模式			
		尺寸超差	形状超差	位置超差	表面缺陷
刨削	平面	长度超差、角度超差	直线度超差、平面度超差	平行度超差、垂直度超差、倾斜度超差、对称度超差	a) 表面粗糙度超差。 b) 表面缺陷
	沟槽				
	直线型成型面		线/面轮廓度超差		
拉削	各种型孔内表面或外表面	长度超差、直径超差、角度超差	直线度超差、平面度超差、线/面轮廓度超差	平行度超差、垂直度超差、对称度超差	a) 表面粗糙度超差。 b) 表面缺陷
磨削	外圆/外锥面	直径超差、角度超差	圆度超差、圆柱度超差、直线度超差	平行度超差、垂直度超差、同轴度超差、倾斜度超差、对称度超差、位置度超差	a) 表面粗糙度超差。 b) 表面缺陷
	内圆/内锥面				
	平面	长度超差、角度超差	直线度超差、平面度超差	平行度超差、垂直度超差、倾斜度超差、对称度超差	
珩磨	圆柱孔	直径超差	圆度超差、圆柱度超差、直线度超差	同轴度超差	a) 表面粗糙度超差。 b) 表面缺陷
数控加工	内/外圆（含锥面）	长度超差、直径超差、角度超差	圆度超差、圆柱度超差、直线度超差	平行度超差、垂直度超差、同轴度超差、倾斜度超差、对称度超差、位置度超差、圆/全跳动超差	a) 表面粗糙度超差。 b) 表面缺陷
	平面	长度超差、角度超差	直线度超差、平面度超差	平行度超差、垂直度超差、倾斜度超差、对称度超差、位置度超差、圆/全跳动超差	
	球面	直径超差	面轮廓度超差	位置度超差	

B1.3 机械加工工艺故障原因及改进措施

表 B.2 包括以下 3 个部分：

a) 机械加工工艺故障模式。

b) 机械加工工艺故障原因

对于机械冷加工，工艺故障模式（即加工精度和表面质量两大类），原因主要来自人员操作、加工设备(机床)、工装夹具、工件装夹、工件内应力、环境因素等方面：

1) 人员操作

比如加工参数选择不当或切削工艺中的切削速度、进给量和吃刀量选择不当、刀具选择不当、加工步骤安排不当等。

2) 加工设备(机床)

磨损、精度不够、故障、未能正确使用等。

3) 工装夹具

夹具松动、未能正确使用等。

4) 工件内应力(可能产生变形)

由于工件内应力造成切削力过大、切削温度过高等。

5) 环境因素

环境温度过低，冷却液温度过高等。

c) 机械加工工艺故障改进措施。

表 B.2　常见的机械加工工艺故障模式、原因和改进措施分析表

故障模式	故障原因	改 进 措 施	
尺寸超差	进给量或吃刀量过大	先粗加工，后精加工（如磨削），并选择合适的进给量	采取工艺质量控制；对加工要求尺寸在加工工艺中及时测量
	切削力过大或切削温度过高	选择合适的刀具；施加合适的冷却液；选择合适的切削用量	
	零件未夹紧或在加工工艺中松动	采取可靠的夹紧方式；选择合适的切削用量	
	零件与机床主轴或回转中心不同轴	将零件或夹具找正或找正到可接受的水平	
	夹紧力过大产生夹紧变形	改变装夹方式如由卡盘装夹改为软爪或弹簧卡盘；使用专用胀圈或芯轴等	
	加工内应力过大产生变形	采用粗、精加工分开；在工序间安排时效处理；选择合适的切削用量	
	刀具摆动	选择合适的切削用量；控制进给速度；加粗刀杆	
	刀具磨损或让刀	选择合适的切削用量；选择硬度高的刀具（如硬质合金刀）	

(续)

故 障 模 式		故 障 原 因	改 进 措 施
形状超差	直线度	机床导轨有误差	消除
		刀具有摆动	加粗刀杆
		零件未夹紧或在加工工艺中松动	采取可靠的夹紧方式
		变形	采用粗、精加工分开; 在工序间安排时效处理
	平面度	零件未夹紧或在加工工艺中松动	采取可靠的夹紧方式; 选择合适的切削用量
		进给量或吃刀量过大	选择合适的切削用量
	圆度	零件未夹紧或在加工工艺中松动	采取可靠的夹紧方式
		夹紧力过大产生夹紧变形	改变装夹方式如由卡盘装夹改为软爪或 弹簧卡盘;使用专用胀圈或芯轴等
	圆柱度	机床导轨有误差	消除
		刀具磨损或让刀	选择硬度高的刀具
		零件未夹紧或在加工工艺中松动	采取可靠的夹紧方式
	线/面轮廓度	进给坐标错误	设置正确坐标
		机床导轨有误差	消除
		刀具有摆动	加粗刀杆
		刀具磨损或让刀	选择硬度高的刀具
		零件未夹紧或在加工工艺中松动	采取可靠的夹紧方式
位置超差	平行度	机床导轨有误差	消除
	垂直度 对称度	工作台或刀架与主轴不垂直/平行	修正到垂直/平行
		刀具安装倾斜	安装垂直/平行
		刀具磨损	选择硬度高的刀具
	倾斜度	刀架或主轴角度设置不准	设置正确
	同轴度	零件与机床主轴或回转中心不同轴	找正被加工面或夹具
	位置度	机床进给系统有误差	消除
		设置坐标(或移动工作台)错误,如未 清零	设置正确坐标
	圆跳动 全跳动	零件与机床主轴或回转中心不同轴	找正被加工面或夹具
		工作台或刀架与主轴不垂直/平行	修正到垂直/平行

（续）

故障模式	故 障 原 因	改 进 措 施
表面质量	加工速度或进给量或吃刀量大	减小加工速度或进给量或吃刀量
	切削力过大或切削温度过高	减小切削力或降低切削温度
	零件在装卡或在加工工艺中松动	增加预紧力，采取可靠的夹紧方式
	振刀	加粗刀杆
	加工参数选择不当	选择合适的加工参数

B.2　锻造工艺故障模式、原因及改进措施

B.2.1　概述

锻造是塑性加工，它是利用材料的可塑性，借助工具或者模具在冲击或者压力作用下，加工金属机械零件或者零件毛坯，使其产生塑性变形，获得所需形状、尺寸和一定组织性能的锻件。

锻造在机器制造业中有着不可替代的作用，由锻造方法生产出来的锻件，其性能是其他加工方法难以与之匹敌的。锻造（主要是模锻）的生产效率是相当高的，一个国家的锻造水平，反映了这个国家机器制造业的水平。

锻造所用的原材料主要包括碳素钢，合金钢，有色金属及其合金等，按加工状态可分为钢锭，轧材，挤压棒材和锻坯等。大型锻件和某些合金钢的锻造一般直接用钢锭锻制，中小型锻件一般用轧材，挤压棒材和锻坯生产。

B.2.2　锻造工艺潜在故障模式、原因及改进措施

表 B.3 包括以下 3 个部分。

a) 锻造工艺故障模式

锻造工艺故障模式按其表现形式来区分可分为外部缺陷，内部缺陷和性能缺陷。

1) 外部缺陷。如几何尺寸和形状不符合要求，表面裂纹，折叠，错移，模锻不足，表面麻坑，表面气泡和桔皮状表面等。这类缺陷显露在锻件的外表面上，比较容易发现或者观察到。

2) 内部缺陷。又可细分为低倍缺陷和显微缺陷两类。前者如内裂，缩孔，疏松，白点，锻造流纹紊乱，偏析，粗晶，石状断口，异金属夹杂等，后者如脱碳，增碳，带状组织，铸造组织残留和碳化物偏析级别不符合要求等。内部缺陷存在于锻件的内部，原因复杂，不容易辨认，常常给生产造成较大的困难。

3) 性能缺陷。如强度，塑性，韧性或者疲劳性能等不合格；或者高温瞬时强度，持久强度，持久塑性，蠕变强度不合格等不符合要求。性能方面的缺陷，只有在进行了性能试验之后，才能确切的知道。

b) 故障原因。

c) 改进措施。

表 B.3 常见的锻造工艺故障模式、原因和改进措施分析表

加工方法	故障模式	故障原因	改进措施
墩粗	鼓形	坯料在平砧间墩粗，随着高度的减小，径向尺寸不断增大，由于坯料与工具之间的接触面存在摩擦，墩粗后坯料的侧表面变成鼓形	侧凹坯料墩粗；软金属垫墩粗；降低设备工作速度；叠料墩粗；套环内墩粗；反复墩粗及侧面修直
	弯曲歪斜	毛坯太高（圆柱体毛坯高度与直径之比 $H/D>3$），墩粗时容易失稳产生弯曲歪斜，尤其是毛坯端面与轴线不垂直，或毛坯有初弯曲，或毛坯各处温度不均，或砧面不平时更容易产生弯曲	圆柱体毛坯高度与直径之比不应超过 2.5~3；毛坯端面应平整，与轴线垂直；毛坯加热均匀；出现弯曲时及时矫正
	侧表面裂纹	墩粗工艺中变形不均匀	改善变形时的外部条件，如降低工具工作面的粗糙度，预热工具和应用润滑剂等。采用合适的变形方法
拔长	表面横向裂纹	送进量过大，同时压缩量过大	控制送进量和一次压下的变形量
	角裂	送进量过大且压缩量过大，角部温度散失快，产生温度应力	控制送进量和一次压下的变形量；及时进行倒角
	表面折叠	送进量与压下量不合适；毛坯压缩太扁	增大送进量；减少压缩量
	内部横向裂纹	相对送进量太小	增大相对送进量，控制一次压下量
	内部纵向裂纹	进给量很大，压下量相对较小	选择合理的进给量；采用 V 型砧拔长
	对角线裂纹	坯料始锻时，对角线温升使金属局部过热，引起对角线强度降低而开裂	控制锻造温度和进给量的大小；一次变形量不能过大
	端面缩口	首次送进量太小，表面金属变形时中心金属未变形或变形太小	坯料端部变形时，应保证有足够的被压缩长度和较大的压缩量
	端部孔壁裂纹	内外表面的温度差	预热；先拔长两端

（续）

加工方法	故障模式	故障原因	改进措施
冲孔	走样	环壁厚度，即坯料直径与冲头直径之比（D_0/D）太小	将坯料墩至 $D_0/D>3$ 再冲孔
	孔偏心	冲头初定位不准产生偏移；坯料加热温度不均匀，冲头虽初定位在孔中心，但受低温侧金属的抗力而挤向温度较高的一侧	冲头初定位准确；在坯料加热均匀后再冲孔
	斜孔	操作不当；坯料或工具不规范	采用正确的操作方法；冲孔前，先压平坯料，使用标准冲头，冲头压入坯料后，检查冲头是否与坯料端面垂直；冲孔工艺中不断转动坯料使冲头受力均匀
	裂纹	坯料直径 D_0 与冲头直径 D 的比值（D_0/D）太小，冲子锥度太大	增大 D_0/D 的比值，减少走样程度；对塑性低的材料用多次加热冲孔的方法；减少冲子锥度
扩孔	胀裂	扩孔时，壁厚减薄，内外径扩大，高度变化很小，容易胀裂	控制扩孔量
弯曲	折叠	弯曲区金属产生拉压现象，横截面积发生变化，内边起皱，发生折叠	先拔长不弯曲部分，然后再进行弯曲成形；坯料最好只加热弯曲部分
	裂纹	弯曲区金属产生拉压现象，横截面积发生变化，外边受拉力产生裂纹	先拔长不弯曲部分，然后再进行弯曲成形；坯料最好只加热弯曲部分；在弯曲的地方预先积聚金属
错移	裂纹	坯料在错移时，内层产生轴向压应力，外层产生轴向拉应力，当角度过大时，就会产生裂纹	错移部分应充分加热，并且要求加热均匀透热；错移后最好予以退火处理
	拉缩	错移前坯料需要进行压肩，压痕，在压痕和压肩时坯料会发生拉缩	锻造时应考虑留有足够的修正余量

B.3 钣金工艺

B.3.1 概述

钣金是金属塑性加工的基本方法之一，它是通过装在压力机上的模具或者手工对板料施压，使板料产生变形或者分离，从而获得一定形状、尺寸、性能的零件或者毛坯的加工方法。通常情况是在常温条件下加工，只有当板料厚度超过 8mm 或者材料塑性较差时才采用加热方式。

钣金与其他加工方法相比具有以下特点：

a) 可制造出其他加工方法难以加工或者无法加工的形状复杂薄壁零件。

b) 冲压件尺寸精度高，表面光洁，质量稳定，互换性好，一般不再进行机械加工即可装配使用。

c) 生产率高，操作简便，成本低，工艺易实现机械化和自动化。

d) 可利用塑性变形的加工硬化提高零件的力学性能，在材料消耗少的情况下获得强度高、刚度大、质量小的零件。

e) 适合大批量生产。

B.3.2 钣金工艺故障模式、原因及改进措施

表 B.4 包含以下 3 个部分：

a) 钣金工艺故障模式

对于钣金加工来讲，潜在的故障模式主要存在于加工精度、表面质量、以及材料性能等方面：

1) 加工精度的钣金工艺故障模式。零件的加工精度是指零件在加工后的实际形状与理想形状的符合程度。在钣金加工中，主要会出现扭曲，回弹，加工所得零件与模具的吻合程度不够等故障，从而导致型号质量不符合要求。

2) 表面质量的钣金工艺故障模式。表面质量是指零件加工后表面层及端面的质量状况。在钣金加工中，常见的表面质量问题有断面不光滑，毛刺多，表面有裂纹、擦伤、划伤、撕裂等。

3) 材料性能的钣金工艺故障模式。材料性能主要指材料的强度、刚度、塑性等物理性能，在钣金加工中，常见的有材料硬化，塑性降低等。

b) 钣金工艺故障原因。

c) 钣金工艺改进措施。

表 B.4 常见的钣金工艺故障模式、原因和改进措施分析表

加工方法	故障模式	故障原因	改进措施
剪切	材料发生弯曲和扭曲变形	剪切角太大；压料力不合适	缩小剪切角；调整压料力；进行矫正处理
	断口毛刺过多	剪切间隙太大	剪切间隙
	切口附近金属发生硬化现象	材料受剪力作用	刨去硬化区或进行热处理
落料	尺寸精度不够	冲模制造精度不够；凸凹模间隙不合理	提高冲模制造精度；调节凸凹模间隙
	断面不光滑	凸凹模间隙不合理	调节凸凹模间隙；使用适当的润滑剂
冲孔	毛刺过多	凸模或凹模被磨钝，刃口处形成圆角	更换或者修理模具；使用适当的润滑剂

(续)

加工方法	故障模式	故障原因	改进措施
弯曲	受拉面撕裂	材料塑性低； 受拉面存在缺陷； 弯曲半径太小	增加退火或正火工序； 仔细修磨弯曲区域； 增大弯曲半径
	回弹	材料存在弹性变形	模具设计时减小弯曲角； 无模时适当过弯一些
	弯曲端部凸起	中性层内侧的金属层在纵向被压缩而缩短，再横向伸长。故产生凸起	在弯曲部位两端先作成圆弧形切口
拉延	破裂	凸模圆角区域是壁厚减薄最为严重的部分	采用合适的拉伸系数和压边力； 增加模具表面的光滑程度
	起皱	压边圈上的凸缘部分在切向压力的作用下会拱起而起皱	在凹模上面增加压边圈
翻边	工件的所翻边缘产生裂纹	边缘处的切向变形过大	限制翻边高度
扩口	口部破裂	扩口使壁厚变薄	扩口前管材充分退火
缩口	易起皱折	在缩口变形工艺中，材料主要受切向压应力作用，壁厚增加	采用合适的缩口系数； 采用缩口模支撑
胀形	形状精度不够	压力太小或者凸模精度不够	加压； 提高凸模精度
旋压	工件表面擦伤； 工件变硬	旋压时旋棒与材料剧烈摩擦，擦伤表面； 零件硬化	润滑； 退火

B.4 铆接工艺

B.4.1 概述

铆接是指采用铆接工具、设备，利用铆钉的形变将两个或者两个以上加工有铆钉的零件或者构件（通常是金属的板材或型材及其半成品）连接成为整体的方法。

在铆接生产中，常使用以下工作流程：

a) 应在被连接件（铆接件）上采用切削加工方法（钻孔，扩孔，铰孔等手段）加工制备铆接孔。

b) 按照铆接结构图样尺寸要求，选择装配基准，进行铆接件的装配，固定。

c) 选择符合技术要求的铆钉。

d) 确定铆接设备，工具等。

e) 实施铆接前的烧钉、接钉、穿钉、顶钉及铆接操作。

f) 进行铆接质量检查。

B.4.2 铆接工艺故障模式、原因及改进措施

表 B.5 包括以下 3 个部分：

a) 铆接工艺故障模式。

b) 铆接工艺故障原因。

c) 铆接工艺改进措施。

表 B.5 常见的铆接工艺故障模式、原因和改进措施分析表

故 障 模 式	故 障 原 因	改 进 措 施
墩头偏移或者钉杆歪斜	铆接时，铆钉枪与板面不垂直	使铆钉枪与钉杆在同一轴线上
	风压过大，使钉杆弯曲	开始铆接时风门由小到大逐步打开
	钉孔倾斜	铰钻孔时，刀具与板面垂直
墩头四周未与板件表面贴合	孔径过小或者钉杆有缺陷	铆接前检查孔径，去除毛刺和氧化皮
	风压不够	加大风压或者发现风压不够时停止铆接
	顶钉力不够或者未顶严	加大顶钉力
铆钉头局部未与板件表面贴合	罩模偏斜	铆钉枪保持垂直
	钉杆长度不够	正确计算铆钉长度
板料结合面有缝隙	装配时螺栓未紧固或者过早地被拆卸	拧紧螺母，待铆接后再拆除螺栓
	孔径过小	检查孔径大小，扩大孔径
	板件间相互贴合不严	铆接前检查板件是否贴合紧密
铆钉形成突头及刻伤板料	铆钉枪位置偏斜	铆接时铆钉枪与板件垂直
	钉杆长度不足	计算钉杆长度
	罩模直径过大	更换罩模
铆钉杆在钉孔内弯曲	铆钉杆与钉孔的间隙过大	选用适当直径的铆钉
	风压太大	开始铆接时减小风压
铆钉头上有裂纹	铆钉材料塑性不好	更换铆钉
	加热温度不适当	控制加热温度
铆钉头周围帽缘过大	钉杆太长	正确选择钉杆长度
	罩模直径太小	更换罩模
	铆接时间太长	减少打击次数
铆钉头过小高度不够	钉杆较短或者孔径过大	加长钉杆
	罩模直径过大	更换罩模
铆钉头上有伤痕	罩模击打在铆钉头上	铆接时握紧铆钉枪防止跳动过高
铆钉头不成半圆形	开始铆接时钉杆弯曲	罩模施力均匀
	未将钉头墩粗	更换罩模

B.5 铸造工艺

B.5.1 概述

铸造是将熔化的金属或合金浇入已经制好的铸型中，经冷却凝固后获得所需形状的铸件的一种加工方法。铸造生产在机械工业中占有重要地位。

铸造工艺有如下特点：

a) 不但可以生产毛坯，而且可以通过精密铸造生产半成品或成品。

b) 可以制造尺寸范围很广和形状复杂的零件。

c) 它可以用低塑性、不能压力加工的材料进行生产，如铸铁。

d) 生产成本低，所用原材料来源广泛，价格低廉，废品回收也容易。

e) 所需设备比较简单。

B.5.2 铸造工艺故障模式、原因及改进措施

表 B.6 包括以下 3 个部分：

a) 铸造工艺故障模式；

b) 铸造工艺故障原因；

c) 铸造工艺改进措施。

表 B.6 常见的铸造工艺故障模式、原因和改进措施分析表

故障模式	故 障 原 因	改 进 措 施
气孔	造型材料的水分或发气物质含量太多 铸型透气性差 拔模修型时刷水过多 砂型或型芯烤干不良 使用了有锈、潮湿的冷铁和型芯撑 熔化操作不当，使金属液氧化严重 含气太多，浇包未烘干 浇注温度过低 浇注系统不正确，铸件设计不合理，不利排气	控制好型砂中的水分，并改善排气条件。减少金属液的原始含气量；熔炼时使金属液与空气隔离；对金属液进行除气处理，如向金属液吹入惰性气体，产生大量的气泡，溶入的气体扩散进入气泡而逸出
缩孔和缩松	铸件结构不合理，如铸件壁厚差过大，造成局部金属液集聚 浇注系统不恰当，冒口和冷铁的位置、大小不合适，不能保证顺序凝固 铁水化学成分不当，促使收缩的元素含量过多 浇注温度过高	使铸件结构合理，壁厚均匀，避免热节；合理确定内浇注口位置及浇注工艺；合理应用冒口、冷铁等工艺措施；增加浇注口的高度，或者采取人工加压；尽可能使缩松转化为缩孔；浇注前向金属液中加入一定量的孕育剂，促使晶粒细化

(续)

故障模式	故障原因	改进措施
渣眼	熔化时造渣不良	严格控制易氧化元素的含量;向金属液加入熔剂以吸收或捕捉夹杂物;采用真空或在保护气氛下熔炼和浇注;避免金属液在浇注和充型时发生飞溅或涡流,尽可能的保证充型平稳;金属液通过过滤器,再注入型腔;严格控制铸型水分,在型砂中添加附加物,以减少氧化氛围(如铸铁时,可以加入煤粉形成还原性气氛);合理确定内浇注口位置及浇注工艺;减少合金中有害杂质含量,提高合金高温温度
	浇注系统不合理,挡渣作用差	
	浇注前扒渣,挡渣不好	
	浇注温度过低,浇注时断时续	
砂眼	型(芯)砂强度不够	在大平面上增设肋条以利于金属液充满铸型,防止砂眼或者夹砂的产生;改善铸件的结构合理性
	砂型紧实程度不够	
	浇注系统不合理,金属液冲击力过大	
	浇注系统不干净,不光滑,把砂带入型腔	
	修型、合箱时损坏砂型	
	铸件结构不合理,有不结实的突出部分	
热裂和冷裂	铁水化学成分不当,收缩大,浇注温度过高	把内浇口开在薄的轮辐处,以实现同时凝固;较早开箱,以去除铸型对收缩的阻碍,开箱后立即用砂子埋好铸件,使其缓慢冷却;修改结构,加大轮辐和轮缘的连接圆角,以增加强度和减少应力集中;使铸件结构合理,壁厚均匀,避免热节;改善铸件和型芯的退让性;减小浇、冒口对铸件收缩的机械阻碍;减少合金中有害杂质(如:硫等)含量,提高合金高温温度
	铸件结构不合理,壁厚相差太大,过渡突然,型(芯)砂退让性差	
	浇注系统不合理,使铸件不均匀冷却	
	铸注速度太慢,先后浇入的铁水温差太大	
	开箱和落砂时间不当,清理时受机械损伤	
粘砂	型(芯)砂熔点低,耐火度不够	浇注前向金属液中加入一定量的孕育剂,促使晶粒细化
	涂料太薄或不均匀	
	浇注温度过高	
	砂粒过粗或混合不均匀,紧实程度低	
夹砂	型砂湿度太大	在大平面上增设肋条以利于金属液充满铸型,防止砂眼或者夹砂的产生;合理确定内浇注口位置及浇注工艺
	黏土太多	
	型砂紧实不均匀	
	透气性差	
	浇注温度过高	
	浇注速度太慢	
	铁水流向不合理	

(续)

故障模式	故 障 原 因	改 进 措 施
冷隔	浇注温度太低或铁水化学成分不当,降低了合金的流动性 浇注系统设计不当,金属液不能顺利流入型腔 浇注速度太慢,浇注中断或跑火 铸件壁厚过薄	使铸件结构合理,壁厚均匀,避免热节;减少合金中有害杂质含量,提高合金高温温度。提高金属液的充型压力和浇注速度;合理确定内浇口位置及浇注工艺;增加浇注口的高度,或者采取人工加压
变形	铸造应力超过合金的屈服强度 加工余量不够或因铸件放不进夹具无法加工而报废 铸件厚薄不均,截面不对称以及具有细长的特征	采用反变形法,消除床身导轨的变形;在零件满足工作条件的前提下,选择弹性模量和收缩系数小的合金材料; 减小沙型的紧实度,或在型芯、型砂内加入木屑、焦炭末等附加物; 内浇口和冒口的设置应利于铸件各部分温度的均匀分布,以及收缩阻力最小,例如,内浇口开在薄壁出,厚壁处放置冷铁; 尽量避免阻碍收缩的结构,采用壁厚均匀、壁之间均匀连接、热节小而分散的结构,使铸件各部分收缩率最小; 应力退火,在一定温度下保持一段时间,使应力消失

B.6 焊接工艺

B.6.1 概述

焊接是将两块分离的金属接头部分加热到熔化或半熔化状态,加压、不加压或填充其它金属,使之结合成一整体的方法。

B.6.2 焊接工艺故障模式、原因及改进措施

表 B.7 包括以下 3 个部分:

a) 焊接工艺的故障模式

焊接缺陷的类型很多,按其在焊缝中的位置,分为内部缺陷和外部缺陷。内部缺焰在焊缝内部,如未焊透、内气孔、夹渣、内部裂纹等。这类缺陷只能用破坏性试验或探伤方法来发现。外部缺陷在焊缝外表面,如焊缝尺寸不符合要求,咬边、焊瘤、弧坑、表面气孔和表面裂纹等。

b) 焊接工艺的故障原因

c) 焊接工艺的改进措施

表 B.7 常见的焊接工艺故障模式、原因和改进措施分析表

故障模式	故障原因	改进措施
焊缝尺寸不符合要求	焊接电流选择不当 电弧不稳定 焊接速度不均匀 焊件坡口角度不正确 装配不当	对焊接区采取机械保护，防止空气污染熔化金属，与采用焊条药皮、焊剂或保护气体等，使焊接区的熔化金属被熔渣和气体保护，空气隔绝，避免熔化金属受空气污染； 对熔池采用冶金处理，清除已经进入熔池中的有害杂质，增添合金元素
未焊透	接头表面不清洁 坡口角度或间隙太小 填充金属熔化过早 焊接速度太快 电焊时电流过小 所焊时焊嘴不合适	使焊接区的熔化金属被熔渣和气体保护，与空气隔绝，避免熔化金属受空气污染；选择合理的焊接速度以及焊接工艺参数
裂纹	焊接顺序不正确 焊接时加热或冷却速度过快	选择合理的焊接顺序、焊接速度以及焊接工艺参数
气孔	焊接处不清洁 焊条受潮 焊条或焊丝质量不好 主体金属脱氧不良 电焊时的电流过小 焊速过快 电弧太长	使焊接区的熔化金属被熔渣和气体保护，与空气隔绝，避免熔化金属受空气污染； 选择合理的焊接顺序、焊接速度以及焊接工艺参数
夹渣	主体金属不清洁 填充金属不清洁	采用焊条药皮、焊剂或保护气体等，使焊接区的熔化金属被熔渣和气体保护，与空气隔绝，避免熔化金属受空气污染； 对熔池采用冶金处理，清除已经进入熔池中的有害杂质，增添合金元素
咬边和烧穿	焊接电流过大 焊嘴过大 焊接速度太慢 填充金属供给不足	合理选择焊接顺序和焊接方向； 选择合理的焊接顺序、焊接速度以及焊接工艺参数
变形	焊件结构布置不对称	a) 锤击法，在焊缝塑性较好的热态时进行； b) 预热法，减小金属温差； c) 选择适当的部位加热使之伸长，减小焊接应力； d) 高温回火（去应力退火），去除残余应力； e) 反变形法； f) 刚性固定法，适合刚性小的结构； g) 选择合理的焊接方法和焊接工艺参数，选用能量比较集中的焊接方法； h) 选择合理的装配焊接顺序

附录 C

(资料性附录)

典型的电子产品加工工艺故障模式、故障原因、改进措施

C.1 焊接工艺

C.1.1 概述

在电子型号的装联工艺中，仍以焊接为主，以绕接、压接等方法为辅。所谓电路焊接，就是将电子元器件、导线置于预先设计好的电路图形上，如印制电路板或由电气接插件组成的电路机架，利用焊接工具（设备），使焊料加热熔融，在短暂的时间内把元器件的引线（导线）与电路图形上的焊盘或接片连成一体，实现良好的电器接触，以达到电路的设计功能。已经发展了很多的焊接技术，有手工焊接、浸焊和波峰焊、再流焊、超声波焊等等。焊接缺陷的类型很多，和机械加工中的焊接不同，这些缺陷更多的是对电路功能造成影响。

C.1.2 焊接工艺故障模式、原因、危害及改进措施

电子型号焊接工艺的主要故障模式、原因、危害和改进措施见表 C.1。

表 C.1 电子产品焊接工艺故障模式、原因、危害和改进措施分析表

故障模式	故障原因	危害	改进措施
虚焊	元器件引线未清洁好，未镀好锡或锡氧化	不能正常工作	清洁好焊接表面；提高助焊剂质量；掌握好焊接时间
	印制板未清洁好，喷吐的助焊剂质量不好		
焊料堆积	焊料质量不好	机械强度不足，可能虚焊	改进焊料质量；控制焊接温度
	焊接温度不够		
	焊锡未凝固时，元器件引线松动		
焊料过多	焊丝撤离过迟	浪费焊料，可能包藏缺陷	控制焊接时间
焊料过少	焊锡流动性差或焊丝撤离过早	机械强度不足	控制焊接时间
	助焊剂不足		
	焊接时间太短		
松香焊	助焊剂过多或已失效	强度不足，导通不良，有可能时通时断	清洁焊接表面；控制焊接时间
	焊接时间不足，加热不足		
	表面氧化膜未去除		
过热	烙铁功率过大，加热时间过长	焊盘容易剥落，强度降低	控制焊接时间；控制焊接温度
冷焊	焊料未凝固前焊件抖动	强度低，导电性不好	焊件防振控制

(续)

故障模式	故障原因	危害	改进措施
浸润不良	焊件清理不干净	强度低，不通或时通时断	清洁焊接表面；提高助焊剂质量；控制焊接温度
	助焊剂不足或质量差		
	焊件未充分加热		
不对称	焊料流动性不好	强度不足	提高焊料质量；提高助焊剂质量；控制焊接温度
	助焊剂不足或质量差		
	加热不足		
松动	焊锡未凝固前引线移动造成空隙	导通不良或不导通	控制焊接时间；控制浸润
	引线未处理好（浸润差或不浸润）		
拉尖	助焊剂过少，而加热时间过长	外观不佳，容易造成桥接现象	控制焊接时间；控制烙铁撤离动作
	烙铁撤离角度不当		
桥接	焊锡过多	电气短路	控制焊锡量；控制烙铁撤离动作
	烙铁撤离方向不当		
针孔	引线与焊盘孔之间隙过大	强度不足，焊点容易腐蚀	控制引线与焊盘间隙
气泡	引线与焊盘孔间隙大	暂时导通，但长时间容易引起导通不良	控制引线与焊盘间隙；控制引线浸润；控制焊接时间
	引线浸润性不良		
	双面板堵通孔焊接时间长，孔内空气膨胀		
铜箔翘起	焊接时间太长，温度过高	印制板已被损坏	控制焊接时间
剥离	焊盘上金属镀层不良	断路	提高焊盘金属镀层质量

C.2 绕接工艺

C.2.1 概述

绕接是不使用焊剂、焊料而直接将导线缠绕在接线柱上，形成电气和机械连接的一种连接技术。绕接技术是使用一种专用的绕接工具（绕枪），把一端剥去绝缘皮的单股实心导线，施加一定的拉力，并按照预定的圈数，使呈紧密的螺旋状紧紧地绕在带有两个以上棱边的接线柱上，使导线与接线柱形成紧密连接的接点，以达到可靠的电气性能的连接目的。

绕接技术近年来已在电子、通信等领域，特别是要求高可靠性的设备中得到广泛应用，成为电子装配中的一种基本工艺。

绕接技术的优点是：

a) 可靠性好

1) 故障率比软钎焊低 1～3 个数量级。

2) 使用寿命长，正常使用条件下绕接良好时工作寿命可达 40 年。

3) 环境适应能力强，耐温、抗湿、抗盐雾及其抗腐蚀性能好。绕接点气密性接触区的总面积一般都大于导线本身的横截面积，而且导体间的原子晶相渗透、扩散。因此，有较强的耐振动、热冲击及其他应力腐蚀能力。

b) 工艺性能好，避免氧化，不损伤元件

1) 操作简单，无需专门技能。

2) 绕接工艺不如其他焊料、助焊剂等辅助材料，不引入杂质，不会引起腐蚀。

3) 不加热，不致因受热而引起质量隐患，而且改善了工作条件。

c) 生产效率高。一般比手工钎焊效率高 2～3 倍以上，易于实现组装互连自动化。

d) 简化质量检查程序，可直接检查。

e) 经济性好。

其缺点：

a) 装配密度有一定限制。目前，接线柱最小中心距为 1.9mm。因而其用途受到一定的限制。

b) 对多股线不适用。

d) 改线更换接点时，比锡焊麻烦。

C.2.2 绕接工艺潜在故障模式、原因和改进措施

绕接工艺的主要故障模式、原因和改进措施见表 C.2。

表 C.2 绕接工艺故障模式、原因和改进措施分析表

故障模式	故障原因	改进措施
防振型节点绝缘导线长度不足	操作错误，绕接不合规范	严格按照规范操作； 绕接之后进行检查； 更换导线重新绕接
	导线长度不够	
叠绕	操作错误	严格按照规范操作； 绕接之后进行检查、核对； 更改绕接点设计
	线柱太短，绕接点过多	
线圈位置不对	操作错误	严格按照规范操作； 绕接之后进行检查、核对； 更改绕接点设计
	线柱太短，绕接点过多	
绕接圈数不够	操作错误	严格按照规范操作； 绕接之后进行检查、核对； 更换导线重新绕接
	绕枪故障	
	绕接导线太短	
尾端翘起	操作错误	绕接之后进行检查，修复。
线圈重叠	绕枪故障	严格按照规范操作； 绕接之后进行检查； 进行退绕，重新绕接； 修复绕接线柱
	操作错误	
	线柱松动	

(续)

故 障 模 式	故 障 原 因	改 进 措 施
线圈分离	操作错误	严格按照规范操作;
	绕枪故障	绕接之后进行检查; 进行退绕,重新绕接;
	线柱松动	修复绕接线柱
线圈成螺旋型	操作错误	严格按照规范操作; 绕接之后进行检查;
	绕枪故障	退绕,重新绕接
气密性差	绕枪的绕接力不足	检查绕枪性能,并修复;
	绕接线圈不紧密	退绕,重新绕接
绕接线柱损坏	绕接力过大	检查绕枪性能,并修复; 更换线柱材料,修复线柱;
	线柱材料力学强度不好	退绕,重新绕接

C.3 压接工艺

C.3.1 概述

压接是通过压力使导体间形成永久性的电连接的一种工艺方法。压接分冷压接和热压接两种,目前以冷压接使用最多,即常温下进行压接。在各种连接方式中,压接使用的压力最高,产生的温度最低。其特点是不需要焊料和助焊剂即可获得可靠的连接。可在高温、超低温、振动、冲击等恶劣环境下长期工作;压接无污染;是一项连接可靠、生产效率高、能适应自动化生产特点的电气装联技术之一。

压接在提高系统可靠性、解决各种技术难题方面起到了重要作用。比如:在超低温环境下工作的节点不能使用锡焊,采用压接则可满足要求;在禁用电热工具的火工品现场,采用压接连接,既安全又可靠。

C.3.2 压接工艺潜在故障模式、原因和改进措施

压接工艺的主要故障模式、原因和改进措施见表 C.3。

表 C.3 压接工艺故障模式、原因和改进措施分析表

故 障 模 式	故 障 原 因	改 进 措 施
表面污染、锈蚀	压接前未检查、清洗压接件	压接前检查、清洗压接件;
	操作人员汗渍浸染,或沾染操作废弃物	操作严格按照操作规程操作;
	操作不规范,电镀器件镀层遭破坏	压接后注意检查、清理
表面损伤	操作不规范	严格按照操作规程操作; 压接后检查,修复或重做
压痕位置错误或不清晰	压接件在压接工具内定位不准	严格按照操作规程操作;
	操作不规范	压接后检查,重新压接

(续)

故 障 模 式	故 障 原 因	改 进 措 施
压接件变形	压接件弯曲、扭曲	压接前检查压接件； 严格按照操作规程操作； 压接后检查，剔除，重新压接
	压接件性能衰退	
	压接件在压接工具内定位不准	
	操作不合规范	
非预期锐边	操作不合规范	严格按照操作规程操作； 压接后检查，修复
金属剥落	压接件性能衰退	压接前检查压接件； 严格按照操作规程操作； 压接后检查，修复
	各压接件尺寸不匹配	
	操作不合规范	
毛刺	操作不合规范	压接后检查，剔除，修复
线芯外漏	导线绝缘层剥落太多	压接前检查； 严格按照操作规程操作； 压接后检查修复
	操作不合规范	
	压接工艺中线芯移动	
线芯折断，有刻痕	压接前剥线伤及导线	压接前检查； 严格按照操作规程操作； 压接后检查，剔除或重新压接
	操作不合规程，压接力过大	
	压线筒内导线位置不合理	
压紧不足	压线筒强度不够	压接前检查各压接件； 严格按照规程操作； 压接后检查，重新压接
	压接时，施加的压紧力不足	
	压接工艺中线芯移动	
过分压紧	压接时，施加的压紧力过大	严格按照规程操作； 压接后检查，重新压接
导线绝缘层破坏	绝缘层被破坏、损伤、烧焦	剥线时严禁用火烧； 不要破坏正常绝缘层； 压接前检查； 操作严格按照规范进行
	操作不合规范	

C.4 粘接工艺

C.4.1 概述

粘接也称为胶接，是使用粘接剂将粘接对象粘接到一块的工艺方法。粘接是近年来迅速发展的一种电气连接工艺。

C.4.2 粘接工艺潜在故障模式、原因和改进措施

粘接工艺的主要故障模式、原因和改进措施见表 C.4。

表 C.4　粘接工艺故障模式、原因和改进措施分析表

故 障 模 式	故 障 原 因	改 进 措 施
拉丝	针头与基板之间距离太大	控制点胶距离、角度、时间；提高胶黏剂质量
	点胶后的延滞时间太短	
	胶黏剂黏度过大	
	点胶头 Z 轴的回复高度不够	
	点胶压力太小	
黏剂过多，胶点太大	点胶压力太大	控制点胶力；提高胶黏剂质量；控制针头内径
	胶黏剂黏度太低	
	针头内径太大	
塌落	胶黏剂性能不良	提高胶黏剂质量
	胶黏剂的黏度太低	
失准	基板翘曲度大	加强设备固定和定位
	设备定位不准	
空点	胶中有杂质	提高胶黏剂质量
	胶中有气泡	
	胶黏剂黏度太大	

C.5　电子产品铆接工艺

C.5.1　概述

铆接是一种机械连接方法，利用铆钉把两个以上的被铆件联接在一起的不可拆卸联接，称为铆钉联接，简称铆接。铆接作为一种电子产品生产中的加工方式，已不常使用，但铆接是一种灵活的连接方法，在研制、维修中仍不失其实用价值。

电子产品装配时，铆接时需要注意：

a) 电子装配中所用的铆钉主要有空心铆钉、实心铆钉和螺母铆钉。实心铆钉主要用于不需要拆卸的两种材料，如双金属片、陶瓷与焊片；螺母铆钉用于机壳、机箱制作中，在铝板上作为连接螺孔用。实心铆钉和螺母铆钉主要作机械连接用，而空心铆钉较多的用于电气连接，一般由黄铜或紫铜制成，有些为了增强导电性及可焊性，采取表面镀银。

b) 铆接时要正确选择铆钉的长度和铆钉孔的直径。

c) 铆钉长度=被铆件厚度+(0.8～1)铆钉头直径。

d) 铆钉孔直径一般等于或略小于铆钉直径即可。

C.5.2　铆接工艺故障模式、原因和改进措施

铆接工艺故障模式多是力学上的破坏。铆接工艺的主要故障模式、原因和改进措施见表 C.5。

表 C.5 铆接工艺故障模式、原因和改进措施分析表

故障模式	故 障 原 因	改 进 措 施
被铆件拉断	被铆件应力过大	在确保铆钉强度的前提下,增大铆钉节距或减小铆钉孔径,以增大被铆件的受拉截面
铆钉孔压溃	铆钉的硬度相对过大	降低铆钉硬度,使其与被铆件的硬度相匹配
铆钉剪断	铆钉的剪应力过大	增加铆钉的直径或铆钉材料的剪切模量
铆钉腐蚀	工作环境中的腐蚀条件超过了铆钉的耐腐蚀极限	改善工作环境,减少腐蚀; 使用抗腐蚀性能更高的铆钉

C.6 电子产品螺纹连接工艺

C.6.1 概述

螺纹连接是指用螺钉、螺母和各种垫圈将各种元器件、零件、部件、整件安装在指定位置上的工艺。螺纹连接也是一种机械连接方法。其故障模式和机械型号中类似,如螺钉、螺母的松动,螺纹的损坏等。因其使用工具和操作方法简单、连接可靠、维修方便,并基本上实现了标准化、通用化,所以这种机械装配方式在电子整机中的应用最为广泛。

C.6.2 螺纹连接工艺潜在故障模式、原因和改进措施

螺纹连接工艺的主要故障模式、原因和改进措施见表 C.6。

表 C.6 螺纹连接工艺故障模式、原因和改进措施分析表

故障模式	故 障 原 因	改 进 措 施
螺钉松动	拧紧力不足	采用力矩可调全自动旋具控制拧紧力大小
	振动应力导致松脱	选取合适的垫圈
		采用防松垫圈
螺母松动	拧紧力不足	采用力矩可调全自动旋具控制拧紧力大小
	振动应力导致松脱	选取合适的垫圈
		采用防松垫圈
螺纹损坏	紧固件装配用孔直径过大,影响安装强度	选用合适的紧固件装配用孔直径
	拧紧力过大导致滑扣(滑牙)	采用力矩可调全自动旋具控制拧紧力大小
	旋具与安装平面不垂直	严格安装工艺规范,保证旋具与安装平面垂直
螺钉槽口损坏	螺钉旋具头部尺寸与螺钉槽不吻合	选用尺寸合适的螺钉旋具
	螺母或螺帽的棱角和表面电镀层被破坏;螺钉槽口出现毛刺、变形等	禁止使用尖头钳、平口钳作为紧固工具
	旋具与安装平面不垂直	严格安装工艺规范,保证旋具与安装平面垂直

参 考 文 献

[1] 康锐，石荣德．FMECA 技术及其应用[M]．北京：国防工业出版社，2006.

[2] QS9000/TS16949．潜在失效模式及后果分析（FMEA）[S]．中国汽车技术研究中心译，2002.

[3] Stamatis, D. H. FMEA handbook[M]. Southgate, MI: Contemporary Consultants. 1992.

XKG

型 号 可 靠 性 技 术 规 范

XKG / K07—2009

型号故障树分析应用指南

Guide to the fault tree analysis for materiel

目 次

前　言

本指南的附录 A~附录 D 均是《资料性附录》。

本指南由国防科技工业可靠性工程技术研究中心负责组织实施。

本指南起草单位：北京航空航天大学可靠性工程研究所、航天 708 所、中国空间技术研究院总体部、中国科学院光电研究院。

本指南主要起草人：康锐、程海龙、石荣德、肖名鑫、党炜、石君友。

型号故障树分析应用指南

1 范围

本指南规定了型号（装备，下同）故障树分析的要求、程序和方法。

本指南适用于型号方案、工程研制与定型、生产和使用等阶段；并适用于各类型号的故障树建造、定性和定量分析。

2 规范性引用文件

下列文件中的有关条款通过引用而成为本指南的条款。凡注日期或版次的引用文件，其后的任何修改单（不包括勘误的内容）或修订版本都不适用本指南，但提倡使用本指南的各方探讨使用其最新版本的可能性。凡未注日期或版次的引用文件，其最新版本适用于本指南。

GJB 368B	装备维修性工作通用要求
GJB 450A	装备可靠性工作通用要求
GJB 451A	可靠性维修性保障性术语
GJB 900	系统安全性通用大纲
GJB/Z 768A	故障树分析指南
GJB/Z 1391	故障模式、影响及危害性分析指南

3 术语和定义

GJB451A 确定的以及下列术语和定义适用于本指南。

3.1 故障树 fault tree（FT）

故障树是一种特殊的倒立树状因果关系逻辑图，它用事件、逻辑门和转移符号描述系统中各种事件之间的因果关系。逻辑门的输入事件是输出事件的"因"，逻辑门的输出事件是输入事件的"果"。

3.2 两状态故障树 two-state fault tree

如果故障树的底事件描述一种状态，而其逆事件也只是描述一种状态，则称为两状态故障树。

3.3 多状态故障树 multi-state fault tree

如果故障树的底事件描述一种状态，而其逆事件包含两种或两种以上互不相容的状态，则称为多状态故障树。

3.4 规范化故障树 normalized fault tree

将故障树中各种特殊事件与特殊逻辑门进行转换或删减，变成仅含有底事件、结果事件以及"与"、"或"、"非"三种逻辑门的故障树，这种故障树称为规范化故障树。

3.5 故障树分析 fault tree analysis（FTA）

通过对可能造成产品故障的硬件、软件、环境、人为因素等进行分析，画出故障树，

255

从而确定产品故障原因的各种可能组合方式和（或）其发生概率的一种分析技术。

4 符号和缩略语

4.1 符号
无。

4.2 缩略语
下列缩略语适用于本指南。

CA——criticality analysis，危害性分析；

CAD——computer aided design，计算机辅助设计；

FMEA——failure mode and effect analysis，故障模式及影响分析；

FMECA——failure modes, effects and criticality analysis，故障模式、影响及危害性分析；

FTA——fault tree analysis，故障树分析；

RBD——reliability block diagram，可靠性框图。

5 一般要求

5.1 概述
故障树是一种特殊的倒立树状逻辑因果关系图，构图的元素是事件和逻辑门。其中逻辑门的输入事件是输出事件的"因"，逻辑门的输出事件是输入事件的"果"；事件用来描述系统和元部件故障的状态，逻辑门把事件联系起来，表示事件之间的逻辑关系。

故障树分析（FTA）以一个不希望的产品故障事件（或灾难性的产品危险）即顶事件作为分析的目标，通过自上而下严格的按层次的故障因果逻辑分析，采用演绎推理的方法，逐层找出故障事件的必要而充分的直接原因，最终找出导致顶事件发生的所有原因和原因组合，并计算它们的发生概率，然后通过设计改进和实施有效的故障检测、维修等措施，设法减少其发生概率，给出产品的改进建议。故障树分析可分析多种故障因素的组合对产品的影响。

5.2 目的和作用
a) 目的

运用演绎法逐级分析，寻找导致某种故障事件（顶事件）的各种可能原因，直到最基本的原因，并通过逻辑关系的分析确定潜在的硬件、软件的设计缺陷，以便采取改进措施。

b) 作用

1) 对于大型复杂系统，通过 FTA 可能发现由几个一般故障事件的组合导致灾难或致命故障事件，并据此采取相应的改进措施。

2) 从安全性角度出发，比较各种设计方案，或者已确定了某种设计方案，评估是否满足安全性要求。

3) 对于使用、维修人员来说，故障树为他们提供了一种形象的使用维修指南或查找故障的"线索表"。

4) 为制定使用、试验及维修程序提供依据。

5.3 时机

主要用于产品的研制、生产、使用阶段。在产品研制阶段，故障树分析可以帮助判断潜在的产品故障模式和灾难性危险因素，发现可靠性、安全性薄弱环节，以便改进设计。在生产、使用阶段，故障树分析可以帮助故障诊断，改进使用维修方案。它也是事故调查的一种有效手段。

5.4 事件及其符号

5.4.1 底事件

底事件是故障树中仅导致其它事件的原因事件。它位于所讨论的故障树底端，总是某个逻辑门的输入事件而不是输出事件。底事件分为基本事件与未展开事件，见表1。

表 1 故障树常用事件符号

符 号		说 明
底事件		基本事件 basic event 它是元部件在设计的运行条件下所发生的随机故障事件，一般来说它的故障分布是已知的，只能作为逻辑门的输入而不能作为输出；实线圆表示产品故障，虚线圆表示人为故障
		未展开事件 undeveloped event 表示省略事件，一般用以表示那些可能发生，但概率值较小，或者对此系统而言不需要再进一步分析的故障事件。它们在定性、定量分析中一般都可以忽略不计
结果事件		顶事件 top event 故障树分析中所关心的最后结果事件，不希望发生的对系统技术性能、经济性、可靠性和安全性有显著影响的故障事件，顶事件可由 FMECA 分析确定；是逻辑门的输出事件而不是输入事件
		中间事件 intermediate event 包括故障树中除底事件和顶事件之外的所有事件；它既是某个逻辑门的输出事件，同时又是别的逻辑门的输入事件
特殊事件		开关事件 switch event 已经发生或将要发生的特殊事件；在正常工作条件下必然发生或必然不发生的特殊事件
		条件事件 conditional event 逻辑门起作用的具体限制的特殊事件

5.4.2 结果事件

结果事件是故障树分析中由其它事件或事件组合所导致的事件，在矩形内注明结果事件的定义。它下面与逻辑门联接，表明该结果事件是此逻辑门的一个输出。结果事件包括故障树中除底事件之外的所有顶事件及中间事件，见表 1。

5.4.3 特殊事件

特殊事件指在故障树分析中需用特殊符号表明其特殊性或引起注意的事件。特殊事件分为开关事件和条件事件,见表1。

5.5 逻辑门及其符号

5.5.1 与门

如表2中与门的符号所示,B_i 为(i=1,2,...,n)为门的输入事件,A 为门的输出事件,B_i 同时发生时,A 必然发生,这种逻辑关系称为事件交。逻辑表达式为:

$$A = B_1 \cap B_2 \cap B_3 \cap ... \cap B_n \tag{1}$$

5.5.2 或门

如表2中或门的符号所示,B_i 中至少有一个输入事件发生时,A 发生,这种逻辑关系称为事件并。逻辑表达式为:

$$A = B_1 \cup B_2 \cup B_3 \cup ... \cup B_n \tag{2}$$

5.5.3 非门

如表2中非门的符号所示,输出事件 A 是输入事件 B 的逆事件。在故障树中,通常很少使用非门,因为可以选用原底事件的逆事件进行描述。

表 2 逻辑门及其符号

5.5.4 顺序与门

如表2中顺序与门的符号所示,仅当输入事件 B 按规定的"顺序条件"发生时,输出事件 A 才发生。

5.5.5 禁门

如表2中禁门的符号所示，仅当"禁止条件"发生时，输入事件B发生才导致输出事件A发生。禁门示例见图1。

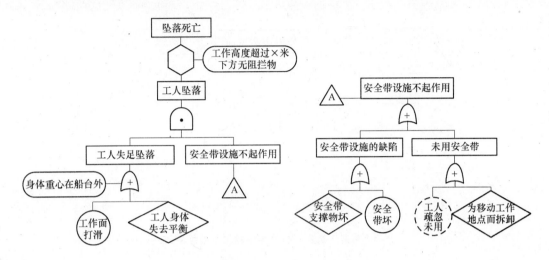

图1 造船工人高空作业坠落死亡事故分析图

5.5.6 异或门

如表2中异或门的符号所示，输入事件B_1，B_2中任何一个发生都可引起输出事件A发生，但输入事件B_1，B_2不能同时发生。逻辑表达式为：

$$A=(B_1 \cap \overline{B}_2) \cup (\overline{B}_1 \cap B_2) \tag{3}$$

5.5.7 表决门

如表2中表决门的符号所示，B_1，B_2，…，B_n的n个输入中至少有r个发生，则输出事件A发生；否则，输出事件不发生。表决门示例见图2。

5.6 转移符号

5.6.1 相同转移符号

表示相同故障事件的转移。在故障树中经常出现条件完全相同或者同一个故障事件在不同位置出现，为了减少重复工作量并简化树，一般用该转移符号。如表3中符号所示，加上相应的标号（如A）分别表示从某处转入，或转到某处，也可用于树的移页。示例见图1，造船工人高空作业坠落死亡事故分析图。

5.6.2 相似转移符号

表示故障事件结构相似而事件标号不同的转移。在故障树中经常出现条件基本相同或者相似的故障事件，为了减少重复工作量并简化树，一般用该转移符号。如表3中所示，加上相应的标号（如A）分别表示从某处转入，或转到某处，也可用于树的移页。其中不同事件标号在入三角形旁注明。示例见图2，某型飞机发动机故障不能飞行的故障树图。已知该飞机三台发动机中若有2台发生故障时便不能正常飞行。

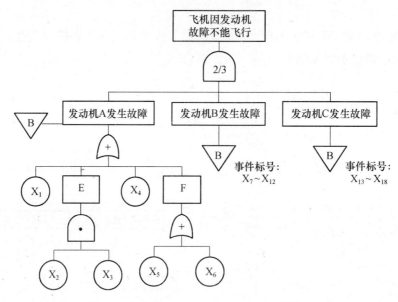

图 2   某型飞机发动机故障不能飞行的故障树

表 3   转移符号表

	符 号	说 明
相同 转移 符号	入三角形	位于故障树的底部，表示树的 A 部分分支在另外地方
相同 转移 符号	出三角形	位于故障树的顶部，表示树 A 是在另外部分绘制的一棵故障树的子树
相似 转移 符号	入三角形 不同的事件标号 ×× ××	位于故障树的底部，表示树的相似部分分支在另外地方，底事件用不同的事件标号表明
	出三角形	位于故障树的顶部，表示树 A 是在另外部分绘制的一棵相似故障树的子树

5.7   关联系统

5.7.1   单调关联系统

"单调关联系统"指系统所含的单元都与系统有关且系统对应的结构函数又是单调非减的，单调关联系统具有以下性质：

a) 系统中每一个部件都对系统性能有一定影响，仅影响程度不同而已。

b) 系统中所有部件故障则系统一定故障，所有部件正常则系统一定正常。

c) 系统中故障部件修复不会使系统由正常转为故障，正常部件故障不会使系统由故障转为正常。

d) 任何一个单调关联系统的可靠性不会比由相同部件构成的串联系统坏,不会比由相同部件构成的并联系统好。

总之,单调关联系统就是不存在与系统可靠性无关的部件的单调系统。在进行可靠性分析时,经布尔逻辑运算,无关部件自然去除,因此单调性是单调关联系统的主要性质。

5.7.2 非单调关联系统

"非单调关联系统"指系统中存在无关部件或单调性不满足。

5.8 割集和最小割集

5.8.1 割集

"割集"是故障树中一些底事件的集合,当这些底事件同时发生时,顶事件必然发生。

5.8.2 最小割集

"最小割集"是底事件的数目不能再减少的割集,即在该最小割集中任意去掉一个底事件后,剩下的底事件集合就不是割集。一个最小割集代表系统的一种故障模式,寻找故障树的全部最小割集是故障树定性分析的任务。

5.9 模块和最大模块

5.9.1 模块

故障树的模块是故障树中至少两个底事件的集合,向上可达到同一逻辑门,而且必须通过此门才能到达顶事件,该逻辑门成为模块的输出或顶点。模块不能有来自其余部分的输入,而且不能有与其余部分重复的事件。

5.9.2 最大模块

经规范化和简化的故障树的最大模块是该故障树的一个模块,且没有其它模块包含它。

5.9.3 模块子树

故障树的模块连同向上可到达的同一逻辑门和全部中间逻辑门及事件构成的一棵较小的故障树,称为原故障树的一个模块子树。

5.10 故障分类

5.10.1 原发性故障

原发性故障指该部件所受应力在设计规定条件范围内因其本身原因造成的故障,也称一次故障。如"硬件故障引起的阀门未能打开","阀门卡住"等。原发性故障有时还可进一步分解为组成该部件的零件故障。

5.10.2 诱发性故障

诱发性故障指部件所受应力超出设计规定条件范围而造成的故障,也称二次故障。如"泵由于失去冷却而损坏","蒸发器因失水而损坏"等。

5.10.3 指令性故障

指令性故障指部件因受到错误的指令而引起的故障。例如:"阀门因收到错误信号而关闭造成故障",就是指令性故障。这一故障有可能是信号源故障或是人为故障。

5.11 FTA 的步骤

5.11.1 概述

FTA 主要步骤见图 3。

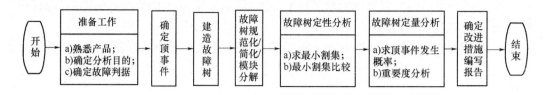

图 3 FTA 主要步骤

5.11.2 准备工作

准备工作是故障树分析的先决条件，包括：熟悉产品、确定分析目的和确定故障判据。

a) 熟悉产品

1) 熟悉产品设计说明书、设计图（如：原理图、结构图、流程图）、运行规程、维修规程和其它有关资料，透彻掌握产品设计意图、结构、功能、边界和环境情况。

2) 辨明人的因素和软件对产品的影响，辨识系统可能采取的各种状态，辨识这些状态之间的相互转换，必要时应绘制系统状态及转换图以帮助弄清产品成功或故障与单元成功或故障之间的关系。

3) 根据产品复杂程度和要求，必要时应进行系统 FMEA 或 FMECA，以帮助辨识顶事件和各级结果事件。

4) 根据产品复杂程度，必要时应绘制产品系统可靠性框图以帮助正确形成故障树的顶部结构和实现故障树的早期模块化以缩小建树的规模。

b) 确定分析目的

分析人员应根据任务要求和对产品了解程度明确进行故障树分析的目的。同一个产品，如果分析目的不同，则建立的故障树也各有不同。例如分析硬件故障，则可以忽略人的因素；分析内部故障事件，则可以忽略外部事件。

c) 确定故障判据

根据产品功能和性能要求确定产品的故障判据，只有故障判据确切，才能辨明什么是故障，从而才能正确确定导致故障的全部直接的必要而充分的原因。

5.11.3 确定顶事件

顶事件的确定是建立故障树的基础，确定的顶事件不同，则建立的故障树也不同。大多数情况下，产品会有多个不希望事件，应一一确定，分别作为顶事件建立故障树并进行分析；并且，产品会有多个工作模式，顶事件应该在各个工作模式下单独分析。确定顶事件的方法：

a) 在设计过程中进行 FTA，一般从那些显著影响产品技术性能、经济性、可靠性和安全性的故障中选择确定顶事件。

b) 在 FTA 之前若已进行了 FMECA，则可以从故障后果为 I、II 类的系统故障模式中选择其中一个故障模式确定为顶事件。

c) 发生重大故障或事故后，可以将此类事件作为顶事件，通过 FTA 为故障归零提供依据。

对于确定的顶事件必须严格定义，否则建出的故障树将达不到预期的目的。

5.11.4 建造故障树

确定顶事件后，应遵循建造故障树的基本规则和方法，利用故障树专用的事件和逻辑门符号，将故障事件之间逻辑推理关系表达出来，建造出所需的故障树，参见本指南第6部分。

5.11.5　故障树的规范化、简化和模块分解

对建立的故障树进行故障树的规范化、简化和模块分解，参见本指南第7部分。

5.11.6　故障树定性分析

确定故障树的割集和最小割集；进行最小割集和底事件的对比分析；从定性的角度确定出较为重要的底事件，给出改进方向，参见本指南第8部分。

5.11.7　故障树定量分析

根据故障树的底事件发生概率计算出故障树顶事件的发生概率，并进行底事件及最小割集的重要度计算，参见本指南第9部分。

5.11.8　确定改进措施，编写报告

根据故障树定性分析和定量分析结果，确定出哪些底事件或者最小割集是产品最为薄弱的环节，即定为可靠性关键项目，并针对这些项目提出相应的改进措施；最后提供故障树分析报告。

报告主要包括：产品描述，基本假设，故障的定义和判据，顶事件的定义和描述，故障树建造，故障树的规范化、简化和模块分解，故障树定性分析，故障树定量分析，故障树分析的结论和建议等。

5.12　注意事项

a) 严格故障事件定义，尤其应明确顶事件的定义；

b) 为保证分析工作的及时性，应在产品研制早期开始 FTA 工作，并在各个研制阶段进行补充、修改、迭代和完善，以反映产品技术状态和工艺的变化，采取边建树边改进的方法；

c) 在设计过程中，贯彻"谁设计，谁分析"的原则，并邀请经验丰富的设计、生产和使用等有关人员参与建树工作，以保证故障树逻辑关系的正确性；

d) 在出现事故后，则应由事故负责人员进行建树，相关人员协助；

e) 在进行故障树分析时，假设底事件之间是相互独立的；

f) 复杂产品的故障树应该进行模块分解和简化；

g) 经 FTA 制定的产品设计改进措施，必须落实到图纸和有关技术文件中，以保证分析结果及时地落实到产品的设计中；

h) 在工程实践中，针对大型或复杂产品，应尽可能采用 CAD 软件辅助进行故障树分析，以提高工作效率、加快进度、节省人力；

i) FTA 工作应与 FMECA 工作结合；

j) FTA 进行过程中应注意收集、整理故障模式信息、故障树案例库。

6　故障树的建造

6.1　故障树建造的基本规则

a) 明确建树边界条件

故障树的边界应和系统的边界相一致，方能避免遗漏和重复，根据边界条件明确故障树需要建到何处为止。通常边界条件主要包括：

1) 确定顶事件：

2) 确定初始条件，它是与顶事件相适应的。凡是具有一个以上工作状态的部件，就要规定某工作状态作为初始条件。电机工作原理图见图 4，无论电机故障事件是"电机过热"还是"电机不能工作"，它所对应的初始条件都是"开关闭合"的工作状态。

3) 规定不许可的事件，指建树时规定不允许发生的事件。如图 4 所示系统，其不许可事件为"由系统之外影响所引起的故障"。

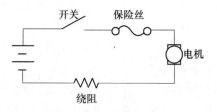

图 4　电机工作原理图

b) 简化系统构成

简化系统构成要考虑：

1) 对系统进行必要的合理假设，如不考虑人为故障。

2) 对于复杂系统，可在 FMECA 的基础上，将那些对于给定顶事件不重要的部分舍去，简化系统，然后再进行建树。

c) 故障事件应严格定义

故障事件必须严格定义，否则建出的故障树将不正确。对于结果事件，应当根据需要准确表示为"故障是什么"和"什么情况下发生"。例如，原意希望分析"电路开关合上后电机不转"，但由于省略，将事件表达为"电机不转"，会得到不同的两棵故障树如图 5 和图 6。图 5 中顶事件已明确表述出"电机不转"是在已知"电路开关合上后"这一条件下发生的。若由于省略，忽略了"电机不转"的发生条件，违背了原意，使故障树变成图 6。

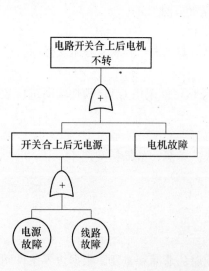

图 5　"电路开关合上后电机不转"故障树

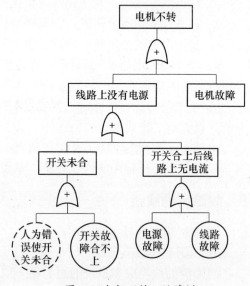

图 6　"电机不转"故障树

d) 应从上向下逐级建树

主要目的是避免遗漏。一棵庞大的故障树，同级输入数可能很多，而每一个输入都可能仍然是一棵庞大的子树，因此，逐级建树可避免遗漏。

e) 建树时不允许门—门直接相连

主要目的是防止建树者不从文字上对中间事件下定义即去发展该子树，其次门—门相连的故障树使评审者无法判断对错，故不允许门—门直接相连。

f) 把对事件的抽象描述具体化

为了促使故障树的向下发展，必须用等价的比较具体的直接事件逐步取代比较抽象的间接事件，这样在建树时也可能形成不经任何逻辑门的"事件—事件"串。

g) 处理共因事件和互斥事件

共同的故障原因会引起不同的部件故障甚至不同的系统故障。共同原因的故障事件，简称共因事件。对于故障树中存在的共因事件，必须使用同一事件标号。不可能同时发生的事件（如一个元部件不可能同时处于故障及完好的状态）为互斥事件，对于与门输入端的事件和子树应注意是否存在互斥事件，若存在则应采用异或门变换处理。

6.2 故障树建造的流程

故障树的建立流程见图7，其流程是：

a) 将顶事件作为输出事件，分析建立导致顶事件发生的所有直接原因事件作为下一级输入事件，建立这些输入事件与输出事件之间的逻辑门关系，并画出输出事件与输入事件之间的故障树图。

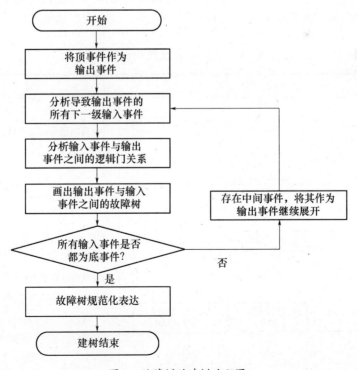

图 7 故障树的建树流程图

b) 以此类推,将这些下一级事件作为输出事件进行展开,直到所有的输入事件都为底事件时停止,至此初步的故障树建立完毕。

c) 对故障树中的事件建立定义和表达符号,利用符号取代故障树中的事件文字描述,利用转移符号简化故障树,实现故障树的规范化表达。

6.3 人工演绎法建造故障树的方法示例

某一输变电系统见图 8。该系统分为 A、B、C 两级变电站,B、C 均由 A 供电。输电线 1、2 是 A 向 B 的输电线,输电线 3 是 A 向 C 的输电线,输电线 4、5 为站 B、站 C 之间的联络线（也是输电线）。输变电系统故障断电的判据为:

a) 站 B 停电。

b) 站 C 停电。

c) 站 B 和站 C 仅由同一条输电线供电,输电线将过载。

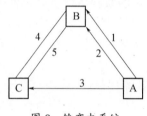

图 8　输变电系统

该系统的不希望发生事件为系统故障停电,本次分析的目的是研究输电线路故障所产生的影响。建树边界条件为:变电站本身的故障在故障树分析中可不予以考虑,这样故障树所涉及的基本事件数、逻辑门数均相应减少。该输变电系统建树的过程见表 4。

表 4　输变电系统建树过程表

步骤	建 树 图 形	说 明
第一步	**系统故障** 站B或站C因输电线路故障停电或输电线路过载	建树的第一步是严格定义顶事件,或用事件串的方式对顶事件进行进一步的解释
第二步	站B或站C因输电线路故障停电或输电线路过载 （＋） 站B输入线路上无电 (D)　站C输入线路上无电 (E)　站B或站C负荷仅由同一条输出线承担 (F)	建树的第二步,是分析站 B 或站 C 停电或线路过载的直接原因事件,即上文已给出的三个故障判据事件,显然逻辑门应为"或门"。在建树时,分析完同一层次的故障事件后,再逐层向下展开

(续)

步骤	建 树 图 形	说 明
第三步	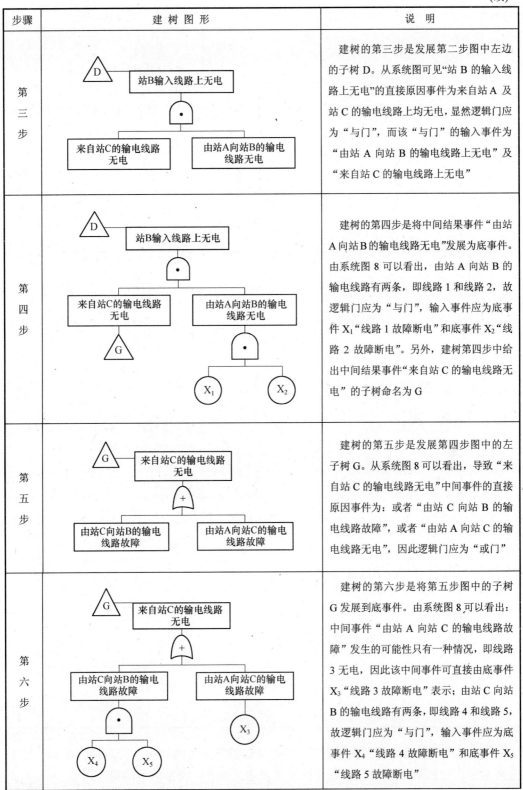	建树的第三步是发展第二步图中左边的子树 D。从系统图可见"站 B 的输入线路上无电"的直接原因事件为来自站 A 及站 C 的输电线路上均无电，显然逻辑门应为"与门"，而该"与门"的输入事件为"由站 A 向站 B 的输电线路上无电"及"来自站 C 的输电线路上无电"
第四步		建树的第四步是将中间结果事件"由站 A 向站 B 的输电线路无电"发展为底事件。由系统图 8 可以看出，由站 A 向站 B 的输电线路有两条，即线路 1 和线路 2，故逻辑门应为"与门"，输入事件应为底事件 X_1"线路 1 故障断电"和底事件 X_2"线路 2 故障断电"。另外，建树第四步中给出中间结果事件"来自站 C 的输电线路无电"的子树命名为 G
第五步		建树的第五步是发展第四步图中的左子树 G。从系统图 8 可以看出，导致"来自站 C 的输电线路无电"中间事件的直接原因事件为：或者"由站 C 向站 B 的输电线路故障"，或者"由站 A 向站 C 的输电线路无电"，因此逻辑门应为"或门"
第六步		建树的第六步是将第五步图中的子树 G 发展到底事件。由系统图 8 可以看出：中间事件"由站 A 向站 C 的输电线路故障"发生的可能性只有一种情况，即线路 3 无电，因此该中间事件可直接由底事件 X_3"线路 3 故障断电"表示；由站 C 向站 B 的输电线路有两条，即线路 4 和线路 5，故逻辑门应为"与门"，输入事件应为底事件 X_4"线路 4 故障断电"和底事件 X_5"线路 5 故障断电"

(续)

步骤	建 树 图 形	说 明
第七步	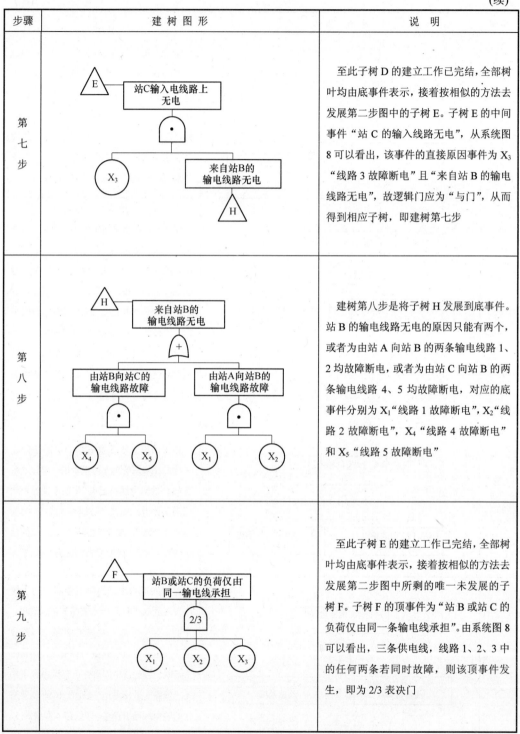	至此子树 D 的建立工作已完结,全部树叶均由底事件表示,接着按相似的方法去发展第二步图中的子树 E。子树 E 的中间事件"站 C 的输入线路无电",从系统图 8 可以看出,该事件的直接原因事件为 X_3 "线路 3 故障断电"且"来自站 B 的输电线路无电",故逻辑门应为"与门",从而得到相应子树,即建树第七步
第八步		建树第八步是将子树 H 发展到底事件。站 B 的输电线路无电的原因只能有两个,或者为由站 A 向站 B 的两条输电线路 1、2 均故障断电,或者为由站 C 向站 B 的两条输电线路 4、5 均故障断电,对应的底事件分别为 X_1 "线路 1 故障断电",X_2 "线路 2 故障断电",X_4 "线路 4 故障断电"和 X_5 "线路 5 故障断电"
第九步		至此子树 E 的建立工作已完结,全部树叶均由底事件表示,接着按相似的方法去发展第二步图中所剩的唯一一未发展的子树 F。子树 F 的顶事件为"站 B 或站 C 的负荷仅由同一条输电线承担"。由系统图 8 可以看出,三条供电线,线路 1、2、3 中的任何两条若同时故障,则该顶事件发生,即为 2/3 表决门

去掉其间局部故障树的转移符号,按照转移符号指明的联结位置,并将"2/3 表决门"变换为图 9 中 E_4 以下子树,各事件符号代表意义如下,完整的故障树见图 9。

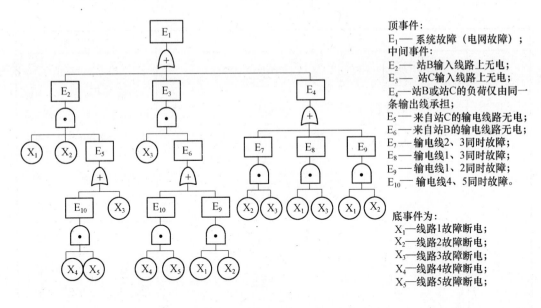

顶事件:
E_1—— 系统故障（电网故障）;
中间事件:
E_2—— 站B输入线路上无电;
E_3—— 站C输入线路上无电;
E_4——站B或站C的负荷仅由同一
条输出线承担;
E_5—— 来自站C的输电线路无电;
E_6—— 来自站B的输电线路无电;
E_7—— 输电线2、3同时故障;
E_8—— 输电线1、3同时故障;
E_9—— 输电线1、2同时故障;
E_{10}—— 输电线4、5同时故障。

底事件为:
X_1—线路1故障断电;
X_2—线路2故障断电;
X_3—线路3故障断电;
X_4—线路4故障断电;
X_5—线路5故障断电;

图 9　输变电系统完整的故障树

7　故障树的规范化、简化和模块化分解

7.1　故障树的规范化

将建造出来的故障树变换为仅含有基本事件、结果事件以及"与"、"或"、"非"三种逻辑门的故障树的过程，称为故障树的规范化。

a) 特殊事件的处理规则

1) 未探明事件的处理规则：可根据其重要性（如发生概率的大小、后果严重程度等）和数据的完备性，或当作基本事件对待或删去。重要且数据完备的未探明事件当作基本事件对待；不重要且数据不完备的未探明事件可删去；其它情况由分析人员根据工程实际决定。

2) 开关事件的处理规则：将开关事件当作基本事件对待。

3) 条件事件的处理规则：条件事件总是与特殊门联系在一起的，详见下节特殊门的等效变换规则。

b) 特殊门的等效变换规则见表5。

表 5　特殊门的等效变换规则表

特殊门	图　示	说　明
顺序与门变换为与门	A ·（顺序条件事件X）B C ⇔ A · B C X（X为顺序条件事件）	输出不变，顺序与门变为与门，原输入不变，新增加一个输入事件——顺序条件事件X

(续)

特殊门	图 示	说 明
表决门变换为或门和与门的组合	(图：A下接2/3表决门，输入B、C、D；等价于A下接或门，或门下接 A_1、A_2、A_3 三个与门，分别输入 B C、B D、C D)	原输出事件下接一个或门，或门之下有 C_n^r 个输入事件，每个输入事件之下再接一个与门，每个与门之下有 r 个原输入事件
	(图：A下接2/3表决门，输入B、C、D；等价于A下接与门，与门下接 A_1、A_2、A_3 三个或门，分别输入 B C、B D、C D)	原输出事件下接一个与门，与门之下有 C_n^{n-r+1} 个输入事件，每个输入事件下再接一个或门，每个或门之下有 $n-r+1$ 个原输入事件
异或门变换为或门、与门和非门的组合	(图：A下接异或门，输入B、C；等价于A下接或门，或门下接 A_1、A_2 两个与门，A_1 输入 B、$\overline{C}$，A_2 输入 $\overline{B}$、C)	原输出事件不变，异或门变为或门，或门下接两个与门，每个与门之下分别接一个原输入事件和一个非门，非门之下接一个原输入事件
禁止门变换为与门	(图：A下接禁止门，条件C，输入B；等价于A下接与门，与门输入B、C)	原输出事件不变，禁止门变换为与门，与门之下有两个输入，一个为原输入事件，另一个为条件事件

7.2 故障树的简化

故障树的简化不是故障树分析的必要步骤，它并不会影响以后定性分析和定量分析的结果。然而，对故障树尽可能的简化是减小故障树规模，进而减少分析工作量的有效措施。

a) 用相同转移符号表示相同子树，用相似转移符号表示相似子树。

使用相同转移符号举例见图10。

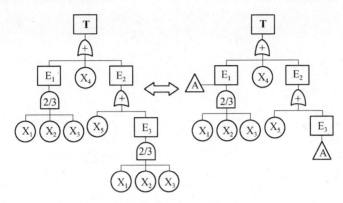

图10 用相同转移符号表示相同子树

使用相似转移符号举例见图11。

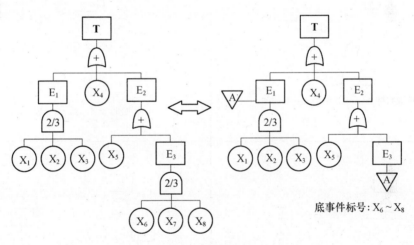

底事件标号：$X_6 \sim X_8$

图11 用相似转移符号表示相同子树

b) 去掉明显的逻辑多余事件和明显的逻辑多余门

按照集合（事件）运算规则，可得到简化故障树的基本原理，见表6。

表6 故障树简化基本原理示例表

基本原理项示例	基本原理项示例
按幂等律 A+A=A ， A$\overline{A}$=Φ 化简	按幂等律 AA=A ， A$\overline{A}$=Φ 化简

(续)

基本原理项示例	基本原理项示例
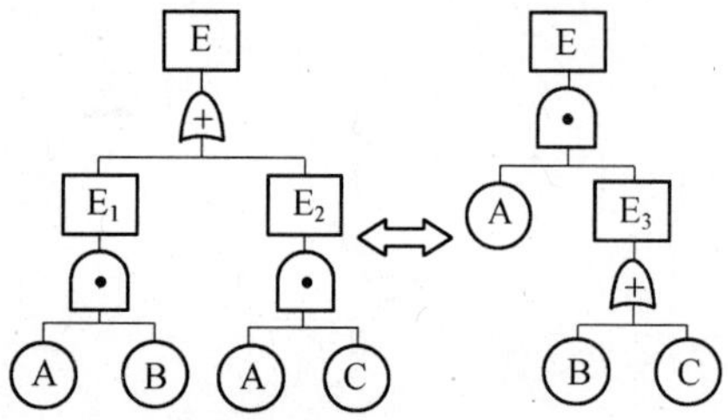 按分配律 AB + AC = A (B + C) 化简	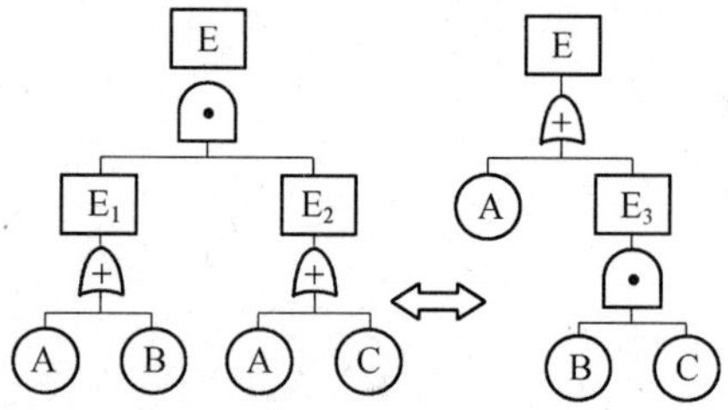 按分配律(A + B) (A + C) = A + BC 化简
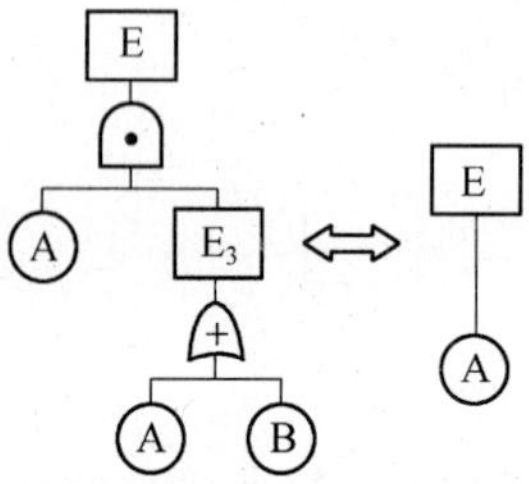 按吸收律 A(A+B)=A ， AĀ=Φ 化简	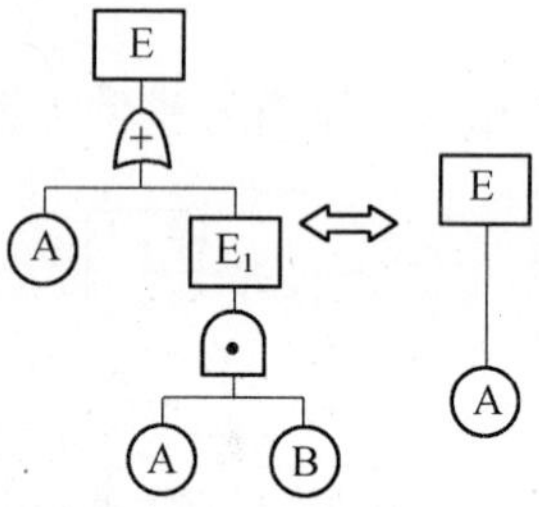 按吸收律 A+AB=A ， AĀ=Φ 化简
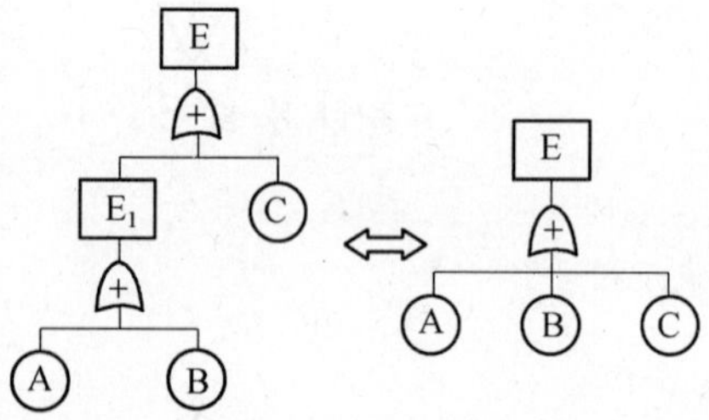 按结合律(A + B) + C = A + B + C 化简	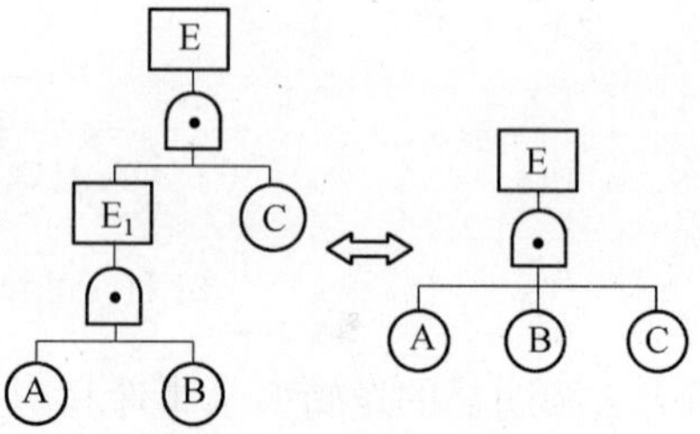 按结合律(A B) C= A B C 化简

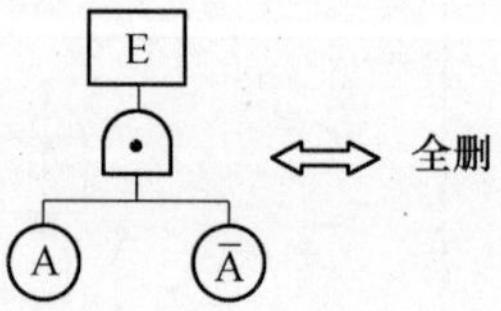

按互补律 AĀ=Φ 化简

图 12 给出一个简化故障树的示例。其中图(a)为一棵含有逻辑多余部分的故障树。

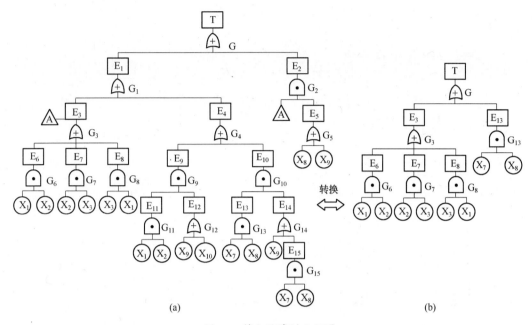

图 12　简化故障树示例图

(a) 含逻辑多余部分的故障树图；(b) 简化后的故障树图。

注：在图 12(b) 中，逻辑门右侧加了一个字母标识用于表示该门，分析时以便于定位不同的门，在以后的内容中，如不特殊说明，则逻辑门旁的字母均可代表相应的门。E_6 和 E_9 通过一系列或门向上到达或门 G_1，按表 6 中加法结合律所示，E_6 和 E_9 可简化为 G_1 的直接输入；又因为 E_6 和 E_{11} 是相同事件，而 G_1 是或门、G_9 是与门，故按照表 6 中吸收律可知，E_9 以下部分可以全部删去。同理，按表 6 中加法结合律所示，E_2 和 E_3 可简化为 G 的直接输入，且有相同转移符号，故按照表 6 中吸收律可知，E_2 以下部分可以全部删去。E_{13} 和 E_{15} 是相同事件，按照吸收律图可知，E_{14} 以下事件可以全部删去。最后，按表 6 中加法结合律和乘法结合律所示，图 12(a) 逻辑树图可简化为图 (b) 所示的逻辑树图。

7.3　故障树的模块化分解

故障树的模块化分解不是故障树分析的必要步骤，它不会影响以后定性分析和定量分析的结果。然而，对故障树尽可能的模块化分解是减小故障树规模，进而减少分析工作量的有效措施。故障树的模块分解按下述步骤进行：

a) 按模块和最大模块的定义，找出故障树中尽可能大的模块。如果有计算机辅助软件可用的话，可方便求出故障树的所有最大模块。

b) 每个模块，可单独进行定性分析和定量计算。

c) 对每个模块用一个等效的虚设底事件来代替，使原故障树的规模减小。

d) 在故障树定性分析和定量计算后，可根据实际需要，将顶事件与各模块之间的关系，转换为顶事件与底事件之间的关系。

故障树模块分解的示例如下：在图 13 中，左侧的故障树图经过相同转移符号简化后可得到右侧所示的故障树图。

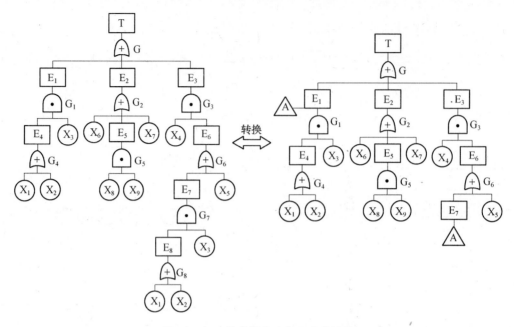

图 13　相同转移符号的简化故障树图

图 13 经简化后的故障树图中，底事件 X_1,X_2,X_3 向上到达同一个逻辑门 G_1 才能到达顶事件，故障树所有其它底事件向上均不能到达 G_1。因此，底事件集合 $\{X_1,X_2,X_3\}$ 为故障树的一个模块，且为最大模块。同样，底事件集合 $\{X_6,X_7,X_8,X_9\}$ 也为故障树的一个最大模块。底事件集合 $\{X_1,X_2\}$ 和 $\{X_8,X_9\}$ 也是故障树的模块，但它们不是最大模块。故 E_1 以下构成一个模块子树，E_2 以下也构成一个模块子树。

在图 14 中用相同转移符号表示事件 E_1 和事件 E_2。分析人员可单独对 E_1 和 E_2 进行定性分析和定量计算。对这两个模块子树 E_1 和 E_2 可看成两个虚设底事件，使原故障树的规模变小，以节省分析工作量。

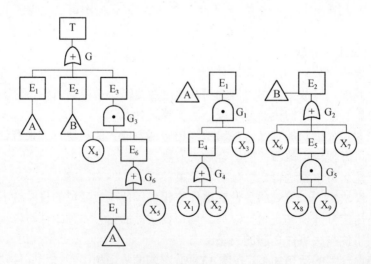

图 14　故障树模块化分解示例图

8 故障树的定性分析

8.1 目的

故障树定性分析的目的在于寻找导致顶事件发生的原因事件或原因事件的组合，即识别导致顶事件发生的所有故障模式集合，帮助分析人员发现潜在的故障，揭露设计的薄弱环节，以便改进设计，还可用于指导故障诊断，改进使用和维修方案。

8.2 最小割集的作用

用图 15 来说明割集和最小割集。这是一个由三个部件组成的串并联系统，该系统共有三个底事件：x_1，x_2，x_3。

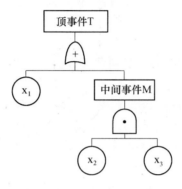

图 15　故障树示例

根据割集的定义和"与"、"或"门的性质，该故障树的割集是：$\{x_1\}$，$\{x_2, x_3\}$，$\{x_1, x_2, x_3\}$，$\{x_1, x_2\}$，$\{x_1, x_3\}$；根据最小割集的定义，该故障树的最小割集为：$\{x_1\}$，$\{x_2, x_3\}$。

一个最小割集代表系统的一种故障模式，故障树定性分析的任务就是要寻找故障树的全部最小割集。最小割集的作用主要体现在两个方面：

a) 预防故障的角度。如果设计中能做到使每个最小割集中至少有一个底事件不发生（发生概率极低），则顶事件就不发生。所以找出最小割集对降低复杂系统潜在故障的风险、改善系统设计意义重大。从保证系统正常工作的状态出发，对于一种系统故障模式，如上 $\{x_2, x_3\}$，只需避免其中任一个底事件的发生，即可消除对应的故障模式；

b) 系统的故障诊断和维修的角度。当进行故障诊断时，如果发现某个部件故障后，进行修复，系统可以恢复功能，但其可靠性水平并未能恢复如初。因为由最小割集的概念可知，只有最小割集中的全部部件都故障时，系统才故障，而只要任一部件修复，系统即可恢复功能，但此时，可能依然存在同一最小割集中其它的故障部件未修复，则系统再次发生故障的概率是很高的。所以系统故障诊断与维修时，应追查出同一割集中的其它部件故障并设法全部修复，如此，才能恢复系统可靠性、安全性设计水平。

8.3 求最小割集的方法

在完成建树并对故障树规范化后，需要计算故障树的最小割集。最小割集的计算常用上行法和下行法（详见附录 A），但对于复杂的故障树，求最小割集时常用商用的 FTA 软件工具。常见的 CAD 软件如：可维 ARMS 2.5、ITEM 软件包、Relex Studio 平台、瑞蓝 BlockSim 等，均具有该功能。

8.4 最小割集的分析

在求得全部最小割集后，可按以下原则对最小割集和底事件进行定性比较，以便将定性比较的结果应用于指导故障诊断，确定维修次序，及提示改进系统的方向。根据每个底事件最小割集所含底事件数目（阶数）排序，当各个底事件发生概率比较小，其差别相对不大的条件下，可按以下原则对最小割集和底事件进行比较：

a) 阶数越小的最小割集越重要。

b) 在低阶最小割集中出现的底事件比高阶最小割集中的底事件重要。

c) 在同一最小割集阶数的条件下，在不同最小割集中重复出现的次数越多的底事件越重要。

为了节省分析工作量，工程中往往略去阶数大于指定值的所有最小割集进行近似分析。

8.5 定性分析案例

根据上述规则，对输变电网络故障树图 9 进行最小割集的比较分析：

最小割集为$\{x_3,x_4,x_5\}$、$\{x_2,x_3\}$、$\{x_1,x_3\}$、$\{x_1,x_2\}$，其中三个 2 阶最小割集的重要性较大，一个 3 阶最小割集的重要性较小。因为 x_3 在三个最小割集中出现，所以线路 3 的最重要；线路 1、2 的重要性次之，因为 x_1,x_2 在两个最小割集中出现；线路 4、5 的重要性最小，因为 x_4,x_5 在只在一个三阶最小割集中出现。根据这些定性分析结果可知：

a) 如果仅知输变电网络出了故障，原因待查，那么首先应检查线路 3，再检查线路 1 和 2，最后检查线路 4 和 5；

如果已知网络状态是 B 站不能向负荷供电，而 C 站仍能供电，那么根据图 9 故障树结构，不经检查可以判定线路 1、2、4、5 都出了故障，修理次序应先修线路 1 或 2，而后修另外两条线路；

如果 C 站不能供电，而 B 站仍能供电，则从故障树可以判定线路 3、4、5 出了故障，修理次序应先修 3，而后再考虑线路 4 或 5。

据此，故障树定性分析结果可以指导故障诊断，并有助于制定维修方案和确定维修次序。

b) 在不考虑费用的前提下，为了改进系统，从上述定性分析结果可以得到重要启示。提高系统可靠性的关键在于提高三个 2 阶最小割集的阶数和加强对于线路 3 的备份。因此站 A 和站 C 之间应增设备用线路 6，见图 16。

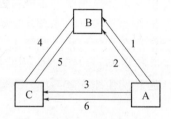

图 16 输变电网络改进方案之一图

对图 16 的系统建造故障树并进行定性分析可得最小割集为：$\{x_1,x_2,x_3\}$、$\{x_1,x_2,x_6\}$、$\{x_1,x_3,x_6\}$、$\{x_2,x_3,x_6\}$、$\{x_3,x_4,x_5,x_6\}$、$\{x_1,x_2,x_4,x_5\}$和改进前相比，系统的可靠性得到显著

提高；

c) 如果系统改进受到费用的约束，上述 A、B、C 各站之间都有备份线路的方案（见图 16）投资过大，那么根据此方案的定性分析结果，两个 4 阶最小割集的重要性较小，所以可以取消线路 4 或 5，以节省投资，此时系统结构见图 17。

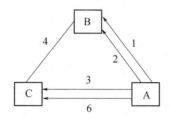

图 17　输变电网络改进方案之二图

图 17 中，系统故障树有 6 个 3 阶最小割集，分别为：$\{x_1,x_2,x_3\}$、$\{x_1,x_2,x_6\}$、$\{x_1,x_3,x_6\}$、$\{x_2,x_3,x_6\}$、$\{x_1,x_2,x_4\}$、$\{x_3,x_4,x_6\}$，显然比未改进之前的系统故障概率低，可靠性更高。因此，故障树定性分析的结果有助于系统方案的比较和论证。当然，这是在工程判断基础上，根据故障树定性比较结果，得出的提示性意见。实际系统的优化设计应当进一步细致调查研究，综合考虑可靠性和其它经济、技术因素，然后再作决策。

9　故障树的定量分析

9.1　目的

故障树定量分析的基本目的是，在求得故障树最小割集的基础上，进行定量分析计算，进而找出系统的薄弱环节。故障树定量分析可以实现以下目的：

a) 利用底事件的发生概率计算顶事件发生概率，以确定系统的可靠度和风险。

b) 确定每个最小割集的发生概率，以便改进设计、提高系统的可靠性和安全性水平。

c) 确定每个底事件的发生所引起顶事件发生的重要程度，以便正确设计或选用部件、元器件的可靠性水平。

d) 掌握每一个底事件发生概率的降低对顶事件发生概率降低的影响程度，以鉴别设计上的薄弱环节。

9.2　假设

a) 故障树中的底事件之间是相互独立的。这种独立性主要从工程实际的角度进行判断，若某些底事件互相不独立，按照统计独立的假设进行计算将出现难以接受的误差，则应参考专门文献进行底事件不独立所需的修正。

b) 每一个底事件及顶事件只考虑其发生或不发生两种状态。

c) 底事件的故障分布都为指数分布。否则，难以用解析法求得精确结果。这时可用蒙特卡罗仿真的方法进行估计。

9.3　顶事件概率计算

9.3.1　概述

顶事件的发生概率可以通过最小割集来求解。在工程上，应尽可能采用 CAD 软件辅助计算。常见的 CAD 软件如：可维 ARMS2.5、ITEM 软件包、Relex Studio、

BlockSim 等。

9.3.2 顶事件发生概率的计算方法

在工程实践中，顶事件的发生概率常用 3 种方法：

a) 方法一

$$P(T) \approx \sum_{i=1}^{N_k} P(K_i) \tag{4}$$

式中：$P(T)$——顶事件发生概率；

　　　$P(K_i)$——第 i 个最小割集的发生概率；

　　　N_k——最小割集数。

式（4）的含义为：每一个最小割集中的底事件发生概率相乘，得到每一个最小割集的发生概率，再把所有最小割集的发生概率相加，得到故障树顶事件的发生概率。前提是假设最小割集之间是互不相容的（即相互独立）。

b) 方法二

$$P(T) \approx \sum_{i=1}^{N_k} P(K_i) - \frac{1}{2} \sum_{i<j=1}^{N_k} P(K_i K_j) \tag{5}$$

式中：$P(K_j)$——第 i 个最小割集的发生概率。

式（5）的含义为：故障树顶事件的发生概率是顶事件发生概率的上限 $\left[\sum P(K_i)\right]$ 和下限 $\left[\sum P(K_i) - \sum P(K_i K_j)\right]$ 的平均值，其中 $\left[\sum P(K_i K_j)\right]$ 表示最小割集两两乘积的加和。前提是假设最小割集之间是相容的。

c) 方法三

$$P(T) = 1 - \prod_{i=1}^{N_k} (1 - P(K_i)) \tag{6}$$

式（6）的含义为：用 1 减所有最小割集发生概率的余数的乘积，即为故障树顶事件的发生概率。前提是：最小割集的发生概率较低，可假设各个割集之间是相互独立的，即两个以上割集同时发生的情况忽略不计。

9.3.3 顶事件发生概率计算示例

在图 9 所示的故障树中，底事件 x_1, x_2, x_3, x_4, x_5 的发生概率为 $P_1=P_2=P_3=P_4=P_5=0.01$，求顶事件的发生概率。

解：在本指南 8.5 条中已确定出该故障树的最小割集为：

$$M_1=\{x_3,x_4,x_5\}, \quad M_2=\{x_2,x_3\}, \quad M_3=\{x_1,x_3\}, \quad M_4=\{x_1,x_2\}$$

a) 用式（4）计算

$P=P(M_1)+P(M_2)+P(M_3)+P(M_4) = P(x_3x_4x_5) + P(x_2x_3) + P(x_1x_3) + P(x_1x_2)$

$= 0.01^3+3\times0.01^2=0.000301$

b) 用式（5）计算

$P=P(M_1)+P(M_2)+P(M_3)+P(M_4)-1/2P(M_1M_2)-1/2P(M_1M_3)$

$\qquad -1/2P(M_1M_4)-1/2P(M_2M_3)-1/2P(M_2M_4)-1/2P(M_3M_4)$

$= P(x_3x_4x_5) + P(x_2x_3) + P(x_1x_3) + P(x_1x_2) - 1/2P(x_2x_3x_4x_5)$

$$-1/2P(x_1x_3x_4x_5)-1/2P(x_1x_2x_3x_4x_5)-1/2P(x_1x_2x_3)-1/2P(x_1x_2x_3)-1/2P(x_1x_2x_3)$$

$$=0.01^3+3\times0.01^2-0.01^4-1/2\times0.01^5-3/2\times0.01^3=0.00029799$$

c) 用式（6）计算

$$P=1-(1-P(M_1))(1-P(M_2))(1-P(M_3))(1-P(M_4))$$

$$=1-(1-P(x_3x_4x_5))(1-P(x_2x_3))(1-P(x_1x_3))(1-P(x_1x_2))$$

$$=0.00030097$$

三种方法的计算结果相差不超过 1%，均在可接受的范围内。

9.4 重要度分析

9.4.1 重要度分析的目的

底事件或最小割集对顶事件发生的贡献度量称为该底事件或最小割集的重要度。重要度是产品结构、元部件的寿命分布及时间的函数。一般情况下，产品中各元、部件并不同样重要，如有的元、部件一故障就会引起产品故障，有的则不然。因此，按照底事件或最小割集对顶事件发生的重要性来排序，对产品改进设计是十分必要的。在工程设计中，重要度分析的目的是为了改进和完善产品设计，确定产品需要监测的部位，制订产品故障诊断时的核对清单等。

9.4.2 重要度的计算方法

9.4.2.1 概述

重要度计算主要包括：概率重要度、结构重要度、关键重要度和相关割集重要度等 4 种计算。

故障树中部件可以有多种故障模式，每一种故障模式对应一个基本事件。部件重要度等于它所包含的基本事件的重要度之和。

9.4.2.2 概率重要度

概率重要度的定义：第 i 个底事件发生概率的变化引起顶事件发生概率变化的程度。用数学公式表达为

$$I_i^{\mathrm{Pr}}(t)=\frac{\partial F_s(t)}{\partial F_i(t)} \tag{7}$$

式中：$I_i^{\mathrm{Pr}}(t)$——底事件 i 的概率重要度；

$F_i(t)$——底事件 i 的发生概率；

$F_s(t)$——顶事件发生概率，$F_s(t)=g[F(t)]=g[F_1(t),F_2(t),\cdots,F_n(t)]$。

概率重要度的物理含义为：底事件 i 的概率重要度越大，则表明其重要度越高；它表示由于底事件 i 发生概率的变化导致顶事件发生概率变化的程度。

9.4.2.3 结构重要度

结构重要度定义：底事件 i 在系统中所处位置的重要程度。其数学表达式为

$$I_i^{\mathrm{St}}(t)=\frac{1}{2^{n-1}}n_i^{\phi}(t) \tag{8}$$

式中：$I_i^{\mathrm{St}}(t)$——底事件 i 的结构重要度；

N——系统所含底事件的数量，$n_i^{\phi}=\sum_{2^{n-1}}[\Phi(1_i,X)-\Phi(0_i,X)]$。

系统中底事件 i 由正常状态（0）变为故障状态（1），其它部件状态不变时，系统可能有以下四种状态。

a) 由底事件 i 正常，顶事件正常的状态变为底事件 i 故障，顶事件也故障，即顶事件状态发生了变化，变化值为 1。

b) 由底事件 i 正常，顶事件正常的状态变为底事件 i 故障，顶事件仍正常，即顶事件状态未变化，变化值为 0。

c) 由底事件 i 正常，顶事件故障的状态变为底事件 i 故障，顶事件仍故障，即顶事件状态未变化，变化值为 0。

d) 由底事件 i 正常，顶事件故障的状态变为底事件 i 故障，顶事件正常，即顶事件状态发生了变化，变化值为-1。由于研究的是单调关联系统，所以最后一种情况不予考虑。

结构重要度的物理含义为：底事件 i 在系统中纯物理位置的关键程度，与其本身故障概率毫无关系，在设计中可以用来确定系统的物理构成是否满足要求。一个由 n 个底事件组成的系统，当第 i 个底事件处于某一状态时，其余（$n-1$）个底事件有 2^{n-1} 种故障或正常的状态组合。分析这 2^{n-1} 种组合中任一种情况下，即其余（$n-1$）个底事件处于某一状态时，底事件 i 由正常状态变为故障状态，所导致顶事件状态的变化情况。然后统计 2^{n-1} 种组合中，属于第一种情况的次数，即为 n_i^{ϕ}。

当系统的底事件数量很多时，确定 n_i^{ϕ} 是非常困难的，可以借助概率重要度的方法来确定结构重要度。当所有底事件的发生概率为 0.5 时，概率重要度等于结构重要度，即概率重要度的式（7）适用于结构重要度的求解。

9.4.2.4 关键重要度

关键重要度定义：第 i 个底事件发生概率的相对变化所引起顶事件发生概率的相对变化率。数学表达式为

$$I_i^{\mathrm{Cr}}(t) = \frac{F_i(t)}{F_s(t)} \times \frac{\partial F_s(t)}{\partial F_i(t)} = \frac{F_i(t)}{F_s(t)} \times I_i^{\mathrm{Pr}}(t) \tag{9}$$

式中：$I_i^{\mathrm{Cr}}(t)$——底事件 i 的关键重要度；

$F_i(t)$——底事件 i 发生的概率；

$F_s(t)$——顶事件发生的概率；

$I_i^{\mathrm{Pr}}(t)$——底事件 i 的概率重要度。

概率重要度非常有用，但它不直接考虑底事件 i 是如何发生的，甚至不关心底事件 i 的发生概率，这将有可能使那些几乎不发生或可能难以改进的底事件赋以较高的重要度值，从而忽视真正重要的底事件（导致顶事件发生，且本身可能发生或易于改进的），在这用情况下，提出了关键重要度的概念。关键重要度的物理含义为：体现了改善一个比较可靠的底事件比改善一个不太可靠的底事件困难这一性质。$F_i(t) I_i^{\mathrm{Pr}}(t)$ 是底事件 i 发生引发顶事件发生的概率，此数值越大表明底事件 i 引发顶事件发生的概率越大。因此，对系统进行检修时应首先检查关键重要度大的底事件，并可按关键重要度大小，列出系统底事件诊断检查的顺序表。该顺序表在需要快速排除故障的场合，比如临战情况显得更为有用，它可以保证能用最快速度排除系统故障。

9.4.2.5 相关割集重要度

底事件 i 的相关割集是指含底事件 i 的最小割集；底事件 i 的无关割集是指不含底事件 i 的最小割集。若系统的全部割集中有 N_i 个底事件 i 相关割集，则定义

$$I_i^{Rc(t)} = g_i(F(t))/g(F(t)) = g_i(F(t))/F_s(t) \tag{10}$$

$$g_i(F(t)) = Pr((\bigcup_{j=1}^{N_i}\prod_{x_l \in k_j} x_l) = 1) \tag{11}$$

式中： $g_i(F(t))$ ——至少一个底事件 i 的相关割集发生的概率；

k_j ——第 j 个底事件 i 的相关割集；

$\bigcup_{j=1}^{N_i}\prod_{x_l \in k_j} x_l$ ——全部 N_i 个底事件 i 相关割集的并集。

当底事件的发生概率足够小时，常用相关割集发生概率的和来近似 $g_i(F(t))$ 。

$$g_i(F(t)) = \sum_{j=1}^{N_i}\prod_{x_l \in k_j} x_l \tag{12}$$

相关割集重要度的物理含义为： $g_i(F(t))$ 和关键重要度中的 $F_i(t)\,I_3^{Pr}(t)$ 的物理含义略有不同。后者排除了所有无关割集发生的情况，前者仅排除了无关割集发生但相关割集不发生的情况，保留了无关割集发生相关割集也发生的情况，所以相关割集重要度大于关键重要度。而 $g_i(F(t))$ 的近似计算比 $F_i(t)\,I_3^{Pr}(t)$ 简单，常利用近似计算的相关割集重要度来排列系统部件的诊断检查顺序。

9.4.3 重要度计算示例

在图 9 所示的故障树中，底事件 x_1, x_2, x_3, x_4, x_5 的发生概率为 $P_1 = P_3 = P_5 = 0.01$ ， $P_2 = P_4 = 0.02$ ，求各底事件的各种重要度值。

解：在 8.5 条中已确定出该故障树的最小割集为：

$$M_1 = x_1 x_2, \quad M_2 = x_1 x_3, \quad M_3 = x_2 x_3, \quad M_4 = x_3 x_4 x_5$$

该故障树的故障函数表达式为：

$$P(T) = M_1 + M_2 + M_3 + M_4 = x_1 x_2 + x_1 \overline{x_2} x_3 + \overline{x_1} x_2 x_3 + \overline{x_1 x_2} x_3 x_4 x_5 = 0.00049794$$

a) 各底事件的概率重要度

$$I_1^{Pr}(t) = \partial P(T)/\partial x_1 = x_2 + (1-x_2)x_3 - x_2 x_3 - (1-x_2)x_3 x_4 x_5 = 0.029598$$

$$I_2^{Pr}(t) = \partial P(T)/\partial x_2 = x_1 - x_1 x_3 + (1-x_1)x_3 - (1-x_1)x_3 x_4 x_5 = 0.019798$$

$$I_3^{Pr}(t) = \partial P(T)/\partial x_3 = x_1(1-x_2) + (1-x_1)x_2 + (1-x_1)(1-x_2)x_4 x_5 = 0.029794$$

$$I_4^{Pr}(t) = \partial P(T)/\partial x_4 = (1-x_1)(1-x_2)x_3 x_5 = 0.000097$$

$$I_5^{Pr}(t) = \partial P(T)/\partial x_5 = (1-x_1)(1-x_2)x_3 x_4 = 0.000194$$

概率重要度排序为：底事件 3>底事件 1>底事件 2>底事件 5>底事件 4。

b) 各底事件的结构重要度

当 x_1, x_2, x_3, x_4, x_5 均为 1/2 时，有：$I_i^{St}(t) = I_i^{Pr}(t)$

则：$I_1^{St}(t) = x_2 + (1-x_2)x_3 - x_2x_3 - (1-x_2)x_3x_4x_5 = 0.4375$

$I_2^{St}(t) = x_1 - x_1x_3 + (1-x_1)x_3 - (1-x_1)x_3x_4x_5 = 0.4375$

$I_3^{St}(t) = x_1(1-x_2) + (1-x_1)x_2 + (1-x_1)(1-x_2)x_4x_5 = 0.5625$

$I_4^{St}(t) = (1-x_1)(1-x_2)x_3x_5 = 0.0625$

$I_5^{St}(t) = (1-x_1)(1-x_2)x_3x_4 = 0.0625$

结构重要度排序为：底事件 3>底事件 1=底事件 2>底事件 4=底事件 5。

c) 各底事件的关键重要度

$$I_1^{Cr}(t) = \frac{F_1(t)}{F_s(t)} I_1^{Pr}(t) = (0.01/0.00049794) \times 0.029598 = 0.59441$$

$$I_2^{Cr}(t) = \frac{F_2(t)}{F_s(t)} I_2^{Pr}(t) = (0.02/0.00049794) \times 0.019798 = 0.79520$$

$$I_3^{Cr}(t) = \frac{F_3(t)}{F_s(t)} I_3^{Pr}(t) = (0.01/0.00049794) \times 0.029794 = 0.59835$$

$$I_4^{Cr}(t) = \frac{F_4(t)}{F_s(t)} I_4^{Pr}(t) = (0.02/0.00049794) \times 0.000097 = 0.00390$$

$$I_5^{Cr}(t) = \frac{F_5(t)}{F_s(t)} I_5^{Pr}(t) = (0.01/0.00049794) \times 0.000194 = 0.00390$$

关键重要度排序为：底事件 2>底事件 3>底事件 1>底事件 4=底事件 5。

d) 各底事件的相关割集重要度

$g_1(F(t)) = \sum_{j=1}^{2} \prod_{x_l \in k_j} x_l = x_1x_2 + x_1x_3 = x_1x_2 + x_1\overline{x_2}x_3 = 0.000298$，$I_1^{Rc}(t) = g_1(F(t))/F_s(t) = 0.5985$；

$g_2(F(t)) = \sum_{j=1}^{2} \prod_{x_l \in k_j} x_l = x_1x_2 + x_2x_3 = x_1x_2 + \overline{x_1}x_2x_3 = 0.000398$，$I_2^{Rc}(t) = g_2(F(t))/F_s(t) = 0.7993$；

$g_3(F(t)) = \sum_{j=1}^{3} \prod_{x_l \in k_j} x_l = x_1x_3 + x_2x_3 + x_3x_4x_5 = x_1x_2 + \overline{x_1}x_2x_3 + \overline{x_1}\,\overline{x_2}x_3x_4x_5 = 0.00039994$，

$I_3^{Rc}(t) = g_3(F(t))/F_s(t) = 0.8032$；

$g_4(F(t)) = \sum_{j=1}^{1} \prod_{x_l \in k_j} x_l = x_3x_4x_5 = 0.000002$，$I_4^{Rc}(t) = g_4(F(t))/F_s(t) = 0.0040$；

$g_5(F(t)) = \sum_{j=1}^{1} \prod_{x_l \in k_j} x_l = x_3x_4x_5 = 0.000002$，$I_5^{Rc}(t) = g_5(F(t))/F_s(t) = 0.0040$

相关割集重要度排序为：底事件 2>底事件 3>底事件 1>底事件 4=底事件 5。

分析结论：FTA 首先用于可靠性设计分析，此时较多用到底事件的概率重要度；而当有具体的底事件故障概率数据时，首先参考关键重要度和相关割集重要度的计算结果，以制定部件诊断检查的顺序表，由于无关割集和相关割集同时发生的概率很小，这两种

重要度的计算结果很相近；相关割集的计算相对容易，在工程中可多采用相关割集重要度来进行计算；结构重要度在没有任何底事件发生概率的数据的情况下，可以用来确定需要优先关注的部件。使用者可根据不同的关注点，选择不同的底事件重要度进行分析，当同时分析多种重要度，且结论不同时，需要按照关注的重要程度进行加权处理，或参照其他文献进行权衡。

附录A
(资料性附录)
最小割集求解方法

上行法和下行法求解故障树最小割集的步骤见表A.1。

表 A.1　上行法和下行法的特点和步骤表

项目	下　行　法	上　行　法
特点	从顶事件开始，由上而下逐级寻找事件集合，最终获得故障树的最小割集	从底事件开始，自下而上逐级寻找事件集合，最终获得故障树的最小割集
步骤	a) 确定顶事件。 b) 分析顶事件所对应的逻辑门。 c) 将顶事件展开为该逻辑门的输入事件(用"与门"连接的输入事件列在同一行。用"或门"连接的输入事件分别各占一行)。 d) 按步骤 c)向下将各个中间事件按同样规则展开，直至所有的事件均为底事件。 e) 表格最后一列的每一行都是故障树的割集。 f) 通过割集间的比较，利用布尔代数运算规则进行合并消元，最终得到故障树的全部最小割集	a) 确定所有底事件。 b) 分析底事件所对应的逻辑门。 c) 通过事件运算关系表示该逻辑门的输出事件("与门"用布尔积表示。"或门"用布尔和表示)。 d) 按步骤 c)向上迭代，直至故障树的顶事件。 e) 将所得布尔等式用布尔运算规则进行简化。 f) 最后得到用底事件积之和表示顶事件的最简式。 g) 最简式中，每一个底事件的"积"项表示故障树的一个最小割集，全部"积"项就是故障树的所有最小割集

以输变电网络系统故障树（见图9）为例，用下行法、上行法分析其最小割集：

a) 下行法(过程见表 A.2)

表 A.2　下行法求最小割集

步　骤	1	2	3	4	最小割集
过程	E_2	x_1, x_2, E_5	x_1, x_2, E_{10}	x_1, x_2, x_4, x_5	
	E_3	x_3, E_6	x_1, x_2, x_3	x_1, x_2, x_3	
	E_4	E_7	x_3, E_{10}	x_3, x_4, x_5	x_3, x_4, x_5
		E_8	x_3, E_9	x_3, x_1, x_2	
		E_9	x_2, x_3	x_2, x_3	x_2, x_3
			x_1, x_3	x_1, x_3	x_1, x_3
			x_1, x_2	x_1, x_2	x_1, x_2

1) 步骤 1 中，因 E_1 下面是或门，所以 E_2, E_3, E_4 各成一行，成竖向串列。

2) 从步骤 1 到 2 时，在步骤 2 中，因 E_2 下面是与门，所以 E_2 的位置换之以 x_1, x_2, E_5

横向并列；因 E_3 下面是与门，所以 E_3 的位置换之以 x_3, E_6 横向并列；因 E_4 下面是或门，所以 E_4 的位置换之以 E_7, E_8, E_9 各成一行，竖向串列。

3) 从步骤 2 到 3 时，在步骤 3 中，因 E_5 下面是或门，所以 E_5 的位置换之以 x_1, x_2, E_{10} 和 x_1, x_2, x_3 各成一行，竖向串列；因 E_6 下面是或门，所以 E_6 的位置换之以 x_3, E_{10} 和 x_3, E_9 各成一行，竖向串列；因 E_7 下面是与门，所以 E_7 的位置换之以 x_2, x_3 横向并列；因 E_8 下面是与门，所以 E_8 的位置换之以 x_1, x_3 横向并列；因 E_9 下面是与门，所以 E_9 的位置换之以 x_1, x_2 横向并列。

4) 从步骤 3 到 4 时，在步骤 4 中，因 E_{10} 下面是与门，所以 E_{10} 的位置换之以 x_3, x_4, x_5 横向并列；因 E_9 下面是与门，所以 E_9 的位置换之以 x_3, x_1, x_2 横向并列。

5) 最小割集：将所有割集通过集合运算规则加以简化、吸收，得到相应的全部最小割集，即共有 4 个最小割集：$\{x_3, x_4, x_5\}, \{x_2, x_3\}, \{x_1, x_3\}, \{x_1, x_2\}$。

b) 上行法

1) 故障树的最下一级为：

$$E_{10} = x_4 x_5, \quad E_9 = x_1 x_2, \quad E_8 = x_1 x_3, \quad E_7 = x_2 x_3$$

2) 往上一级为：

$$E_5 = E_{10} + x_3 = x_4 x_5 + x_3,$$
$$E_6 = E_{10} + E_9 = x_4 x_5 + x_1 x_2,$$
$$E_4 = E_7 + E_8 + E_8 = x_2 x_3 + x_1 x_3 + x_1 x_2$$

3) 再往上一级为：

$$E_2 = x_1 x_2 E_5 = x_1 x_2 x_4 x_5 + x_1 x_2 x_3,$$
$$E_3 = x_3 E_6 = x_3 x_1 x_2 + x_3 x_4 x_5$$

4) 最上一级为：

$$T = E_1 = E_2 + E_3 + E_4 = x_1 x_2 x_4 x_5 + x_1 x_2 x_3 + x_3 x_1 x_2 + x_3 x_4 x_5 + x_2 x_3 + x_1 x_3 + x_1 x_2$$
$$= x_3 x_4 x_5 + x_2 x_3 + x_1 x_3 + x_1 x_2$$

5) 得到 4 个最小割集：

$$\{x_3, x_4, x_5\}, \{x_2, x_3\}, \{x_1, x_3\}, \{x_1, x_2\}。$$

其结果与第一种方法相同。应注意的是：只有在每一步都利用集合运算规则进行简化、吸收，得到的结果才是最小割集。本指南附录 B、C、D 中求最小割集所采用的方法均为下行法。

附录 B
(资料性附录)
某型民用飞机滑油指示和警告系统FTA应用案例

B.1 系统概述

某型民用飞机滑油压力指示和警告系统包括滑油压力指示和滑油压力警告两个系统。

滑油压力指示系统装有滑油压力传感器和滑油压力表（见图B.1）。滑油压力传感器直接装在发动机油滤上，它感受滑油滤出口处的压力，也就是感受发动机滑油进口压力。压力传感器将感受到的滑油压力转变为电信号，通过电缆组件输到滑油压力表处。滑油压力表根据电信号使指针指到相应的滑油压力值上，供驾驶员判读。滑油压力指示系统选用的电源是28V交流电，其频率为400Hz。当断开电源时，滑油压力表指针位于零刻度以下。

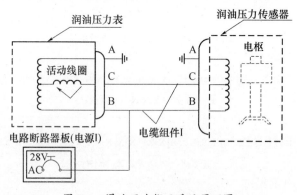

图 B.1　滑油压力指示系统原理图

滑油压力警告系统装有滑油低压电门和滑油滤压差电门（见图B.2）。滑油低压电门通过感压管（导管）感受发动机滑油进口压力，当发动机滑油进口压力下降到0.25MPa

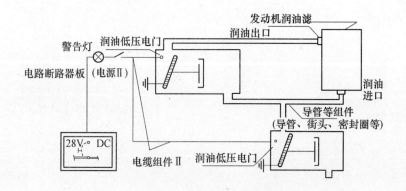

图 B.2　滑油压力警告系统原理图

时，接通电路，使警告灯亮，向驾驶员发出警告信号。滑油滤压差电门感受滑油滤进出口压差，当滑油滤出口压差超过 0.35MPa 时，表示滑油不经滑油滤而由旁通阀流向系统，压差电门接通电路，发生报警信号。

B.2 安全性分析

B.2.1 概述

为保证飞机安全飞行，需要从危害飞机安全的角度进行分析。滑油压力指示和警告系统故障会使发动机损坏，继而影响飞机安全。通过初步分析，知道可能严重危害发动机故障有两种情况：一种情况是滑油系统进口压力过低，滑油压力指示系统没有给出指示，并且滑油压力警告系统也没有发出警告信号，以致使发动机因缺油而损坏；另一种情况是滑油滤塞住，滑油压力警告系统没有发出滑油滤堵塞警告信号，未经过滤的滑油通往轴承处，有可能堵塞喷嘴，造成类似的严重事件。下面将对这两种情况进行 FTA。

B.2.2 滑油进口压力过低而引起发动机损坏的 FTA
B.2.2.1 建故障树

只有当滑油压力指示系统和滑油低限压力警告系统都故障，而且发动机滑油系统压力确实过低时，才能损坏发动机。滑油压力过低而引起发动机损坏的故障树见图 B.3。

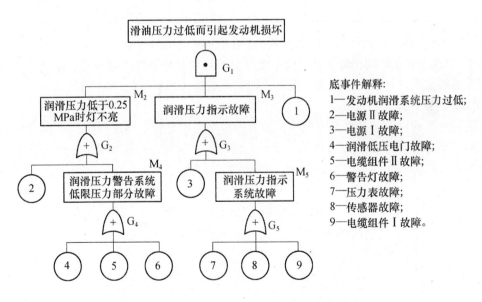

图 B.3 滑油压力过低而引起发动机损坏的故障树

B.2.2.2 定性分析

定性分析首先是找出全部最小割集，根据附录 A 的介绍，用下行法进行分析，见表 B.1。得系统的最小割集为：{2,3,1}，{2,7,1}，{2,8,1}，{2,9,1}，{4,3,1}，{4,7,1}，{4,8,1}，{4,9,1}，{5,3,1}，{5,7,1}，{5,8,1}，{5,9,1}，{6,3,1}，{6,7,1}，{6,8,1}，{6,9,1}。这 16 个最小割集中，只要有一个出现，顶事件就会发生。

表 B.1　用下行法求得滑油压力过低而引起发动机损坏故障树的最小割集

步骤	1	2	3	4	5	最小割集
过程	M_2, M_3, 1	2, M_2, 1	2, M_3, 1	2, 3, 1	2, 3, 1	1, 2, 3
		M_4, M_3, 1	4, M_3, 1	2, M_5, 1	2, 7, 1	1, 2, 7
			5, M_3, 1	4, 3, 1	2, 8, 1	1, 2, 8
			6, M_8, 1	4, M_5, 1	2, 9, 1	1, 2, 9
				3, M_5, 1	4, 3, 1	1, 3, 4
				6, 3, 1	4, 7, 1	1, 4, 7
				6, M_5, 1	4, 8, 1	1, 4, 8
					4, 9, 1	1, 4, 9
					5, 3, 1	1, 3, 5
					5, 7, 1	1, 5, 7
					5, 8, 1	1, 5, 8
					5, 9, 1	1, 5, 9
					6, 3, 1	1, 3, 6
					6, 7, 1	1, 6, 7
					6, 8, 1	1, 6, 8
					6, 9, 1	1, 6, 9

上述 16 个最小割集均为 3 阶的割集。但在底事件 1 至 9 中，底事件 1 在最小割集中出现了 16 次，其余的均出现 4 次，因此定性分析结果是底事件 1 最重要。也就是说，要提高系统的安全性，首先要解决"发动机滑油系统压力过低"（底事件 1）的问题。

B.2.2.3　定量计算

定量计算的目的，是计算出顶事件发生的概率，看是否能满足安全性要求。

16 个最小割集中有重复出现的底事件，因此最小割集之间是相交的。设各底事件故障概率为：

$$F_1 = 1 \times 10^{-3}, \qquad F_2 = F_3 = 1.5 \times 10^{-3}$$
$$F_5 = F_9 = 0.8 \times 10^{-3}, \qquad F_4 = 1 \times 10^{-8}$$
$$F_6 = 0.5 \times 10^{-8}, \qquad F_7 = F_8 = 1.2 \times 10^{-8}$$

顶事件发生的概率可用式（4）进行计算：

$$P(\mathrm{T}) = F_\mathrm{S}(t) = \sum_{i=1}^{16} P(K_i)$$

$$= P(2)P(3)P(1) + P(2)P(7)P(1) + P(2)P(8)P(1) + P(2)P(9)P(1)$$
$$+ P(4)P(3)P(1) + P(4)P(7)P(1) + P(4)P(8)P(1) + P(4)P(9)P(1)$$
$$+ P(5)P(3)P(1) + P(5)P(7)P(1) + P(5)P(8)P(1) + P(5)P(9)P(1)$$
$$+ P(6)P(3)P(1) + P(6)P(7)P(1) + P(6)P(8)P(1) + P(6)P(9)P(1)$$
$$= 1.786 \times 10^{-8}$$

B.2.3 滑油滤堵塞而引起发动机损坏的FTA

B.2.3.1 建故障树（见图B.4）

滑油滤堵塞而引起发动机损坏是由于警告系统没有发生警告信号所造成的。

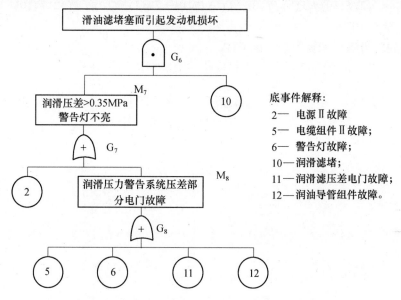

底事件解释：

2—— 电源Ⅱ故障

5—— 电缆组件Ⅱ故障；

6—— 警告灯故障；

10——润滑滤堵；

11——润滑滤压差电门故障；

12——润油导管组件故障。

图 B.4　滑油滤堵塞而引起发动机损坏的故障树

B.2.3.2 定性分析

用下行法求出全部最小割集，见表B.2。

系统的最小割集为：{2,10}，{5,10}，{6,10}，{11,10}，{12,10}。

从定性分析可见，这5个最小割集均为二阶。底事件10在最小割集中出现过5次，其余底事件均出现一次，因此底事件10最为重要。要提高系统的安全性，首先解决"滑油滤堵塞"（底事件10）问题。

表 B.2　用下行法求滑油滤堵塞而引起发动机损坏故障树的最小割集

步　骤	1	2	3	最小割集
过程	M_1, 10	2, 10	2, 10	2, 10
		M_8, 10	5, 10	5, 10
			6, 10	6, 10
			11, 10	10, 11
			12, 10	10, 12

B.2.3.3 定量计算

同样地，设各底事件故障概率为：

$$F_2 = 1.5 \times 10^{-3}, \qquad F_5 = 0.8 \times 10^{-3}$$
$$F_6 = 0.5 \times 10^{-3}, \qquad F_{10} = 1 \times 10^{-5}$$
$$F_{11} = 1.2 \times 10^{-3}, \qquad F_{12} = 1 \times 10^{-3}$$

顶事件发生的概率用式（4）进行计算。

$$P(T) = F_s(t) = \sum_{i=1}^{5} P(K_i)$$
$$= P(2)P(10) + P(5)P(10) + P(6)P(10) + P(11)P(10) + P(12)P(10)$$
$$= 5 \times 10^{-6}$$

B.2.4　滑油压力指示和警告系统的 FTA

滑油压力指示和警告系统危及飞机安全的故障树，见图 B.5。

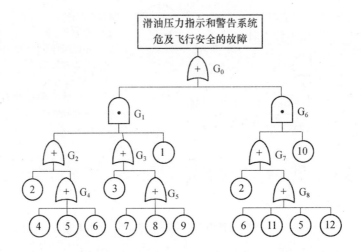

图 B.5　滑油压力指示和警告系统危及飞机安全的故障树

上述故障树为图 B.3 和图 B.4 加上"或门"组合而成。

用下行法可知，此故障树的最小割集为前两棵故障树（图 B.3 和图 B.4）最小割集的综合，即表 B.1 上 16 个最小割集和表 B.2 上 5 个最小割集的综合。其顶事件发生的概率的近似值，亦为上述两棵故障树顶事件发生概率之和。即：

$$P(T) = F_s(t) = 1.786 \times 10^{-8} + 5 \times 10^{-8} = 6.786 \times 10^{-8}$$

根据上述定性分析，底事件 1（"发动机滑油系统压力过低"）和底事件 10（"滑油滤堵塞"）在改进设计时应引起重视。

"滑油压力指示系统"和"滑油压力警告系统"在监控发动机滑油进口最低压力时，都具有类似的功能。就这部分而言，可以说是双重系统。比较其原理图（见图 B.1、图 B.2）可知，如采用共同的电缆组件和电源，只要电缆组件或电源某一部分故障就会严重影响系统工作。为了提高可靠性，不至于由于共同部件故障而使低压指示和警告同时发生故障。在该飞机上，不但选用两套独立的电缆组件，而且选用两套性质完全不同的电源体制。

为了防止"滑油滤堵塞"，在该机上的主要是采用规定时间间隔（300 飞行小时）的检查来避免滑油滤堵塞，提高滑油系统工作可靠性。该机上滑油滤压差警告部分就是用来监控滑油滤是否堵塞的装置。

附录 C
(资料性附录)
某型压力罐泵控制系统 FTA 应用案例

C.1 系统概述

某型压力罐泵控制系统（主要包括压力罐、泵和电机装置，见图 C.1）。该控制系统的功能是控制泵的工作，泵将油液从无穷大的储油容器内泵入压力罐。假设向压力罐泵油增压需要 60s 时间。当压力罐内没有油液时，压力开关的触点是闭合的；当压力罐内油液达到极限压力时，压力开关的触点会自动断开，同时切断流经继电器 K_2 线圈的电流，使继电器 K_2 的触点断开，从而切断泵的电源，使泵的电机停止运转，进而停止向压力罐泵油。压力容器装有排放阀门，假设该阀可以在顷刻间排出压力罐中的全部油液。但是，排放阀门并非卸压阀。当压力罐排空后，压力开关的触点会再次闭合，从而重复上述循环过程。

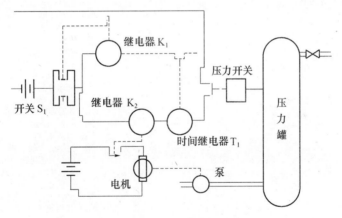

图 C.1　某型压力罐泵控制系统

最初，当系统处于静止状态时，开关 S_1 触点断开，继电器 K_1 触点断开，继电器 K_2 的触点也断开，即压力罐充压控制系统的电源是断开的。在这种断电的状态时，时间继电器 T_1 的触点是闭合的。压力罐是空的，因而压力开关的触点也是闭合的。

按下开关 S_1 的瞬间，系统启动。此时电压加到继电器 K_1 的线圈上，使继电器 K_1 的触点闭合，而且，继电器 K_1 马上进入电自锁状态。同时，继电器 K_1 的触点闭合，使电源与继电器 K_2 的线圈接通，使得 K_2 的触点闭合，从而使泵的电机开始工作。

时间继电器的作用是在压力开关发生失效闭合时，能够应急使系统停止工作。开始时，时间继电器 T_1 的触点是闭合的，当系统一上电，T_1 即开始计时，当 T_1 记录到压力罐连续充压 60s 时，T_1 的触点自动打开切断通向继电器 K_1 线圈的电路，从而使系统停止工作。在正常工作时，当压力开关触点打开时（并且随后继电器 K_2 触点打开），T_1 的计数器复位为 0。

C.2 安全性分析

为保证压力罐能正常充、排压，需要从妨碍压力罐正常工作的角度进行分析。如果把管道和导线的故障暂时忽略的话，泵启动后压力罐破裂的故障是我们最不愿意看到的情况。针对这种故障事件进行 FTA。

C.2.1 建故障树（见图 C.2）

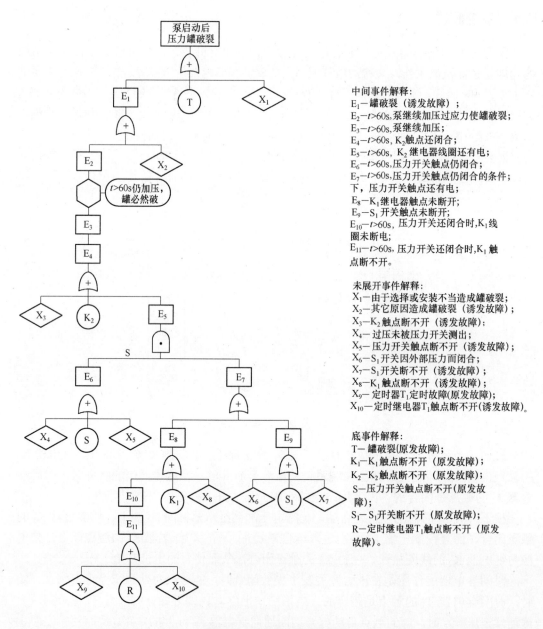

中间事件解释：
E_1—罐破裂（诱发故障）；
E_2—$t>60s$,泵继续加压过应力使罐破裂；
E_3—$t>60s$,泵继续加压；
E_4—$t>60s$, K_2 触点还闭合；
E_5—$t>60s$, K_2 继电器线圈还有电；
E_6—$t>60s$,压力开关触点仍闭合；
E_7—$t>60s$,压力开关触点仍闭合的条件；
下，压力开关触点还有电；
E_8—K_1 继电器触点未断开；
E_9—S_1 开关触点未断开；
E_{10}—$t>60s$, 压力开关还闭合时,K_1 线圈未断电；
E_{11}—$t>60s$, 压力开关还闭合时,K_1 触点断不开。

未展开事件解释：
X_1—由于选择或安装不当造成罐破裂；
X_2—其它原因造成罐破裂（诱发故障）；
X_3—K_2 触点断不开（诱发故障）；
X_4—过压未被压力开关测出；
X_5—压力开关触点断不开（诱发故障）；
X_6—S_1 开关因外部压力而闭合；
X_7—S_1 开关断不开（诱发故障）；
X_8—K_1 触点断不开（诱发故障）；
X_9—定时器T_1定时故障（原发故障）；
X_{10}—定时继电器T_1触点断不开(诱发故障)。

底事件解释：
T— 罐破裂(原发故障)；
K_1—K_1 触点断不开（原发故障）；
K_2—K_2 触点断不开（原发故障）；
S—压力开关触点断不开(原发故障)；
S_1— S_1 开关断不开（原发故障）；
R—定时继电器T_1触点断不开（原发故障）。

图 C.2　压力罐破裂的故障树

本指南 5.2 节中"原发性故障"和"诱发性故障"的描述，根据图 C.2 中所建造的故障树，经过对未展开事件的删减可以得到压力罐破裂事件的简化故障树，见图 C.3。其中各基本事件参数，见表 C.1：

表 C.1 各基本底事件参数表

事件	描 述	故障率 λ（1/h）	维修时间 τ/h	不可用度 $Q=\lambda\tau$
T	压力罐一次故障破裂	E−8	500	5E−6
K_2	K_2 继电器触点打不开	E−5	10	1E−4
S	压力开关触点打不开	E−5	10	1E−4
S_1	开关 S_1 固定在关的位置	E−5	10	1E−4
K_1	K_1 继电器触点打不开	E−5	10	1E−4
R	时间继电器触点打不开	E−5	10	1E−4

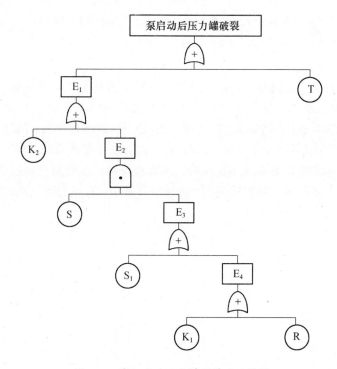

图 C.3 简化后的压力罐破裂的故障树

C.2.2 定性分析

定性分析首先是找出全部最小割集，根据附录 A 的介绍，用下行法进行分析，见表 C.2。得系统的最小割集为：$\{K_2\}$，$\{S,S_1\}$，$\{S,K_1\}$，$\{S,R\}$，$\{T\}$，其中出现两个单点故障，即 K_2 和 T，在没有数据支持定量分析之前，这两个底事件是最值得关注的。这 5 个最小割集中，只要有一个出现，顶事件就会发生。

表 C.2　用下行法求得压力罐破裂故障树的最小割集

步骤	1	2	3	4	5	最小割集
过程	E_1	K_2	K_2	K_2	K_2	K_2
	T	E_2	S, E_3	S, S_1	S, S_1	S, S_1
		T	T	S, E_4	S, K_1	S, K_1
				T	S, R	S, R
					T	T

C.2.3　定量计算

定量计算的目的，是计算出顶事件发生的概率，看是否能满足安全性要求。

5 个最小割集中有重复出现的底事件，因此最小割集之间是相交的。设各底事件不可用度见表 C.1。

顶事件发生的概率可用式（4）进行计算

$$P(\mathrm{T})=F_s(t)=\sum_{i=1}^{5} P(K_i)$$

$$=P(K_2) + P(S)\, P(S_1) + P(S)\, P(K_1) + P(S)P(R) + P(T)$$

$$=10^{-4} + 10^{-4}\times10^{-4} + 10^{-4}\times10^{-4} + 10^{-4}\times10^{-4} + 5\times10^{-6}$$

$$=1.0503\times10^{-4}$$

各基本事件的结构重要度和关键重要度的求解方法见第 7.4 节内容，重要度排序见表 C.3。从表中可以看出，基本事件 K_2 导致系统故障的概率分别比 T 大 20 倍，比 S 大 3300 倍，比其它基本事件大 10000 倍，因此，K_2 是系统的薄弱环节，同时也是改善系统、提高系统可靠性的关键环节。由分析可知，有效的办法是修改设计，使一阶最小割集 K_2 不再存在，修改后的设计见图 C.4。同时，在原设计中，系统重点监控了工作过程，而忽视了重要的压力罐的压力参数的监控，所以新方案中，在压力罐上安装了压力安全阀，使最小割集的阶数比原设计提高一阶。

表 C.3　各基本事件重要度及重要度排序

事 件	结构重要度 I_i^{St}	关键重要度 I_i^{Cr}	重要度顺序
K_2	9/32	1	1
T	9/32	0.05	2
S	7/32	3E−4	3
S_1	1/32	1E−4	4
K_1	1/32	1E−4	4
R	1/32	1E−4	4

除定时继电器外，改进方案的工作原理与原方案一样。定时继电器在系统开始工作 60s 后停记。如果在定时器停记之前，即在 60s 之内，定时继电器已被断电，则定时继电器自己复原，使触点 T_1 和 T_2 保持闭合。在定时继电器停记时，T_1 和 T_2 断开时，如果定时继电器断电，则定时器旁侧一个限制装置使触点 T_1 和 T_2 闭合，达到了自动复位。如

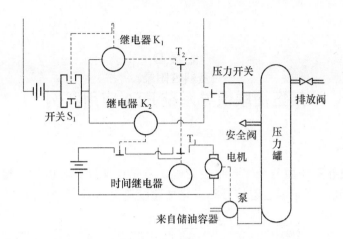

图 C.4 某型压力罐泵控制系统改进设计方案

果在触点 T_1 和 T_2 断开时，定时继电器没有断电（由于 K_2 触点断不开），则触点 T_1 和 T_2 不闭合，定时继电器不能自动复原，必须手动复原。这样，仅仅发生 K_2 触点故障（断不开）就不再是破坏性的了。

画出新改进系统的故障树，见图 C.5，略去未展开事件，其中增加了一个基本事件 P（安全阀故障）。进行定性分析，可得到相应的最小割集为：$\{T\}$，$\{P,R.K_2\}$，$\{P,R,S,S_1\}$，$\{P,R,S, K_1\}$。较改进前最小割集的阶数有了明显的提高。

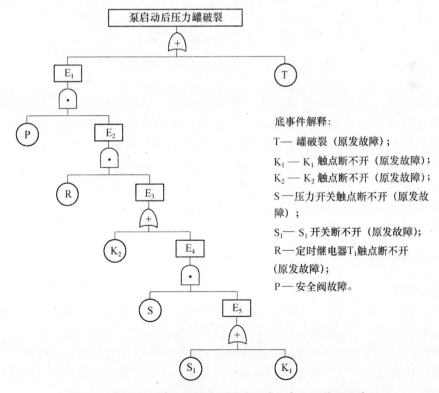

底事件解释：

T—— 罐破裂（原发故障）；

K_1—— K_1 触点断不开（原发故障）；

K_2—— K_2 触点断不开（原发故障）；

S——压力开关触点断不开（原发故障）；

S_1—— S_1 开关断不开（原发故障）；

R——定时继电器 T_1 触点断不开（原发故障）；

P—— 安全阀故障。

图 C.5 某型压力罐泵控制系统改进设计方案后的简化故障树

附录 D
(资料性附录)
某型捷联惯导系统 FTA 应用案例

D.1 系统概述

某型捷联惯导系统由两个二自由度陀螺、三个加速度计、电源、相关的电子线路等组成,能够得到四路陀螺通道信号和三路加速度通道信号,其信号连接关系见图 D.1。

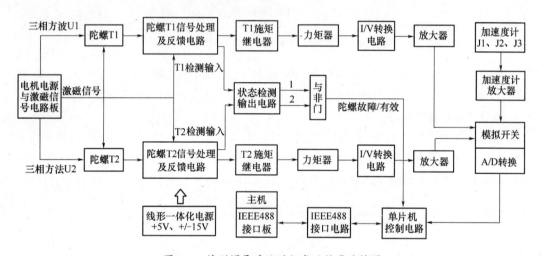

图 D.1 捷联惯导系统的组成及信号连接图

系统加电后,电机电源模块产生三相方波电源,驱动陀螺工作;陀螺的输出信号在信号处理及力反馈电路中与激磁信号合成,生成检测信号和角速度感应信号;检测信号通过检测电路处理后输出陀螺故障/有效信号,用于主机判断陀螺的工作状态;当陀螺故障时,检测电路输出的继电器控制信号将断开角速度感应信号;当陀螺正常时,角速度感应信号通过力矩器和变换放大电路及 A/D 转换,由单片机通过 IEEE488 接口将其送到主机进行处理。三路加速度信号同时也经 A/D 转换后送到主机进行处理。

D.2 安全性分析

D.2.1 假设条件

为保证惯导系统加电后,主机能判定数据同步,需要先确定假设条件:不考虑人为操作失误引起的故障;各接插件联接牢固、可靠、故障率低,建树时不考虑;印制电路板质量有保证,焊点不存在虚焊;各器件之间的连线不存在断路现象;故障树中的底事件之间是相互独立的;每个底事件和顶事件只考虑发生和不发生两种状态;寿命分布都为指数分布。

D.2.2 建故障树（见图 D.2）

由于 X_9 和 X_{14} 描述的内容相同，在定性和定量分析时作为一个事件处理。E_9、E_{10}、E_{15} 由于发生概率非常低，所以在定性和定量分析中忽略。

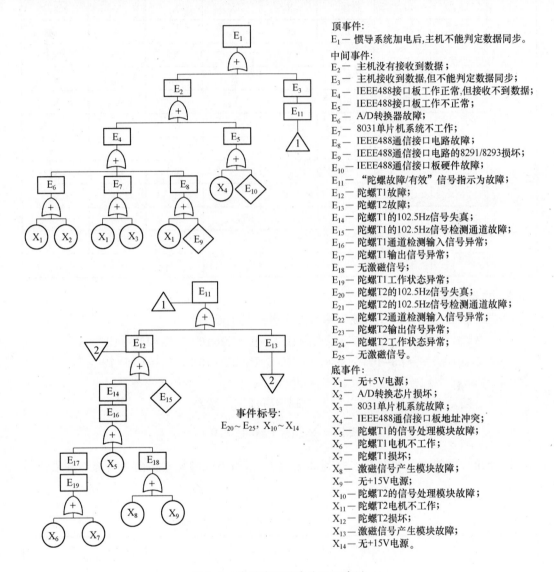

顶事件:
E_1 — 惯导系统加电后,主机不能判定数据同步。

中间事件:
E_2 — 主机没有接收到数据;
E_3 — 主机接收到数据,但不能判定数据同步;
E_4 — IEEE488接口板工作正常,但接收不到数据;
E_5 — IEEE488接口板工作不正常;
E_6 — A/D转换器故障;
E_7 — 8031单片机系统不工作;
E_8 — IEEE488通信接口电路故障;
E_9 — IEEE488通信接口电路的8291/8293损坏;
E_{10} — IEEE488通信接口板硬件故障;
E_{11} — "陀螺故障/有效"信号指示为故障;
E_{12} — 陀螺T1故障;
E_{13} — 陀螺T2故障;
E_{14} — 陀螺T1的102.5Hz信号失真;
E_{15} — 陀螺T1的102.5Hz信号检测通道故障;
E_{16} — 陀螺T1通道检测输入信号异常;
E_{17} — 陀螺T1输出信号异常;
E_{18} — 无激磁信号;
E_{19} — 陀螺T1工作状态异常;
E_{20} — 陀螺T2的102.5Hz信号失真;
E_{21} — 陀螺T2的102.5Hz信号检测通道故障;
E_{22} — 陀螺T2通道检测输入信号异常;
E_{23} — 陀螺T2输出信号异常;
E_{24} — 陀螺T2工作状态异常;
E_{25} — 无激磁信号。

底事件:
X_1 — 无+5V电源;
X_2 — A/D转换芯片损坏;
X_3 — 8031单片机系统故障;
X_4 — IEEE488通信接口板地址冲突;
X_5 — 陀螺T1的信号处理模块故障;
X_6 — 陀螺T1电机不工作;
X_7 — 陀螺T1损坏;
X_8 — 激磁信号产生模块故障;
X_9 — 无+15V电源;
X_{10} — 陀螺T2的信号处理模块故障;
X_{11} — 陀螺T2电机不工作;
X_{12} — 陀螺T2损坏;
X_{13} — 激磁信号产生模块故障;
X_{14} — 无+15V电源。

事件标号:
$E_{20} \sim E_{25}$, $X_{10} \sim X_{14}$

图 D.2   某型捷联惯导系统故障树

D.2.3 定性分析

根据给出的故障树，根据附录 A 的介绍，采用下行法求出系统的最小割集过程见表 D.1。最后得出的 13 个最小割集为：$\{X_1\}$，$\{X_2\}$，$\{X_3\}$，$\{X_4\}$，$\{X_5\}$，$\{X_6\}$，$\{X_7\}$，$\{X_8\}$，$\{X_9\}$，$\{X_{10}\}$，$\{X_{11}\}$，$\{X_{12}\}$，$\{X_{13}\}$。任何一个最小割集发生，顶事件就会发生。

表 D.1　用下行法求得捷联惯导系统故障树的最小割集

步骤	1	2	3	4	5	6	7	最小割集
过程	E_2	E_4	E_6	X_1	X_1	X_1	X_1	X_1
	E_3	E_5	E_7	X_2	X_2	X_2	X_2	X_2
		E_{11}	E_8	X_3	X_3	X_3	X_3	X_3
			X_4	X_4	X_4	X_4	X_4	X_4
			E_{12}	E_{14}	E_{16}	E_{17}	E_{19}	X_6
			E_{13}	E_{20}	E_{22}	X_5	X_5	X_7
						E_{18}	X_8	X_5
						E_{23}	X_9	X_8
						X_{10}	E_{24}	X_9
过程						E_{24}	X_{10}	X_{11}
							X_{13}	X_{12}
							$X_{14}(X_9)$	X_{10}
								X_{13}

D.2.4　定量计算

根据经验数据知该惯导系统故障树的底事件发生概率为：

$E_1=2.3\times10^{-4}$，$E_2=1.6\times10^{-4}$，$E_3=6.7\times10^{-4}$，$E_4=2.0\times10^{-4}$，$E_5=4.75\times10^{-4}$，

$E_6=3.4\times10^{-4}$，$E_7=9.8\times10^{-4}$，$E_8=5.9\times10^{-4}$，$E_9=2.2\times10^{-4}$，$E_{10}=4.75\times10^{-4}$，

$E_{11}=3.4\times10^{-4}$，$E_{12}=9.8\times10^{-4}$，$E_{13}=5.9\times10^{-4}$

采用一阶近似算法，由公式（4）得到顶事件发生概率：

$$P(T)=\sum_{i=1}^{13}P(E_i)=6.47\times10^{-3}$$

各底事件的概率重要度 I_i^{St}、关键重要度 I_i^{Cr} 求解方法参见本指南 9.4 条，重要度排序见表 D.2。

表 D.2　各底事件重要度及重要度排序

事　件	概率重要度 I_i^{St}	关键重要度 I_i^{Cr}
1	0.99371	0.03533
2	0.99422	0.02459
3	0.99377	0.10291
4	0.99335	0.03071
5	0.99449	0.07301
6	0.99389	0.05223
7	0.99452	0.15064

（续）

事 件	概率重要度 I_i^{St}	关键重要度 I_i^{Cr}
8	0.99414	0.09066
9	0.99377	0.03379
10	0.99449	0.07301
11	0.99389	0.05223
12	0.99452	0.15064
13	0.99414	0.09066

分析结论和建议：由定性分析可知，所有最小割集都为一阶最小割集，因此任何一个底事件发生，顶事件都会发生，这是由于系统中没有采用冗余设计，任何一个部分故障，都会导致系统故障。

根据概率重要度的计算结果，可以确定底事件 E_7（陀螺 T1 损坏）和 E_{12}（陀螺 T2 损坏）是概率重要度数值最大的，底事件 E_5（陀螺 T1 信号处理模块故障）和 E_{10}（陀螺 T2 信号处理模块故障）是概率重要度数值次大的，这 4 个底事件对应的单元为设计中的薄弱环节。为了提高产品的可靠性，应优先对这 4 个单元采取设计改进措施。

当惯导系统加电后，主机不能判定数据同步的顶事件发生时，则需要根据关键重要度来制定部件诊断检查的顺序表，由高到低的依次检查部件是否故障，可以较快的故障定位。

参 考 文 献

[1]   陆廷孝，郑鹏洲，何国伟，等. 可靠性设计与分析[M]. 北京：国防工业出版社，2002.

[2]   章国栋，陆廷孝，屠庆慈，等. 系统可靠性与维修性分析与设计[M]. 北京：北京航空航天大学
出版社，1990.

[3]   曾声奎，赵廷弟，张建国，等. 系统可靠性设计分析教程[M]. 北京：北京航空航天大学出版社，
2001.

[4]   梅启智，廖炯生，孙惠中. 系统可靠性工程基础[M]. 北京：科学出版社，1992.

[5]   周正伐. 可靠性工程基础[M]. 北京：宇航出版社，1999.

[6]   郭永基. 可靠性工程原理[M]. 北京：清华大学出版社，2002.

[7]   王少萍. 工程可靠性[M]. 北京：北京航空航天大学出版社，2000.

[8]   Roy Billinton，Ronald N Allan. Reliability Evaluation of Engineering System：Concepts and
Techniques[M]. New York: Plenum Press，1983.

[9]   Singh C.，Billinton R. A New Method to Determine the Failure Frequency of a Complex System[J].
Microelectronics and Reliability，12，1973.

[10] Allan R. N.，Rondiris I. L An Efficient Computational Technique for Evaluating the Cut/tie Sets and
Common-cause Failures of Complex Systems[J]. IEEE Transaction on Reliability，R-30，1981.

[11] GJB 450A《装备可靠性工作通用要求》实施指南[M]. 北京：总装备部电子信息基础部技术基础
局，总装备部技术基础管理中心，2008.

XKG

型 号 可 靠 性 技 术 规 范

XKG／K08—2009

型号事件树分析应用指南

Guide to the event tree analysis for materiel

目　次

前　言

本指南的附录 A～附录 F 均是资料性附录。

本指南由国防科技工业可靠性工程技术研究中心负责组织实施。

本指南起草单位：北京航空航天大学可靠性工程研究所、航空 601 所、航天五院、中国空间技术研究院总体部、船舶系统工程部。

本指南主要起草人：康锐、王靖、石荣德、陈希成、肖名鑫、许远帆。

型号事件树分析应用指南

1 范围

本指南规定了对型号（装备，下同）进行事件树分析的要求、程序和方法。

本指南适用于型号在方案、工程研制与定型、生产等阶段开展 ETA 工作，使用阶段也可参照使用。

2 规范性引用文件

下列文件中的有关条款通过引用而成为本指南的条款。凡注明日期或版次的引用文件，其后的任何修改单（不包括勘误的内容）或修订版本都不适用本指南，但提倡使用本指南的各方探讨使用其最新版本的可能性。凡未注日期或版次的引用文件，其最新版本适用于本指南。

GJB 450A   装备可靠性工作通用要求

GJB 451A   可靠性维修性保障性术语

GJB 900   系统安全性通用大纲

GJB/Z 99   系统安全性手册

GJB/Z 768A   故障树分析指南

GJB/Z 1391   故障模式、影响及危害性分析指南

3 术语和定义

GJB 451A 确立的以及下列术语和定义适用于本指南。

3.1 事件 event

事件树分析中各种故障状态或不正常情况皆称故障事件，各种完好状态或正常情况皆称后果事件。两者均可简称事件。

3.2 初因事件 initiating event

可能引发系统安全性后果的系统内部故障或外部的事件。初因事件可能来自产品或系统内部故障或外部正常或非正常事件，它在分析时根据不同的产品或系统而确定。

3.3 后续事件 continuing event

在初因事件发生后，可能相继发生的其他事件，这些事件可能是系统功能设计中所决定的某些备用设施或安全保证设施的启用，也可能是系统外部正常或非正常事件的发生。后续事件一般是按一定顺序发生的。

3.4 后果事件 final event

由于初因事件和后续事件的发生或不发生所构成的不同结果。

3.5 事件树 event tree (ET)

从初因事件开始，按事件发展过程，自左向右绘制事件树，用树枝代表事件发展

途径。根据后续事件发生或不发生（二态）分析各种可能得结果，直至找出后果事件。

3.6 事件树分析 event tree analysis (ETA)

在初因事件给定的情况下，分析该初因事件可能导致的各种事件序列的结果，从而定性或定量分析与计算每个事件序列的概率，找出关键序列的各个环节，进而采取措施并跟踪其效果，是一种动态的分析技术。

3.7 事件链 event chain

由初因事件、后续事件和后果事件所构成的事件序列。

4 符号和缩略语

4.1 符号

下列符号适用于本指南。

C——后果事件的损失值；

R——后果事件的风险值，或可靠度；

P——单位时间内后果事件的发生概率；

S——后果事件为"系统成功"；

F——后果事件为"系统失败"。

4.2 缩略语

下列缩略语适用于本指南。

ET——event tree，事件树；

ETA——event tree analysis，事件树分析；

ETF——事件树和故障树相结合的综合分析方法；

FT——fault tree，故障树；

FTA——fault tree analysis，故障树分析。

5 一般要求

5.1 概述

事件树分析是在给定的初因事件的情况下，分析该初因事件可能导致的各种事件序列的结果，从而进行定性或定量分析与计算每个事件序列的概率，找出关键序列的各个环节，进而采取措施并跟踪其效果。事件树序列用图形表示，并且成树状，故得名事件树。

5.2 目的、作用和时机

a) 目的

事件树分析可发现后果严重的事件及其发生概率，在此基础上达到确定并降低型号研制风险的目的。

b) 作用

事件树分析可用于描述系统中可能发生的事件序列，分析复杂系统的重大故障和事故，尤其适用于具有冗余设计、故障监测与保护设计的复杂系统的安全性和可靠性分析，在这些系统中设备的投入使用具有明显的次序性。

c) 时机

事件树分析工作在型号方案、研制阶段早期开始，并随研制工作的进展反复进行、不断细化。

5.3 完全事件树

对于某个初因事件，有 n 个后续事件，只有发生（故障）或不发生（正常）两种状态，则该初因事件可能的后果事件数为 2^n 个，这样的事件树又称为完全事件树。例如，对于由 2 个部件构成的系统，其完全事件树如图 1 所示。但由于各后续事件间的相依性，有许多后果事件是不可能出现的，或者没有实际意义，因此实际的后果事件数远小于 2^n 个。每个后果事件发生的概率等于该后果事件序列各环节的条件概率的乘积。

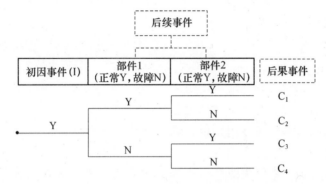

图 1 完全事件树示意图

C1—部件 1、部件 2 均正常；C2—部件 1 正常、部件 2 故障；
C3—C 部件 1 故障、部件 2 正常；C4—部件 1、部件 2 均故障。

5.4 事件树分析的步骤

事件树分析的步骤见图 2。

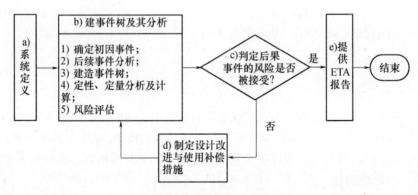

图 2 事件树分析的步骤

事件树分析各步骤分别为：

a) 系统定义：通过调查研究、系统分析，了解被分析对象及其事件的全过程，进而初步确定与事件有关的分系统及其故障模式，并绘制出事件发展过程的示意图。

b) 建事件树及其分析

1) 确定初因事件：按照本指南 3.2 条的定义，确定和分析可能导致系统安全性后果的初因事件并进行分类，将可能导致相同事件树的初因事件划分为一类。

2) 后续事件分析：分析从初因事件经过各后续事件的状态，即故障或正常。

3) 建造事件树：按后续事件发生或不发生（二态）分析各种可能的结果，找出后果事件。事件树的建造过程也是对系统的一个再认识过程。不同类型事件树的建造详见本指南 5.7 条。

4) 定性、定量分析及计算：对所建的事件树的各后果事件链进行排列，针对相关问题采取改进措施，以实现 ETA 的定性分析，其应用案例参见本指南附录 C、附录 E；当经过收集、分析能得到各事件的发生概率及其相互间的依赖关系时，可进行定量分析及计算各后果事件的发生概率，并进一步分析及评估其风险。

5) 风险评估：参见本指南 5.6 条。

c) 判定"后果事件的风险是否被接受"：回答是，转入步骤 e)；如回答否，则转入步骤 d)。

d) 制定设计改进与使用补偿措施：针对事件序列的各种环节，从设计、生产、使用、维修和人的因素等方面拟定设计改进和使用补偿措施。步骤 d)结束后，转入步骤 b)。

e) 提供 ETA 报告：事件树分析完成后，应提供相应报告，并作为技术文件归档备查。其内容主要包括系统定义、建事件树过程、数据来源、分析计算结果、改进措施、结论、建议和附录等。

5.5 事件树的定量分析及计算

5.5.1 定量分析及计算的主要内容

事件树的定量分析主要包括：

a) 确定初因事件的概率。

b) 确定后续事件的概率。

c) 确定后果事件的发生概率。

当初因事件或后续事件为系统中某一部件的故障事件时，其发生概率即为该部件发生故障的概率。对这一类事件可通过可靠性预计、故障树分析、使用统计分析或评估等方法得出其故障概率；而当这些事件为某些外部因素时（如环境因素、人为因素等），其发生概率一般需通过长期的数据积累再经统计分析或评估得出。

计算后果事件的发生概率分为两种情况：简化计算，即不考虑事件链中各事件的相依关系；精确计算，即考虑各事件之间的相依关系。详见本指南 5.5.2 条和 5.5.3 条。

5.5.2 后果事件发生概率的简化计算

如图 1 所示的两个部件的事件树，部件 1 和部件 2 相互独立，分别求出部件 1 和部件 2 的故障概率后即可计算出各后果事件的发生概率：

$$P(C_1) = P(I) \cdot P(S_1) \cdot P(S_2) \approx P(I)$$

$$P(C_2) = P(I) \cdot P(S_1) \cdot P(F_2) \approx P(I) \cdot P(F_2)$$

$$P(C_3) = P(I) \cdot P(F_1) \cdot P(S_2) \approx P(I) \cdot P(F_1)$$

$$P(C_4) = P(I) \cdot P(F_1) \cdot P(F_2) \approx P(I) \cdot P(F_1) \cdot P(F_2)$$

式中：$P(C_1) \sim P(C_4)$——后果事件 $C_1 \sim C_4$ 的发生概率；

$P(I)$——初因事件 I 发生的概率；

$P(S_1)$——部件 1 正常事件发生的概率；

$P(S_2)$——部件 2 正常事件发生的概率；

$P(\mathrm{F_1})$——部件 1 故障事件发生的概率；

$P(\mathrm{F_2})$ ——部件 2 故障事件发生的概率。

当部件的可靠性较高时，部件成功的概率近似为 1，即 $P(\mathrm{S_1}) = P(\mathrm{S_2}) \approx 1$。一个简化计算后果事件发生概率的示例参见本指南附录 A。

5.5.3 后果事件发生概率的精确计算

当事件树中各事件的发生不是相互独立时，进行事件树中后果事件发生概率的计算将更为复杂，此时必须考虑各事件发生的条件概率。图 1 中的事件树，后果事件 C_4 的发生概率为：

$$P(\mathrm{C_4}) = P(\mathrm{I}) \cdot P(\mathrm{F_1/I}) \cdot P(\mathrm{F_2/F_1, I}) \tag{1}$$

式中：$P(\mathrm{F_1/I})$——在初因事件 I 发生的条件下，部件 1 故障事件 $(\mathrm{F_1})$ 发生的概率；

$P(\mathrm{F_2/F_1, I})$——在初因事件 I 发生、部件 1 故障事件 $(\mathrm{F_1})$ 也发生的条件下，部件 2 故障事件 $(\mathrm{F_2})$ 发生的概率。

造成事件树中各事件具有相依关系的常见原因之一是各事件的发生具有相同的原因，如在图 1 事件树中，若部件 1 和部件 2 具有共同的部件，则该部件的故障将造成部件 1 和部件 2 同时故障。引起多个事件同时发生的相同原因事件称为共因事件，其存在造成了后果事件发生概率计算的复杂性。考虑共因事件时确定事件发生条件概率的常用方法为显分析法，详见本指南附录 B。

5.6 后果事件的风险评估

评价后果事件的风险，应对每一后果事件进行风险评估。后果事件的风险 R 定义为该事件的发生概率与其损失值的乘积：

$$R = P \cdot C \tag{2}$$

式中：R——后果事件的风险值；

P——单位时间内后果事件的发生概率；

C——后果事件的损失值，如费用。

一般情况下，采用后果事件所造成的损失以费用来表示其损失值，以便计算出每个后果事件的风险值。在衡量某一后果事件的风险时，采用图所示的坐标曲线，它以后果事件的损失费用 C 为 X 轴，以后果事件的发生概率（频率）P 为 Y 轴，对复杂产品或系统根据设计要求确定一个风险阈值，该值决定的曲线称为等风险线，通常为曲线（如图 3(a)）。若某后果事件的风险值落在等风险线上方（如图 3 中的 R_2、R_3 点），则该事件的风险是不可接受的，对此需采取设计改进或使用补偿措施，以降低其发生概率或降低后果损失；反之，若某后果事件的风险值落在等风险线下方（如图 3 中的 R_1 点），则该事件的风险可接受，可不采取设计改进或使用补偿措施。

由于后果事件的损失费用和发生概率的范围很大，往往跨越好几个数量级，而且实际中两者之间往往存在反比关系，即损失越大的后果事件发生概率越小，发生概率越大的损失通常也越轻。因此后果事件的风险值在坐标曲线图中往往集中于坐标轴的两头，不便于区分。故可将坐标曲线图的两个坐标进行对数转换，即用其指数值取代原值，这样等风险线就变成了一条直线，如图 3(b)所示。风险值的分布由集中变得分散，易于分析、评价。

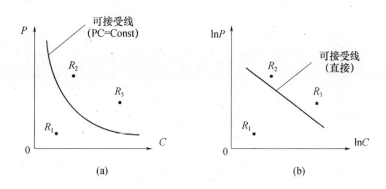

图 3　坐标曲线示意图

(a) 对数转换前的法墨曲线；(b) 对数转换后的法墨曲线。

5.7　不同类型事件树的建造

5.7.1　事件树类型

常见的事件树（ET）类型包括：

a) 连续运转部件组成的系统事件树。该类系统中的各部件是连续运行的，后果事件与初因事件和后续事件的次序无关，因此在建立该系统的事件树时，可以选择任意一个部件作为初因事件。此类系统事件树的示例参见本指南附录 A。

b) 有备用或安全装置的系统事件树。在该类系统中，某一特定的初因事件发生后，其后续投入工作的部件是有一定的先后次序的，因此在建造这类事件树时，必须对系统进行较详细的功能分析以确定各后续事件发生的先后次序，才能建出正确的事件树。此类系统事件树的示例参见本指南附录 C。

5.7.2　事件树的简化

在建立事件树（ET）的过程中，应注意有些事件链并没有发展到最后，就已经结束。此类事件树（ET）的简化按以下两个原则处理：

a) 当某一非正常事件的发生概率极低时可以不列入后续事件中。

b) 当某一后续事件发生后，其后的其他事件无论发生与否均不能减缓该事件链的后果时，该事件链即已结束。

6　事件树分析与故障树分析的综合应用

6.1　概述

事件树分析（ETA）是从某一初因事件开始，按时序分析各后续事件的状态组合所造成的所有可能的后果事件；而故障树分析（FTA）是从某一不希望发生的后果事件开始，按照一定的逻辑关系分析引起该后果事件的原因事件或原因事件组合。在对复杂系统进行安全性、可靠性分析时，将这两种方法进行综合应用，以充分发挥各自的优势，更有效的找出产品或系统的故障原因。事件树分析与故障树分析的综合分析法（ETF）就是 ETA 和 FTA（见 XKG/K07-2009《型号故障树分析应用指南》）相结合的综合分析方法，其要点如下：

a) 如果事件树中的初因事件与后续事件是产品或系统中的非正常事件（如某设备的

故障），则可以将这些事件视为顶事件，并在此基础上建立故障树（FT）。

b) 以 ET 中的后果事件为顶事件，按照一定的逻辑关系（一般情况下为"与门"的逻辑关系）将与该后果事件相关的初因事件和后续事件连接成故障树（FT）。

c) 从事件树分析（ETA）中找出后果事件相同的分支，再以该事件为顶事件按照一定的逻辑关系（一般情况下为"或门"的逻辑关系）建造一棵更大的故障树（FT）。

d) 通过故障树（FT）的定性、定量分析，求出产品或系统中各类事件的发生概率。

6.2 ETF 方法的实施步骤

ETF 的实施步骤见图 4。

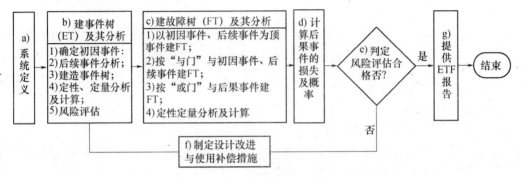

图 4 ETF 的实施步骤

ETF 各步骤分别为：

a) 系统定义。通过调查研究、系统分析，了解被分析对象及其事件的全过程，进而初步确定与事件有关的分系统及其故障模式，并绘制出事件发展过程的示意图。

b) 建事件树（ET）及其分析

1) 确定初因事件：按照本指南 3.1 条的定义，确定和分析可能导致系统安全性后果的初因事件并进行分类，将可能导致相同事件树的初因事件划分为一类。

2) 后续事件分析：分析从初因事件经过各后续事件的状态，即故障或正常。

3) 建造事件树：按后续事件发生或不发生（二态）分析各种可能的结果，找出后果事件。事件树的建造过程也是对系统的一个再认识过程。不同类型事件树的建造参见本指南 5.7 条。

4) 定性、定量分析及其计算：对所建的事件树的各后果事件链进行排列，针对相关问题采取改进措施，以实现 ETA 的定性分析，其应用案例参见本指南附录 C、附录 E；当经过收集、分析能得到各事件的发生概率及其相互间的依赖关系时，可进行定量分析及计算各后果事件的发生概率，并进一步分析及评估其风险。

5) 风险评估：参见本指南 5.6 条。

c) 建故障树（FT）及其分析

1) 如果事件树中的初因事件与后续事件是产品或系统中的非正常事件（如某设备故障），则可以视这些事件为顶事件建立故障树。

2) 以事件树中的后果事件为顶事件，按照一定的逻辑关系（一般情况下为"与门"的逻辑关系）将与该后果事件相关的初因事件和后续事件连接成故障树。

3) 从事件树分析中找出后果事件相同的分支，再以该事件为顶事件按照一定的逻辑关系（一般情况下为"或门"的逻辑关系）建造一棵更大的故障树。

4) 定性、定量分析及计算：对所建故障树的底事件按照重要程度的优先顺序列出重要底事件清单，并进行定量分析，以计算各底事件的发生概率。

d) 计算后果事件的损失及概率：以本指南附录 D 中 D.4 条的内容为例计算，即先计算后果事件的损失，再计算各后果事件发生的概率。

e) 判定风险评估合格否：参见本指南第 5.6 条。若不合格，则进行 f)，返回 b)，即重建 ET、FT 进行分析；若合格，则进行 g)。

f) 制定设计改进与使用补偿措施：针对事件序列的各个环节，从设计、生产、使用、维修和人的因素等方面拟定设计改进和使用补偿措施。

g) 提供 ETF 报告：ETF 完成后，应提供相应的报告，并作为技术文件归档备查。其内容主要包括系统定义、建事件树过程、建故障树过程、分析计算结果、改进措施、结论、建议和附录等。

ETF 的应用案例参见本指南附录 D、附录 E。

7 注意事项

a) 广泛调研、全面了解被分析对象的功能、外部因素及其事件全过程等，这是 ETA 的重要基础。

b) 建造 ET 是 ETA 的关键，应抓住其中 4 个环节，即：初因事件、后续事件、事件树和定性定量分析。

c) 抓好事件树中事件链的简化工作，其简化过程按下述两个原则进行：

1) 当某一非正常事件的发生概率极低时可列入后续事件中。

2) 当某一后续事件发生后，其后的其他事件无论发生与否均不能减缓事件链的后果时，即认为该事件链即已结束。

d) 后果事件的风险定量评估中，其损失值既可以用损失费用来衡量，也可采取其它值表达。

e) 采用 ETA 和 FTA 综合分析方法时，应考虑各事件及其因素的变化，注意 ETA 与 FTA 综合分析方法的动态变化，注重信息（含故障模式与数据）的积累，为 ETA 与 FTA 综合分析方法提供技术支持。

f) ETA 主要用于对复杂系统进行安全性、可靠性分析，以便充分发挥各自优势，有效的找出产品或系统的故障原因。

g) 在研制阶段，由设计人员进行 ETA，可靠性专业人员提供技术支持和检查；当故障或事故发生后，由使用、维修人员进行 ETA，可靠性专家提供技术支持和检查。

附录A
(资料性附录)
连续运转设备组成系统的事件树分析示例

A.1 概述

由连续运转设备组成的系统在工程中有广泛的应用，在这类系统中，各设备是连续运行的，后果事件与初因事件和后续事件的次序无关。桥网络系统为典型的连续运转设备组成系统，本例以此为例进行分析。

A.2 系统描述与事件树建立

如图 A.1(a)所示的桥网络系统，系统中的各部件是连续运行的，后果事件与初因事件和后续事件的次序无关。在建立该系统的事件树时，选择任意一个部件作为初因事件；图 A.1(b)为该桥网络系统的事件树，每一个部件只有正常和故障两种状态，其后果事件有 $2^5=32$ 个。图中标记为 S 的后果事件为"系统成功"，标记为 F 的后果事件为"系统失败"。系统成功与系统失败的事件链各为 16 条。

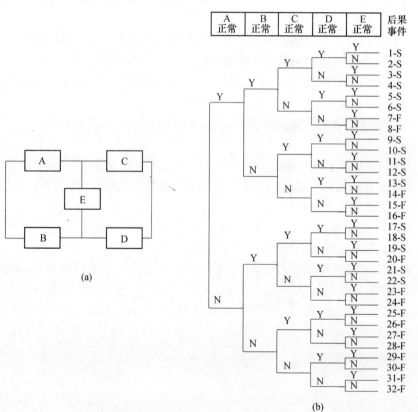

图 A.1 桥网络系统及其事件树

(a) 桥网络系统；(b) 桥网络系统事件树(Y 为是，N 为否)。

A.3 事件树简化

对事件树进行简化时，可从系统正常的条件来判断。当部件 A、B 正常时，只要有部件 C 正常，系统就正常，对部件 D 和 E 的进一步分析是没有必要的；如部件 A、B 同时故障，则系统一定故障，因此也不必进行进一步的分析，即可得到一条系统故障的事件链。图 A.2 给出了该桥网络系统的简化事件树。

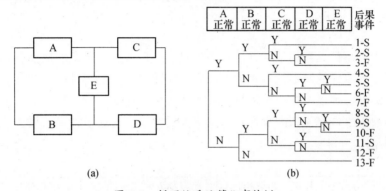

图 A.2 桥网络系统简化事件树

(a) 桥网络系统；(b) 桥网络系统简化事件树(Y 为是，N 为否)。

A.4 简化计算

假设该桥网络系统中的各部件的故障是独立的，则可计算出其系统可靠度 R_S 为：

$$R_S = \sum_i R_i \tag{A.1}$$

式中：R_i——后果事件，是系统成功的事件链（共 16 条）的发生概率，即 $i = 1, 2, 3, 4, 5, 6, 9, 10, 11, 12, 13, 17, 18, 19, 21, 22$；若在简化计算中，则系统成功的事件链只有 7 条，$i = 1, 2, 4, 5, 8, 9, 11$。

各事件链的发生概率可由各部件的可靠度 R_j 和不可靠度 F_j（$j = $ A, B, C, D, E）求出，即：

$$\begin{cases} R_1 = R_A \cdot R_B \cdot R_C \\ R_2 = R_A \cdot R_B \cdot F_C \cdot R_D \\ R_4 = R_A \cdot F_B \cdot R_C \\ R_5 = R_A \cdot F_B \cdot F_C \cdot R_D \cdot R_E \\ R_8 = F_A \cdot R_B \cdot R_C \cdot R_D \\ R_9 = F_A \cdot R_B \cdot R_C \cdot F_D \cdot R_E \\ R_{11} = F_A \cdot R_B \cdot F_C \cdot R_D \end{cases} \tag{A.2}$$

那么，有：

$$R_S = R_1 + R_2 + R_4 + R_5 + R_8 + R_9 + R_{11} \tag{A.3}$$

若各部件的可靠度 $R_A = R_B = R_C = R_D = R_E = 0.99$，则系统的可靠度 $R_S = 0.999798$。

附录 B
(资料性附录)
有共因事件的事件树分析示例

B.1 概述

事件树中各事件具有相依关系是较为多见的，造成这种现象的原因有多种，其中最常见的情况是各事件的发生具有相同的原因。如图 B.1 中的事件树，若系统 1 和系统 2 具有共同的部件，则该部件的故障将造成系统 1 和系统 2 同时故障。引起多个事件同时发生的相同原因事件称为共因事件，这类事件的存在，造成了计算后果事件发生概率的复杂性。

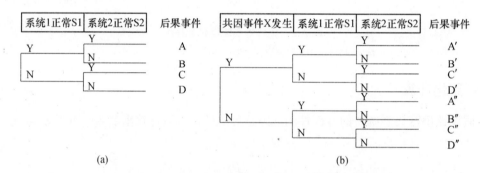

图 B.1 考虑共因事件的事件树（Y 为是，N 为否）
(a) 没有共因事件的事件树；(b) 有共因事件的事件树。

本例中采用显分析法来确定考虑共因事件时的事件发生条件概率。这种方法首先将共因事件作为一个独立的事件列在事件树的初因事件之后，然后依据各事件之间的相依关系确定各事件发生的条件概率。

B.2 利用显分析法进行事件树计算

对系统 1 和系统 2 中相同部件的故障用 X 来表示，则系统 1 和系统 2 的故障可表示为：

$$\begin{cases} \bar{1} = X \cup Y \\ \bar{2} = X \cup Z \end{cases} \tag{B.1}$$

式中：Y——系统 1 除去 X 的其他部分的故障事件；

　　　Z——系统 2 除去 X 的其他部分的故障事件。

考虑各事件发生的条件概率后，对图 B.1(b)中的各分支发生概率分别表示如下：

$$\begin{cases} P(A^{'}) = P(X)P(1/X)P(2/1,X) \\ P(B^{'}) = P(X)P(1/X)P(\overline{2}/1,X) \\ P(C^{'}) = P(X)P(\overline{1}/X)P(2/\overline{1},X) \\ P(D^{'}) = P(X)P(\overline{1}/X)P(\overline{2}/\overline{1},X) \\ P(A^{''}) = P(\overline{X})P(1/\overline{X})P(2/1,\overline{X}) \\ P(B^{''}) = P(\overline{X})P(1/\overline{X})P(\overline{2}/1,\overline{X}) \\ P(C^{''}) = P(\overline{X})P(\overline{1}/\overline{X})P(2/\overline{1},\overline{X}) \\ P(D^{''}) = P(\overline{X})P(\overline{1}/\overline{X})P(\overline{2}/\overline{1},\overline{X}) \end{cases} \tag{B.2}$$

为了计算(B.2)中的各事件的概率，需要求出各条件概率，根据式(B.1)可得：

$$\begin{cases} P(1/X) = 0 \\ P(\overline{1}/X) = 1 \\ P(1/\overline{X}) = 1 - P(Y) \\ P(\overline{1}/\overline{X}) = P(Y) \\ P(2/1,X) = P(2/X) = 0 \\ P(\overline{2}/1,X) = P(\overline{2}/X) = 1 \\ P(2/\overline{1},X) = 0 \\ P(\overline{2}/\overline{1},X) = 1 \\ P(2/1,\overline{X}) = 1 - P(Z) \\ P(\overline{2}/1,\overline{X}) = P(Z) \\ P(2/\overline{1},\overline{X}) = 1 - P(Z) \\ P(\overline{2}/\overline{1},\overline{X}) = P(Z) \end{cases} \tag{B.3}$$

根据式(B.3)可得：

$$\begin{cases} P(A') = 0 \\ P(B') = 0 \\ P(C') = 0 \\ P(D') = P(X) \\ P(A'') = P(\overline{X})[1 - P(Y)][1 - P(Z)] \\ P(B'') = P(\overline{X})[1 - P(Y)][1 - P(Z)] \\ P(C'') = P(\overline{X})P(Y)[1 - P(Z)] \\ P(D'') = P(\overline{X})P(Y)P(Z) \end{cases} \tag{B.4}$$

根据式(B.4)中的结果，再求图 B.1(a)中的后果事件 A、B、C、D 的发生概率。共因事件 X 的发生与不发生是互斥的，故：

$$\begin{cases} P(A) = P(A') + P(A'') = [1 - P(X)][1 - P(Y)][1 - P(Z)] \\ P(B) = P(B') + P(B'') = [1 - P(X)][1 - P(Y)]P(Z) \\ P(C) = P(C') + P(C'') = [1 - P(X)]P(Y)[1 - P(Z)] \\ P(D) = P(D') \div P(D'') = P(X) + [1 - P(X)]P(Y)P(Z) \end{cases} \qquad \text{(B.5)}$$

附录 C
(资料性附录)
有备用或安全装置的系统事件树定性分析案例

C.1 概述

在有备用和安全装置的系统中，某一特定的初因事件发生后，其后续投入工作的部件是具有一定的先后次序的，在建造这种事件树时，必须对系统进行较详细的功能分析以确定各后续事件发生的先后次序，才能建出正确的事件树。

例如，某化学反应系统如图 C.1 所示，在化学反应器中进行化学产品的合成，合成过程中将释放出大量的热量，因此需要进行冷却，若得不到足够的冷却，该系统中的产品将报废，发热严重时还可能引起系统的爆炸。因此对化学反应器的有效冷却成为保证安全生产的关键。

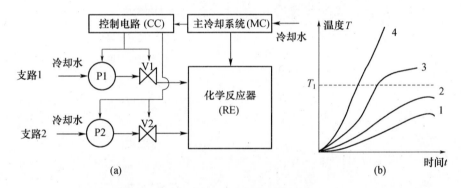

图 C.1 某化学反应系统原理图

(a) 某化学反应系统原理图；(b) 化学反应系统温度随时间变化曲线。

如图 C.1(a)中所示，在正常情况下，由主冷却系统(MC)对化学反应器(RE)进行冷却，反应器中的温度在安全温度 T_1 以下，如图 C.1(b)中的曲线 1。然而，当主冷却系统(MC)发生故障后，控制电路(CC)将同时起动冷却泵(P_1)、(P_2)和阀门(V_1)、(V_2)进行应急冷却。若整个应急冷却系统均正常工作，则反应器仍可得到有效的冷却，其温度—时间曲线如图 C.1(b)中的曲线 2。但若应急冷却系统中有一条支路故障，如支路 1 故障(泵 P_1 或阀门 V_1 故障)或支路 2 故障(泵 P_2 或阀门 V_2 故障)，则反应器中的产品将报废，此时系统的温度时间曲线如图 C.1(b)中的曲线 3。若整个应急冷却系统不能及时投入工作，则反应器的温度将急剧上升并发生爆炸，如图 C.1(b)中的曲线 4。

C.2 建造事件树

在建造该系统的事件树时，其初因事件可选定为主冷却系统(MC)故障，该事件发生后系统的功能要求控制电路(CC)必须能够检测到 MC 的故障，同时将启动泵 P_1 和 P_2、阀

门 V_1 和 V_2 的信号发送到 P_1、P_2、V_1、V_2。因此，第 1 个后续事件必须为控制电路(CC)
故障，其他的后续事件（无次序要求）可分别为泵 P_1 故障、阀门 V_1 故障、泵 P_2 故障、
阀门 V_2 故障，见图 C.2。

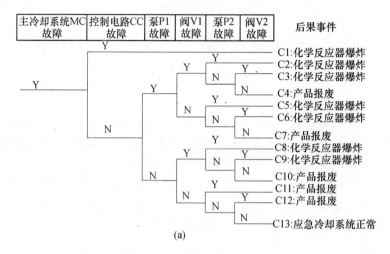

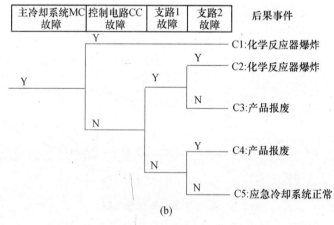

图 C.2 化学反应系统事件树（Y 为是，N 为否）

(a) 将泵和阀门都作为后续事件；(b) 将支路作为后续事件。

在图 C.2(a)中，将泵 P_1、泵 P_2 和阀门 V_1、阀门 V_2 的故障均作为后续事件，这样建
出的事件树显得较为繁琐；而在图 C.2(b)中，将支路 1、支路 2 故障作为后续事件，建
出的事件树更为清晰明了，为进一步的分析带来了便利。

附录 D

(资料性附录)

某型发电机过热的 ETF 分析应用案例

D.1 概述

某发电厂的某型发电机在运行过程中可能会产生过热现象，发电机过热达到一定程度时将会引起火灾；而该发电厂远离市区，一旦发生火灾将难以靠城市消防队赶来救火，因此建造了工厂内部的消防系统，该消防系统分为三个层次，即发电机操作人员利用存放在运行现场的手动灭火器进行手动灭火，若手动灭火失败，则启用工厂内部消防队灭火，若火势仍不能控制，则拉响警报器，疏散全厂人员。可利用 ETF 方法评估该工厂所设计的消防系统安全性的风险水平。

D.2 建造事件树(ET)及其分析

a) 确定初因事件

工厂中有多台发电机同时运行，在假定不考虑两台以上发电机同时出现过热的可能性的情况下，可以以某一台发电机过热为初因事件（"发电机过热"）。

b) 确定后续事件

初因事件（"发电机过热"）确定后，再对各安全环节进行分析，以确定后续事件：

1) 发电机过热未及时发现而引起火灾，该事件定义为"发电机过热足以起火"（T_0）；

2) 起火后是否"成功灭火"其环节有三：

一是发电机操作员未能利用现场手动灭火器灭火，"操作员未能灭火"（T_1）；

二是工厂消防队仍不能成功灭火，该事件定义为"厂消防队未能灭火"（T_2）；

三是工厂及时通过警报器发出火灾警报通告全厂人员疏散，但警报器未响，该事件定义为"火灾警报器未响"（T_3）。

c) 确定后果事件

"某型发电机过热"引起的后果事件见表 D.1。

表 D.1　某型发电机过热引起的后果事件

事件代号	后 果 事 件 描 述
C_0	停产 2h，并损坏价值 1000 元的设备
C_1	停产 24h，并损坏价值 15000 元的设备
C_2	停产 1 个月，并损失价值 10^6 元的财产
C_3	无限期停产，并损失价值 10^7 元的财产
C_4	无限期停产，损失价值 10^7 元的财产，并支付人员伤亡的抚恤金 3×10^7 元

d) 建造"某型发电机过热"的事件树

"某型发电机过热"（以下简称为"发电机过热"）起火的事件树见图 D.1。

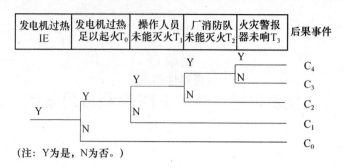

（注：Y为是，N为否。）

图 D.1　发电机过热起火的事件树

D.3　建造故障树及其分析

对图 D.1 所示的事件树，进一步分析初因事件（IE）、各后续事件（T_1、T_2、T_3）的原因，即事件故障模式（见表 D.2），进而建造相应的故障树（见图 D.2 中(a)、(b)、(c)、(d)）。

表 D.2　"发电机过热"及安全环节的故障原因（事件故障模式）

序号	安全环节（系统）名称	顶事件	故障原因（事件故障模式）	故障树代号
1	发电机	发电机过热	电机故障、电机过电流（熔断器故障、电源、接线等故障）	IE
2	操作人员灭火分系统	操作人员未能灭火	手动灭火器故障、操作人员失误	T_1
3	厂消防分系统	厂消防队未能灭火	灭火器硬件与控制故障、消防队员失误	T_2
4	厂火灾警报分系统	火灾警报器未响	火警警报器硬件与控制故障	T_3

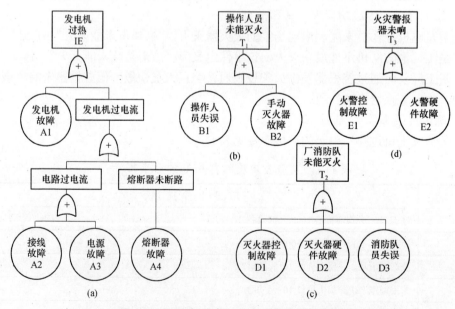

图 D.2　"发电机过热"及有关事件的故障树

(a)　"发电机过热"的故障树(T_0)；(b)　"操作人员未能灭火"的故障树(T_1)；

(c)　"厂消防队未能灭火"的故障树(T_2)；(d)　"火灾警报器未响"的故障树(T_3)。

在建造 ET、FT 后，即可绘制"发电机过热"的因果图（ETF 综合分析图，见图 D.3）。图 D.3 中：C_0、C_1、C_2、C_3 和 C_4 分别表示 5 种后果事件，各后果事件的描述见表 D.1；T_0、T_1、T_2、T_3 分别表示初因事件和后续事件的故障树；P_0、P_1、P_2、P_3、P_4 分别表示初因事件和后续事件发生的概率。

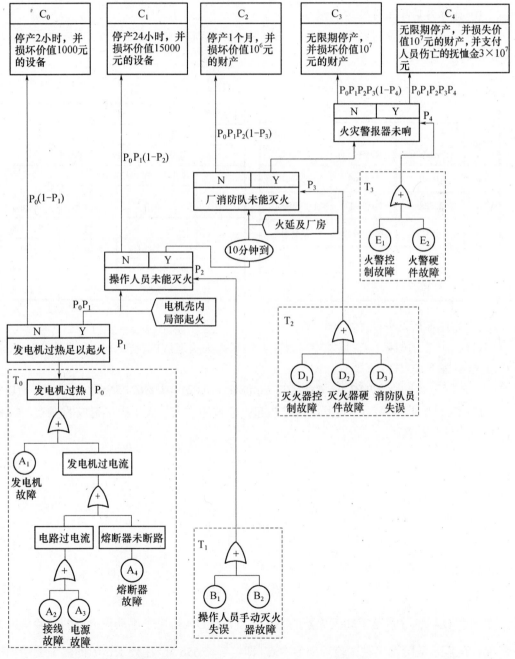

（注：Y为是，N为否。）

图 D.3　发电机过热的 ETF 分析图

D.4　计算各后果事件的损失及概率

a) 计算后果事件的损失

如前分析，初因事件引起 5 种后果事件，即 C_0、C_1、C_2、C_3 和 C_4。根据经验或估算出 5 种后果的损失（见表 D.3）。

b) 计算各后果事件发生的概率

1) 各事件的概率。经统计分析，各事件（含初因事件和后续事件）的概率见表 D.4 所示。

表 D.3　"发电机过热"引起的各种后果事件的损失

后果	直接损失(RMB)/元	停工损失(RMB)/元	总损失（RMB)/元
C_0	1000	2×1000	3000
C_1	15000	24×1000	39000
C_2	10^6	744×1000	1744×10^6
C_3	10^7	10^7	2×10^7
C_4	4×10^7	10^7	5×10^7

表 D.4　各事件的概率统计与计算结果数据

事件概率	有 关 参 数		
P_0	概率 P_0=0.088/6 个月，电机大修周期 6 个月		
P_1	起火概率 P_1=0.02（过热条件下）		
P_2	操作人员失误概率 0.1		
	手动灭火器	故障率 $\lambda=10^{-4}$/h	试验周期 T=830h
P_3	灭火器控制系统	$\lambda=10^{-5}$/h	T=4380h
	灭火器硬件	$\lambda=10^{-5}$/h	T=4380h
P_4	火警控制系统	$\lambda=5×10^{-5}$/h	T=2190h
	火警硬件	$\lambda=10^{-5}$/h	T=2190h

2) 计算各后果事件发生的概率

(1) C_0 发生的概率：C_0 是发电机过热，但未起火所造成的损失。由于这是[0,1]分布，C_0 的概率按下式求得：

$$P_r\{C_0\} = P_0(1 - P_1) = 0.088(1 - 0.02) = 0.0862 / 6个月 \tag{D.1}$$

(2) C_1 发生的概率：C_1 是发电机过热起火但被操作人员灭了火所造成的损失。C_1 概率按下式进行计算：

$$P_r\{C_1\} = P_0 P_1 (1 - P_2) \tag{D.2}$$

式中：P_2——T_1 故障树顶事件的概率。

T_1 是属于串联（或门）分系统，则：

$$P_2 = \bigcup_{i=1}^{2} P_{Bi} \tag{D.3}$$

$$P_2 = P_{B1} + P_{B2} - P_{B1} \cdot P_{B2} \tag{D.4}$$

由表 D.4 得：P_{B2} 是手动灭火器的不可靠度，表 D.4 给出了手动灭火器的试验周期为 830h，现假设故障发生在试验周期的中点 $\left(\text{即} \dfrac{830}{2} = 365h\right)$，在处于试验间隔中的手动灭火器相当于不可修复部件，则：

$$P_{B2} = P_r\{B_2\} = \lambda t = 10^{-4} \times 415 = 4.15 \times 10^{-2} \tag{D.5}$$

故

$$P_2 = P_{B1} + P_{B2} - P_{B1} \cdot P_{B2} = 0.1329 \tag{D.6}$$

则事故 C_1 发生的概率为：

$$P_r\{C_1\} = P_0 P_1 (1 - P_2) = 1.53 \times 10^{-3} / 6个月 \tag{D.7}$$

(3) C_2 发生的概率：同理有

$$P_r\{C_2\} = P_0 P_1 P_2 (1 - P_3) \tag{D.8}$$

式中：P_3——T_2 故障树顶事件（厂消防队未能灭火）的发生概率。

T_2 也是属于串联（或门）分系统，仿上述假设和计算方法，即工作时间

$$t = \frac{T}{2} = \frac{4380}{2} = 2190\text{h} \tag{D.9}$$

由于 $P_{D1} = \lambda \cdot \dfrac{T}{2} = 10^{-5} \times 2190 = 0.0219$，$P_{D1} = P_{D2}$，故

$$P_D = P_{D1} + P_{D2} - P_{D1} \cdot P_{D2} = 0.0433 \tag{D.10}$$

则 C_2 发生的概率为：

$$P_r\{C_2\} = P_0 P_1 P_2 (1 - P_3) = 2.24 \times 10^{-4} / 6个月 \tag{D.11}$$

(4) C_3 发生的概率：同理有

$$P_r\{C_3\} = P_0 P_1 P_2 (1 - P_4) \tag{D.12}$$

式中：P_4——T_3 故障树顶事件（火灾警报器未响）的发生概率。

T_3 也是属于串联（或门）分系统，仿上述假设和计算方法，即工作时间

$$t = \frac{T}{2} = \frac{2190}{2} = 1095\text{h} \tag{D.13}$$

由于 $P_{E1} = \lambda_{E1} \cdot \left(\dfrac{T}{2}\right) = 0.05475$、$P_{E2} = \lambda_{E2} \cdot \left(\dfrac{T}{2}\right) = 0.01095$，故

$$P_E = P_{E1} + P_{E2} - P_{E1} \cdot P_{E2} = 0.0651 = P_4 \tag{D.14}$$

则 C_3 发生的概率为：

$$P_r\{C_3\} = P_0 P_1 P_2 (1 - P_4) = 0.9471 \times 10^{-5} / 6个月 \tag{D.15}$$

(5) C_4 发生的概率：

$$P_r\{C_4\} = P_0 P_1 P_2 P_4 = 6.595 \times 10^{-7} / 6个月 \tag{D.16}$$

综上,"发电机过热"发生后的 5 种后果事件的概率分别为:

$$\begin{cases} P\{C_0\} = 0.0862\,/\,6个月 \\ P\{C_1\} = 1.53\times10^{-3}\,/\,6个月 \\ P\{C_2\} = 2.24\times10^{-4}\,/\,6个月 \\ P\{C_3\} = 0.9471\times10^{-5}\,/\,6个月 \\ P\{C_4\} = 6.595\times10^{-7}\,/\,6个月 \end{cases} \tag{D.17}$$

D.5 风险评估

根据公式 $R_i = P_i \times C_i$,经计算与整理将所求的各种后果事件的损失(C_i)、概率(P_i)及风险(R_i)结果见表 D.5。

表 D.5 发电机过热所造成各种损失、概率及风险值

事件	损失 C_i (RMB)/元	概率 P_i (1/6个月)	风险 R_i(RMB)/ (/6个月)	事件	损失 C_i (RMB)/元	概率 P_i (1/6个月)	风险 R_i(RMB)/ (/6个月)
C_0	3000	0.0862	259	C_3	2×10^7	9.47×10^{-6}	189
C_1	39000	1.53×10^{-3}	60	C_4	5×10^7	6.60×10^{-7}	33
C_2	1.744×10^6	2.24×10^{-4}	391				

D.6 检验、改进与补偿

利用风险评价图对各后果事件的风险值进行评估(见图 D.4),所有后果事件的风险均不得超过 300 元/6 个月,则系统及其安全措施是可靠的;若发现图中某些点显著高于等风险线,则必须加强改进与补偿措施,并对有关安全设施重新进行可靠性分析或设计,直至满足要求为止。至于超出等风险线多少范围就算不满足要求,这可在分析总结该系统过去经验基础上,视具体情况而定。

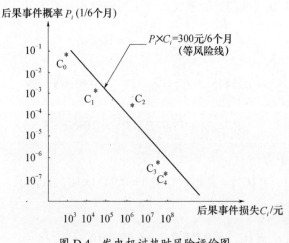

图 D.4 发电机过热时风险评价图

附录 E
(资料性附录)
某战斗机一等飞行事故的 ETF 定性分析案例

E.1 概述

a) 事故经过

某战斗机从 A 机场转飞到 B 机场。该机××时××分起飞，第 12s 发出最后一次呼叫后一直未通话，直至 3min14s 后向僚机发出"无线电不好"（摇摆机翼）的信号，大约在起飞 18min～20min 期间，该机又发出"发电机断电"（俯仰摆动机头）的信号。飞机当接近机场时，改平高度至 500m 时，在第三转弯放下起落架准备着陆，飞机速度突然急剧减小，迅速掉高度、抛出座舱盖，但飞行员未能弹出座舱，造成机毁人亡的一等飞行事故。

b) 现场分析

从现场调查分析发现：

1) 飞机无线电罗盘指在 240° 位置。

2) 座舱配电盘左、右发电机电门处于"断开"位置。

3) 座椅布帘在收起位置。

4) 座椅左、右应急弹射手柄处于打火位置。

5) 座椅附件除火箭包未工作外，其他附件（如燃爆机构、程序活门、人椅分离器、射伞枪等）均工作正常。

6) 弹射火箭锁弹机的剪切销被切断，弹射火箭撞针拨销未全部拨出，未能打火。

E.2 建造事件树

根据现场调查、残骸分布情况和系统原理的分析，得出本次事故的初因事件、后续事件（安全环节事件）和后果事件如图 E.1 所示。

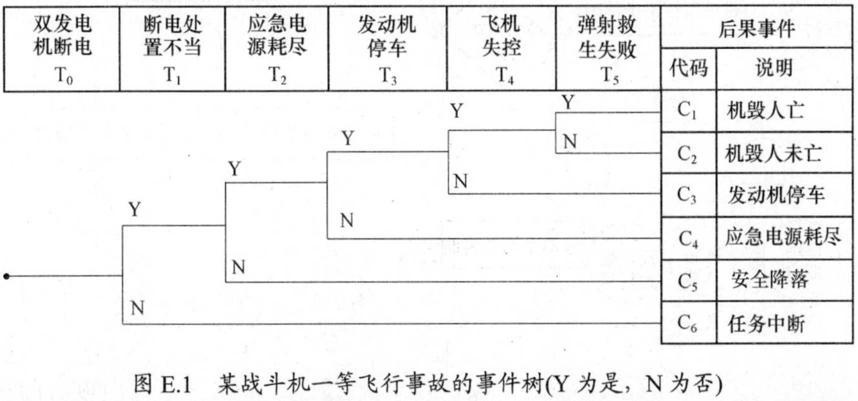

图 E.1 某斗机一等飞行事故的事件树(Y 为是，N 为否)

T_0(初因事件)—"双发电机断电"故障树；T_1(安全环节 1)—"断电处置不当"(系指初因事件发生后指挥、操作不当)故障树；T_2(安全环节 2)—"应急电源耗尽"故障树；T_3(安全环节 3)—"发动机停车"故障树；T_4(安全环节 4)—"飞机失控"(系指发动机停车后，飞机不能滑翔飞行达到安全着陆)故障树；T_5(安全环节 5)—"弹射救生失败"(系指弹射救生装置不能保证飞行员安全脱离飞机)故障树。

E.3 建造故障树并确定事故原因

在对系统进行详细功能分析的基础上，建造 4 棵故障树：T_0、T_1、T_3、T_5（T_2 和 T_4 勿需画），并经过简化得出如图 E.2～图 E.5 所示的初因事件和各安全环节事件的故障树。

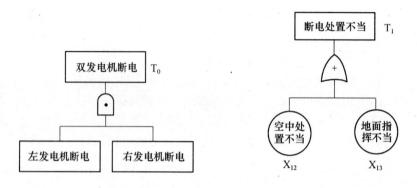

图 E.2　双发电机断电故障树（T_0）　　图 E.3　断电处置不当故障树（T_1）

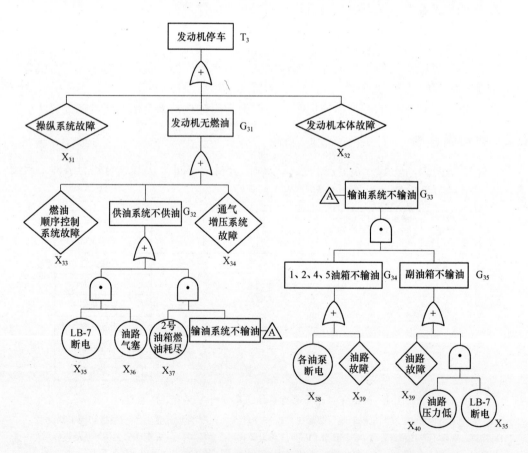

图 E.4　发动机停车故障树（T_3）

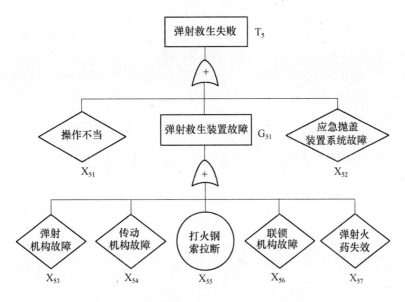

图 E.5 弹射救身失败故障树（T_5）

E.4 分析每条故障序列的后果损失

根据上述分析，构成该事故的事件树如图 E.1 所示，由于事件之间的相依性，该事件树仅造成 6 个后果事件，即：C_1—机毁人亡；C_2—机毁人未亡；C_3—发动机停车；C_4—应急电源耗尽；C_5—断电后处理不当，但未造成严重后果，实现安全降落；C_6—双发电机断电，任务中断。但正是由于该事件树中所有初因事件和后续事件都发生了，故导致了最严重的后果事件 C_1—机毁人亡。

E.5 飞行事故的定性分析结论

综合上述，该飞行事故的结论是：某战斗机由于电源系统启动时不降压，造成双发电机断电（T_0），因断电处置不当（T_1）又未及时中断飞行，进而造成飞机应急电源耗尽（T_2）。飞机在完全断电情况下，各主油箱及副油箱不能向油箱输油，造成油箱燃油耗尽、主油管气塞，导致发动机燃烧室熄灭，使得发动机停车（T_3）。在此时刻，飞机的飞行高度仅为 500m，飞机处于失控状态（T_4），飞行员被迫跳伞，而弹射打火钢索由于抗拉强度不够被拉断，致使弹射火箭未打火，造成弹射救生失败（T_5），最终酿成机毁人亡的一等飞行事故。此结论就是图 E.1 中所对应的后果事件 C_1 的结果。

参 考 文 献

[1] 曾声奎，赵廷弟，张建国，等．系统可靠性设计分析教程[M]．北京：北京航空航天大学出版社，2001.

[2] 康锐，石荣德．FMECA 技术及其应用[M]．北京：国防工业出版社，2006.

[3] KXG/K07-2009．型号故障树分析应用指南[S]．北京：国防科技工业可靠性工程技术研究中心，2009.

XKG

型 号 可 靠 性 技 术 规 范

XKG／K09—2009

确定型号可靠性关键产品应用指南

Guide to the identification of reliability critical items for materiel

目　次

前　言

本指南的附录 A、附录 B 是资料性附录。

本指南由国防科技工业可靠性工程技术研究中心负责组织实施。

本指南起草单位：北京航空航天大学可靠性工程研究所、船舶工业综合技术经济研究院、航空 601 所、空军装备研究院航空所。

本指南主要起草人：康锐、陈卫卫、石荣德、陈大圣、陈希成、高贺松。

确定型号可靠性关键产品应用指南

1 范围

本指南规定了型号（装备，下同）可靠性关键产品的要求、程序和方法。

本指南适用于型号在方案、工程研制与定型阶段确定可靠性关键产品工作。在生产与使用阶段，亦可参照采用。

2 规范性引用文件

下列文件中的有关条款通过引用而成为本指南的条款。凡注明日期或版次的引用文件，其后的任何修改单（不包括勘误的内容）或修订版本都不适用于本指南，但提倡使用本指南的各方探讨使用本版本的可能性。凡不注日期或版次的引用文件，其最新版本适用于本指南。

GJB 150	军用设备环境试验方法
GJB 190	特性分类
GJB 368B	装备维修性工作通用要求
GJB 450A	装备可靠性工作通用要求
GJB 451A	可靠性维修性保障性术语
GJB 467	工序质量控制要求
GJB 571	不合格品管理
GJB 900	系统安全性通用大纲
GJB 909	关键件和重要件的质量控制
GJB 1364	装备费用－效能分析
GJB 1371	保障性分析
GJB 1406A	产品质量保证大纲要求
GJB 2547	装备测试性大纲
GJB 9001A	质量管理体系要求
GJB/Z 768A	故障树分析指南
GJB/Z 1391	故障模式、影响及危害性分析指南

3 术语和定义

GJB451A 确立的以及下列术语和定义适用于本指南。

3.1 产品 item

一个非限定性术语，用来泛指元器件、零部件、组件、设备、分系统或系统。可以指硬件、软件或两者的结合。

3.2 最终产品 final item

指已装配完毕或已加工完毕即将提交订货方验收的产品。

3.3 可靠性关键产品 reliability critical item（RCI）

一旦发生故障会严重影响安全性、可用性、任务成功及寿命周期费用的产品。对寿命周期费用来说，价格昂贵的产品都属于可靠性关键产品。

3.4 故障影响 failure effect

故障模式对产品的使用、功能或状态所导致的结果。

3.5 功能故障 functional failure

产品或产品的一部分不能完成预定功能的事件或状态。即产品或产品的一部分丧失了规定的功能。

3.6 危害性 criticality

对产品中每一故障模式的后果及其发生概率的综合度量。

3.7 危害性分析 criticality analysis

对产品中的每一故障模式的严重程度及其发生的概率所产生的综合影响进行分析，以全面评价产品各种可能出现的故障模式的影响。

4 符号和缩略语

4.1 符号

下列符号适用于本指南。

 ——开始符。表示开始，符号中写明了有待决定其类别的产品及其所处的故障状态；

 ——判断符。表示判断，菱形中写明需要进行判断的内容，一般具有两个出口（是或否）；

 ——结束符。表示判断结束，圆中标明产品的所属类别。

4.2 缩略语

下列缩略语使用于本指南。

FMEA——failure mode and effect analysis，故障模式及影响分析；

FMECA——failure modes, effect and criticality analysis，故障模式、影响及危害性分析；

FTA——fault tree analysis，故障树分析；

RCI——reliability critical item，可靠性关键产品；

NRCI——non-reliability critical item，非可靠性关键产品。

5 一般要求

5.1 目的和作用

a) 目的

确定和控制其故障对安全性、战备完好性、任务成功性和保障要求有重大影响的产品，以及复杂性高、新技术含量或费用昂贵的产品。

b) 作用

确定和控制可靠性关键产品对生产、使用、管理、储存和维修方式/维修工作类型的确定均有重要价值。它是确定可靠性试验项目、进行生产过程的质量控制、外场维修和制定包装运输、储存等技术要求的重要依据；也是确定产品定寿方法的重要依据。

5.2 时机

在型号方案、工程研制与定型阶段应尽早开展确定可靠性关键产品及其工作。在生产与使用阶段，亦可参照采用。

5.3 确定和控制 RCI 的工作要点

确定和控制 RCI 的工作要点是：

a) 应用 FMECA、FTA 的原理，按照逻辑决断的方法来确定 RCI，列出清单并对其实施重点控制。还应专门提出 RCI 的控制方法和试验要求。

b) 应通过评审确定是否需要对 RCI 清单及控制计划和方法加以增删，并评价 RCI 控制和试验的有效性。

c) 应确定 RCI 的所有故障的根源，并实施有效的控制措施。

d) RCI 应含硬件和软件。

5.4 确定 RCI 的准则

应根据 GJB450A 中 A.4.2.10"确定可靠性关键产品（工作项目 310）"判别准则来确定 RCI：

a) 其故障会严重影响安全、不能完成规定任务，以及维修费用高的产品，价格昂贵的产品本身就是可靠性关键产品。

b) 故障后得不到用于评价系统安全、可用性、任务成功性或维修所需的必要数据的产品。

c) 具有严格性能要求的新技术含量较高的产品。

d) 其故障引起装备故障的产品。

e) 未采取降额措施的产品。

f) 具有已知使用寿命、储存寿命或经受诸多如振动、热、冲击和加速度环境的产品或某种使用限制需要在规定条件下对其加以控制的产品。

g) 要求采取专门的装卸、运输、储存或测试等预防措施的产品。

h) 难以采购或由于技术高新与生产过程复杂，使难以制造的产品。

i) 历来使用中可靠性差的产品。

j) 使用时间不长，没有足够证据证明是否可靠的产品。

k) 对其过去的使用历史、产品功能、故障及其处理情况缺乏整体可追溯性的产品。

l) 故障定位困难、不便于拆卸的产品。

m) 大量使用的产品。

5.5 RCI 控制措施

应确定每一个 RCI 故障的根源，其控制措施如下：

a) 设计部门应编制 RCI 清单，经技术（含工艺、冶金等）部门、质量和可靠性部门会签，总设计师批准后生效。

b) 应对所有可靠性关键的功能、产品和程序的设计、制造和试验文件作出标记以便识别，严格批次管理，保证文件的可追溯性，特别是关键产品的图样、工艺规程等一系列生产技术文件，要有明显的标记，以引起操作者、检验者和有关人员的注意。

c) 与 RCI 有关的职能机构（如器材审理小组、故障审查组织、技术状态管理部门、试验评审小组等）应有可靠性职能代表参加。

d) 应跟踪所有 RCI 的鉴定情况。

e) 要监控 RCI 的设计、制造、试验、装配、维修及使用等全过程。

f) 积累信息，注意趋势；动态管理，及时调整；闭环控制，确保"故障归零"。

g) 可靠性关键产品的供应方对其使用的外购器材应编制合格器材供方目录，以便订购方进行查收。

h) 可靠性关键产品若为电子产品，其电子元器件的选用应进行评审、选用高质量等级的（国军标/有可靠性标准的）、加大对元器件的降额（I 级降额）、加严筛选、关键器件进行破坏性物理分析等控制措施。

i) 可靠性关键产品如为非电子产品，则应对材料和零部件选用进行评审、选用优质材料、精密加工制造、原材料化验合格和加大设计安全余量等控制措施。

j) 可靠性关键产品如为软件产品，应对软件产品加强容错设计，做好可靠性和安全性测试等控制措施。

6 逻辑决断方法的准则、步骤和实施

6.1 逻辑决断方法准则

按照本指南 5.4 条的规定，可将其内容归纳为系统安全性、任务成功性、经济性、故障多发性、维修保障性、工艺复杂性和技术成熟性等 7 个方面的要求，并以此作为 RCI 逻辑决断方法的判别准则，其准则名称、提示、内容与本指南 5.4 条对应关系等见表 1。

表 1 RCI 逻辑决断方法的准则

序 号	名 称	提 示	内 容	与本指南 5.4 条中对应的关系
a	系统安全性准则	产品故障直接影响安全吗？	a) 产品故障会导致人员伤亡、系统毁坏或危及环境。 b) 得不到必要安全数据的产品。 c) 使用寿命、储存寿命、环境限制	a)、b)、f)
b	任务成功性准则	产品故障直接影响任务完成吗？	a)、b)、c)内容上基本同上，主要是指任务完成。 d) 历来使用中可靠性差的产品。 e) 使用时间短，难以证明可靠产品。 f) 对过去难以追溯的产品	a)、b)、d)、f)、i)、j)、k)

(续)

序 号	名 称	提 示	内 容	与本指南5.4条中对应的关系
c	经济性准则	产品故障所造成的经济损失大吗？	a) 产品故障严重影响经济损失或本身就昂贵。 b) 大量使用的产品	a)、m)
d	故障多发性准则	产品故障率高吗？	a) 故障后缺少难以评价的数据。 b) 历来使用中可靠性差的产品。 c) 使用时间短，难以证明可靠的产品。 d) 对过去难以追溯的产品。 e) 未采取降额措施的产品	b)、e)、i)、j)、k)
e	维修保障性准则	产品维修保障水平低吗？	a) 故障后缺少难以评价的维修数据。 b) 缺少预防维修措施的产品。 c) 大量使用的产品。 d) 故障定位困难，不便于拆卸的产品	b)、g)、l)、m)
f	工艺复杂性准则	产品工艺复杂吗？	a) 生产中使用较多工序的产品。 b) 不同的生产工序间相互交叉的产品； c) 关键工序较多的产品； d) 采用较多的新工艺	h)
g	技术成熟性准则	产品技术不成熟吗？	a) 新技术含量高且不够成熟的产品； b) 难以采购的产品	c)、h)

6.2 逻辑决断方法的步骤

RCI 逻辑决断的步骤见图1。每一步骤的分析过程如下：

a) 开始项：产品发生功能故障的影响

1) 开始项系根据决断对象（产品的定义、特点、可靠性设计等资料）需要进行 RCI 逻辑决断的项目。

2) 该项目"发生功能故障"指的是由于故障而导致产品工作时不能达到规定功能的情况，其中重点考察该产品可能产生最严重故障后果的故障模式，并以此为出发点逐步向下进行逻辑决断，直至其输出结果。

b) 问题1：产品故障直接影响安全吗？

1) 直接影响安全是指产品故障或由此产生继发性故障可能使最终产品产生等级事故，其主要包括导致人员伤亡、型号或系统毁坏或危及人员健康和环境损害；

2) 进行此决断时，可参考系统安全性设计分析资料，例如：系统危险分析报告、使用和保障危险分析、职业健康危险分析等，特别是产品故障－安全设计分析报告。

3) 凡回答"是"，定为 RCI；反之继续向下决断。

c) 问题 2：故障直接影响任务完成吗？

1) 直接影响任务完成是指由于产品故障可能直接导致影响任务的完成。

2) 进行此决断时，可参考可靠性设计分析资料，其主要包括：任务可靠性、故障模式、影响及危害性分析（FMECA）、故障树分析（FTA）等。

3) 凡回答"是"，定为 RCI；反之继续向下决断。

d) 问题 3：产品故障所造成的经济损失大吗？

1) 故障不直接影响安全、任务完成时，应考虑故障所造成的经济损失，可结合以下两个方面考虑：产品故障造成的费用损失是否很高、维修保障费用是否很高。

2) 进行此决断时，可参考系统费用－效能分析报告等。

3) 凡回答"是"，定为 RCI；反之继续向下决断。

e) 问题 4：产品的故障率高吗？

1) 在充分掌握产品有关信息的基础上，对产品可能的故障率做出估计，要充分考虑产品已采用的可靠性设计、降额设计情况和选用电子器件的质量等级等。

2) 进行此决断时，可参考可靠性设计分析资料，其主要包括：基本可靠性模型、可靠性分配、可靠性预计等。

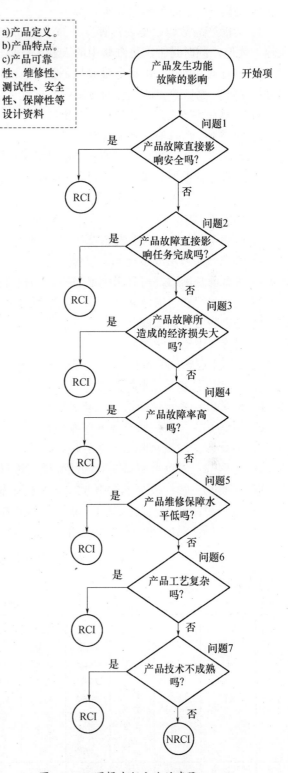

图 1　RCI 逻辑决断方法的步骤

3) 凡回答"是",定为 RCI；反之继续向下决断。

f) 问题 5：产品维修保障水平低吗？

1) 考虑产品故障后是否具有良好的维修可达性，检测、诊断及维修保障是否准确、快速、简便，同时是否满足维修中的人素工程要求等。

2) 进行此决断时，可参考维修性、保障性设计分析资料，其主要包括：维修性分析、维修性设计与测试性验证、诊断方案和测试性要求、保障性分析记录等。

3) 凡回答"是"，定为 RCI；反之继续向下决断。

g) 问题 6：产品工艺复杂吗？

1) 考虑产品工艺性、难易程度、技术人员的水平等要求。

2) 进行此决断时，可参考产品结构特点、生产工艺过程工序及关键工序数、不同工序间相互交叉、工艺流程文件等。

3) 凡回答"是"，定为 RCI，反之继续向下决断。

h) 问题 7：产品技术不成熟吗？

1) 考虑产品采用成熟技术，以保证可靠性、安全性等设计准则的要求。

2) 进行此决断时，可参考产品特点，国内外有关技术成熟程度等。

3) 凡回答"是"，定为 RCI，反之定为 NRCI。

6.3 逻辑决断方法的实施

6.3.1 填写《逻辑决断表》

根据 RCI 逻辑决断过程，填写《逻辑决断表》，见表 2。其填写说明如下：

a) 号码①：系被决断所属型号名称。

b) 号码②：系被决断所属系统名称。

c) 号码③：按被决断产品的序号填写。

d) 号码④：逻辑决断的产品名称。

e) 号码⑤：对每个逻辑决断的故障模式进行填写。

f) 号码⑥～⑫：按照本指南 6.1、6.2 条所述的内容逐栏进行决断。

g) 号码⑬：凡⑥～⑫栏中有一条回答"是"者均为 RCI，反之为 NRCI。

h) 号码⑭：对该决断的补充说明。

表 2 逻辑决断表

型号名称：①　　　　　分析：　　　　校对：　　　　第 页 共 页

系统名称：②　　　　　审核：　　　　审定：　　　　填表日期　年　月　日

序号	产品名称	故障模式	逻辑决断过程							决断结果	决断说明
			产品故障直接影响安全吗	产品故障直接影响任务完成吗	产品故障造成的经济损失大吗	产品的故障率高吗	产品的维修保障水平低吗	产品的工艺复杂吗	产品技术不成熟吗		
③	④	⑤	⑥	⑦	⑧	⑨	⑩	⑪	⑫	⑬	⑭

6.3.2 填写《可靠性关键产品清单》

根据 RCI 逻辑决断结果，填写《可靠性关键产品清单》，见表 3。其填写说明如下：

a) 号码①：系 RCI 所属型号名称。

b) 号码②：系 RCI 的排序号。

c) 号码③：系 RCI 的名称。

d) 号码④：系 RCI 的型号。

e) 号码⑤：系 RCI 的数量。

f) 号码⑥：系 RCI 所属系统名称。

g) 号码⑦：系 RCI 研制单位的名称。

h) 号码⑧：系对每个 RCI 建议的纠正措施及控制方法等，应分别按产品研制、生产、使用各阶段填写。

i) 号码⑨：系一般应由型号总师或副总师审核同意。

j) 号码⑩：对每栏内容的注释或补充。

表 3 可靠性关键产品清单

型号名称：①　　　　　填表：　　　审核：　　　　第　页　共　页

系统名称：②　　　　　校对：　　　批准：　　　　填表日期　年　月　日

序号	RCI 名称	型号	数量	所属系统	承制单位	建议的纠正措施及控制方法	审核意见	备注
②	③	④	⑤	⑥	⑦	⑧	⑨	⑩

7 确定 RCI 的注意事项

注意事项主要包括：

a) 订购方在合同工作说明中应明确：

1) RCI 的判别准则，这是必须确定的项目。

2) 保障分析所需的信息。

3) 需提交的资料项目。

b) 应将识别出的 RCI 列出清单，对其实施重点控制。要专门提出 RCI 的控制方法和试验要求，如过应力试验、工艺过程控制、特殊检测程序等，确保一切有关人员（如设计、采购制造、检验和试验人员）均能了解产品的重要性和关键性。

c) 随着产品可靠性水平的提高、产品设计工艺的改善，以及经济效益的变化，RCI 的确定和控制也会变化，它是一个动态过程，应通过定期评审来评定 RCI 控制和试验的有效性，并对 RCI 及其控制计划和方法进行删减。

d) 在同一系统中同一产品，由于存在不同的故障模式，经分析判断，可能得出不同的产品类别，选择可靠性关键产品（RCI）作为该产品的类别。

e) 在同一系统中多处使用的产品，经分析判断，可能得出不同的产品类别，选择其中最高的类别作为该产品的类别，并需注明该产品所属系统和安装部位。

f) 在不同系统中的相同产品，经分析判断，可能得出不同的产品类别，需注明该产品所属系统。

附录 A

(资料性附录)

某型飞机机身油箱安全活门 RCI 的逻辑决断方法应用案例(部分)

A.1 逻辑决断对象的定义、特点

对某型飞机机身油箱安全活门（QYF-45）进行分析，以此确定其可靠性关键产品清单。通过逻辑决断分类方法确定其产品类别。图 A.1 是该型飞机机身油箱安全活门的示意图，其功能是当机身油箱余压达到 0.0235MPa 时，安全活门打开卸压，不超压时保持住压力。安全活门的工作过程是从增压总管来的增压空气，经减压器和单向活门向机身油箱增压，由安全活门 QYF-45 来控制增压的压力。2 个安全活门 QYF-45 并联安装。

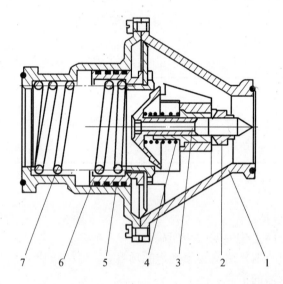

图 A.1 某型飞机机身油箱安全活门（QYF-45）示意图

1—上壳体；2—调节螺帽；3—锥形活门；4—小弹簧；5—下壳体；6—膜片组件；7—大弹簧。

A.2 确定判别准则

按照本指南 6.1 条及表 1 的规定作为本案例的判别准则。

A.3 逻辑决断（部分）

A.3.1 概述

经过 FMEA 可知，该机身油箱安全活门 QYF-45 存在 3 个故障模式：a) 活门打不开；b) 活门漏气；c) 活门提前打开。

A.3.2 故障模式 a)活门打不开的逻辑决断

问题 1：产品故障直接影响飞行安全吗？

安全活门（QYF-45）发生内部卡滞故障后，若减压器工作正常，油箱压力由减压器限制（0.0235MPa），即使减压器漏气，减压器设有限流装置，使活门露出的气体经限流装置排到外，机身油箱不会超压，故障不会直接影响飞行安全。此问题的答案是"否"。

问题2：产品故障直接影响任务完成吗？

安全活门（QYF-45）发生内部卡滞故障后，若减压器工作正常，油箱压力由减压器限制，即使减压器漏气，减压器设有限流装置，使活门漏出的气体经限流装置排出，机身油箱不会超压，但可能会直接影响任务完成。此问题的答案是"是"。

结论：在活门打不开的情况下，该产品被决断为可靠性关键产品。

A.3.3　故障模式 b)活门漏气的逻辑决断

问题1：产品故障直接影响飞行安全吗？

安全活门（QYF-45）发生漏气故障后，机身油箱的增压值会有所下降，但是，故障不会直接影响飞行安全。此问题的答案是"否"。

问题2：产品故障直接影响任务完成吗？

安全活门（QYF-45）发生漏气故障后，机身油箱的增压值会有所下降，对输油工作影响很小，因此，不会直接影响任务完成。故此问题的答案为"否"。

问题3：产品故障所造成的经济损失大吗？

安全活门（QYF-45）发生漏气故障后，若内厂（修理厂）无法修理，则可更换新件，其经济损失不大，此问题的答案为"否"。

问题4：产品的故障率高吗？

根据已有的可靠性设计与分析资料可知，该产品所属系统有余度设计，即有2个安全活门(QYF-45)。其故障率不高，此问题的答案为"否"。

结论：在活门发生漏气的情况下，该产品需进一步考虑维修保障、工艺等方面的因素。经分析，该故障模式 b）活门漏气均不决断为关键产品。

A.3.4　故障模式 c)活门提前打开的逻辑决断

问题1：产品故障直接影响飞行安全吗？

安全活门发生提前打开故障后，机身油箱的增压值会下降，影响飞机高空供输油性能，但是，故障不会直接影响飞行安全。此问题的答案是"否"。

问题2：产品故障直接影响任务完成吗？

故障后，在高空可能会发生机身油箱供输油不畅的故障，将导致飞机下降高度，这会直接影响任务完成。故此问题的答案是"是"。

结论：活门提前打开的情况下，该产品被决断为可靠性关键产品。

A.4 填写逻辑决断表

按逻辑决断过程填写《××型飞机机身油箱安全活门逻辑决断表》，见表 A.1。

表 A.1　××型飞机机身油箱安全活门逻辑决断表

型号名称：某型飞机　　　分析：×××　　校对：×××　　第 1 页 • 共 1 页

系统名称：机身油箱　　　审核：×××　　审定：×××　　填表日期：×××× 年 ×× 月×× 日

序号	产品名称	故障模式	逻辑决断过程							决断结果	决断说明
			产品故障直接影响安全吗	产品故障直接影响任务完成吗	产品故障造成的经济损失大吗	产品的故障率高吗	产品的维修保障水平低吗	产品的工艺复杂吗	产品技术不成熟吗		
1	QYF-45	活门打不开	否	是						可靠性关键产品（RCI）	产品一旦发生故障模式 1 或故障模式 3，将会影响任务完成，因此决断为可靠性关键产品
2	QYF-45	活门漏气	否	否	否	否					
3	QYF-45	活门提前打开	否	是							

A.5 填写可靠性关键产品清单

同理可得该型飞机配套产品中的其他产品决断分析结果，将可靠性关键产品填入《某型飞机机身配套产品可靠性关键产品清单》中，见表 A.2。

表 A.2　某型飞机机身配套产品可靠性关键产品清单(部分)

型号名称：某型飞机　　　填表：×××　　审核：×××　　　第 1 页 共 1 页

系统名称：机身配套　　　产品校对：×××　　批准：×××　　填表日期：×××× 年 ×× 月×× 日

序号	名称	型号	数量（件）	所属系统	承制单位	建议的纠正措施及控制方法				审核意见	备注
						方案阶段	研制及定型阶段	生产阶段	使用阶段		
1	机身油箱安全活门	QYF-45	2	燃油系统	××所	无	制定相关试验计划，设计人员要充分注意该产品的可靠性设计	制定专门的生产工艺要求，对生产中的每道工序都要严格把关	操作人员监控/使用检查/功能检查	同意	

(续)

序号	名称	型号	数量（件）	所属系统	承制单位	建议的纠正措施及控制方法			审核意见	备注
2	副油箱安全活门	QYF-41B	2	燃油系统	××所	无	制定相关试验计划,设计人员要充分注意该产品的可靠性设计	制定专门的生产工艺要求,对生产中的每道工序都要严格把关	操作人员监控/使用检查/功能检查	同意	
3	前起落架		1	起落装置	××所	无	制定相关试验计划,设计人员要充分注意该产品的可靠性设计	制定专门的生产工艺要求,对生产中的每道工序都要严格把关	操作人员监控/使用检查/功能检查	同意	
4	主起落架		2	起落装置	××所	无	制定相关试验计划,设计人员要充分注意该产品的可靠性设计	制定专门的生产工艺要求,对生产中的每道工序都要严格把关	操作人员监控/使用检查/功能检查	同意	

附录B
(资料性附录)
模糊评判方法

B.1 确定评判准则

模糊评判方法是综合考虑 RCI 的所有影响因素进行评分，并根据各因素的相对重要程度进行模糊计算，最终得出判别结果的方法。按照本指南 5.4 条"确定 RCI 的准则"的规定，可将考虑内容归纳为故障后果、可靠性水平、维修保障性水平、技术成熟性水平、工艺复杂性水平等 5 个方面的要求，并以此作为模糊评判方法的分类原则，其内容与本指南 5.4 条对应关系等见表 B.1。

表 B.1 RCI 模糊评判方法的准则

序号	名 称	内 容	与本指南 5.4 条中对应的关系
1	故障后果	a) 产品故障会导致人员伤亡、系统毁坏或危及环境损害。 b) 产品故障后得不到必要安全数据。 c) 产品故障所造成的经济损失	a)、b)、d)、f)
2	可靠性水平	a) 历来使用中可靠性差的产品。 b) 使用时间短，难以证明可靠的产品。 c) 对过去难以追溯的产品	i)、j)、k)
3	维修保障性水平	a) 故障后缺少难以评价的维修数据。 b) 缺少预防维修措施的产品。 c) 大量使用的产品。 d) 故障定位困难、不便于拆卸的产品	b)、g)、l)、m)
4	技术成熟性水平	a) 新技术含量高且不够成熟的产品。 b) 难以采购的产品	c)、h)
5	工艺复杂性水平	a) 生产中使用较多工序的产品。 b) 不同的生产工序间相互交叉的产品。 c) 关键工序较多的产品。 d) 采用较多的新工艺	h)

B.2 模糊评判方法的步骤

B.2.1 概述

RCI 模糊评判方法模糊评判主要分为两个步骤：第一步先按影响产品重要度的单个因素进行评判；第二步再考虑所有因素进行综合评判，见图 B.1。

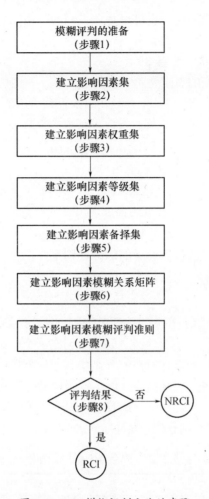

图 B.1 RCI 模糊评判方法的步骤

B.2.2 模糊评判方法的准备（步骤 1）

a) 明确产品定义。

b) 确定 RCI 影响因素（含可靠性、维修性、测试性、安全性、保障性等）。

c) 确定各影响因素的加权数。

d) 确定各影响因素的等级。

e) 评判结果的规定。

B.2.3 建立影响因素集（步骤 2）

因素集是影响评判对象的各种因素所组成的一个集合，通常用大写字母 U 表示，即

$$U=\{u_1,\ u_2,\ \cdots,\ u_i,\ \cdots,\ u_m\} \tag{B.1}$$

式中：$u_i(i=1,2,\cdots,m)$——各影响因素。

这种因素通常都具有不同程度的模糊性。选择下列 5 个因素作为影响产品分类的因素：u_1=故障后果；u_2=可靠性水平；u_3=维修保障性水平；u_4=技术成熟性水平；u_5=工艺复杂性水平，见式（B.2）。

$$U=\{u_1,u_2,u_3,u_4,u_5\} \tag{B.2}$$

上述各因素，可以是模糊的，也可以是非模糊的。由它们所组成的集合，便是评判产品是否属于可靠性关键产品的因素集。

B.2.4　建立影响因素权重集（步骤 3）

各个因素对产品重要度的贡献是不一样的。为了反映这种差别，对各个因素 u_i(i=1，2，…，5)应赋予相应的权数 a_i(i=1，2，…5)并由各权数组成的集合称为影响因素权重集，通常，各权数 a_i 应满足归一性和非负性条件。权数的集合为 A，见公式（B.3）。

$$A=(a_1,a_2,a_3,a_4,a_5) \tag{B.3}$$

B.2.5　建立影响因素等级集（步骤 4）

影响产品分类的 5 个因素（即故障后果、可靠性水平、维修保障性水平、技术成熟性水平、工艺复杂性水平），均具有不同程度的模糊性。为了体现这种模糊性，先把每一因素按其程度分为若干等级，如故障后果这一因素，可分为：灾难、致命、中等、轻度 4 个等级。通过对一个因素的各个等级的综合评判来实现单因素评判，从而处理因素的模糊性，并建立起因素等级集，见公式（B.4）。

$$U_i=\{u_{ij}, \ j=1,2,3,4\} \tag{B.4}$$

式中：u_{ij}——第 i 个因素的第 j 个等级。表 B.2 中给出了 5 个因素的等级划分定义。

从表 B.2 的划分可见，各因素等级之间很难划定一个明确的界限，任一因素等级都在其前后相邻两等级之间处于某种模糊的分布状态，如何正确地描述这种模糊分布模型是实施模糊综合评判的关键。定义描述各因素等级模糊分布的矩阵见公式（B.5）。

$$\boldsymbol{B}=[B_1,B_2,B_3,B_4,B_5]^T \tag{B.5}$$

式中：B_i——第 i 个影响因素的程度，B_i=($b_{i1},b_{i2},b_{i3},b_{i4}$)，$i$=1,2,3,4,5。

表 B.2　因素影响等级划分

影响因素	影响等级		说明
故障后果	1	轻度	不足以导致人员伤害或轻度的经济损失或产品轻度的损坏及环境损害，但它会导致非计划性维护或修理
	2	中等	引起人员的中等程度伤害或中等程度的经济损失或导致任务延误或降级、产品中等程度的损坏及中等程度环境损害
	3	致命	引起人员的严重伤害或重大经济损失或导致任务失败、产品严重损坏及严重环境损害
	4	灾难	引起人员死亡或产品(如飞机、坦克、导弹及船舶等)毁坏、重大环境损害
可靠性水平	1	高	产品可靠性设计水平高，故障率低
	2	较高	产品可靠性设计水平较高，故障率较低
	3	一般	产品可靠性设计水平一般，故障率水平一般
	4	差	产品可靠性设计水平很低，故障率高
维修保障性水平	1	好	对故障的检测与诊断准确、快速，且维修保障方便
	2	较好	基本满足故障检测、诊断以及维修保障要求
	3	一般	基本不满足故障检测、诊断以及维修保障要求
	4	差	不能满足对故障的检测、诊断以及维修保障要求

（续）

影响因素	影响等级		说　明
技术成熟性水平	1	高	产品所涉及的新技术多数处于成功应用阶段
	2	较高	产品所涉及的新技术多数处于真实环境验证阶段
	3	一般	产品所涉及的新技术多数处于实验室样机研究阶段
	4	差	产品所涉及的新技术多数处于基础理论及方案研究阶段
工艺复杂性水平	1	好	工艺流程简单，关键工序少，工序之间无交叉
	2	较好	工艺流程较简单，关键工序较少，工序之间无交叉
	3	一般	工艺流程较复杂，关键工序较多，且工序之间部分交叉
	4	差	工艺流程复杂，关键工序多，工序之间存在交叉

在工程应用中，模糊分布矩阵 B 的确定类似于专家评分法的评分过程。即选择若干名熟悉被评产品的各方面工程技术人员参照表 B.2 各因素等级的定义，给出该产品各因素的级号。再依据所有人员的评级结果，汇总出矩阵 B。具体过程是，假设有 n 名工程技术人员参加评级，其中对被评产品选中第 i 个因素 u_i 的第 j 个某级号的人数为 m_{ij}，则矩阵 B 中的元素 b_{ij} 定义为

$$b_{ij} = \frac{m_{ij}}{n}, i = 1, 2\cdots, 5; j = 1, 2, 3, 4 \qquad (B.6)$$

这样，依据式(B.6)即可确定模糊分布矩阵。

B.2.6　建立影响因素备择集（步骤5）

所谓备择集是指对评判对象可能作出的总的评判结果所组成的集合。产品分为关键产品和非关键产品两类，即备择集见公式（B.7）。

$$V = \{V_1, V_2\} \qquad (B.7)$$

式中：V_1——关键产品；

V_2——非关键产品。

B.2.7　建立影响因素模糊关系矩阵（步骤6）

影响因素模糊关系矩阵是指每一影响因素的每一影响等级对备择集 V 中的每一元素的隶属度所构成的模糊关系矩阵。其定义为第 i 个因素 u_i 的模糊关系矩阵 $\boldsymbol{R}_i$，见式（B.8）。

表 B.3　单一影响因素的模糊关系矩阵 $\boldsymbol{R}_1 \sim \boldsymbol{R}_5$

影响因素	影响级别	隶属度	
		V_1	V_2
故障后果 $\boldsymbol{R}_1$	1	r_{111}	r_{112}
	2	r_{121}	r_{122}
	3	r_{131}	r_{132}
	4	r_{141}	r_{142}

(续)

影响因素	影响级别	隶属度	
		V_1	V_2
可靠性水平 $\boldsymbol{R}_2$	1	r_{211}	r_{212}
	2	r_{221}	r_{222}
	3	r_{231}	r_{232}
	4	r_{241}	r_{242}
维修保障性水平 $\boldsymbol{R}_3$	1	r_{311}	r_{312}
	2	r_{321}	r_{322}
	3	r_{331}	r_{332}
	4	r_{341}	r_{342}
技术成熟性水平 $\boldsymbol{R}_4$	1	r_{411}	r_{412}
	2	r_{421}	r_{422}
	3	r_{431}	r_{432}
	4	r_{441}	r_{442}
工艺复杂性水平 $\boldsymbol{R}_5$	1	r_{511}	r_{512}
	2	r_{521}	r_{522}
	3	r_{531}	r_{532}
	4	r_{541}	r_{542}

$$\boldsymbol{R}_i = \begin{bmatrix} r_{i11} & r_{i12} \\ r_{i21} & r_{i22} \\ r_{i31} & r_{i32} \\ r_{i41} & r_{i42} \end{bmatrix} \tag{B.8}$$

对每一影响因素,都应确定其模糊关系矩阵。根据统计结果及工程经验综合给出各影响因素的关系矩阵 $\boldsymbol{R}_1 \cdots \boldsymbol{R}_5$ 如表 B.3 所示,并应注意同一产品处于不同系统中,关系矩阵也应随之变化。

表 B.3 中故障后果关系矩阵 $\boldsymbol{R}_1$ 第一行的含义是,当被评产品的故障后果是 1 级即"轻度"时,仅从故障后果这一因素出发,该产品不可能被评为关键产品,用隶属度 r_{111} 表示;而最有可能被评为非关键产品,用隶属度 r_{112} 表示,以此类推。

B.2.8 建立影响因素模糊评判准则（步骤 7）

模糊评判准则是:首先进行单因素评判,然后进行多因素综合评判,其具体过程如下:a) 单因素评判准则:单因素评判结果矩阵 $\boldsymbol{C}$,见式（B.9）。

$$\boldsymbol{C} = (\boldsymbol{C}_1, \ \boldsymbol{C}_2, \ \boldsymbol{C}_3, \ \boldsymbol{C}_4, \ \boldsymbol{C}_5)^{\mathrm{T}} \tag{B.9}$$

式中:$\boldsymbol{C}_i (i=1,2,3,4,5)$——各因素的等级矩阵 $\boldsymbol{B}_i$ 和关系矩阵 $\boldsymbol{R}_i$ 的连乘积,即 $\boldsymbol{C}_i = \boldsymbol{B}_i \boldsymbol{R}_i = (C_{i1},$
　　　　　　$C_{i2})$;

　　　　C_{ijk}——按第 i 个因素的所有等级进行综合评判时,评判对象对备择集中第 k 个元素的隶属度，$C_{ijk} = \sum_{j=1}^{4} b_{ijk} r_{ijk}; i=1,2,\cdots,5; k=1,2.;$

b) 综合评判准则：综合评判结果矩阵 $\boldsymbol{D}$，见式（B.10）。

$$\boldsymbol{D}=\boldsymbol{A}\boldsymbol{C}=(d_1, \ d_2) \tag{B.10}$$

式中：$d_k(k=1,2)$——各因素的权数 a_i 和单因素评判结果矩阵 C_{ik} 的连乘积，即 $d_k = \sum_{i=1}^{5} a_i c_{ik}$。

d_k 便是综合考虑所有因素时，评判对象对备择集中第 k 个元素的隶属度，也是作出最终判断的依据。

B.2.9　评判结果（步骤 8）

对综合评判结果即式（B.10）进行归一化处理，见式（B.11）。

$$d'_k = \left. d_k \middle/ \sum_{k=1}^{2} d_k \right. \times 100\% \tag{B.11}$$

最后找最大隶属度原则，取 $\max\{d'_k\}$ 相应的备择集元素 V_k（$k=1,2$）作为该产品类别，即 $k=1$ 为 RCI，$k=2$ 为 NRCI。

B.3　应用案例

B.3.1　概述

对某种产品采用模糊评判法对其进行类别判定。首先选择 10 名工程技术人员作为可靠性关键产品分类的评定人员，他们应来自于产品研制、试验、生产使用、维修等部门并具有一定的工程经验的人员；将表 B.1 和表 B.2 发给上述每一位分析人员并对此表做出必要的解释和说明；由各位分析人员参照表 B.2 中各因素等级的划分，进而对被评产品的等级评定。

B.3.2　步骤

B.3.2.1　建立影响因素集

根据分析，该产品的影响因素集 U 为

$$U=\{u_1, \ u_2, \ u_3, \ u_4, \ u_5\}$$

式中：u_1——故障后果；

　　　u_2——可靠性水平；

　　　u_3——维修保障性水平；

　　　u_4——技术成熟性水平；

　　　u_5——工艺复杂性水平。

B.3.2.2　建立影响因素权重集

通过分析人员的分析，选定本产品的权重集 A 为：

$$A=(0.4, \ 0.2, \ 0.2, \ 0.1, \ 0.1)$$

B.3.2.3　建立影响因素等级集

根据表 B.1 的分类以及 10 名分析人员的选择，确定模糊分布矩阵 $\boldsymbol{B}$ 为：

$$\boldsymbol{B} = \begin{bmatrix} B_1 \\ B_2 \\ B_3 \\ B_4 \\ B_5 \end{bmatrix} = \begin{bmatrix} 0.2 & 0.7 & 0.1 & 0 \\ 0.2 & 0.6 & 0.2 & 0 \\ 0 & 0.1 & 0.7 & 0.2 \\ 0 & 0.1 & 0.3 & 0.6 \\ 0 & 0.2 & 0.6 & 0.2 \end{bmatrix}$$

B.3.2.4　建立备择集

该产品的备择集 V 为：

$$V = \{V_1, \ V_2\}$$

式中：V_1——关键产品；

V_2——非关键产品。

B.3.2.5　模糊关系矩阵

通过分析人员的确定该产品在单一因素的模糊关系矩阵，见表 B.4。

表 B.4　单一因素的模糊关系矩阵 $\boldsymbol{R}_1 \sim \boldsymbol{R}_5$

因素	级别	隶 属 度		因素	级别	隶 属 度	
		V_1	V_2			V_1	V_2
故障后果 $\boldsymbol{R}_1$	1	0	0.9	技术成熟性水平 $\boldsymbol{R}_4$	1	0	1
	2	0.2	0.8		2	0.1	0.3
	3	0.8	0.2		3	0.4	0.6
	4	0.9	0		4	0.7	0
可靠性水平 $\boldsymbol{R}_2$	1	0	0.8	工艺复杂性水平 $\boldsymbol{R}_5$	1	0	0.8
	2	0.2	0.4		2	0.2	0.6
	3	0.4	0.6		3	0.6	0.2
	4	0.8	0		4	0.8	0
维修保障性水平 $\boldsymbol{R}_3$	1	0	0.8				
	2	0.2	0.4				
	3	0.4	0.6				
	4	0.8	0				

B.2.3.6　模糊评判

a) 单因素评判：

$$C_1 = \begin{bmatrix} 0.2, 0.7, 0.1, 0 \end{bmatrix} \times \begin{bmatrix} 0 & 0.9 \\ 0.2 & 0.8 \\ 0.8 & 0.2 \\ 0.9 & 0 \end{bmatrix} = \begin{bmatrix} 0.22 & 0.76 \end{bmatrix}$$

同理计算可得 C_2，C_3，C_4，C_5，此时可得单因素评判结果矩阵 $\boldsymbol{C}$

$$C = \begin{bmatrix} C_1 \\ C_2 \\ C_3 \\ C_4 \\ C_5 \end{bmatrix} = \begin{bmatrix} 0.22 & 0.76 \\ 0.2 & 0.52 \\ 0.46 & 0.46 \\ 0.4 & 0.42 \\ 0.68 & 0.12 \end{bmatrix}$$

b) 综合评判：

$$D = A \times C = \begin{bmatrix} 0.4 & 0.2 & 0.2 & 0.1 & 0.1 \end{bmatrix} \begin{bmatrix} 0.22 & 0.76 \\ 0.2 & 0.52 \\ 0.46 & 0.46 \\ 0.4 & 0.42 \\ 0.68 & 0.12 \end{bmatrix}$$

$$= \begin{bmatrix} 0.328 & 0.554 \end{bmatrix}$$

c) 用表 B.5 汇总各分析人员的评定结果，并根据以上的各项计算结果填入表 B.5 中；由表 B.5 中的计算结果可知 $\max\{d'_k\} = d'_2 = 62.8\%$，即 $d'_2 > d'_1$，因此该产品属于非可靠性关键产品。

表 B.5 产品分类计算判定表

机型：××   系统名称：××××   产品名称/代码：××××   评定总人数：10

因素		评 定 汇 总				$C_\lambda = B_i \times R_i$		$D = A \times C$				判定结果	备注
级别		1	2	3	4	V_1	V_2	d_1	d_2	d'_1	d'_2		
U_1	人数	2	7	1	0	0.22	0.76						
	B_1	0.2	0.7	0.1	0								
U_2	人数	2	6	2	0	0.20	0.52						
	B_2	0.2	0.6	0.2	0							非可靠性关键产品	
U_3	人数	10	0	0	0	0.46	0.46	0.328	0.554	37.2%	62.8%		
	B_3	1	0	0	0								
U_4	人数	0	1	7	2	0.68	0.12						
	B_4	0	0.1	0.7	0.2								
U_5	人数	0	1	3	6	0.4	0.42						
	B_5	0	0.1	0.3	0.6								

参 考 文 献

[1] 陆廷孝，郑鹏洲，等. 可靠性设计与分析[M]. 北京：国防工业出版社，1995.

[2] 曾声奎，赵廷弟，等. 系统可靠性设计分析教程[M]. 北京：北京航空航天大学出版社，2001.

[3] 《飞机设计手册》总编委会. 飞机设计手册-20 分册[M]. 北京：航空工业出版社，1999.

[4] 康锐，石荣德. 航空产品重要度分类的模糊判断方法[J]. 航空学报，1995，16.

[5] GJB 450A《装备可靠性工作通用要求》实施指南[M]. 总装备部电子信息基础部技术基础局，总装备部技术基础管理中心，2008.

XKG

型 号 可 靠 性 技 术 规 范

XKG／K10—2009

型号可靠性设计准则制定指南

Guide to the establishment of reliability design criteria for materiel

目　次

前　言

本指南的附录 A~附录 B 均是资料性附录。

本指南由国防科技工业可靠性工程技术研究中心负责组织实施。

本指南起草单位：北京航空航天大学可靠性工程研究所、航天五院总体部、中国北方车辆研究所、航空 611 所。

本指南主要起草人：石君友、赵廷弟、谷岩、邹天刚、田春雨。

型号可靠性设计准则制定指南

1 范围

本指南规定了型号（装备，下同）可靠性设计准则制定和符合性分析与检查的要求、程序和方法。

本指南适用于方案、工程研制阶段的各类型号可靠性设计准则的制定和符合性分析与检查。

2 规范性引用文件

下列文件中的有关条款通过引用而成为本指南的条款。凡注明日期或版次的引用文件，其后的任何修改单（不包括勘误的内容）或修订版本都不适用于本指南，但提倡使用本指南的各方探讨使用其最新版本的可能性。凡未注日期或版次的引用文件，其最新版本适用于本指南。

GJB 151A　　　军用设备和分系统电磁发射和敏感度要求

GJB 450A　　　装备可靠性工作通用要求

GJB 451A　　　可靠性维修性保障性术语

GJB 358　　　军用飞机电搭接技术要求

GJB/Z 27　　　电子设备热设计手册

GJB/Z 35　　　元器件降额准则

GJB/Z 105　　　电子产品防静电放电控制手册

3 术语和定义

GJB451A 确定的以及下列术语和定义适用于本指南。

3.1 可靠性 reliability
产品在规定的条件下和规定的时间内，完成规定功能的能力。

3.2 可靠性设计准则 reliability design criteria
在产品设计中为提高可靠性而应遵循的细则。它是根据在产品设计、生产、使用中积累起来的行之有效的经验和方法编制的。

3.3 符合性 conformity
产品设计与可靠性设计准则所提要求的符合程度。

3.4 符合性分析与检查 conformity analysis and check
对产品设计进行分析与检查，以确认与可靠性设计准则的符合程度。

3.5 冗余 redundancy
产品通过采用一种以上的手段保证在发生故障时仍能完成同一种规定功能的一种设计特性。完成该功能的每一种手段未必相同。

3.6 降额 derating

产品在低于额定应力的条件下使用，以提高其可靠性的一种方法。

3.7 健壮设计 robust design

使产品的性能对制造公差、使用环境等的变化不敏感，并且使产品在其寿命期内，当其出现参数漂移或性能在一定范围内下降时，仍能持续满意地工作的一种设计方法。

4 符号和缩略语

4.1 符号

无。

4.2 缩略语

下列缩略语适用于本指南。

PCB——printed circuit boar，印制电路板。

5 一般要求

5.1 可靠性设计准则的目的和作用

a) 目的

制定可靠性设计准则的目的是指导设计人员进行产品的可靠性设计，提高产品的固有可靠性，进而提高产品设计质量，以达到可靠性的设计要求。

b) 作用

1) 促进可靠性设计分析工作项目要求的落实。

2) 进行可靠性定性设计分析的重要依据。

3) 达到产品可靠性要求的途径。

4) 规范设计人员的可靠性设计工作。

5) 检查可靠性设计符合性的基准。

5.2 制定可靠性设计准则的时机

承制方应在研制早期，根据合同规定的可靠性要求、装备特点，参照相关的标准和手册，并在认真总结工程经验的基础上制定产品专用的可靠性设计准则（包括硬件和软件）。在产品设计过程中，设计人员应贯彻实施可靠性设计准则，并在执行过程中修改完善这些设计准则。为使可靠性设计准则能切实贯彻，应要求承制方提供设计准则符合性报告。在进行设计评审时，应对设计准则符合性报告进行审查。

5.3 制定可靠性设计准则的依据

制定可靠性设计准则的依据有：

a) 型号《立项论证报告》、《研制总要求》及研制合同（包括工作说明）中规定的可靠性设计要求。

b) 国内外有关标准、规范和手册中提出的与可靠性有关的设计要求。

c) 相似型号中制定的可靠性设计准则。

d) 国内外相似型号及本研制单位所积累的可靠性设计经验和教训。

e) 产品的属性。

5.4 制定可靠性设计准则的动态管理

制定设计准则是一个不断修改、逐步完善的动态管理过程。型号可靠性设计准则在方案阶段就应着手制定,初步(初样)设计评审时,应提供一份将要采用的可靠性设计准则,随着设计的进展,不断改进和完善该准则,并在详细(正样)设计开始之前最终确定其内容和说明。

5.5 可靠性设计准则文件体系

可靠性设计准则是型号规范文件之一。可靠性设计准则文件的层次按产品层次进行划分,即型号的总师单位应该首先制定面向型号的顶层可靠性设计准则文件,型号的各级配套产品研制单位依据型号的顶层可靠性设计准则文件制定各自的可靠性设计准则文件,全部可靠性设计准则文件构成可靠性设计准则文件体系,见图1。

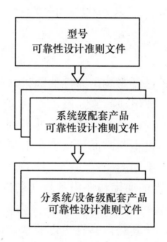

图 1 可靠性设计准则文件体系

顶层的型号可靠性设计准则文件用于约束型号总体的可靠性设计,各级配套产品的可靠性设计准则文件用于约束配套产品的可靠性设计。配套产品可靠性设计准则中除了包含上层产品可靠性设计准则中适用的通用条款外,还应该包含与产品特点紧密相关的专用准则条款。

5.6 可靠性设计准则制定的组织与人员职责

可靠性设计准则的制定应该纳入到质量和可靠性管理系统中进行集中统一管理。承制方应根据产品的可靠性要求、特点和类似产品的经验,制定可靠性设计准则。在产品设计过程中,设计人员在设计主管领导和监督下认真贯彻实施可靠性设计准则,并在执行过程中修改、完善设计准则。为使可靠性设计准则能切实贯彻,承制方应提供设计准则符合性分析与检查报告。在进行评审时,应将可靠性设计准则和符合性分析与检查报告作为设计评审的内容,以评价设计与准则的相符程度。

6 可靠性设计准则制定程序

可靠性设计准则的制定程序见图2。

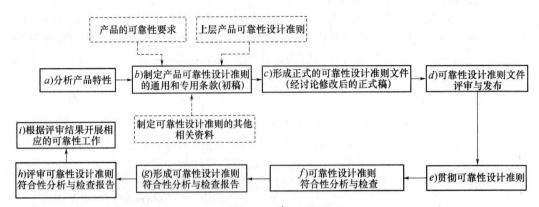

图 2　可靠性设计准则制定程序

其具体过程如下：

a) 分析产品特性

分析产品层次和结构特性，以及影响可靠性的因素与问题，明确可靠性设计准则覆盖的产品层次范围，以及产品对象组成类别。产品层次范围是指型号、系统、分系统、设备、部件、元器件等，不同层次产品的可靠性设计准则是不同的；产品对象组成类别包括电子类产品、机械类产品、机电类产品、软件产品以及这些类别的各种组合等，不同类别产品的可靠性设计准则是不同的。

b) 制定产品可靠性设计准则的通用和专用条款（初稿）

1) 产品的可靠性要求是制定可靠性设计准则的重要依据，通过分析研制合同或者任务书中规定的产品可靠性要求，尤其是可靠性定性要求，可以明确可靠性设计准则的范围，避免重要可靠性设计条款的遗漏。在制定配套产品的可靠性设计准则时，应参照"上层产品可靠性设计准则"的要求进行扩展。

2) 可靠性设计准则中通用部分的条款对产品中各组成单元是普遍适用的；可靠性设计准则中专用部分的条款是针对产品中各组成单元的具体情况制定的，只适用于特定的单元。在制定可靠性设计准则通用和专用部分时，可以收集参考与可靠性设计准则有关的标准、规范或手册，以及相关产品的可靠性设计准则文件。其中，相似产品的各类可靠性问题是归纳出专用条款的重要手段。

c) 形成正式的可靠性设计准则文件（经讨论修改后的正式稿）

经有关人员（设计、工艺、管理等人员）的讨论、修改后，形成可靠性设计准则文件（正式稿）。

d) 可靠性设计准则文件评审与发布

邀请专家对可靠性设计准则文件进行评审，根据其意见进一步完善准则文件。最后经过型号总师批准，发布可靠性设计准则文件。

e) 贯彻可靠性设计准则

产品设计人员依据发布的可靠性设计准则文件，进行产品的可靠性设计。

f) 可靠性设计准则符合性分析与检查

根据规定的表格将产品的可靠性设计状态与可靠性设计准则进行对比分析和检查。

g) 形成可靠性设计准则符合性分析与检查报告

按规定的格式（参见本指南 8.2 条），整理完成可靠性设计准则符合性分析与检查报告。

h) 评审可靠性设计准则符合性分析与检查报告

邀请专家对可靠性设计准则符合性分析与检查报告进行评审。

i) 根据评审结果开展相应的可靠性工作。

7 可靠性设计准则主要内容

7.1 概述

可靠性设计准则主要包括采用成熟技术和工艺、简化设计、元器件、零部件和原材料的选择和控制、降额设计、冗余设计、电路容差设计、防瞬态过应力设计、热设计、环境防护设计、电磁兼容设计、与人的因素有关的设计、软件可靠性设计、包装与运输设计以及容错与防差错设计等 14 个方面。相应的条款参见本指南附录 A。

7.2 采用成熟技术和工艺

采用成熟技术和工艺的主要目的是通过限制产品中新技术和新工艺的应用来保证继承性，降低新技术、新工艺带来的可靠性风险。应优先选用经过考验、验证、技术成熟的设计方案（包括硬件和软件）和零、部、组件，充分考虑产品设计的继承性。

7.3 简化设计

简化设计的主要目的是提高产品的基本可靠性。由于产品的基本可靠性与产品的单元组成数量呈反比关系，因此通过简化设计，缩小单元组成规模，从而提高产品的基本可靠性。

简化设计是可靠性设计应遵循的基本原则，尽可能以最少的元器件、零部件来满足产品的功能要求。简化设计的范畴还包括：优先选用标准件，提高互换性和通用化程度；采用模块化设计，最大限度地压缩和控制原材料、元器件、零、组、部件的种类、牌号和数量等。

7.4 元器件、零部件和原材料的选择和控制

通过元器件、零部件和原材料的选择与控制，应尽可能地减少元器件、零部件、原材料的品种，编制和修订元器件、零部件、原材料的优选目录，严格控制超优选目录元器件、零部件、原材料的使用，保持和提高产品的固有可靠性。

7.5 降额设计

电子产品的可靠性对其电应力和温度应力比较敏感，电子产品的降额设计就是使元器件所承受的工作应力适当地低于其规定的额定值，从而达到降低基本故障率的目的。对于电子、电气和机电元器件根据 GJB/Z 35《元器件降额准则》对不同类别的元器件按不同的应用情况进行降额。

机械和结构部件降额设计的概念是指设计的机械和结构部件所能承受的负载（称强度）要大于其实际工作时所承受的负载（称应力）。对于机械和结构部件，应重视应力与强度分析，并根据具体情况，采用提高强度均值、降低应力均值、降低应力和强度方差等基本方法，找出应力与强度的最佳匹配，提高设计的可靠性。

7.6 冗余设计

容错与冗余设计的目的是提高产品的任务可靠性。在产品设计中应避免因任何单点故障导致任务中断和人员损伤，如果不能通过设计来消除这种影响任务或安全的单点故障模式，就必须设法使设计对故障的原因不敏感（即健壮设计）或采用容错设计技术。冗余技术是最常用的容错技术，但采用冗余设计必须综合权衡，并使由冗余所获得的可靠性不要被由于构成冗余布局所需的转换器件、误差检测器和其他外部器件所增加的故障率所抵消。

7.7 电路容差设计

设计电路，尤其是关键的电路，应设法使由于器件退化而性能变化时，仍能在允许的公差范围之内，满足所需的最低性能要求。可以采取反馈技术，以补偿由于各种原因引起的元器件参数的变化，实现电路性能的稳定。

7.8 防瞬态过应力设计

防瞬态过应力设计也是确保电路稳定、可靠的一种重要方法。必须重视相应的保护设计，例如：在受保护的电线和吸收高频的地线之间加装电容器；为防止电压超过额定值（钳位值），采用二极管或稳压管保护；采用串联电阻以限制电流值等。

7.9 热设计

热设计的主要目的是通过合理的散热设计降低产品的工作温度,避免高温导致故障,从而提高产品的可靠性。为了使设计的产品性能和可靠性不被不合适的热特性所破坏，必须对热敏感的产品实施热分析。通过分析来核实并确保不会有元器件暴露在超过线路应力分析和最坏情况分析所确定的温度环境中。热设计的主要方法包括：提高导热系统的传导散热设计、对流散热设计、辐射散热设计和耐热设计。

7.10 环境防护设计

产品出现故障常与所处的环境有关，当产品在冲击、振动、潮湿、高低温、盐雾、霉菌、核辐射等恶劣环境下工作时，其中部分单元难以承受这种环境应力的影响而产生故障。因此需要采取环境防护设计以提高其可靠性。

正确的环境防护设计包括：温度防护设计；防潮湿、防盐雾和防霉的"三防"设计；冲击和振动的防护设计以及防风沙、防污染、防电磁干扰以及静电防护等。此外，要特别注意综合环境防护设计问题，例如采用整体密封结构，不仅能起到"三防"作用，也能起到对电磁环境的防护作用。

7.11 电磁兼容设计

电磁兼容是指系统、分系统、设备在共同的电磁环境中能协调地完成各自功能的共存状态。电磁兼容设计是通过提高产品的抗电磁干扰能力以及降低对外的电磁干扰，避免由于干扰导致的产品故障，从而提高产品的可靠性。电磁兼容设计一般需要从抑制干扰源、切断干扰传播途径等方面进行设计。

考虑到电磁兼容设计的复杂性，目前在很多装备的研制中，都制定单独的电磁兼容设计规范。

7.12 与人的因素有关的设计

除了设备本身发生故障以外，人的错误动作也会造成系统故障。人的因素设计就是应用人类工程学与可靠性设计，从而减少人为因素造成设备或系统故障。

7.13 软件可靠性设计

除硬件产品外,对于软件产品也应根据软件设计的特点制定相应的可靠性设计准则。

7.14 包装与运输设计

包装与运输设计的目的是通过考虑产品在包装、储存、装卸与运输过程中可能出现的故障,对包装、储存、装卸与运输方式提出可靠性设计约束要求。

7.15 容错与防差错设计

对产品接口和操作位置采取防差错设计措施,减少人机交互操作中发生差错的可能性。

8 可靠性设计准则符合性分析与检查

8.1 符合性分析与检查要求

可靠性设计准则符合性分析与检查是一项重要的可靠性工作。通过设计准则符合性分析与检查,有助于发现产品设计中存在的可靠性隐患,能够为提高产品可靠性水平提供支持。其要求是:

a) 在研制过程中应对可靠性设计准则贯彻情况进行分析,确定产品可靠性设计是否符合设计准则的要求,并确定存在的问题,尽早采取改进措施。

b) 将设计准则贯彻情况的分析/评价结果,编写、提交可靠性设计准则的符合性分析与检查报告,并经型号总师系统的批准,以作为可靠性评审资料之一,对其中个别条款没有采取技术措施,应充分说明其理由,并得到总设计师或研制单位最高技术负责人的认可。

c) 应由可靠性设计准则符合性分析与检查小组负责完成可靠性设计准则的符合性分析与检查工作。

8.2 符合性分析与检查方法

8.2.1 概述

可靠性分析与检查方法可分为符合性定性分析方法、符合性评分方法两种。

8.2.2 符合性定性分析方法

经订购方同意,可选用定性分析方法。可靠性设计准则符合性分析与检查表格见表1。

表 1 可靠性设计准则符合性分析与检查表

型号:　　　　　　产品名称:　　　　　　产品编号:

可靠性设计人员:　　　　　　　　　审核人员:　　　　　　共 页 第 页

序号	设计准则条目	是否符合		判定依据 (设计措施)	不符合条目的原因说明	处理措施 及建议
		是	否			

表1中对每条设计准则,对"符合"的条款,在"是否符合"栏"是"中打"√",并要填写"判定依据";对"不符合"的条款,在"是否符合"栏"否"中打"√",并要填写"不符合条目的原因说明"、"处理措施及建议"。

8.2.3 符合性评分方法

可靠性设计准则符合性评分方法可参见 XKG/C02—2009《型号测试性设计准则制定指南》中 8.2 条、该指南附录 C 有关内容，也可参见 XKG/B03—2009《型号保障性设计准则制定指南》中 8.2.3 条、该指南附录 C 有关内容。

8.3 符合性分析与检查报告

完成可靠性设计准则各条目的符合性分析与检查之后，应编写可靠性设计准则符合性分析与检查报告，其主要内容包括：

a) 产品功能及设计方案描述。

b) 符合性分析与检查说明。

c) 符合性分析与检查结论（含存在的主要问题及改进建议）。

d) 符合性分析与检查小组成员及签字。

9 注意事项

a) 研制单位应该根据产品特点，制定相应的产品可靠性设计准则。

b) 可靠性设计准则应充分吸收国内外相似产品设计的成熟经验和失败教训。

c) 可靠性设计准则应该逐步完善，即根据产品研制情况增加有效的条款和去除无效的条款，提高准则的适用性。

d) 可靠性设计准则的内容应该具有可操作性，便于设计人员贯彻。

e) 可靠性设计准则应注意与维修性、测试性、安全性、保障性设计准则之间的协调和相互呼应，具体内容见 XKG/W03—2009《型号维修性设计准则制定指南》、XKG/C02—2009《型号测试性设计准则制定指南》、XKG/A02—2009《型号安全性设计准则制定指南》、XKG/B03—2009《型号保障性设计准则制定指南》。

f) 电子产品可靠性设计准则选用原则：电子产品的特点是以电子元器件为主要工作元件，以电信号作为主要控制参数。在上述的可靠性设计准则各技术分类中，都存在着适用于电子产品的准则条款。因此可以从上述的可靠性设计准则中选取相关的条款形成电子产品可靠性设计准则。

g) 机械产品可靠性设计准则选用原则：机械产品泛指所有的非电子产品，非电产品具有环境应力复杂、标准化程度较低、故障模式多、故障机理复杂、耗损性故障突出、可靠性数据匮乏等特点，在可靠性设计上具有很大的困难。在技术分类的可靠性设计准则中，降额设计、电磁兼容设计都不适合机械产品的可靠性设计，其他类别中存在可以选取的条款。此外，针对机械产品的典型故障模式，也应制定抗疲劳设计、抗磨损设计、抗腐蚀设计、防断裂设计、防泄漏设计、防松动设计准则。

h) 注意收集、积累可靠性设计准则的信息条款，建立信息库，为可靠性设计提供支持。

附录 A
（资料性附录）
可靠性设计准则条款示例

A.1 采用成熟技术和工艺

a) 实施标准化设计，尽量采用成熟的标准电路，标准模块及标准零件。

b) 不采用设计上看来先进但不成熟的方案。

c) 接点设计原则如下：

1) 尽量采用绕接、压接、冷轧接等工艺代替锡焊接。

2) 印制板的锡焊接尽量采用波峰焊接工艺。

3) 印制板上的焊点和金属化孔应采用双面焊接。

d) 可靠设计印制电路板，其基本原则如下。

1) 用力学性能、电气性能稳定的覆铜箔环氧玻璃布层压板作为印制板材料。

2) 印制板的布线应采用计算机辅助设计（CAD）技术。

e) 印制板图设计（布设草图、原板图、机械加工图、装配图等）应符合专业标准的要求等。

f) 应采用已定型的或经验证的包括微处理机在内的标准部件、标准电路和标准电子功能模块。

A.2 简化设计

a) 应对系统功能进行分析权衡，合并相同或相似功能，消除不必要的功能。

b) 应在满足规定功能要求的条件下，使其设计简单，尽可能减少产品层次和组成单元的数量。

c) 尽量减少执行同一或相近功能的零部件、元器件数量。

d) 应优先选用标准化程度高的零部件、紧固件与连接件、管线、缆线等。

e) 最大限度地采用通用的组件、零部件、元器件，并尽量减少其品种。

f) 必须使故障率高、容易损坏、关键性的单元具有良好的互换性和通用性。

g) 采用不同工厂生产的相同型号成品件必须能安装互换和功能互换。

h) 简化电路设计，应遵守如下原则：

1) 应尽可能用软件功能代替硬件功能，使电路得以简化。

2) 尽可能用集成电路代替分立元件组成的电路。

3) 尽可能用大规模集成电路代替中、小规模的集成电路。

4) 尽可能用数字电路代替模拟电路。

A.3 元器件、零部件和原材料的选择与控制

a) 设计选材要满足产品的使用要求，注重发挥轻质材料在结构设计中的作用，注重

材料对各种严酷环境下产品可靠性的保证。

b) 材料选用不仅要考虑满足各零、部件的性能要求即满足整个产品各分功能的要求，还应考虑各零、部件对产品性能或者其它零（部）件附属功能的影响。

c) 设计选材应遵循标准化、通用化和系列化。

d) 设计选材应首先择优选用已纳入国标、国军标的材料。

e) 对于设计中可能遇到的国外牌号材料，应首先在国内牌号中进行筛选，尽量作好国内牌号材料的替代；对于不能替代的国外牌号材料，在设计选材时也应注意材料标准的转化。

f) 工程设计应对材料的牌号、品种、规格进行综合分析，力求通用。

g) 应注意所选材料的制造加工性能，包括锻造性能、切削性能、热处理工艺性能等。

h) 考虑材料应用技术的成熟程度。

i) 在选用新材料时，设计评审中要重视新材料应用可行性评审，对重要新材料应用必须经过验证。

j) 结构材料在其预期的结构使用寿命期内对裂纹应具有高的耐受能力，并且在使用环境下，应耐受脆性裂纹扩展。

k) 选材时应考虑材料强度、塑性的合理配合；如，承受交变载荷零件上带有尖锐缺口造成高应力集中，有可能使原来整个结构承受的低应力高周疲劳，在缺口局部成为高应变塑性疲劳载荷；可采用局部复合强化方法，使缺口处的塑性应变减小以致消除，提高局部有效承载能力。

l) 根据零部件、元器件优选清单，选择成熟的零部件和元器件。

m) 对零部件进行必要的筛选、磨合。

n) 选用的零部件应满足使用环境（防盐雾、防霉菌等）要求。

o) 关键零部件应列出清单，严格控制公差精度。

A.4 降额设计

a) 元器件按 GJB/Z35《元器件降额准则》进行降额。

b) 对电路中的元器件，一定要考虑降额使用，绝不允许超负荷使用。

c) 对故障率高、影响产品安全性，或属于可靠性关键件、重要件的元器件、零部件，应严格进行降额设计。

d) 关键件、重要件原则上采用 I 级降额。

e) II 级降额适用于设备故障将会使任务降级和发生不合理的维修费用情况的设备设计。

f) III 级降额适用于设备故障只对任务完成有小的影响和可经济地修复设备的情况。

A.5 冗余设计

a) 当简化设计、降额设计及选用的高可靠性的零部件、元器件仍然不能满足任务可靠性要求时，则应采用冗余设计。

b) 当重量、体积允许时，选用冗余设计比其它可靠性设计方法更能满足可靠性要求，应选用冗余设计。

c) 影响任务成功的关键部件如果具有单点故障模式，则应考虑采用冗余设计；

d) 硬件冗余设计一般在较低层次（设备、部件）使用，功能冗余设计一般在较高层次进行（分系统、系统）。

e) 冗余设计中应重视冗余转换的设计；在进行切换冗余设计时，必须考虑切换系统的故障概率对系统的影响，尽量选择高可靠性的转换器件。

A.6 电路容差设计

a) 应根据需要，对关键电路进行容差分析和容差设计；

b) 电路设计时，要有一定功率余量，通常应有 20%～30%的余量，重要地方可用50%～100%的余量，要求稳定性、可靠性越高的地方余量应越大。

c) 应对那些随温度变化其参数也随之变化的元器件进行温度补偿，使电路保持稳定。

d) 正确选用电参数稳定的元器件，避免电路产生漂移故障。

e) 应合理放宽对输入及输出信号临界值的要求。

f) 接插件、开关、继电器的触点要增加冗余接点，并联工作。

g) 储备设计应尽量采用功能冗余，当其中冗余部件故障时并不影响主要功能。

h) 信息传递不允许中断时，应采取工作储备。

i) 使用反馈技术来补偿(或抑制)参数变化所带来的影响，保证电路性能稳定。

j) 冗余系统和主系统的元件不能通过同一个连接器。

A.7 防瞬态过应力设计

a) 选择过载能力满足要求的元器件。

b) 对线路中已知的瞬态源采取瞬态抑制措施。例如，对感性负载反电势可采取与感性负载并联的电阻与二极管串联网络来加以抑制。

c) 对可能经受强瞬态过载的分立元器件，应对其本身采取瞬态过载的防护措施。

d) 尽可能的减少摩擦产生的静电荷。

e) 电子元器件要严格执行 GJB/Z 105-98《电子产品防静电放电控制手册》中关于静电放电敏感元件、组件和设备分级指标的要求，PCB 板要做好防静电电磁场效应的电磁兼容性设计。

A.8 热设计

a) 传导散热设计；如：选用导热系数大的材料，加大与导热零件的接触面积，尽量缩短热传导的路径，在传导路径中不应有绝热或隔热件等。

b) 对流散热设计；如：加大温差，即降低周围对流介质的温度；加大流体与固体间的接触面积；加大周围介质的流动速度，使它带走更多的热量等。

c) 辐射散热设计；如：在发热体表面涂上散热的涂层以增加黑度系数；加大辐射体的表面面积等。

A.9 环境防护设计

a) 温度防护设计：

1) 提高效率，降低发热器件的功耗，如选用低功耗集成电路和低饱和压降的器件；

2) 电源所用大功率管应单独安装，与散热板之间的机械配合要紧密吻合。发热量大的元件不允许密集安装，其布局、排列、安装应有利于散热。

3) 充分利用金属机箱或府盘散热。

4) 对发热量较大的部件、组合件，应采用强迫风冷、液冷和热管散热等冷却措施。

5) 对阳光直晒的产品应加设遮阳罩。

6) 方舱或车厢内的加热器应注意安装位置和吹风方向，避免墙壁、地板过热损坏。

7) 尽可能不用液体润滑剂。

8) 在低温环境下工作的光学设备应采取防雾措施。

9) 车辆、电源设备等必须具有低温启动措施，采用防冻液和合适的低温液压油等。

b) 防潮湿、防盐雾和防霉菌设计：

1) 采取具有防水、防霉、防锈蚀的材料。

2) 提供排水疏流系统或除湿装置，消除湿气聚集物。

3) 采取干燥装置吸收湿气。

4) 应用保护涂层以防锈蚀。

5) 憎水处理，以降低产品的吸水性或改变其亲水性能。

6) 防止盐雾导致的电化学腐蚀、电偶腐蚀、应力腐蚀、晶间腐蚀等。

7) 采用防霉剂处理零部件或设备。

8) 设备、部件密封，并且放进干燥剂，保持内部空气干燥。

9) 在密封前，材料用足够强度的紫外线辐照，防止和抑杀霉菌。

c) 冲击和振动防护设计：

1) 消源设计；如：火箭发动机的振动就是一种主要的振源，发动机设计师通过研究、设计和试验首先致力于消除不稳定燃烧，其次改变推力室头部喷嘴的排列和流量，减小其振源，也降低发动机振动的等级。

2) 隔离设计；如：采用主动隔离或者被动隔离方法将设备与支承隔离开来。

3) 减振设计；如：采用阻尼减振、动力减振、摩擦减振、冲击减振等方法消耗或者吸收振动能量。

4) 抗振设计；如：改变安装部位；提高零部件的安装刚性；安装紧固等。

A.10 电磁兼容设计

a) 在电气、电子设备及系统的设计中应满足系统电磁兼容性设计要求。

b) 应避免信号与电源电路共用地线，并应对信号提供有效屏蔽，避免电磁干扰的影响，或将其影响减到可以接受的程度。

c) 高电压、强辐射部位，应有明显的标志或说明，采取有效防护或屏蔽措施。

d) 禁止把电源线和信号线的端头接在连接器的相邻的插孔上。

e) 电路的输入输出不能相邻。

f) 按 GJB151A《军用设备和分系统电磁发射和敏感度要求》、HB5940《飞机系统电磁兼容性要求》的要求进行电磁兼容性设计，保证产品与外部环境兼容，产品内部各级电路兼容。

g) 所有接地引线应尽可能地短、粗、直，且直接接地，其接触面之间不允许有不导电物质；小信号电路的接地应与其它的接地隔开；可能产生大瞬变电流的电路应有单独的接地系统。

h) 应采用良导体(铜、铝)作为高频电场的屏蔽材料，采用导磁材料(电工纯铁、高导磁率合金)作为低频磁场的屏蔽材料。

i) 采取多层屏蔽，提高屏蔽效果，扩大屏蔽的频率范围。

j) 在优先考虑采取良好的接地和屏蔽措施后，必要时才采用滤波技术。

k) 滤波器应能承受规定的输入电流、电压波动峰值，以保证其工作可靠；选择滤波器的元器件时必须使它们的阻抗网络与输入滤波器的信号参数相匹配；滤波器应尽量靠近被滤波线路，用短线或屏蔽线连接。

l) 印制电路板应采取去耦措施，抑制外部传导干扰。

m) 电搭接应符合 GJB358《军用飞机电搭接技术要求》中的有关要求；需要搭接的金属表面必须紧密接触；最好选用相同的材料，否则，为保证不同材料兼容，防止搭接腐蚀，可在搭接处插入垫片或保护层。

n) 应防止电连接器漏电和高频泄漏。

o) 必要时，可通过调整元器件布置、走线排列、电路布局等，以满足电磁兼容性要求。

A.11 与人的因素有关的设计

a) 产品的使用、操作和维修人员的技能一般应以平均水平来考虑进行设计，他们的体力应以 95%以上人员能达到的水平来考虑。

b) 工作空间应符合人体大小和工作的类型。

c) 身体姿势、体力和运动三者应适合于操作，以提高可持续工作能力。

d) 不应要求操作和维修人员去做他的协调机能不允许做的事情。

e) 应提供为完成动作、控制、训练和维修所需的自然或人工照明。

f) 环境、安全和技术文件等方面要充分考虑人的健康，强调以人为本的综合设计思想等。

g) 操纵、调节部件的选择、造型和布置，应适合有关身体部位及其运动，并考虑有关灵敏度、精确度、速度、作用力等方面的要求，从设计细节上适宜人的操作可靠性。

h) 控制台的尺寸、指示灯的颜色、手柄的大小以及各种操作力等都应按人的最佳状态进行设计。

i) 应根据人的感受器官、执行器官和神经系统的生理特点，设计产品的工作环境，尽可能降低容易产生工作疲劳的外部因素，使操作人员能在最舒适的状态下使用、读出并响应控制器及显示器。

A.12 软件可靠性设计

a) 软件开发规范化。

b) 尽可能采用先进、适用的软件开发工具，并确保软件开发工具免受计算机病毒侵害。

c) 加强软件检查和测试。

d) 具体的软件可靠性设计涉及以下方面。

1) 计算机系统设计。

2) 硬件设计。

3) 软件需求分析。

4) 任务关键功能的设计。

5) 冗余设计。

6) 接口设计。

7) 软件健壮性设计。

8) 简化设计。

9) 余量设计。

10) 数据要求。

11) 防错程序设计。

12) 编程要求。

13) 多余物的处理。

A.13 包装与运输设计

a) 包装设计：

1) 包装方式应与产品预定的运输方式和储存方式相协调。

2) 产品的包装应便于启封、清理和重封。

3) 产品的包装应便于装卸、储运和管理，并且在正常的装卸、储运条件下，保证其自发货之日起，到预定储运期内，不因包装不善而致使产品产生锈蚀、霉变、故障（失效）、残损和失散等现象。

b) 运输设计：

1) 在保证任务要求的情况下，应进行符合运输要求的运输方式设计；产品的运输方式包括公路运输、铁路运输、航空运输和水路运输等。

2) 应考虑运输过程中适当的防护措施、安全措施及应急措施，如产品的防震、防火、弹药产品以及其它易燃、易爆、腐蚀性及放射性等产品运输过程中的安全措施和应急措施。

c) 储存方式设计：

1) 应依据产品预期的使用和维修要求以及技术状态特性确定储存方式；储存方式包括库房、露天加覆盖物、露天不加覆盖物、特殊储存等。

2) 储存方式应与产品的包装防护等级相协调。

3) 确定采用特殊的储存方式时，应充分考虑各种因素，并进行仔细权衡。

4) 应进行储存任务分析，确定各维修级别储存设施的组成和样式及所需空间。

5) 应参照有关规定，并结合实际储存环境条件，协调确定出储存设施的储存等级环境。

6) 储存设施应具备相应的防潮、防霉、防盐雾、防冻、防火、防静电、防辐射、防爆、防震等防护措施。

d) 装卸方式设计：

1) 要依据被装卸物品的重量、尺寸、易损性和安全要求和现场条件，进行适宜的机械装卸或人工装卸方式设计。

2) 被装卸物品上应有挂钩、起吊、限位，防止跌落、碰撞、压损等标记或有关文件、规范的规定，确保装卸安全可靠性，避免因装卸不当而造成的损失。

A.14 容错与防差错设计

a) 人机接口、产品内部的各种接口以及产品的操作应尽量简单，以减少产生人为差错的可能性。

b) 对易于引起人为差错的操作应采取预防性措施，对于外形相近而功能不同的零、组、部件，应从结构设计上使之不能相互安装，例如外形尺寸相同的电连接器应设置防误插定位销，包括设置不同的色点标志等措施。

c) 对于可能发生操作差错的装置，应有操作顺序号码和方向的标记。

d) 在产品使用、存放和运输条件下，任何防差错的识别标记都必须清晰、准确、经久耐用，识别标记的大小和位置要适当，使操作和维修人员容易辨认等。

附录 B
（资料性附录）
可靠性设计准则符合性分析与检查表示例（部分）

仅用 6 条可靠性设计准则作为例子来说明其填写方法，见表 B.1。

表 B.1　可靠性设计准则符合性分析与检查表示例（部分）

型号：　　　　　　产品名称：　　　　　　产品编号：

可靠性设计人员：　　　　　　审核人员：　　　　　　共　页　第　页

设计准则条目		是否符合		判定依据（设计措施）	不符合条目的原因说明	处理措施及建议
		是	否			
1	关键件、重要件采用 I 级降额	√		关键元器件设计满足 I 级降额		
2	根据零部件、元器件优选清单，选择成熟的零部件和元器件	√		所有元器件都在元器件优选清单范围内		
3	电路板应用保护涂层以防锈蚀	√		所有电路板都应用了保护涂层		
4	接插件中电源和地触点要增加冗余接点，并联工作	√		所有接插件中的电源和地触点都采用相邻的两个接点冗余实现		
5	所有电气接头均应予以保护，以防产生电弧火花	√		所有电气接头外面都设置了防护套		
6	主系统和冗余系统的电路不得通过同一条电源干线供电		√		电源设计中只有一条电源干线	应设计多条电源干线

注：√表示"符合"或"不符合"

参 考 文 献

[1] HB5940-86 飞机系统电磁兼容性要求[S]

[2] HB7232-95 军用飞机可靠性设计准则[S]

[3] HB7251-95 直升机可靠性设计准则[S]

[4] HB7500-97 空空导弹可靠性设计准则[S]

[5] QJ2668-1994 航天产品可靠性设计准则 电子产品可靠性设计准则[S]

[6] 曾声奎，赵廷弟，张建国，等. 系统可靠性设计分析教程[M]. 北京：北京航空航天大学出版社，2001.

[7] 赵廷弟，等. 惯性系统可靠性设计与试验指南[M]. 北京：国防工业出版社，2005.

[8] 龚庆祥，赵宇，顾长鸿，等. 型号可靠性工程手册[M]. 北京：国防工业出版社，2007.

[9] GJB 450A《装备可靠性工作通用要求》实施指南[M]. 北京：总装备部电子信息基础部技术基础局，总装备部技术基础管理中心，2008.

[10] XKG/W03—2009. 型号维修性设计准则制定指南[M]. 北京：国防科技工业可靠性工程技术研究中心，2009.

[11] XKG/C02—2009. 型号测试性设计准则制定指南[M]. 北京：国防科技工业可靠性工程技术研究中心，2009.

[12] XKG/A02—2009. 型号安全性设计准则制定指南[M]. 北京：国防科技工业可靠性工程技术研究中心，2009.

[13] XKG/B03—2009. 型号保障性设计准则制定指南[M]. 北京：国防科技工业可靠性工程技术研究中心，2009.

XKG

型 号 可 靠 性 技 术 规 范

XKG／K11—2009

型号电子产品可靠性热设计、热分析和热试验应用指南

Guide to the thermal design, thermal analysis and
thermal test of electronic items for materiel

目　次

前　言

本指南的附录 A～附录 C 均是《资料性附录》。

本指南由国防科技工业可靠性工程技术研究中心负责组织实施。

本指南起草单位：北京航空航天大学可靠性工程研究所、航天二院、航空 232 厂、船舶系统工程部。

本指南主要起草人：付桂翠、戴慈庄、史兴宽、藏宏伟、周宇英。

型号电子产品可靠性热设计、热分析和热试验应用指南

1 范围

本指南规定了型号（装备，下同）电子产品可靠性热设计、热分析和热试验的要求、程序和方法。

本指南适用于型号及地面电子产品的可靠性热设计、热分析和热试验。

2 规范性引用文件

下列文件中的有关条款通过引用而成为本指南的条款。凡注明日期或版次的引用文件，其后的任何修改单（不包括勘误的内容）或修订版本都不适用本指南，但提倡使用本指南的各方探讨使用其最新版本的可能性。凡未注日期或版次的引用文件，其最新版本适用于本指南。

GB 7423.1　半导体器件散热器通用技术条件
GB 7423.2　型材散热器
GB 7423.3　叉指型散热器
GB/T 12992　电子设备强迫风冷热特性测试方法
GB/T 12993　电子设备热性能评定
GB/T 15428　电子设备用冷板设计导则
GJB 441　机载电子设备机箱、安装架的安装形式和基本尺寸
GJB 450A　装备可靠性工作通用要求
GJB 451A　可靠性维修性保障性术语
GJB/Z 27　电子设备可靠性热设计手册
GJB/Z 299C　电子设备可靠性预计手册

3 术语和定义

GJB 451A 确定的以及下列术语和定义适用于本指南。

3.1 热环境 thermal environment
设备或元器件周围流体的种类、温度、压力及速度，表面温度、外形及黑度，每个元器件周围的传热通路等。

3.2 热流密度 thermal current density
单位面积的热流量。

3.3 体积功率密度 volume power density
单位体积的热流量。

3.4 热阻 thermal resistance
热量在热流路径上遇到的阻力。

3.5 **定性温度** reference temperature

确定对流换热过程中流体物理性质参数的温度。

3.6 **特征尺寸** characteristic dimension

对流换热准则数中代表热表面的几何尺寸。

3.7 **自然冷却** natural cooling

利用自然对流、导热和辐射进行冷却的方法。

3.8 **强迫冷却** forced cooling

利用外力迫使流体流过发热器件进行冷却的方法。

3.9 **直接液体冷却** direct liquid cooling

将电子元器件直接置于液体中进行冷却的方法。

3.10 **间接液体冷却** indirect liquid cooling

电子元器件与冷却剂不直接接触，热量通过换热器或冷板进行冷却的方法。

3.11 **蒸发冷却** evaporation cooling

利用液体汽化吸收大量汽化热进行冷却的方法。

3.12 **冷板** cold plate

利用单相流体强迫流动带走热量的一种换热器。

3.13 **热电致冷** thermoelectric cooling

利用半导体器件的热电效应等实现电－热转换的致冷方法。

3.14 **热管** heat pipe

具有毛细吸液芯的真空容器，受外部热源作用实现自行蒸发和冷凝的一种高效率真空传热器件。

3.15 **热沉** ultimate sink

是一个无限大的热容器，其温度不随传递到它的热能大小而变化。它可能是大地、大气、大体积的水或宇宙。又称热地。

4 符号和缩略语

4.1 符号

下列符号适用于本指南。

A——面积，单位为平方米（m^2）；

b——宽度，单位为米（m）；

C_p——定压比热容，单位为焦/(千克·开尔文)（J/（kg·K））；

d——直径，单位为米（m）；

D——特征尺寸，单位为米（m）；

d_e——当量直径，单位为米（m）；

f——摩擦系数；

G——单位面积质量流量，单位为千克/(秒·平方米)（kg/(s·m^2)）；

H——高度，单位为米（m）；

h——换热系数，单位为瓦/(平方米·开尔文)（W/(m^2·K)）；

K——总的传热系数，单位为瓦/(平方米·开尔文)（W/(m^2·K)）；

K_c——进口压力损失系数；

K_e——出口压力损失系数；

l——长度，单位为米（m）；

L——汽化潜热，单位为焦/千克（J/kg）；

P——功耗，单位为瓦（W）；

p——压强，单位为帕（Pa）；

Pr——普朗特数；

q_m——质量流量，单位为千克/秒（kg/s）；

q_v——体积流量，单位为立方米/秒（m^3/s）；

R——热阻，单位为摄氏度/瓦（℃/W）；

Re——雷诺数；

T——热力学温度，单位为开尔文（K）；

t——摄氏温度，单位为摄氏度（℃）；

V——体积，单位为立方米（m^3）；

α——表面传热系数，单位为瓦/(平方米·开尔文)（W/(m^2·K)）；

β——体积膨胀系数，单位为每开尔文（K^{-1}）；

δ——厚度，单位为米（m）；

δ_f——肋片厚度，单位为毫米（mm）；

ζ——常数；

η——效率；

λ——导热系数，单位为瓦/(米·开尔文)（W/(m·K)）；

μ——动力黏度，单位为帕·秒（Pa·s）；

ν——运动黏度，单位为平方米/秒（m^2/s）；

ρ——密度，单位为千克/立方米（kg/m^3）；

τ——时间常数，单位为秒（s）；

υ——流速，单位为米/秒（m/s）；

ϕ——热流量，单位为瓦（W）；

φ——热流密度，单位为瓦/平方米（W/m^2）；

φ_v——体积功率密度，单位为瓦/立方米（W/m^3）。

备注：以上有关开尔文（K）可用摄氏度（℃）代替。

4.2 缩略语

下列缩略语适用于本指南。

CPU——central processing unit，中央处理单元；

NTU——number of transfer units，传热单元数。

5 一般要求

5.1 目的和作用

a) 目的

可靠性热设计(以下简称热设计)的目的是控制电子产品内部所有电子元器件的温

度，使其在设备所处的工作环境条件下不超过规定的最高允许温度。热分析和热试验是评估热设计效果的有效手段。

b) 作用

通过热设计，对电子产品的耗热元件以及整机或系统采用合适的冷却技术和结构设计，以对它们的温升进行控制，从而保证电子产品正常、可靠的工作。电子产品热设计在保证军用、民用电子产品的热性能及可靠性方面具有重要的作用。而热分析和热试验在提高电子设备可靠性热设计的质量、降低系统全寿命费用方面具有重要作用。

5.2 热设计、热分析和热试验的相关概念

a) 热设计

对电子产品的耗热元件以及整机或系统采用合适的冷却技术和结构设计，以对它们的温升进行控制。

b) 热分析

热分析，又称热模拟，是利用数学手段及早地在电子产品设计阶段获得其温度分布的有效方法。热分析不需消耗硬件，因此热分析成本低，热分析还广泛用于预测元器件的热可靠性和故障，以及为需要进行热试验的产品确定最有效的测试方案。

c) 热试验

热试验是在实验室模拟产品实际工作条件下对元器件、电路板、设备的关键部位温度进行实际的测量。热试验是评价或验证电子产品的热设计和冷却系统适用性的重要方法。

5.3 热设计、热分析和热试验的一般程序

电子产品热设计应首先根据产品的允许发热要求及产品所处的环境条件确定热设计目标。热设计目标一般为产品内部元器件的允许最高温度，可根据设备的可靠性要求及分配给元器件的故障率，采用可靠性预计的方法得到，有的采用降额设计后的允许温度。根据热设计目标及产品的结构、体积、重量等要求及热设计的工程经验，确定热设计方案。完整的电子设备级的热设计方案主要内容包括：冷却方法的选择与设计、元器件的安装与布局、电路板散热结构设计和机箱散热结构设计。对于元器件级和电路板级的热设计方案可根据需要进行裁减。例如元器件级主要考虑元器件的热安装、大功率器件加散热器设计等，电路板级主要考虑电路板上元器件的安装与布局、电路板的散热结构设计等。热设计方案确定后开始按方案进行产品的热设计，热设计之后进行热分析，根据热分析结果来判断是否满足热设计目标和相关可靠性要求，如满足要求则进行原理样机的制造，再对原理样机进行热试验，根据热试验结果判断热设计是否满足要求。如满足要求，则将热设计的方法、热分析和热试验的结果进行整理，形成产品的热设计报告。若发现热分析和热试验的结果不满足热设计要求，则进行权衡分析，改进设计。电子产品热设计、热分析和热试验的一般程序见图1。

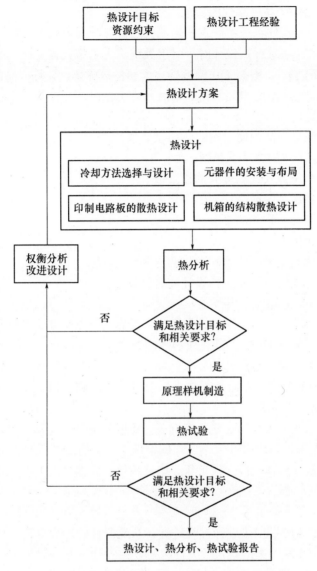

图 1　电子产品热设计、热分析和热试验一般程序

6　电子产品热设计

6.1　热设计原则

电子产品热设计的原则是在热源和热沉之间提供一条低热阻的通路，保证热量顺利传递出去，从而控制电子产品内部所有电子元器件的温度，使其在产品所处的工作环境条件下不超过规定的最高允许温度。在该温度下元器件的故障率达到预计的故障率，电子产品可正常、可靠的工作，并减少维修工作量。

6.2　热设计要求

电子产品热设计是产品可靠性设计的一项重要内容。特别在选择元器件时就应考虑热设计的要求。热设计的基本要求如下：

　　a) 热设计应满足产品可靠性的要求；

高温对大多数元器件将产生严重的影响，它会导致元器件的故障，进而引起整个产品发生故障。因此，在进行热设计时，对于关键、大功率元器件应初步确定其最高允许工作温度（包括降额后）。根据工作温度确定元器件故障率，计算产品的可靠性。如产品可靠性满足要求，则该温度为元器件的最高允许工作温度。热设计中将元器件的工作温度控制在该数值以下。

　　b) 热设计应满足产品预期工作的热环境要求；

电子产品预期工作的热环境包括：

1) 环境温度和压力（或高度）的极限值。

2) 环境温度和压力（或高度）的变化率。

3) 太阳或周围其它物体的辐射热载荷。

4) 可利用的热沉。

5) 所用的冷却剂温度、压力和允许的压降。

　　c) 热设计应与电路设计及结构设计同时进行。

　　d) 热设计应与维修性设计相结合。

　　e) 应根据发热功率、环境温度、允许工作温度、可靠性要求及体积、重量、经济性与安全性等因素，选择最简单、最有效的冷却方法；

　　f) 热设计应满足对规定条件的要求。如对使用的电源（交流、直流功率容量）的要求、对振动和噪声的要求、对冷却剂进出口温度的要求和结构（安装条件、密封、体积和冷却剂的腐蚀等）的要求。

　　g) 热设计应保证电子产品在紧急情况下，还应有辅助的冷却措施，使关键部件或设备在冷却系统某些部件遭受破坏或不工作的情况下，具有继续工作的能力。

　　h) 热设计应根据具体情况（设备级、电路板级、元器件级）制定热设计方案，并按热设计方案实施。

6.3　热设计步骤

电子产品热设计应根据热设计方案进行，从元器件的应力分析、热流通路分析、热阻网路模型建立和冷却方案的确定等方面来进行热设计。其步骤如下：

　　a) 熟悉和掌握与热设计有关的标准、规范及其它有关文件，确定产品（或元器件）的散热面积、散热器或冷却剂的最高和最低环境温度范围。

　　b) 根据电路图对每个元器件进行应力分析，确定元器件的最高允许工作温度（或结温）。

　　c) 画出热电模拟回路图，确定散热器或冷却剂的最高环境温度。

　　d) 由元器件的内热阻，确定元器件的最高表面温度（壳温）。

　　e) 确定元器件表面至散热器或冷却剂所需的回路总热阻。

　　f) 按元器件及设备的组装形式，计算热流密度。

　　g) 根据热流密度及有关因素，对热阻进行分析和初步分配。

　　h) 对初步分配的各类热阻进行评估，以便确定这种分配是否合理，并确定可以采用或允许采用的冷却技术是否能达到这些要求。

　　i) 选择适用于回路中每种热阻的冷却技术和传热方法。

j) 确定可以利用的冷却技术和限制条件，允许采用哪些冷却技术？可采用哪些冷却剂？它们的温度、压力、流量各为多少？

k) 按所选择的冷却方法的具体设计程序，对回路中每个热阻进行初步热设计。

l) 估算所选冷却方法的成本，研究其它冷却方法，进行对比，以便找到最佳方案。

6.4 冷却方法选择

6.4.1 冷却方法选择原则

冷却方法的选择应与电子线路的模拟试验研究同时进行，保证电子产品既能满足电气性能要求，又能满足热设计的指标。选择冷却方法时，应考虑下列因素：产品的热流密度、体积功率密度、总功耗、表面积、体积、工作环境条件、热沉及其他特殊条件等。

6.4.2 冷却方法分类

a) 按冷却剂与被冷却元器件（或设备）之间的配置关系，可分为下列两类：

1) 直接冷却。

2) 间接冷却。

b) 按传热机理，可分为下列几类：

1) 自然冷却（包括导热、自然对流和辐射换热的单独作用或两种以上换热形式的组合）。

2) 强迫冷却（包括强迫空气冷却和强迫液体冷却等）。

3) 蒸发冷却。

4) 热电致冷。

5) 热管传热。

6) 其他冷却方法。

6.4.3 冷却方法选择依据

冷却方法可以根据热流密度和温升的要求进行选择。图 2 示出了常用冷却方法的热流密度和温升的关系，这种方法适用于温升要求不同的各类产品的冷却；图 3 和图 4 列出了温升为 40℃时，常用冷却方法的热流密度和体积功率密度的值。

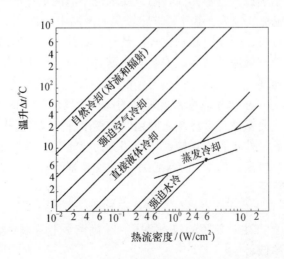

图 2　冷却方法与热流密度及温升的关系

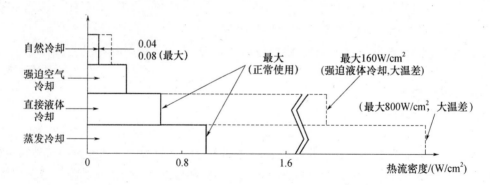

图 3　常用冷却方法的热流密度（温升为 40℃）

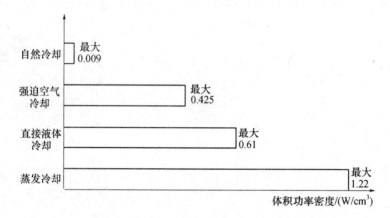

图 4　常用冷却方法的体积功率密度（温升 40℃）

6.4.4　冷却方法选择注意事项

a) 在所有的冷却方法中，应优先考虑自然冷却，因为这种冷却方法无需外加动力源，且成本低。目前在一些热流密度不太高、温升要求也不高的电子产品中，广泛采用自然冷却方法。在一些热流密度较大、温升要求比较高的产品中，则多数采用强迫空气冷却。强迫空气冷却与液体冷却、蒸发冷却相比较，具有设备简单、成本低的特点。当电子元器件之间的空间有利于空气流动或可以安装散热器时，就可以采用强迫空气冷却，迫使冷却空气流过发热元器件。

b) 直接液体冷却适用于体积功率密度较高的电子元器件或部件，也适用于那些必须在高温环境下工作、且元器件与被冷却表面之间的温度梯度又很小的部件。直接液体冷却要求冷却剂与电子元器件相容。直接液体冷却分为直接浸没冷却和直接强迫冷却。直接强迫液体冷却的效率较高，但增加了泵功率和热交换器等部件。如果采用喷雾浸没冷却，可以减轻设备的重量。

c) 蒸发冷却适用于功率密度很高的元器件或部件。

d) 热电致冷是一种产生负热阻的致冷技术。其优点是不需外界动力，且可靠性高，其缺点是重量大，效率低。

e) 热管是一种传热效率很高的传热器件，其传热性能比相同金属的导热要高几十倍，且两端的温差很小。应用热管传热时，主要问题是如何减小热管两端接触面上的热阻。

6.4.5 冷却方法选择示例

功耗为 300W 的电子组件，拟将其安装在一个 248mm×381mm×432mm 的机柜里，在正常大气条件下，若机柜的允许温升为 40°C，试问采用哪种冷却方法比较合理？是否可以把此机柜设计得再小一些？

首先计算该机柜的体积功率密度和热流密度：

体积功率密度：

$$\varphi_v = \frac{P}{V} = \frac{300}{0.248 \times 0.381 \times 0.432} = 7352(\text{W}/\text{m}^3) \tag{1}$$

热流密度：

$$\varphi = \frac{P}{A} = \frac{300}{2 \times (0.248 \times 0.381 + 0.248 \times 0.432 + 0.381 \times 0.432)} = \frac{300}{0.75} = 400(\text{W}/\text{m}^2) \tag{2}$$

式中： φ_v ——体积功率密度，单位为瓦/立方米（W/m³）；

φ ——热流密度，单位为瓦/平方米（W/m²）；

P ——功耗，单位为瓦（W）；

V ——机柜体积，单位为立方米（m³）；

A ——机柜表面积，单位为平方米（m²）。

由于 φ_v 和 φ 值在自然空气冷却允许的体积功率密度和热流密度范围内，所以不需要采取特殊的冷却方法，而依靠自然空气冷却就够了。

由图 3 可知，若采用强迫风冷冷却，热流密度可允许为 3000W/m²，因此采用强迫风冷时，可以把机柜表面积减小到 0.1m²(自然冷却所需的表面积为 0.75m²)。

6.5 自然冷却设计

6.5.1 自然冷却设计适用范围和特点

自然冷却是利用导热、自然对流和辐射换热的一种可靠性高、成本低的冷却方法，由于它不需要外加动力（如风机、泵或压缩空气等），所以没有机械部件故障和损坏的问题。

自然冷却方法适用于一些热流密度不太高、温升要求也不高的小型电子产品，密封及密集组装的元器件不宜采用其它冷却技术时，往往也采用自然冷却方法。

6.5.2 自然冷却设计内容

6.5.2.1 电子元器件自然冷却设计

6.5.2.1.1 常用电子元器件的自然冷却设计方法

a) 半导体器件

半导体器件的面积较小，自然对流及其本身的辐射换热不起主要作用，而导热是这类器件最有效的传热方法。

1) 功率晶体管

功率晶体管的特点是通常具有较大且平整的安装表面。为减小管壳与散热器之间的界面热阻，应选用导热性能好的绝缘衬垫（如导热硅橡胶片、聚四氟乙烯、氧化铍陶瓷片、云母片等等）和导热绝缘胶，并且应增大接触压力。

2) 半导体集成电路

半导体集成电路的特点是引线多，可供自然对流换热的表面积比较大，配用适当的集成电路用散热器，可以得到较好的冷却效果。

3) 整流管和半导体二极管

整流管和二极管的热设计与晶体管的热设计相类似。可以将二极管直接装在具有电绝缘的散热器上，使界面热阻降低。当散热器与二极管的电位相同时，必须防止维修人员受电击危险的可能性。

4) 半导体微波器件

微波二极管、变容二极管等半导体器件，一般均封装在低内热阻的腔体或外壳中。这些器件的工作可靠性取决于对本身的热阻的控制。而它们对温度比较敏感，应采用适当的导热措施，降低其外壳的表面温度。

5) 塑料封装器件

由于灌封和包装材料的导热系数不高，塑料封装器件主要靠塑料及连接导线的导热进行散热。有时也在这种部件内加金属导热体，此时主要靠金属导热进行散热，因此热设计以金属导热为依据。另外，某些用合成树脂灌封的需要承受强烈震动与冲击的电子元器件或部件，可在树脂中添加铝颗粒以形成良好的导热性能。

b) 电阻器

电阻器的自然冷却方法是靠电阻器的自然对流和电阻器本身与电路板或散热器之间的金属导热。功率较大的电阻器采用金属导热夹，但应保证紧密接触。

c) 变压器

变压器自然冷却设计的关键问题是如何降低传热路径的热阻。应采用较粗的导线，并且使之与安装构件之间有良好的热接触。安装表面应平整、光滑。接触界面处可增加金属箔，以便减小其界面热阻。如果变压器有屏蔽罩，应尽可能使屏蔽罩与底座有良好的导热。在外壳或铁芯与机座之间装上铜带有助于增强导热能力。

d) 无源元件

无源元件包括电容器、开关、连接器、熔断器和结构元件等。它们本身不产生热，但受高温影响将变质而故障。它们可以由三种传热方式（导热、对流和辐射）从附近的有源器件接受热量。设计中应采用热屏蔽和热隔离的措施，尽量避免大功率有源器件对其热影响，保证它们的故障率低于可靠性设计所要求的值。

6.5.2.1.2 大功率电子元器件热设计

a) 目的

大功率的电子元器件（晶体管、集成电路等）由于发热量大，靠自身管壳的散热无法满足要求，为防止元器件由于过热而引起故障，需对大功率的元器件进行有效的热设计。

b) 实施方法

目前普遍采用在大功率元器件上加散热器进行自然冷却的方法，当热流密度比较大的情况下，也可采用散热器加风冷的方法。

c) 传热分析

以大功率晶体管为例介绍大功率器件采用加散热器进行自然冷却的情况。

1) 晶体管散热系统的传热分析

晶体管结层上的热量通过不同途径传至周围介质时，将会遇到各种热阻，其过程可用热电模拟的方法进行分析。图 5（a）是带散热器的晶体管模型，图 5（b）为其等效热阻网络模型。结面上的热量传导至管壳和引线上，其中一小部分通过管壳和引线与周围介质进行对流换热。传至管壳上的热量大部分通过与其直接接触的散热器传至周围介质。

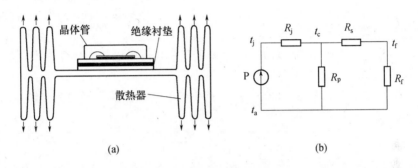

图 5　晶体管散热模型

（a）带散热器的晶体管模型；（b）等效热阻网络模型。

R_j—晶体管内热阻，单位为摄氏度/瓦（℃/W）；R_s—安装界面热阻（包括绝缘衬垫热阻和接触热阻），

单位为摄氏度/瓦（℃/W）；R_f—散热器热阻，单位为摄氏度/瓦（℃/W）；

R_p—管壳热阻，单位为摄氏度/瓦（℃/W）；t_c—晶体管的壳温，单位为摄氏度（℃）；

t_j—晶体管的结温，单位为摄氏度（℃）；t_a—环境温度，单位为摄氏度（℃）；

t_f—散热器温度，单位为摄氏度（℃）；P—晶体管功耗，单位为瓦（W）。

由等效热路图可知其总热阻 R_t 为

$$R_t = R_j + \frac{R_p(R_s + R_f)}{R_p + R_s + R_f} \tag{3}$$

若 $R_p \gg R_s + R_f$，则

$$R_t = R_j + R_s + R_f \tag{4}$$

2) 各散热参数的确定

(1) 最大耗散功率 P_{cm} 是在保证晶体管的结温不超过最大允许值时，所耗散的功率为最大耗散功率。此功率主要耗散在集电极结层附近，所以结温是影响电性能的一个重要参数。最大耗散功率与壳温的高低有直接关系。一般在晶体管手册中给出了在工作温度为 25℃下的最大额定值。当超过 25℃时，最大额定功率应相应减小。当使用时，壳温 t_c 应满足下列条件：

$$t_{jm} > t_c > 25℃ \tag{5}$$

式中：t_{jm}——晶体管最高允许结温，单位为摄氏度（℃）。

则晶体管的最大耗散功率 P_{cm} 可按下式计算：

$$P_{cm}\big|t_c = \frac{t_{jm} - t_c}{t_{jm} - 25} P_{cm}\big|25°C \tag{6}$$

式中：$P_{cm}|t_c$——壳温为 t_c 时允许的最大耗散功率，单位为瓦（W）；

$P_{cm|25°C}$——壳温为 25℃时允许的最大耗散功率，单位为瓦（W）。

(2) 最高允许结温 t_{jm} 取决于晶体管的材料、结构形式、制造工艺及使用寿命等因素。对锗管一般取 75℃～90℃，硅管取 125℃～200℃。在电路设计时，为保证其性能的稳定性，通常把结温取为 $t_j = (0.5\sim0.8)t_{jm}$。

(3) 内热阻 R_j 取决于内部结构、材料和工艺，其值可以从晶体管生产厂商的产品手册中查到，也可以对所用晶体管进行内热阻测试。

(4) 安装界面热阻 R_s 包括绝缘衬垫的导热热阻 R_d 和接触面之间的接触热阻 R_c，即

$$R_s = \sum_{i=1}^{n} R_{di} + \sum_{i=1}^{m} R_{ci} \tag{7}$$

式中：n——衬垫层数；

m——接触面数。

表 1 列出了绝缘衬垫导热面积为 $6cm^2$ 的各种绝缘衬垫的热阻值。绝缘衬垫越薄，热阻就越小。为减小接触热阻，可在接触面上涂一层薄的导热硅脂或硅油。但是，它们在长期工作后，易挥发变成一种油雾沉积在一些插件表面上，造成接触不良的故障。

d) 散热器的设计与应用

适用于晶体管冷却的散热器的结构形式很多，其中以型材散热器和叉指型散热器用的最多，国家标准 GB

表 1　几种晶体管用绝缘衬垫的热阻

绝 缘 衬 垫	热阻/（℃/W）	
	无硅脂（平均值）	有硅脂（平均值）
无绝缘衬垫	0.50	0.43
氧化铍片（厚 2.5mm）	0.87	0.57
氧化铝片（厚 0.56mm）	0.92	0.54
云母片（厚 0.05mm）	1.10	0.59
聚酯片（0.05mm）	1.40	0.80

7423.2《型材散热器》和 GB 7423.3《叉指型散热器》分别作了规定。在设计和应用散热器时应注意以下几点：

1) 选用导热系数大的材料(如铜和铝等)制作散热器；

2) 尽可能增加散热器的垂直散热面积，肋片间距不宜过小，以免影响对流换热。同时要尽可能的减少辐射的遮蔽，以便提高其辐射换热的效果；

3) 用以安装晶体管的安装平面要平整和光洁，以减少其接触热阻；

4) 散热器的结构工艺性和经济性要好。

e) 设计示例

已知某电路使用 3DD157A 晶体管，在温度 $t_a = 25℃$ 的环境中使用管壳与散热器直接连接，热阻 $R_s = 0.5℃/W$，试选用合适的散热器。

解：

1) 由晶体管手册查得 3DD157A 的有关参数为：

最高允许结温 t_{jm} =175℃，内热阻 R_j =3.3℃/W，额定功率为 30W。

2) 计算总热阻 R_t

该晶体管在电路中进行降额使用，降额后的最高允许结温为 125℃，实际使用功率为 14W。

根据热电模拟理论：

$$R_t = \frac{t_{jm} - t_a}{P} = \frac{125 - 25}{14} \approx 7.1 (℃/W) \tag{8}$$

3) 计算散热器热阻 R_f

$$R_f = R_t - R_j - R_s = 7.1 - 3.3 - 0.5 = 3.3℃/W \tag{9}$$

因此，只要选择的散热器热阻低于 3.3℃/W，就能保证结温 t_j <125℃。为使设备体积小，重量轻，拟采用叉指型散热器。由 GB7423.3《叉指型散热器》查得 SRZ106 型叉指散热器能满足设计要求。

6.5.2.2 电子设备自然冷却设计

6.5.2.2.1 电子元器件热安装

a) 目的

减小接触热阻，并尽量增加传导、对流和辐射能力，消除其热应力的影响，同时注意避免元器件之间的相互热影响。

b) 基本原则

1) 对温度敏感的热敏元器件应放在设备的冷区（如冷却空气的入口处附近），不应放在发热元器件的上部，以免热量对其影响。

2) 元器件的布置可根据其允许温度分类，允许温度较高的元器件可放在允许温度较低的元器件之上，也可根据耐热程度按递增的规律布置，耐热性好的元器件放在冷却气流的下游（出口处），耐热性差的元器件放在冷却气流的上游（进口处）。

3) 带引线的电子元器件应尽量利用引线导热，安装时要防止产生热应力，应有消除热应力的结构措施。

4) 电子元器件安装的方位应符合气流的流动特性及有利于提高气流紊流的程度。

5) 应尽可能地减小安装界面热阻（接触热阻）及传热路径上的各个热阻。

6) 元器件的安装位置及安装方式要便于维修。

c) 实施方法

1) 电阻器

(1) 大型功率电阻器应安装在金属底座上，并尽可能安装在水平位置；如果其它元件与功率电阻器之间的距离小于 50mm 时，则需要在大功率电阻器与热敏元件之间加热屏蔽板。

(2) 不能在没有散热器的情况下，将功率型电阻器直接装在接线端或电路板上。

(3) 电阻引线长度应短些，使其和电路板的接点能起到散热作用。且最好稍弯曲，以允许热胀冷缩。

(4) 当电阻器成行或成排安装时，要考虑通风的限制和相互散热的影响，将它们适当组合。

2) 半导体器件

(1) 半导体器件主要靠传导的方式散热。

(2) 大功率的半导体器件在需散热器辅助散热时，安装时应尽量减小元器件与散热器之间的间距，加装导热性能好的绝缘衬垫和导热绝缘胶等以减小接触热阻。

(3) 小功率晶体管、二极管及集成电路的安装位置应尽量减少从大热源及金属导热通路的发热部分吸收热量，可以采用隔热屏蔽板。

3) 变压器和电感器

其安装位置应最大限度的减小与其它元器件间的相互热作用，最好将它安装在外壳的单独一角或安装在一个单独的外壳中。

4) 无源元件

(1) 尽量安装于温度最低的区域。

(2) 当必须安装于有源区时，应采用热屏蔽和热隔离的措施。

6.5.2.2.2 电子元器件热屏蔽与热隔离

主要措施：

a) 尽可能将导热通路直接连接到热沉。

b) 减小高温与低温元器件之间的辐射耦合，加装热屏蔽板形成热区和冷区。

c) 尽量降低空气或其它冷却剂的温度梯度。

d) 将高温元器件装在内表面具有高黑度、外表面低黑度的外壳中，这些外壳与散热器有良好的导热连接。元器件引线是重要的导热通路，引线尽可能粗。

6.5.2.2.3 电路板组件自然冷却设计

6.5.2.2.3.1 散热电路板结构设计

a) 目的

由于目前普遍采用的环氧树脂玻璃板的导热系数较低，导热性能差，为了提高电路板的导热能力，在结构上采取一些散热措施。

b) 实施方法

1) 在普通电路板上敷设金属条，构成导热条式电路板（见图 6(a)）。

2) 在普通电路板上敷设金属板，构成导热板式电路板（见图 6(b)）。

3) 在普通电路板中间夹有导热金属芯的金属夹芯式散热电路板（见图 6(c)）。

6.5.2.2.3.2 电路板上电子元器件热安装和布局

a) 目的

提供一条从元器件到电路板及机箱侧壁的低热阻热流路径。

b) 原则

1) 元器件的安装方位要符合空气的流动特性，有利于空气的流动。

2) 为了避免发热器件对热敏感器件的影响，应按元器件的功耗大小和耐热程度综合考虑。

3) 尽可能使电路板上温度均匀。

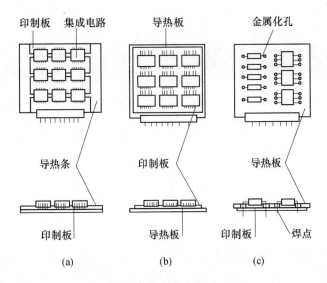

图 6 常用的散热电路板

（a）导热条式；（b）导热板式；（c）金属夹芯式。

c) 实施方法

1) 降低从元器件壳体至电路板的热阻，可用导热绝缘胶直接将元器件粘到电路板或导热条（或板）上。若不用粘接时，应尽量减小元器件与电路板或导热条（或板）间的间隙。

2) 大功率元器件安装时，若要用绝缘片，应采用具有足够抗压能力和高绝缘强度及导热性能的绝缘片，如导热硅橡胶片。为了减小界面热阻，还应在界面涂一层薄的导热膏。

3) 同一电路板上的电子元器件，应按其发热量大小及耐热程度分区排列，耐热性差的电子元器件放在冷却气流的最上游（入口处），耐热性好的电子元器件放在最下游（出口处）。

4) 有大、小规模集成电路混合安装的情况下，应尽量把大规模集成电路放在冷却气流的上游，小规模集成电路放在下游，以使电路板元器件的温升趋于均匀。

5) 由于元器件与电路板的热膨胀系数不一致，在温度循环及高温条件下，应注意采取消除热应力的一些结构措施。如轴向引线的圆柱形元器件（如电阻、二极管），在搭焊和插焊时，应提供最小的应变量为 2.6mm，如图 7(a)所示；安装密度较高的组件，由于元器件排列紧密，周围空间较小，允许采用环形结构，如图 7(b)所示；大的矩形元件（如变压器、扼流圈等），通常具有较粗的引线，应有较大的应变量，如图 7(c)所示。

6.5.2.2.4 边缘导轨热设计

a) 目的

在电路板和机箱之间起到连接作用的导轨称为边缘导轨，其作用有两个：导向和导热，通过有效的热设计提高导轨的导热性能。

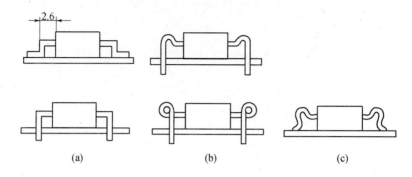

图 7　消除热应变的元器件安装方法

(a) 普通引线安装；(b) 环形引线安装；(c) 弯曲引线安装。

b) 实施方法

1) 提高导轨与机箱接触面表面粗糙度和平面度，精度越高，导轨热阻越小，但是，精度越高其加工成本也会相应增加，通常表面粗糙度只要达到 3.2μm 就可以了。

2) 导轨材料选用质地软的、导热系数高的磷青铜、铍青铜、紫铜或铝合金等金属，它们在一定的压力下能与配合材料紧密地贴在一起，从而获得较小的热阻。

3) 选用楔型导轨。常用边缘导轨的结构形式见图 8；其中 G 型、B 型和 U 型导轨的热阻值较大，且热阻值随着海拔高度的变化而变化较大；楔型导轨不仅热阻值较小，且热阻值随海拔高度的变化几乎不变，另外它还具有很好的防振、抗冲击能力，特别适用于恶劣的环境。

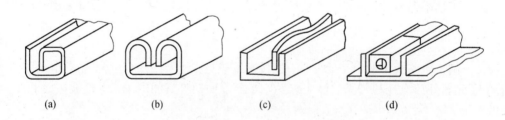

图 8　常用边缘导轨的结构形式

(a) G 型；(b) B 型；(c) U 型；(d) 楔形夹。

6.5.2.2.5　电子机箱（机壳）自然冷却设计

a) 目的

进行机箱（机壳）热设计的目的是提高机箱向外界的传热能力。

b) 实施方法

1) 机箱与底座和支架有良好的导热连接。热路中的大部分热阻存在于结合交接面处。所有金属间的接触面必须清洁、光滑，而且接触面积应尽可能地大，并且有高的接触压力。

2) 机箱内外表面涂漆、在靠近发热元件的机箱顶部底部或两侧开通风孔等，机箱的外壳可适当应用一些散热性能好的肋片，均能降低内部电子元器件的温度。

3) 机箱开孔的大小应与冷却空气进、出流速相适应，并且压降应小于热空气的浮升压力。

4) 通风孔的布置原则应使进出风孔尽量远些，进风孔应开在机箱侧面下端接近底板处，出风孔应开在机箱侧面上端接近顶板处。通风孔的形状、大小可根据设备的应用场所、电磁兼容性及可靠性要求来确定。通风口的面积由式（10）计算。

$$A_0 = \frac{\varphi}{7.4 \times 10^{-5} H \Delta t^{1.5}} \tag{10}$$

式中：A_0——进风孔或出风孔的面积（取较小者），单位为平方厘米（cm^2）；

H——自然冷却机箱的高度（或进、出风孔的中心距），单位为厘米（cm）；

φ——通风孔散去的热流量，单位为瓦（W）；

Δt——机箱内部空气温度 t_2 与外部空气温度 t_1 的差，单位为摄氏度（℃）。

6.5.3 自然冷却设计注意事项

a) 最大限度的利用导热、自然对流和辐射等简单、可靠的冷却技术。

b) 尽可能的缩短传热路径，增大换热或导热面积。

c) 减小安装时的接触热阻，元器件的排列有利于流体的对流换热。

d) 采用散热电路板，热阻小的边缘导轨。

e) 电路板组件之间的距离控制在 19mm~21mm，且在振动环境下相邻板上的元器件之间不应相碰。

f) 增大机箱表面黑度，增强辐射换热。

g) 非密封式机箱的通风孔既应能满足散热要求，又应满足电磁兼容性和安装的要求。

6.6 强迫空气冷却设计

6.6.1 适用范围和特点

强迫空气冷却设计是利用通风机或冲压空气迫使冷却空气流经发热的电子产品的一种冷却方法。它适用于电子产品热流密度较高、体积功率密度较大，单靠自然冷却不能完全解决冷却问题的情况。

6.6.2 设计内容

强迫空气冷却设计的内容包括风道的设计、风机的选择与使用、整机的结构设计。

6.6.2.1 通风管道设计

a) 目的

合理的引导气流沿预定的流道流动。

b) 常用风道的类型及特点

常用的风道有射流式风道、水平风道、变截面风道和隔板式风道等 4 种类型。其特点如下：

1) 射流式风道：输送出来的气流不与固定的边界接触，以自由扩散的形式对发热元件进行冷却（见图 9）。这种风道冷却效果差，能源消耗大。

2) 水平风道：送出的冷气流，沿电路板所形成的风道作水平方向流动（见图 10）。这种风道应将设备内电子元件的耗热量分配恰当，否则不易达到均匀送风的目的。

3) 变截面风道：设计成变截面式，可防止短路和漏流，实现等量送风（见图 11）。

4) 隔板式风道：在风道的进口处设置隔板，使风量均匀（见图 12）。

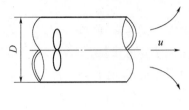

图 9　射流式风道

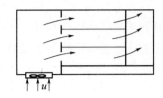

图 10　水平风道

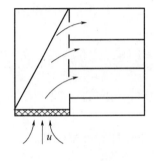

图 11　变截面风道图

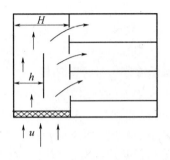

图 12　隔板式风道

图 9～图 12 中：D——管道直径，单位为米（m）；H、h——风道宽度，单位为米（m）；u——风速，单位为米/秒（m/s）。

c) 风道设计原则

1) 风道尽量短。

2) 尽量采用直的锥形风道。

3) 风道的截面尺寸和出口形状最好和风机的相一致，以免变换界面而增加阻力损失。

4) 进风口的结构设计一方面尽量使其对气流的阻力最小，另一方面尽量达到滤尘的作用。

6.6.2.2　风机的选择与使用

a) 风机的分类与特点

风机分为离心式和轴流式两大类，离心式风机的特点是风压高，风量集中、风量小。根据轮中叶片的形状，可分为前弯式、径向式和后弯式等型式。其中前弯式和后弯式是适合于电子产品的冷却。轴流式通风机的特点是风压小、风量大。根据结构形状又可分为螺旋桨式，圆筒式和导叶式等种类，其中导叶式风机的效率最高。电子产品中常用的是圆筒式通风机和导叶式通风机。

b) 风机的选择与使用原则

1) 选择风机时应考虑的因素包括：风量、风压（静压）、效率、空气流速、系统（或风道）阻力特性、应用环境条件、噪声以及体积、重量等，其中风压和风量是主要设计参数。

2) 根据电子设备风冷系统所需风量和风压及空间大小确定风机的类型。当要求风量大、风压低的设备，尽量采用轴流式通风机；反之选用离心式通风机。

3) 风机类型确定后，再根据工作点来选择具体的型号和尺寸。通风机的工作点是风机特性曲线和风道阻力特性曲线在同一坐标系上的交点。

4) 当通风系统所选用的风机的风量或风压不能满足要求时，可采用风机的串联或并联来解决。当风机的风量能满足要求，但风压小于风道的阻力时，可采用两台风机串联，以提高其工作压力。通风机串联时，风量基本上等于每台风机的风量，风压相当于两台风机压力之和。当通风机并联使用时，其风压是每台风机的风压，风量是两台风机风量之和。无十分必要时，应尽可能避免串并联使用。

6.6.2.3 产品结构设计

重点应考虑以下几个方面：

a) 元器件的排列

元器件应交错排列，这样可以提高气流的紊流程度，增加散热能力。集成元器件较多的电路板，可以在集成元器件之间加紊流器，提高气流紊流的程度。

b) 热源的位置

由发热元器件组成发热区的中心线，应与入风口的中心线相一致或略低于入风口的中心线，这样可以使电子产品内因受热而上升的热空气由冷却空气迅速带走，并直接冷却发热元器件。分层结构的大型电子设备，可将耐热性能好的热源放在冷却气流的下游，耐热性能差的热源放在冷却气流的上游。

c) 风机的安装位置

气流的方向及风机的安装位置直接影响强迫风冷的冷却效果。轴流式鼓风系统，风机位于冷空气的入口，这样把冷空气直接吹入机箱内，可以提高机箱内的空气压力，并产生一部分涡流，改善换热性能。但在鼓风系统中，通风机电机的热量也被冷空气带入机箱，影响散热效果。对于非密封的设计，有漏风现象。而轴流式抽风系统，既可减小机箱内的空气压力，还可从机箱的其它缝隙中吸入一部分冷空气，冷却效果好。风机的叶片应安装在通风道的下游，以形成较好的流速分布（见图13）。

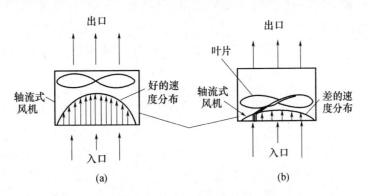

图 13　叶片不同位置的速度分布

（a）较好的流速分布；（b）较差的流速分布。

d) 机箱外壳的结构设计

重点应考虑以下几个方面：

1) 进气孔应设置在机箱下侧或底部，但不要过低，以免赃物或污物进入安装在地面上的电子产品内。

2) 排气孔应设置在靠近机箱的顶部，但不要开在顶面上，以免外部物质和水落入机箱。机箱上端边缘应是首先选择的位置，应采用面向上的放热排气孔或换向器，使空气导向上方。

3) 空气应自机箱下方向上循环，应采用专用的进气孔或排气孔，至少应将空气导向上方。

4) 应使冷却空气从热源中流过，防止气流短路。

5) 应在进气口设置过滤网，以防杂物进入机箱。

6.6.3 强迫空气冷却设计注意事项

a) 用于冷却设备内部元器件的空气必须经过过滤。

b) 强迫空气流动方向与自然对流空气流动方向应一致。

c) 冷却空气首先应冷却对热敏感的元器件及发热低的元器件，应保证空气有足够的热容量将元器件维持在允许工作温度范围内。

d) 冷却空气入口应远离出口位置。

e) 通风孔尽量不开在机箱的顶部。

f) 工作在湿热环境的风冷电子产品，应避免潮湿空气与元器件直接接触，可采用空芯电路板或采用风冷冷板冷却的机箱。

g) 尽量减小气流噪声和通风机的噪声。

h) 为保证通风系统安全可靠地工作，应在冷却系统中装设控制保护装置（如流量、压力、温度开关等）。

i) 通风孔应满足电磁兼容性及安全性的要求。

j) 大型机柜强迫风冷时，应尽量避免机柜缝隙漏风。

k) 设计机载电子设备强迫空气冷却系统时，应考虑飞行高度对空气密度的影响。

l) 舰船电子设备冷却空气的温度不应低于露点温度。

6.7 液体冷却设计

6.7.1 适用范围和特点

许多大功率发射机的发射管（例如速调管、行波管和磁控管等）的冷却都采用液体冷却。

液体冷却分为直接液体冷却和间接液体冷却。直接液体冷却是指发热的电子元器件直接与冷却剂相接触，电子元器件耗散的热量通过对流（含导热）的形式传给机柜，由机柜再与周围环境进行热交换。这种冷却方法冷却效率高，但应慎重选择冷却剂。在电子产品预期的工作温度范围内，冷却剂与电路及组装件的材料不得产生化学反应，冷却剂应无毒、不易燃。间接液体冷却是指发热的电子元器件不直接与冷却剂相接触，通过冷板来进行热交换的。间接液体冷却可避免电子元器件直接与冷却剂相接触，减少了元器件本身的污染（如腐蚀等），便于选用更有效的冷却剂，然而冷却效率相对较低。

6.7.2 设计内容

6.7.2.1 冷却剂的选用

a) 冷却剂的分类、特点及适用场合

冷却剂可分为水、油和其它有机冷却液。GJB/Z 27《电子设备可靠性热设计手册》

列出了大部分电子产品用的冷却剂及主要特性，常用液体冷却剂的分类及物理性质参见本指南附录 A。

对于直接液体冷却用的冷却剂有：蒸馏水、去离子水、乙二醇水溶液、变压器油、硅有机油、氟碳化合物（如 FC－43、FC－78 等）、氟利昂 113 等；

对于间接液体冷却的冷却液通常采用水。为防止水对管道的腐蚀，可在水中加缓冲剂；为防止水中矿物质在管道中生成水垢，可采用磁化水或去离子的蒸馏水等。

b) 选用原则

冷却剂应按以下原则选用：

1) 冷却剂应具有高的传热能力。

2) 冷却剂应具有高的介电常数和好的绝缘性能。

3) 冷却剂与电子元器件或冷板通道不产生电化学反应，有良好的相容性。

4) 冷却剂不可燃、无毒、使用安全。

6.7.2.2 换热器的选用

a) 换热器的分类、特点及适用场合

电子产品中使用的换热器主要有管壳式、螺旋板（或螺旋管）式和板翅式等，见图 14。其中：

1) 管壳式换热器能承受较高的压力，但体积、重量较大，多用于地面固定式大功率电子设备的热交换。

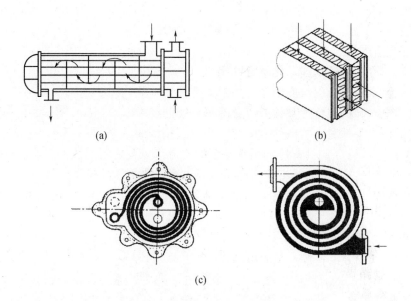

(a)   (b)

(c)

图 14　换热器的主要形式

（a）管壳式换热器；（b）板翅式换热器；（c）螺旋板、螺旋管式散热器。

2) 螺旋板（或螺旋管）式换热器具有传热效率高，结构紧凑、流动阻力小等特点，一般作为小流量、大黏度的流体（如变压器油、航空液压油等）的热交换。它的缺点是机械清洗、泄漏检修较困难。

3) 板翅式换热器结构紧凑、换热效率高、适用范围宽、流阻大。目前广泛地应用于高速、大容量电子计算机、机载、舰载、地面等各种电子设备的热交换。

b) 换热器的选用原则

1) 换热器应保证在换热面积和流体压降为最小的条件下,达到需要的换热量;

2) 应进行换热器的计算。换热器的计算分为校核计算和设计计算两种类型;

(1) 校核计算——已知换热面积、冷热两种流体的流量和入口温度,求解换热量及两种流体的出口温度;

(2) 设计计算——已知各有关物理量,确定为满足两流体之间换热量所需的换热面积。

换热器的计算比较复杂,不仅包括换热量的计算,还包括流阻的计算、结构的计算和强度的计算(有关内容可参考 GJB/Z 27《电子设备可靠性热设计手册》及有关参考书);

3) 工程中电子产品的设计人员通常根据已知的技术条件和换热器手册,选取一个换热器来满足工程要求。

6.7.2.3 泵的选用

a) 泵的分类、特点及适用场合

常用的泵有齿轮泵、离心泵和漩涡泵等。

齿轮泵的特点是运动零件少、成本低、流量大、压头适中,用于输送油类冷却剂(如硅油、变压器油等)以及某些对金属不起锈蚀作用的冷却剂。离心泵的特点是流量大,压头低;而漩涡泵的特点是小流量,压头高。

离心泵和漩涡泵主要用于输送黏度较小的冷却剂(如水等)。离心泵一般是在大流量,低压头下使用,而漩涡泵则在小流量、高压头下使用。

b) 泵的选用原则

1) 泵应与冷却剂的物理、化学特性相容。

2) 泵的流量和压降应与冷却系统的阻力特性相匹配。

3) 泵的电气和机械特性参数应符合冷却系统的要求。

4) 泵的使用条件和维护条件,应与冷却系统相一致。

因此泵的选择首先应具有冷却系统需要的总流量以及流阻的数据,然后再根据冷却系统的使用环境、冷却剂的类型等一些技术要求来选择泵的种类及具体型号。

有关齿轮泵、离心泵和漩涡泵的技术性能指标,可参阅各生产厂家的产品目录或手册。

6.7.2.4 管路和阀的选用

a) 管路和阀的分类、特点及适用场合

液冷系统常用的阀有闸阀、截止阀、止回阀、小型旋塞等。常用的管路材料有:金属铜管、纯胶管、聚乙烯管、尼龙管等。有关管路和阀的特性和用途,可参阅相应厂家生产的产品目录或技术手册。

b) 管路和阀的选用原则

1) 管路和阀的材料应尽量考虑与冷却剂在电化学上的兼容。

2) 应尽可能减少管路中阀的数量,并考虑到使用操作及维修的方便。

3) 机载设备的液冷系统应采用高强度的薄壁管道与材料接头,以减少尺寸和重量,对于舰用及地面的液冷系统,因对重量的要求不高,则可考虑选择大型、价廉的输送管道。

6.7.2.5　监控与防护

对冷却剂运行过程的几个主要参数，例如温度、流量和压力，必须实行监视与控制。目前的液冷系统中，可实现由微机控制的显示。

液冷系统的防护，主要是腐蚀和控制问题。因为系统中有泵、阀、管路、换热器、电子元器件、冷却剂等组成，其中各部分材料均不相同，如何使整个系统达到相容，避免发生腐蚀尤其重要。采取的主要措施是：选择电极电位相近的金属材料，耐腐蚀性高的材料，在材料的表面采取电化学保护、表面涂、镀处理，控制冷却水的出口温度，合理选择结构方法等。

6.7.3　液体冷却设计注意事项

a) 直接液体冷却系统

1) 应使发热元器件的最大表面浸渍于冷却液中，热敏元器件应置于机箱底部。

2) 发热元器件在冷却剂中的放置形式应有利于自然对流,例如沿自然对流流动方向垂直安装。某些元器件确需水平方向放置时，则应设计多孔槽道的大面积冷却通道。

3) 相邻垂直电路板组装件之间，应保证有足够的流通间隙。

4) 应保证冷却剂与热、电、化学和机械等各方面的相容性。

5) 为防止外部对冷却剂的污染，冷却系统应进行密封设计，同时应保证容器内有足够的膨胀容积。

b) 间接液体冷却

间接液体冷却系统的设计，主要应保证热源与冷源之间有良好的导热通路，尽可能减少接触热阻。

c) 露点问题

许多军用电子产品必须在潮湿冷凝的环境条件下工作，或在受控的环境条件下（空调）工作，由于它们的液体冷却系统的工作温度可能低于环境的露点温度，而可能出现凝露，应采取防凝露措施。主要有：

1) 在结构设计时，应避免出现凹陷部位，以免造成冷凝液积聚。

2) 对组件或零件采用罐封或涂、镀层表面处理。

3) 各组装件或零件之间应留有足够的间隙，防止冷凝引起的体积膨胀。

4) 舰船用淡水冷却系统应在最高温度（40℃）时补充冷却剂。

6.8　蒸发冷却设计

6.8.1　适用范围和特点

蒸发冷却主要用于大功率电子元器件的冷却及处于脉冲工作状态下的电子元器件（包括设备）的温度控制。

较其他冷却相比，蒸发冷却具有较大的热流密度，是非常有效的传热方法。它具有如下特点：

a) 通过适当选择冷却剂，可有效地冷却电子元器件；也可对电子元器件进行恒温控制。

b) 蒸发冷却系统的结构设计复杂。需要的蒸发锅、冷凝器、管、泵以及各种附件，都需进行专门设计。

c) 用于蒸发冷却的电子元器件的表面形状，应从有利于沸腾传热的角度，进行专门的设计。

6.8.2 设计内容

电子产品用的蒸发冷却系统通常包括直接浸没式蒸发冷却系统和间接式蒸发冷却系统。

蒸发冷却系统设计的总原则是在蒸发器（热源）与被散热系统之间提供一条尽可能低的热阻通路，具体设计内容主要包括：蒸发冷却剂的选择、电子元器件表面的设计、冷凝器的选择等。

6.8.2.1 冷却剂的选择

a) 冷却剂的分类、特点及适用场合

常用蒸发冷却剂的分类及物理性质参见本指南附录 A。

如不考虑电绝缘性，则水是最合适的蒸发冷却剂。而作为直接浸没的蒸发冷却系统的冷却剂，一般可选氟碳化合物或氟利昂。

b) 冷却剂的选择原则

总的来说，冷却剂应具有较高的传热能力和良好的电绝缘性，与电子元器件有好的相容性且无毒、不会对环境造成污染，具体要求如下：

1) 应有较高的汽化潜热。

2) 冷却剂的沸点或熔点应合适，通常根据电子元器件正常的工作温度来选择冷却剂的沸点或熔点，并应高于 5℃～25℃为宜。

3) 冷却剂的比热容、密度大；相变过程中的体积变化率要小；相变过程中产生的蒸气压力要低。

4) 对储存冷却剂的容器（如蒸发锅），设计时应留有足够的空间，作为冷却剂的膨胀容积。

6.8.2.2 电子元器件的表面形状设计

在直接浸没式冷却系统中，为了使元器件表面不发生过热，通常将元器件表面加工成厚的直肋条，或者在垂直肋条上加水平环形槽。表面上的凸块，可增加与冷却剂的接触面积；凸块的分割，使流体在表面上不易形成蒸气膜，同时也有利于湍流。常见的电子元器件蒸发表面的形状见图 15。

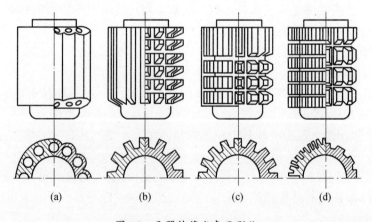

图 15 元器件蒸发表面形状

(a) 管状；(b)、(c)、(d) 齿型。

6.8.2.3 冷凝器的选用

封闭式蒸发冷却系统的冷凝器，又称换热器，一般采用水冷、风冷和自然冷却等形式。有关内容参考本指南6.7.2.2条的内容。

6.8.2.4 其它设计问题

a) 对于在重力场下使用的蒸发冷却系统，一般将冷凝器置于系统的最高位，以便于冷凝水的回流。

b) 采取有效的措施消除或减少冷却系统的腐蚀效应，主要有：

1) 尽量选用抗蚀材料或表面涂、镀层，以减少大气的腐蚀。

2) 必要时可在产品的外表面采取热绝缘措施，防止凝结。

3) 为避免发生电化学腐蚀，对于相互接触的部位，尽量选用电极电位相同的材料。

4) 应考虑冷却剂与电子元器件之间的化学相容性。

c) 设置各种控制装置，包括温度、压力和流量的监控装置、液位控制装置、安全报警装置等。

6.8.3 设计注意事项

a) 保证沸腾过程处于核态沸腾；

b) 冷却剂的沸点温度低于设备中发热元器件的最高允许工作温度；

c) 直接蒸发冷却时，电子元器件的安装应保证有足够的空间，以利于气泡的形成和运动；

d) 冷却液应黏度小、密度高、体积膨胀系数大、导热性能好，且具有足够的绝缘性能；

e) 封闭式蒸发冷却系统应有冷凝器，其二次冷却可用风冷或液冷；

f) 冷却系统应易于维修；

g) 蒸发冷却剂不造成环境污染。

6.8.4 设计应用要点

蒸发冷却在地面电子产品、舰船电子产品、机载电子产品及宇航电子产品上的应用要点如下：

a) 地面电子产品的应用

地面系统包括固定式和可移动式两种。固定式电子系统，如通信、导航发射装置、电源设备等，其冷却方式为集中冷却系统，以水或大型制冷装置为热沉。移动式电子系统，一般均备有自持式制冷装置，供空调和冷却使用。

固定式设备中使用的水，应经过滤、软化和除气等水质处理，不得使用未经处理的水。

b) 舰船电子产品的应用

舰船电子产品应用的蒸发冷却系统，应使用淡水作为冷凝器的冷却剂或使用蒸汽—空气换热器作为冷凝器，其中以淡水冷凝器较好。应避免将淡水作为消耗性冷却剂使用。

应避免将电子系统中的耗热传至空调的船舱中去，使船舱空调系统的热负载增加。

c) 航空机载电子产品的应用

机载电子产品的蒸发冷却系统，为了保持传热量的恒定，蒸发冷却系统设有喷射装置，根据高度的变化正确调节好喷射系统的流量。另外对于各种再循环系统所用的泵，应保证能在各种高度下工作，不造成泵的水头失控，引起热力循环中断。

d) 宇航电子产品的应用

某些极短期工作的宇航电子产品中的电子元器件，可采用消耗性冷却剂进行散热。

6.9 冷板设计

6.9.1 适用范围和特点

冷板是一种单流体（空气、水或其它冷却剂）的热交换器，作为电子产品换热的装置，其换热系数较高。空气冷板的热流密度为 $15.5\times10^3\mathrm{W/m^2}$，而液冷式冷板的热流密度可达 $45\times10^3\mathrm{W/m^2}$。冷板的适用范围很广，对于中、高功率密度的电子元器件、电路板和电子设备都适用。尤其是在设备的空间和重量受到限制的条件下，冷板更有明显的优势。常见的有机载电子产品用气冷式冷板、舰载电子产品用液冷式冷板等。

冷板装置的特点是：

a) 冷板上的温度梯度小，热分布均匀，可带走较大集中热负载；

b) 由于它采用间接冷却的方式，可使电子元器件不与冷却剂直接接触，减少各种污染（如潮湿，灰尘，以及包含在空气中其它污染物质的污染），提高工作的可靠性；

c) 与直接风冷相比，空气的损耗小，同时也便于改变空气的流量和入口温度，提高冷却效率；

d) 冷板装置的组件简单，结构紧凑，便于维修。

6.9.2 设计内容

6.9.2.1 冷板的结构设计

a) 冷板结构分类和特点

常用的两类冷板为气冷式冷板和液冷式冷板。

1) 气冷式冷板由上下盖板、左右封端和肋片组成。其中肋片是冷板的主要零件，对冷板的换热有较大的影响。典型肋片的结构参数参见本指南附录 B。肋片的材料一般选导热系数较大的铝或铜。肋片的结构有平直形、锯齿形和多孔形等。冷板的封端、可根据结构要求设计成燕尾形、槽形、矩形或外凸矩形。冷板的盖板、底板、隔板（多层冷板用），一般设计成平直形。

2) 液冷式冷板的基材通常选用导热性能好的铜、铝等板材等，板的厚度可根据空间尺寸确定，冷却剂的流道可选用圆形、方形。

b) 肋片的选择原则

肋片是组成扩展表面的基本部分，肋片的几何参数为：肋片的厚度、肋片间距和肋片高度。

选择肋片的原则主要有：

1) 当换热系数较大时，选厚而高度低的肋片；反之，选高而薄的肋片。

2) 当冷板的表面与环境之间的温差较大时，宜选用平直型肋片（如三角肋、矩形肋）；温差小时，则选择锯齿形肋。

6.9.2.2 冷却剂的选择

a) 冷却剂的分类及特点

气冷式冷板的冷却剂为空气，液冷式冷板常用的冷却剂及其物理性质参见本指南附录 A。

b) 冷却剂的选择原则

1) 气冷式冷板一般选用一个大气压下，常温时的空气为冷却剂。

2) 液冷式冷板一般选用一个大气压下，常温时的水为冷却剂。

3) 对于特殊要求的冷板可选用氟碳化合物。

4) 对于储热冷板，选择碳氢化合物。

6.9.2.3 冷板的设计计算

冷板的设计计算通常分为两类：新设计冷板的设计计算和成品冷板的校核计算。

a) 新设计冷板的设计计算

已知热负载和冷却剂的参数，要求确定冷板的结构尺寸。新设计冷板的设计计算流程见图 16 所示。具体计算方法参见 GJB/Z 27《电子设备可靠性热设计手册》的有关章节。

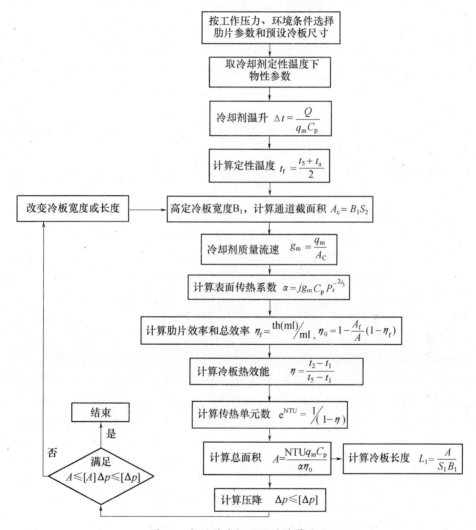

图 16　新设计冷板的设计计算流程

A_c—冷板通道的横截面积（最小自由流通面积），单位为平方米（m²）；A_f—肋片面积，单位为平方米（m²）；
A—总面积，冷板的盖板、肋片和底板面积之和，单位为平方米（m²）；B_1—冷板宽度，单位为米（m）；
C_p—定压比热容，单位为焦/(千克·开尔文)（J/(kg·K)）；g_m—单位面积的质量流量，又称质量流速，
单位为千克/(秒·平方米)（kg/(s·m²)）；j—传热因子；l—肋片高度，单位为米（m）；m—肋片参数，单位为每米（m⁻¹）；
S_1—单位面积通道截面积，单位为平方米/平方米（m²/m²）；S_2—单位宽度通道截面积，单位为平方米/米（m²/m）；
P_r—普朗特数；Q—功率，单位为瓦（W）；q_m—质量流量，单位为千克/秒（kg/s）；
t_a—流体平均温度，单位为摄氏度（℃）；t_f—定性温度，单位为摄氏度（℃）；
t_s—冷板表面温度，单位为摄氏度（℃）；t_1—冷却剂的入口温度，单位为摄氏度（℃）；
t_2—冷却剂的出口温度，单位为摄氏度（℃）；α—冷板表面传热系数；η—冷板的效率；
η_0—肋片总效率；η_f—肋片效率；NTU—传热单元数。

b) 成品冷板的校核计算

已知冷板的结构类型、尺寸、冷却剂的流量和工作环境条件，要求校核该冷板是否满足所需传热量，以及克服流经冷板的通道的压降。

冷板校核计算是设计计算的逆过程，计算流程略。具体计算方法参见 GJB/Z 27《电子设备可靠性热设计手册》的有关章节。

6.9.3 冷板设计选用注意事项

a) 对于高功率密度和大功率器件的散热，可选用强迫液冷冷板。

b) 对于热量均布的中、小功率器件，可选用强迫空气冷却冷板。

c) 对于要求闭路温度控制的冷板，或将冷板用于密闭机箱的内部换热时，可选用热管冷板。但工作位置频繁变换的电子设备不宜选用。

d) 对于按脉冲工况运行的电子器件，或电子设备的内热源与外部热环境之间的温度有较大的周期性变化，其安装空间受到限制的可选用储热冷板。

e) 对于新设计的冷板，应进行冷板的设计计算；对于成品冷板，应进行冷板的校核计算。

6.10 其他冷却技术

6.10.1 热电制冷

6.10.1.1 适用范围和特点

热电致冷可使被冷却的电子元器件或组件的工作温度低于工作环境温度，也可以用于精密控温。热电致冷装置具有以下特点：

a) 可采用直流电源。通过改变电流的方向，实现加热或制冷。

b) 装置无运转部件，无磨损、无噪声、无振动、维修量少，可靠性高。

c) 对重力的影响不敏感，任何方位装置均可正常工作。

d) 制冷的速度和温度，可通过工作电流进行控制。

e) 制冷装置的尺寸不受限制，可根据电子产品的制冷量要求进行组装。

f) 热电制冷装置的缺点主要是效率低，耗电多，尤其是需要采用大电流的直流电源，其体积和重量较大。它的制冷温度仍比不上机械式制冷机的制冷温度低。因此，热电制冷装置仅适用于制冷量小、制冷温度不太低的电子元器件冷却或作为恒温器适用。

6.10.1.2 工程应用

热电制冷在工程上的应用领域包括以下几个方面：用于冷却（主要是用于电子元器件的散热）；用于恒温（如恒温槽、空调器等）；用于制造成套的仪器设备，如小型环境试验箱、各种热物性的测试仪器等。

a) 热电制冷在电子元器件上的应用

使用条件严格、对温度反应敏感的某些电子元器件，必须保证它们在低温或恒定的温度条件下工作，才能发挥其性能。热电制冷在电子元器件中的应用主要有以下几项：

1) 参量放大器——目前国内外许多厂家生产的参量放大器，都直接配备有热电制冷器件，作为恒温用。

2) 计算机存储器——如以钴化合物为基材的光学记忆装置，其适宜的工作温度为150K，采用热电制冷作为冷源。

3) 二极管、晶体管制冷模块——采用热电制冷器件提供74K～80K温差，以保证晶体管性能的稳定。

4) 恒温器——许多电子元器件要求在恒温条件下工作，例如电阻器、电容器、电感器、晶体管、石英晶体等。用热电制冷方法制作恒温器，为它们提供恒温器的温度控制简单、精确。用热敏电阻器作感温件，它们的温控精度可达±0.05℃；

b) 热电制冷在航空航天中的应用

国外将半导体制冷技术用于红外制导的空对空导弹红外探测器探头的冷却以降低工作噪声，提高灵敏度和探测率。例如俄罗斯米格战斗机配备的 AA-8 和 AA-11 系列导弹就采用热电制冷对红外探测系统进行温控。由于热电制冷的抗振性能极好，它还经常应用于不能采用常规制冷的地方。如热电制冷片用于冷却安装在喷气式战斗机翼尖的无线电设备。热电制冷技术在空间探测方面也有许多应用。

6.10.2 热管

6.10.2.1 适用范围和特点

热管是依靠自身内部工作液体相变来实现传热的传热元件，具有如下特点：

a) 高效的导热性。在热管中热量的传递是靠介质相变而形成的对流进行的，而不像铜、铝等金属的传热是靠分子的热运动而传导的，其能传递的热量和速度比银、铜等金属大几百倍。在高温场合，则要大几十万倍，有人把热管称之为热的"超导体"。

b) 良好的等温性。热管表面的温度是由蒸汽温度控制的，当局部受热量增大时，管内的蒸汽压力升高，管内空间的温度变得更均匀。这种等温性与热管的形状和尺寸关系不大。例如 1m 长的热管，两端温差可小于 1℃。

c) 热流密度变换能力强。热管中的蒸发和冷凝过程在通道内是分隔开的，所以利用热管能实现热流密度的变换。在加热段热流密度大时，可以增加放热段的传热面积，使热流密度变小。反之亦然。热管的这种功能已被广泛应用于散热系统或集热系统。例如热管散热器。

d) 易控性和恒温性。充气热管的导热性是可以调节的，利用它能对某些重要部位进行温度控制或自动保持恒温。

e) 结构多样和灵活。热管可以弯曲，截面可制成多种形状。热管的蒸发段和冷凝段也可设计成多种特殊形状并可以相距很远，互不干扰，只要将这两部用普通管子联接起来，就是"分离型热管"。在热管两端之间，用一小段绝缘型材料并用绝缘液体作介质能制造出只传热而不导电的绝缘型热管。

f) 重量轻。没有运动部件和声响，免维修。

g) 工作温度范围很广。按工作温度分可分为深冷热管（工作温度范围为-170℃~-70℃）、低温热管（工作温度范围为-70℃~270℃）、中温热管（工作温度范围为 270℃~470℃）、高温热管（工作温度范围大于 500℃），因此热管的适用范围很广。虽然热管有优良的导热性能，但热管对重力的影响敏感、低温启动困难、内部气压高等原因，应根据不同的应用场合设计和选用热管。

有关热管的详细设计见 GJB/Z 27《电子设备可靠性热设计手册》的有关内容。

6.10.2.2 工程应用

热管散热器在结构形状和尺寸上具有很大的灵活性，对元器件和设备的适应性很强，因此已有许多成熟的热管散热器。如射频系列风冷平板型热管散热器；绝缘栅双极晶体管、桥式整流器等模块用热管散热器；螺栓型半导体器件用热管散热器；各种组合式热管散热器；集成电路、半导体制冷片、电阻器、固态继电器等各种电子元器件用的热管散热器。电子元器件在选用热管散热器时应注意：

a) 发热功率大而又体积小的一般选用风冷热管散热器。

b) 依据电路原理和整机的结构，选用适当的组合方式和安装方式，使整机的机械结构和热设计达到最优化。

c) 依据元器件工作时的发热功率的大小、允许的最高工作结温和环境温度等因素确定热管散热器的规格型号。

d) 由于热管散热器是高新技术产品，可与专业设计和生产热管散热器的厂商共同设计和选用。

6.11 热设计示例

6.11.1 示例简介

某机载电子设备（任务计算机）包括 7 块电路板，拟将这 7 块电路板安装在一个机箱中，为了保证任务计算机的可靠性，对其进行热设计。

6.11.2 热设计目标及已知条件

a) 热设计目标

任务计算机内部元器件的最高温度小于 85℃。

b) 已知条件

1) 整机功耗为 120W，其中发热量较大的信号板的功耗是 22W，CPU 板的功耗是 25W，电源板的功耗是 20W。

2) 电路板的尺寸为 170mm×150mm。

3) 任务计算机工作的环境温度为 25℃。

4) 由环控系统可提供的冷却空气温度为 20℃，流量为 20kg/h。

6.11.3 热设计内容

6.11.3.1 冷却方法的选择

a) 预选机箱

根据电路板的尺寸，参考 GJB441《机载电子设备机箱、安装架的安装形式和基本尺寸》，初步选定机箱的规格为 3/4 ATR-L-H。

其中：

ATR 为机箱代号，3/4 ATR 表示机箱宽度 W 为 190.5mm；

L（机箱长度）选定为 290mm；

H（机箱高度）选定为 170mm。

箱体材料选择原则是：传热性好，重量轻。根据要求，本设计中机箱材料选为防锈铝，牌号是 3A21-H112，材料导热系数 λ=164W/(m·K)。

b) 冷却方法的选择

根据初步选定的机箱尺寸及整机功耗，计算设备的体积功率密度

$$\phi_v = \frac{P}{V} = \frac{120}{0.190 \times 0.290 \times 0.170} = 12810.9 (W/m^3) \tag{11}$$

其体积功率密度大于自然冷却方式而小于强迫风冷冷却方式允许的体积功率密度，

又由于环控系统可以提供强迫冷却空气，因此该设备采取强迫风冷的冷却方式。

6.11.3.2 机箱的设计

由于冷板式强迫风冷机箱具有散热性能好，传热效率高，减小了各种污染，结构简单等优点，可广泛应用于电子产品，尤其是体积和重量受到严格限制的飞行器电子产品。

因此该设备选用冷板式强迫风冷冷却的机箱。其散热结构示意图见图17。

机箱由盖板、箱体组成。其中箱体由前框，左右侧板，中隔板和后框通过钎焊方式组焊成一体，左、右侧板与机箱内壁形成冷却通道，冷却空气由机箱后的风道通入，再通过左、右通风口进入各自的冷却通道，由机箱前面板流出。

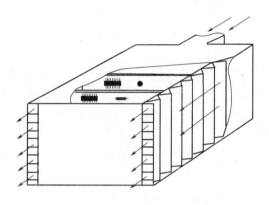

图 17 某任务计算机的散热结构

6.11.3.3 元器件的安装和布局

元器件的安装和布局按照本指南6.5.2.2条有关元器件的安装和布局及电路板上元器件的安装和布局的要求进行。

6.11.3.4 电路板组件的热设计

采用在电路板上敷设导热冷板（电路板冷板）的导热板式结构。元器件的热量传递到电路板冷板上，电路板冷板上的热量再通过边缘导轨传导到机箱侧壁风冷冷板上，风冷冷板再通过强迫风冷散热。

6.11.3.5 边缘导轨的热设计

该任务计算机的导轨不仅导向并且起到导热作用。作为导热时，保证导轨与电路板之间有足够的接触压力和接触面积，以保证导轨与机箱壁具有良好的热接触。楔型导轨的热阻小，且随高度的变化小。因此任务计算机选择楔形导轨，材料选为防锈铝。

6.11.3.6 热设计计算

在初步的热设计之后，进行热设计计算，得到设备内部元器件的最高温度，与热设计目标进行比较，分析是否满足热设计要求。

a) 元器件散热热阻网络

元器件的散热热阻网络见图18。

因为箱体内部密闭，热传导热阻远小于对流换热热阻和辐射换热热阻，所以热设计中主要考虑热传导。

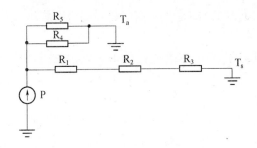

图18　元器件散热热阻网络

P—器件功耗，单位为瓦（W）；T_a—器件周围环境温度，单位为摄氏度（℃）；

T_s—机箱风冷冷板表面温度，单位为摄氏度（℃）；

R_1—冷板从元器件位置到冷板边缘的热阻，单位为摄氏度/瓦（℃/W）；

R_2—边缘导轨热阻，单位为摄氏度/瓦（℃/W）；

R_3—箱体内部框架从边缘导轨位置到风冷冷板内壁的热阻，单位为摄氏度/瓦（℃/W）；

R_4—元器件表面对流换热热阻，单位为摄氏度/瓦（℃/W）；R_5—辐射换热热阻，单位为摄氏度/瓦（℃/W）。

b)　机箱风冷冷板的设计计算

1)　已知条件：

(1)　冷板的流通形式：顺流，通 10kg/h 的常温风（风温 20℃），冷却空气的质量流量为 $q_m=5.56\text{g/s}$。

(2)　冷板材料选为防锈铝 3A21-H112，导热系数 $\lambda=164\text{W/(m·K)}$；

冷板的结构尺寸：$L·B·H=290\text{mm}×170\text{mm}×6.5\text{mm}$

式中：L——冷板的长，单位为米（m）；

B——冷板的宽，单位为米（m）；

H——冷板的厚度，单位为米（m）。

(3)　肋片参数

选择本指南附录 B 中国产锯齿形肋片。

尺寸参数：$l·\delta_f·b=6.5\text{mm}×0.2\text{mm}×1.4\text{mm}$ ，$d_e=2.02\text{mm}$，$S_1=10.714\ (\text{m}^2/\text{m}^2)$，$S_2=5.4×10^{-3}(\text{m}^2/\text{m})$，$A_f/A=0.833$。

(4)　系统整机功耗为 120W，通过机箱两侧的风冷冷板来散热，所以每个风冷冷板的功耗为 60W，通过机箱每个风冷冷板的冷却空气的质量流量为 $q_m=2.78\text{g/s}$。

2)　计算过程

根据热设计目标，即任务计算机内元器件壳体最高允许温度为 85℃；不计元器件与电路板冷板之间的界面热阻，考虑箱体框架热阻引起的温升、边缘导轨热阻引起温升和电路板冷板热阻引起的温升，风冷冷板表面温度的热设计目标选取为 50℃。又根据冷板的结构设计强度，冷板通道的压力损失取 $[\Delta P]\leqslant980\text{Pa}$。

下面进行冷板的校核计算，计算流程见 6.9.2.3 条。

(1)　冷板体积：$V=L·B·H=290×170×6.5×10^{-9}=3.2×10^{-4}\text{m}^3$；

冷板的迎风面积：$A_y=B·H=170×6.5×10^{-6}=1.105×10^{-3}\text{m}^2$；

冷板通道横面积（最小自由流通面积）：$A_c=BS_2=9.18×10^{-4}\text{m}^2$；

总换热面积：$A=L \cdot B \cdot S_1=290 \times 170 \times 10.714 \times 10^{-6}=0.528 \text{ m}^2$。

(2) 流经冷板的流速：$v = q_m/(A_c \rho_1) = 2.78 \times 10^{-3}/(9.18 \times 10^{-4} \times 1.205) = 2.52 \text{m/s}$；

流经冷板的质量流量：$q_m = 2.78 \text{g/s}$；

(3) 冷却剂温升 $\Delta t = \dfrac{P_1}{q_m C_p}$，$t_2 = t_1 + \Delta t$

计算结果见表 2。

表 2 计算结果

Q	C_p	q_m	Δt	t_2
60W	1005J/(kg·K)	2.78g/s	21.5℃	41.5℃

(4) 定性温度

$$t_f = \frac{2t_s + t_1 + t_2}{4} \tag{12}$$

t_s 取 50℃，故可得定性温度 $t_f = 40.4℃$。

(5) 表面换热系数

$$\alpha = j g_m C_p Pr^{-2/3} \text{ W/(m}^2 \cdot \text{K)} \tag{13}$$

式中：j——传热因子，可查本指南附录 C 图 C.1 得。各项参数见表 3 。

表 3 参数

C_p	Pr	g_m	$\mu \times 10^6$	R_e	j	α
1005J/(kg·K)	0.699	3.03kg/(m²·s)	19.12(Pa·s)	320	1.8×10^{-2}	70 W/(m²·K)

其中，空气的物性参数 C_p 和 Pr 查本指南附录 A 可得。

流体的质量流速：

$$g_m = q_m / A_c \tag{14}$$

流体的雷诺数：

$$R_e = \frac{v \rho D}{\mu} = \frac{q_m D}{A_c \mu} = \frac{g_m d_e}{\mu} \tag{15}$$

(6) 肋片效率

冷板的总效率：

$$\eta_0 = 1 - \frac{A_f}{A}(1 - \eta_f) \tag{16}$$

肋片效率：

$$\eta_f = \frac{th(ml)}{ml} \tag{17}$$

$$m = \sqrt{2\alpha / (\lambda \delta_f)} = \sqrt{2 \times 70 / (164 \times 0.2 \times 10^{-3})} = 65.3 \ (\text{m}^{-1}) \tag{18}$$

计算结果见表 4。

表4 计算结果

α	m	ml	η_f	η_0
70 W/(m²·K)	65.3	0.424	0.945	0.954

(7) 传热单元数

$$\text{NTU} = \frac{\alpha\eta_0 A}{q_m C_P} = 70 \times 0.954 \times 0.528 / (2.78 \times 10^{-3} \times 1005) = 12.62 \tag{19}$$

(8) 冷板的表面温度

$$t_s = \frac{e^{NTU} t_2 - t_1}{e^{NTU} - 1} \tag{20}$$

计算结果见表5。

从上面计算结果可知，冷板表面温度和出口空气温度 t_2 接近，说明该冷板具有良好的传热特性。

表5 计算结果

Q	NTU	t_2	t_1	t_s
60W	12.62	41.5℃	20℃	41.5℃

(9) 压力损失：

$$\Delta p = \frac{g_m^2}{2\rho_1}\left[(K_C + 1 - \sigma^2) + 2\left(\frac{\rho_1}{\rho_2} - 1\right) + f\frac{A}{A_c}\frac{\rho_1}{\rho_m} - (1 - \sigma^2 - K_e)\frac{\rho_1}{\rho_2}\right] \tag{21}$$

孔度：

$$\sigma = \frac{A_c}{A_y} = 9.18 \times 10^{-4} / (11.05 \times 10^{-4}) = 0.831 \tag{22}$$

$$\frac{A}{A_c} = 0.528 / (9.18 \times 10^{-4}) = 575 \tag{23}$$

风道进口 $K_c = f(\sigma, Re)$，查本指南附录C图C.3得 $K_c = 0.93$。

风道出口 $K_e = f(\sigma, Re)$，查本指南附录C图C.3得 $K_e = -0.6$。

$$K_c + 1 - \sigma^2 = 0.93 + 1 - 0.83^2 = 1.24$$

$$1 - \sigma^2 - K_e = 1 - 0.83^2 + 0.6 = 0.91$$

$$g_m^2 = 9.18[\text{kg}/(\text{m}^2 \cdot \text{s})]^2$$

查本指南附录C图C.1得 $f = 0.14$；计算得 $\Delta P = 314.6\text{Pa}$；计算结果见表6。

表6 计算结果

Q	t_1	ρ_1	t_2	ρ_2	$\rho_m = (\rho_1 + \rho_2)/2$	$g_m^2/(2\rho_1)$	ΔP
60W	20℃	1.205kg/m³	41.5℃	1.120kg/m³	1.163	3.81kg/m²	314.6Pa

校核结果表明，耗散热量为60W时，冷板表面温度 t_s 和压力损失 ΔP 的值均小于许用值。

c) 边缘导轨的设计计算

楔型夹边缘导轨的热阻 R 为 0.051 m·K/W。

导轨温升的计算公式：

$$\Delta t_1 = RP\big/ L \tag{24}$$

式中：R——边缘导轨热阻，0.051 m·K/W；

　　　P——电路板总功耗一半，单位为瓦（W）；

　　　L——接触长度，因为电路板宽度为 150mm，所以预选导轨长度为 145mm。

以 CPU 板为例，根据已知条件 CPU 板的功耗为 25W，计算边缘导轨的温升：

$$\Delta t_1 = RP\big/ L = \frac{0.051 \times 12.5}{145 \times 10^{-3}} = 4.4\text{℃}$$

d) 电路板冷板的设计计算

以 CPU 冷板为例，根据电路板的尺寸，预设电路板冷板尺寸为 $L \times B = 170\text{mm} \times 150\text{mm}$，$L$ 和 B 分别为电路板冷板的长度和宽度；冷板材料为 A21-H112，导热系数：$\lambda = 164\text{W/(m·K)}$；冷板厚度 D 选取为 2mm，即 $D = 2\text{mm}$；

假设热量集中分布和均匀分布两种情况下，计算电路板上元器件的最高温度。

1) 热量均布情况下冷板最大温升，式中电路板横截面积 $A = B \times D$

$$\Delta t_{\max 1} = \frac{P \cdot \dfrac{L}{2}}{2\lambda A} = \frac{12.5 \times \dfrac{170}{2} \times 10^{-3}}{2 \times 164 \times (150 \times 2) \times 10^{-6}} = 12.1\text{℃}$$

CPU 板最高温度 $t_{\text{cpu1}} = t_s + \Delta t_1 + \Delta t_{\max 1} = 41.5 + 4.4 + 12.1 = 58\text{ ℃}$；

2) 热量集中分布情况下冷板最大温升

$$\Delta t_{\max 2} = 2\Delta t_{\max 1} = 2 \times 12.1 = 24.2\text{℃} \tag{25}$$

CPU 板最高温度 $t_{\text{cpu2}} = t_s + \Delta t_1 + \Delta t_{\max 2} = 41.5 + 4.4 + 24.2 \approx 70\text{℃}$

当 CPU 板上的热源分布不属于以上两种情况时，电路板最高温度的计算可参考 GJB/Z27《电子设备可靠性热设计手册》和文献[4]。

6.11.4　热设计结果

从热设计计算结果看，CPU 板的最高温度小于 85℃，即 CPU 板上元器件的最高温度小于热设计目标，满足设计要求。信号板和电源板的计算方法与 CPU 板的相同，这里不再赘述。

7　电子产品热分析

7.1　热分析目的

热分析，又称热模拟，是利用数学手段，在电子产品的设计阶段获得温度分布的方法。它可以使电子产品设计人员和可靠性设计人员在设计初期就能发现产品的热缺陷，从而改进其设计，为提高产品设计的合理性及可靠性提供有力支持。

7.2　热分析方法

热分析需建立电子产品温度场和流场的数学模型，并对其求解，由于求解的复杂性，热分析大都采用软件来完成。在电子产品中应用的热分析软件可分为以下两类：

a) 通用的电子设备热分析软件。例如 Flotrn, ANSYS 等。它们并不是根据电子产品的特点而编制的，但可用于电子产品的热分析。

b) 专用的电子设备热分析软件。例如 BetaSoft, Coolit, Flotherm, Icepak 等。它们是专门针对电子产品的特点而开发的，具有较大的灵活性。表 7 列举了典型的商品化的热分析软件。

表 7　典型的商品化的热分析软件

公　司	软件名	程序类型	数值计算方法	特　点
美国 ANSYS	ANSYS	通用	有限元法	融结构、流体、电场、磁场、声场分析于一体，是一种标准分析软件
美国 Dynamic Soft Analysis	Betasoft	电子产品	有限差分法	包括可靠性计算
美国 daat	Coolit	电子产品	有限体积法	只适用于 Windows 操作系统
美国 Fluent	Icepak	电子产品	有限体积法	非结构化和非连续化网格
英国 Flomerics	Flotherm	电子产品	有限体积法	优化设计，Flopack 工具（协助芯片级建模）
美国 Compuflo	Flotrn	通用	有限元法	要求有网格产生程序

7.3　热分析步骤及注意事项

7.3.1　热分析步骤

应用热分析软件进行热分析的基本步骤为：

a) 根据设计要求建立热分析模型。

b) 输入边界条件等相关参数值。

c) 划分网格，进行计算，迭代直到收敛为止。

d) 以报表或图形的形式显示温度场分布及温度值。

e) 分析结论和建议。

7.3.2　热分析注意事项

热分析结果的准确性与建立的热分析模型、输入的相关参数及网格的划分程度有密切的关系，以下从建模、参数的输入及网格划分方面介绍应用热分析软件的注意事项。

a) 建模

热分析模型建立的不准确，将会导致较大的热分析误差，不能满足工程要求。对于准确的模型，如果过于复杂，又会占用大量的计算机资源和计算时间；如果过于简单，则计算结果可能会忽略大量的细节，而达不到分析的目的。

建模的策略是由重要到次要，由简单到复杂。即从最重要的入手，比如确定整体布局，对壁、外壳、开孔、功耗、电路板等进行建模；在这基础上，再加入其它较重要的影响因素，比如元器件的布局与建模，外壳与外界的热交换等；对重点分析部位进行详细建模（例如对关键发热元器件进行三维详细建模）；对于次要因素，进行粗略建模，甚至忽略掉（例如对于发热很小或不发热的元器件）。

b) 输入边界条件等相关参数

输入参数的准确与否，极大地影响着热分析结果。输入参数主要包括材料的热传导率、元器件的热功耗、初始条件等等，其中传导率等可通过查工程热设计手册、实验或反复修正来得到，初始条件可通过测量得到，热功耗可以通过查产品手册或电路仿真的方法得到。

c) 划分网格

划分网格的多少在一定程度上影响着热分析的结果，通常网格划分得越多，则计算精度越高，但网格过多计算时间将过长，而精度却得不到明显的提高。因此应灵活运用网格划分技术，在重要部位（如温度梯度高的位置，芯片位置等）进行局部加密，在不规则形状处采用非结构化网格。

7.4 热分析示例
7.4.1 示例简介

图 19 为某开关式整流电源板的原理图，由取样电路、基准电压电路、误差放大器、三角波发生器（振荡器）、电压比较器、功率管、变压器和整流、滤波电路组成。

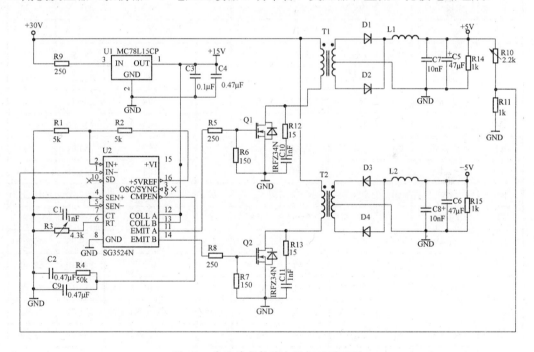

图 19 某开关式整流电源板的原理图

电路稳压原理如下：当输出电压下降时，经 R10 和 R11 分压后的反馈电压也减小，同基准电压比较，经脉宽调制器 SG3524 处理后，其输出矩形脉冲波（11 脚和 14 脚）的脉冲宽度增加，使功率场效应管的饱和导通时间增加，经变压、整流、滤波后，输出电压增加；反之，当输出电压升高时，经 R10 和 R11 分压后的反馈电压也升高，同基准电压比较，经脉宽调制器 SG3524 处理后，其输出信号（11 脚和 14 脚）的脉冲宽度减小，使功率场效应管的饱和导通时间缩短，经变压、整流、滤波后，输出电压下降。开关电源系统就工作在这样一种动态平衡状态。

此开关电源板工作的环境温度为40℃，采用自然对流的方法进行冷却，板上采用的元器件为军用工作温度元器件，最高工作温度可达125℃，考虑到可靠性要求，进行III级降额设计，降额后允许的元器件最高温度为105℃。

7.4.2 热分析

采用热分析软件Betasoft对该电路板进行热分析。

a) 建模

Betasoft软件提供了两个元器件库，包含了大量元器件信息。其中主库含有2500个元器件，并允许用户无限扩充，在工作库中建立好的元器件可方便地存入主库中。开关式整流电源板上元器件的名称，对应于主库内元器件的名称、在电路板上的功耗及位置信息见表8。

表8 开关式整流电源板上电子元器件的位置

元器件名称	对应主库元器件名称	功耗/W	在板上的位置/mm		元器件名称	功耗/W	对应主库元器件名称	在板上的位置/mm	
			x	y				x	y
Q1	IRFZ34N	4.2	93.93	43.77	R14	1.67	R_LOAD	273.79	74.93
Q2	IRFZ34N	4.2	93.93	177.17	R15	1.70	R_LOAD	273.79	124.39
D1	B1080	0.11	189.51	75.77	C1	0	103	241.94	39.19
D2	B1080	0.11	189.51	93.17	C2	0	474	223.11	62.41
D3	B1080	0.14	189.51	128.13	C3	0	474	216.11	37.12
D4	B1080	0.14	189.51	145.26	C4	0	104	216.20	31.013
R1	R1/4W	0.42	251.85	20.50	C5	0	103	254.68	108.18
R2	R1/4W	0.42	231.29	20.50	C6	0	103	254.68	135.50
R3	RW	0	254.34	34.63	C7	0	E_C	237.90	102.31
R4	R1/4W	0	223.59	50.00	C8	0	E_C	238.17	130.83
R5	R1/4W	0.35	202.31	40.59	C9	0	474	219.33	49.86
R6	R1/4W	0.21	202.31	48.49	C10	0	102	145.90	52.40
R7	R1/4W	0.21	202.31	56.64	C11	0	102	142.60	201.09
R8	R1/4W	0.35	202.39	32.28	SG3524	0.25	SG3524N	231.49	27.98
R9	R1/4W	0.85	202.31	20.50	78L15	0.18	78L05	219.89	18.59
R10	RW	0.42	245.69	56.24	T1	0.1	TRANSFORMER	133.42	75.59
R11	R1/4W	0.42	256.39	49.86	T2	0.1	TRANSFORMER	134.19	134.78
R12	R_Q	0.24	129.20	39.61	L1	0.1	INDUCTANCE	219.43	99.87
R13	R_Q	0.24	129.20	184.65	L2	0.1	INDUCTANCE	219.43	129.31

根据表8，参考建模时的注意事项，先建立发热量较大的元器件（如IRFZ34N）的热分析模型，再建立发热量较小和不发热元器件热分析模型，建立的开关式整流电源板的热分析模型如图20所示。

b) 输入边界条件等相关参数值

1) 元器件的相关参数输入

元器件的相关参数包括元器件的三维尺寸，材料的传导率、发射率及功耗等。进入元器件的参数设置菜单，进行设置。元器件的参数设置见图21。

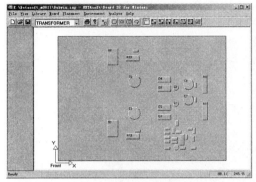 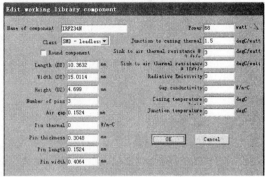

图20　开关式整流电源板的热分析模型　　　　　图21　元器件参数设置

2) 环境参数输入

环境参数包括周围环境温度、空气的流速、相邻板的影响、板的位置参数等信息，点击环境参数输入菜单，进行环境参数设置。环境参数设置见图22。

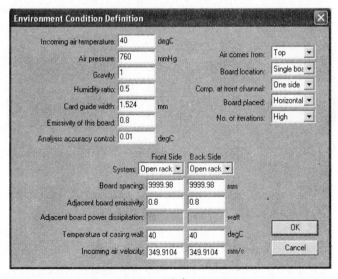

图22　环境参数设置

c) 划分网格进行计算

进入网格划分菜单，选择相邻网格间的宽度和高度，计算机自动划分网格。Betasoft中提供了三种网格的划分方法，分别是高密度、中密度、低密度。在本例中，由于板上的元器件密度不大，计算量较小，因此选择高密度网格进行计算。通过 Analysis—>Run来进行分析计算，如果在分析过程中，迭代终止，一般都会给出提示信息，例如重新设定某些边界条件等。

d) 分析结果显示

计算完之后，通过 Analysis→load 来加载计算结果。以图形方式显示的分析结果见图 23。

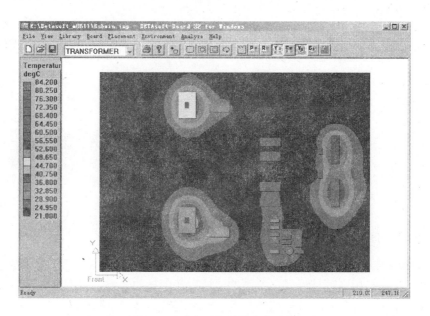

图 23　开关电源板的热分析结果

7.4.3　热分析结论

通过热分析结果看出（图 23），在环境温度为 40℃，自然对流的情况下，开关电源板上元器件的最高温度为 84.2℃，因此该电源板的热设计满足要求。

8　电子产品热试验

8.1　热试验目的

电子产品热试验的目的是对电子产品的热性能进行评价，以确定热设计（含冷却系统设计）的有效性与合理性。

8.2　热试验内容

a) 检查冷却系统是否已达到预定的技术指标。

b) 分析采取的冷却方案是否为较佳的方案（在重量、尺寸、成本、可靠性方面做出评价）。

c) 对电子产品和采取的冷却系统进行热测量，热测量的主要参数有：

1) 电子产品中关键元器件、散热器及其它冷却装置的表面温度。

2) 电子机柜、系统内的温度分布。

3) 流经电子机柜、管路的流量或压力损失。

d) 根据试验结果，对电子产品的热性能给出评价。

其中热测量是热试验的主要工作内容，本指南重点介绍电子产品的热测量。

8.2.1　温度测量

温度的测量分为两种方法：直接接触式测量和非接触式测量。

a) 直接接触式测量：将温度传感器直接与被测对象接触进行测量，具有精确、直接、可靠的特点，对于封闭机壳内的元器件的热测量都可采用这种方法。但在实际测量中需要许多传感器，进行多点安放，造成引线过多，测量工作繁琐费时，还会引起被测对象热场分布的改变，引起测量的失真。

b) 非接触式测量：采用红外、激光等热测量仪器进行测量，温度传感器不与被测目标相接触，能获得连续的二维热场温度分布图像，且这类仪器都附有微机接口，通过微机可进行控制。这种测量方法对元器件密集的电路板组件的热测量十分简捷方便。但却无法实现封闭在机箱内部的电子元器件的温度测量。

实际测量时，根据产品的测量要求，选取合适的测温仪器。常用来测量温度和温度分布的仪器有：热电偶、热敏电阻器、温度计、温度敏感涂料（漆和色标）、液晶显示仪和红外线测温仪等。各种传感器与测温设备的测量范围、精度、优缺点和测温方式等的比较见表9。

表9 各种测温设备的优缺点

传感器与测量设备	测量范围/℃	精度/℃	优 点	缺 点	测温方式
热电偶	−200～600	±0.5	量程宽，制造简单，便宜	非线性，需校正，测量前要正确判断被测物体的温度范围，要有参考点	接触式
热敏电阻器	−200～1000	±0.5	比热电偶灵敏，不需要准确的参考点，便宜	量程较小，测量前要正确判断被测物体的温度范围	接触式
铂电阻温度计	−70～750	±0.1	500℃范围内测量时，线性、稳定性好，可用作标准测量	不易测空气温度，易碎，若导线电阻占的比例大时，需要补偿，价格贵	接触式
玻璃球温度计	−80～350	±0.25	常用于测量液体温度，便宜	接触要好，易碎	接触式
测温蜡笔测温漆	0～250	±1%	使用方便，可测温度场的分布情况，便宜	一次使用，被测物在测量前要清洁，并要正确判断被测物体的温度范围	接触式
液晶显示仪	25～75 80～135 135～180	2	使用方便，涂在设备内部各表面，通过颜色的变化，可观察温度分布，可逆，便宜	要有黑色背景才能得到好的对比度，操作技术要求较高	接触式
红外线测温仪	−70～500	±2	不需要与测物接触，使用方便，可测到小至2mm范围内的目标	需要知道目标的发射率，需要有一段的目标剖面，价格较贵	非接触式

8.2.2 压力测量

压力的测量采用压力传感器来实现。压力传感器用于测量电子设备箱柜（开式或闭式）和冷却系统中流体（气体或液体）的压差。电子产品热测量中常用的测压仪表主要有液柱压力计和弹簧式压力表两类，多数为液柱式压力计，如倾斜式微压计、补偿式微压计等，这类仪表的测压范围为100Pa～200Pa，适合于低压、负压和压差的测量。实际应用中可根据测压的要求选择相应的压力计进行测量。表10列出了压力传感器的类型和工作原理。

表 10 压力传感器类型与工作原理

类型	工 作 原 理	传感器示例
液柱式	以某高度液柱产生的静压力来平衡被测压力	U 形管 倾斜式微压计 补偿式微压计
弹性式	根据弹性元件受压后产生的变形与被测压力有确定的函数关系设计而成的仪表	薄膜式——如平薄膜、波纹膜挠性膜压力计 波纹管式——波纹管压力计 弹簧管式——如单圈、多圈弹簧管压力计

8.2.3 流量测量

流量可分为两种：质量流量和体积流量。质量流量是指单位时间内通过工作流体的质量。体积流量是指单位时间内通过工作流体的体积。

流量测量的方法很多，电子产品热试验中常用的流量测量方法有皮托管测定法和转子流量计。

a) 皮托管测定法

此法是先测量工作流体的流速，再由流速计算流量。利用皮托管测量流体的流速，一般测量的是管道截面上某一点的流速。而对于截面上的平均流速与管道内流速分布有关。对于圆形截面（管道半径为 r），在层流（$Re<2200$）情况下，沿管道截面的流速分布为

$$v = v_{max}\left[1-\left(\frac{l}{r}\right)^2\right] \tag{26}$$

式中： v_{max}——管道中心处的最大流速，单位为米/秒（m/s）；

l——离管道中心的距离，单位为米（m）；

v——离管道中心 l 处的流速，单位为米/秒（m/s）；

r——管道半径，单位为米（m）。

根据实验得知，在层流时流速沿管道截面的分布为抛物线分布，其平均流速($\bar{v}$)约在 $r_0 = 0.707r$ 处，$\bar{v}=\dfrac{1}{2}v_{max}$

在紊流条件下，其流速分布在：

$$v = v_{max}(1-\frac{l}{r})^{1/n} \tag{27}$$

式中：n——与流体管道中的 Re 数有关的常数；

v——平均流速，位于离管道中心距离 $r_0=0.762r$ 处。

利用皮托管测速可获得较高的准确度。其测量值应进行换算。为了减小测量误差，皮托管的直径比管道直径应小 20 倍以上。流速较低时，测量误差较大。

b) 转子流量计

转子流量计也称浮子流量计，可测量各种工作流体的流量。特点是结构简单，精度高，在使用时可直接观察流体和浮子的情况。缺点是这种流量计必需垂直安装，而且玻璃容易打碎，因此使用时需特别小心。

8.3 热试验监测

8.3.1 自然冷却电子产品热试验的监测

a) 监测项目

监测的主要项目有：

1) 设备所处的环境参数，如温度、大气压力等。对工作于不同海拔高度的设备，一般应测量最大高度、中间高度和当地海拔高度的气压及其相应的温度；

2) 设备中关键元器件的最高温度；

3) 温度接近最大值的元器件温度。

b) 测试步骤

1) 按监测项目要求，用满足精度要求的测量设备进行测量。对模拟环境内的环境参数，在试验前应调整至规定值；

2) 监测关键元器件的最高温度值不超过规定值；

3) 待温度稳定后，应继续试验一段时间。

8.3.2 强迫风冷电子产品热试验的监测

a) 监测项目

1) 设备所处的环境参数，如温度、大气压力等。对工作于不同海拔高度的设备，一般应测量最大高度、中间高度和当地海拔高度的气压及其相应的温度。

2) 冷却空气的进、出口温度。

3) 冷却空气的流量（或流速）。

4) 冷却空气的压差。

5) 设备中关键元器件及温度临界元件的温度。

b) 测试步骤

1) 按监测项目要求，用满足精度要求的测量设备进行测量。对模拟环境内的环境参数，在试验前应调整至规定值。

2) 调整冷却空气的进口温度（指具有可改变冷却剂进口温度的设备）至规定值。

3) 调整冷却空气的流量（或流速）至规定值。

4) 监测关键元器件的最高温度值不超过规定值。

5) 待温度稳定后，应继续试验一小时。

8.4 热试验的注意事项

热试验的注意事项如下：

a) 在产品的研制、生产各个阶段均应制定热试验的计划。

b) 在进行热试验之前，产品的电性能指标应满足要求。

c) 在进行热试验时，产品应处于额定工况下工作。

d) 对模拟环境（如试验箱等）的参数应进行监控，保证与产品实际工作环境的一致性。

e) 热试验用的设备（如测试仪表、装置等）应经检验部门的检验和认可。

8.5 热试验示例

8.5.1 示例简介

本示例按照本指南 7.4.1 条中的开关电源板进行热试验，开关电源板的实物图见图 24。

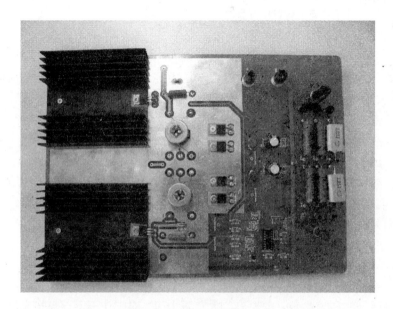

图 24 开关电源板实物图

8.5.2 开关电源板的工作环境

开关电源板工作在环境温度为 40℃，自然对流冷却的环境中。

8.5.3 开关电源板的热试验

从试验方案、试验设备、试验程序和试验结果几个方面介绍热试验的过程。

a) 试验方案

将该电源板置于温度为电源板工作环境温度的试验箱中进行试验。

1) 试验箱的选择。电源板的工作环境温度应在试验箱的允许温度范围内且试验箱应是计量合格的。

2) 测温系统的选择。为测量方便，选择接触式测温系统。

3) 测量点的选择。测量点选择发热较严重的元器件。

4) 试验时间的确定。为保证电源板上的元器件达到热平衡，应选择电源板通电半小时后进行热测量，测量时间持续 30min。

5) 温度传感器与被测试元器件应接触良好。

b) 试验设备

1) CS101-E 型电热鼓风干燥箱。该设备的工作温度范围为-10℃～200℃，经计量其温度误差为±1℃。

2) BHK-1A 型 16 路温度测量系统。该系统采用体积小的铂电阻温度传感器，传感器安装方便且不干扰被测目标温度场，经计量该传感器的测温误差为±0.5℃。

　c) 试验程序

　1) 将电源板置于试验箱中，对发热量较大的元器件安放温度传感器，安放传感器的主要元器件有：功率管 IRFZ34N、负载电阻器 R14、集成电路 78L15 和二极管 B1080。

　2) 将试验箱设置为 40℃，开机运行。

　3) 待试验箱达到 40℃，将电源板通电工作 30min，使其达到热平衡。

　4) 开机进行热测量。

　5) 记录测量数据，对数据进行整理。

　6) 试验结束，关闭试验箱，整理试验台。

　d) 试验结果

整理后的试验数据见表 11。

表 11　热试验数据

元器件	功率管 IRFZ34N	负载电阻器 R14	集成电路 78L15	二极管 B1080
实测温度/℃	54.7	84.5	58.73	47.71

从热试验数据可以看出，电源板上元器件的温度都在允许的工作温度范围内（见 **7.4.1** 条说明），说明该电源板采取的热设计方法（主要有大功率器件加散热器、采用散热电路板及元器件的合理安装布局等）是有效的。

附录 A
（资料性附录）
常用冷却剂的物理性质

A.1 常用风冷冷却剂（空气）的物理性质

常用风冷冷却剂（空气）的物理性质见表 A.1。

表 A.1 常用风冷冷却剂（空气）的物理性质

温度℃	密度 ρ /(kg/m³)	比热容 $C_P/10^{-3}$(J/kg·℃)	导热参数 $\lambda/10^2$W/（m·℃）	动力黏度 $\mu/10^6$Pa·s	运动黏度 $v/10^6$/(m²/s)	普朗特数 Pr
0	1.293	1.005	2.44	17.2	13.28	0.707
10	1.247	1.005	2.51	17.6	14.16	0.705
20	1.205	1.005	2.59	18.1	15.06	0.703
30	1.165	1.005	2.67	18.6	16.00	0.701
40	1.128	1.005	2.76	19.1	16.96	0.699
50	1.094	1.005	2.83	19.6	17.95	0.698
60	1.060	1.005	2.90	20.1	18.97	0.696
70	1.029	1.009	2.96	20.6	20.02	0.694
80	1.000	1.009	3.05	21.1	21.09	0.692

A.2 常用液体冷却剂的物理性质

常用液体冷却剂的物理性质见表 A.2。

表 A.2 常用液体冷却剂的物理性质

名称	冰点 /℃	沸点 /℃	密度 ρ /(kg/m³)	比热容 $C_P/10^{-3}$（J/kg·℃）	导热系数 λ/（W/m·℃）	汽化潜热 L /(J/kg)	动力黏度 $\mu/10^6$Pa·s
水	0	100	1000	4.102	0.602	2.256	1000.15
甲醇	−97.8	64.8	790	2.495	0.200	1.150	550.0
乙醇	−114.5	78.3	800	2.395	0.179	1.030	1190.3
防冻水	−65	75	934	—	—	1.658	—
氟利昂 113	−111	23.7	1490	0.546	0.090	0.183	440.0
丙酮	−94.5	56.7	790	2.160	0.163	0.554	330.5

A.3 常用蒸发冷却剂的物理性质

常用蒸发冷却剂的物理性质见表 A.3。

表 A.3   常用蒸发冷却剂的物理性质

名称	沸点 /℃	气化潜热 L/(J/kg)	密度 ρ(kg/m^3)	比热容 C_P/10^{-3} (J/kg·℃)	体积膨胀系数 β/10^{-4}℃$^{-1}$
水	100	2.256	1000	4.102	-0.63
FC-13	173.9	0.0697	1870	1.13	14
FC-75	102.2	0.0883	1760	1.05	16
FC-77	97.2	0.0837	1780	1.05	16
FC-78	50	0.0953	1700	1.0	16
FC-38	31	0.0897	1640	1.05	16
Freon-E$_1$	40.8	0.0963 *	1540	1.03	19
Freon-E$_2$	104.4	0.0728 *	1660	1.01 *	14
Freon-E$_3$	152.3	0.0607 *	1730	1.0	13
Freon-E$_4$	193.8	0.0523 *	1760	0.99 *	12
Freon-E$_5$	224.2	0.0460 *	1790	0.99 *	11
Freon-TF	47.6	0.1468 *	1560	0.89	—
FCX326	76	—	1800	—	—
FCX327	102	—	1850	—	—
FCX328	129	—	1870	—	—
N-43	177	0.069	1870	1.13	12

注：表中*为估算值。

上述各参数均为 21℃~25℃时的物理性质

附录 B
（资料性附录）
国内外风冷冷板肋片结构参数

B.1 国产风冷冷板肋片的结构参数

部分国产风冷冷板肋片的结构参数见表 B.1。

表 B.1 部分国产风冷冷板肋片的结构参数

型式	肋高 l /mm	肋厚 δ_f /mm	肋距 b /mm	单位宽度通道截面积 S_2/(m²/m)	单位面积通道截面积 S_1/(m²/m²)	当量直径 d_e /mm	肋面积与总传热面积比 A_f/A
平直形	4.7	0.3	2.0	3.74×10⁻³	6.10	2.45	0.722
	6.5	0.2	1.4	5.4×10⁻³	10.70	2.02	—
	6.5	0.3	2.0	5.27×10⁻³	7.90	2.67	0.785
	9.5	0.6	2.0	8.37×10⁻³	11.10	3.02	—
	9.5	0.6	4.2	7.63×10⁻³	5.95	5.13	—
锯齿形	4.7	0.3	2.0	3.74×10⁻³	6.10	2.45	0.722
	6.5	0.2	1.4	5.4×10⁻³	10.72	2.02	0.833
	9.5	0.2	1.4	7.97×10⁻³	15.00	2.13	0.885
	9.5	0.2	1.7	8.21×10⁻³	12.70	2.58	0.861
多孔形	4.7	0.3	2.0	3.47×10⁻³	6.10	2.45	0.65
	6.5	0.2	1.4	5.4×10⁻³	10.72	2.02	0.833
	6.5	0.2	1.7	5.56×10⁻³	9.18	2.42	0.800
	6.5	0.3	2.0	5.27×10⁻³	7.90	2.67	0.766

B.2 国外风冷冷板肋片的结构参数

部分国外风冷冷板肋片的结构参数见表 B.2。

表 B.2 部分国外风冷冷板肋片的结构参数

型式	肋高 l /mm	肋厚 δ_f /mm	肋距 b /mm	单位宽度通道截面积 S_2/(m²/m)	单位面积通道截面积 S_1/(m²/m²)	当量直径 d_e/mm	肋面积与总传热面积比 A_f/A
平直形	9.5	0.2	1.7	8.21×10⁻³	12.70	2.58	0.861
	9.5	0.2	2.0	8.37×10⁻³	11.10	3.016	0.838
	6.5	0.3	2.0	5.24×10⁻³	7.90	2.67	0.785
	4.7	0.3	2.0	3.74×10⁻³	6.10	2.45	0.722

（续）

型式	肋高 l /mm	肋厚 δ_f /mm	肋距 b /mm	单位宽度通道截面积 S_2/(m²/m)	单位面积通道截面积 S_1/(m²/m²)	当量直径 d_e/mm	肋面积与总传热面积比 A_f/A
锯齿形	9.5	0.2	1.4	7.97×10^{-3}	15.0	2.13	0.885
	9.5	0.2	1.7	8.21×10^{-3}	12.70	2.58	0.861
	4.7	0.3	2.0	3.74×10^{-3}	6.10	2.45	0.722
多孔形	6.5	0.3	2.0	5.27×10^{-3}	7.90	2.67	0.776
	6.5	0.2	1.4	5.4×10^{-3}	10.72	2.02	0.883
	6.5	0.2	1.7	5.56×10^{-3}	9.18	2.42	0.800
	4.7	0.3	2.0	3.47×10^{-3}	6.10	2.45	0.647

注：表中数据为日本神户钢铁所生产的肋片数据

附录C
(资料性附录)
冷板设计用各系数与雷诺数的曲线图

C.1　不同肋片组成的冷板通道 j、f 系数的实验曲线

不同肋片组成的冷板通道 j、f 系数与雷诺数的实验曲线见图 C.1。

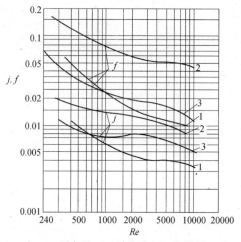

注：1—平直形；2—波纹形；3—锯齿形。

图 C.1　$j - Re$、$f - Re$ 关系曲线

C.2　锯齿肋片通道 K_c、K_e 系数

锯齿肋片通道 K_c、K_e 系数见图 C.2。

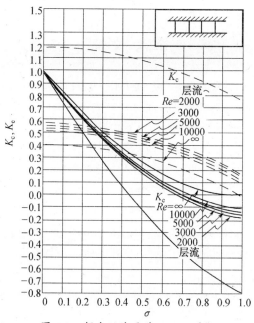

图 C.2　锯齿肋片通道 K_c、K_e 系数

C.3　三角形肋片通道 K_c、K_e 系数

三角形肋片通道 K_c、K_e 系数见图 C.3。

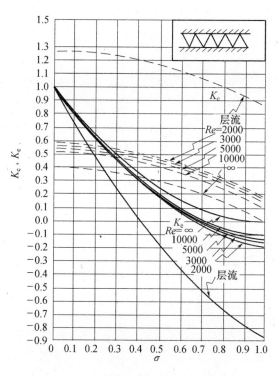

图 C.3　三角形肋片通道 K_c、K_e 系数

参 考 文 献

[1] 龚庆祥，赵宇，顾长鸿. 型号可靠性工程手册[M]. 北京：国防工业出版社，2007.

[2] 秋成悌. 电子设备结构设计原理[M]. 江苏：东南大学出版社，2004.

[3] 余建祖. 电子设备热设计及分析技术[M]. 北京：高等教育出版社，2002.

[4] 谢德仁. 电子设备热设计[M]. 南京：东南大学出版社，1989.

[5] 兰文武. 电子设备热设计、热分析和热试验应用技术研究[D]. 北京：北京航空航天大学，2002.

[6] 龙昊. 散热器热设计及优化技术研究[D]. 北京：北京航空航天大学，2001.

[7] 方志强，付桂翠，高泽溪. 电子设备热分析软件应用研究[J]. 北京航空航天大学学报，2003(8).

[8] MIL-HDBK-251 Military Handbook: Reliability/Design Thermal Applications [S]. Depart of Defence，1978.

[9] MIL-HDBK-338 Electronic Reliability Handbook[S]. Depart of Defence，1998.

XKG

型 号 可 靠 性 技 术 规 范

XKG / K12—2009

型号可靠性评估技术应用指南

Guide to the application of reliability assessment
techniques for materiel

目　次

前　言

本指南的附录 A～附录 C 均为资料性附录。

本指南由国防科技工业可靠性工程技术研究中心负责组织实施。

本指南起草单位：北京航空航天大学可靠性工程研究所、航空沈阳发动机设计所、航天三院总体部、船舶 711 所。

本指南主要起草人：黄敏、赵宇、李进、王桂华、刘婷、唐素萍。

型号可靠性评估技术应用指南

1 范围

本指南规定了型号（装备，下同）可靠性评估的模型、方法和可靠性评估所需的可靠性信息收集要求。

本指南适用于型号利用试验数据或使用数据的可靠性评估。

2 规范性引用文件

下列文件中的有关条款通过引用而成为本指南的条款。凡注明日期或版次的引用文件，其后的任何修改单（不包括勘误的内容）或修订版本都不适用本指南，但提倡使用本指南的各方探讨使用其最新版本的可能性。

GB 5080.4   可靠性测定试验的点估计和区间估计方法
GB/T 3187   可靠性、维修性术语
GB/T 15174   可靠性增长大纲
GJB 450A   装备可靠性工作通用要求
GJB 451A   可靠性维修性保障性术语
GJB 841   故障报告、分析和纠正措施系统
GJB 1407   可靠性增长试验
GJB/Z 77   可靠性增长管理手册
GJB/Z 1391   故障模式、影响及危害性分析指南

3 术语和定义

GB5080.4、GB/T3187 和 GJB451A 确立的和以下术语和定义适用于本指南。

3.1 可靠性评估 reliability assessment

利用产品研制、试验、生产、使用等过程中收集到的数据和信息来估算和评价产品的可靠性。

3.2 设备 equipment

由一个或多个单元体和所需的组件、分组件以及零件链接而成或联合使用，并能够完成某项使用功能的组合体。

3.3 系统 system

为执行一项使用功能或为满足某一要求，按功能配置的两个或两个以上相互关联单元的组合。

3.4 产品 item

一个非限定性的术语，用来泛指元器件、零部件、组件、设备、分系统或系统。可以指硬件、软件或两者的结合。

3.5 拟合优度 goodness of fit

观测数据与拟合的理论分布之间符合程度的度量。

3.6 严重故障 critical failure

导致产品不能完成规定任务的故障。原称致命性故障。

3.7 可靠寿命 reliable life

给定的可靠度所对应的寿命单位数。

4 符号和缩略语

4.1 符号

下列符号适用于本指南。

c——置信水平；

$F_{t_{n,\delta}}(x)$——自由度为 n 的非中心参数为 δ 的非中心 t 分布的分布函数；

H_0——原假设；

H_1——备择假设；

$I_x(a,b)$——参数为 a 和 b 的贝塔分布函数；

m——威布尔分布的形状参数；

n——试验样本量；

$P(X=r)$——随机变量 X 等于 r 的概率；

r——故障次数；

$R(t)$——可靠度；

t_0——任务时间，单位为小时(h)；

$t_c(n)$——自由度为 n 的 t 分布的 c 分位点；

t_i——故障时间或者截尾时间，单位为小时（h）；

t_R——可靠寿命，单位为小时（h）；

u_c——标准正态分布的 c 分位点；

$\hat{x}$——参数 x 的点估计；

$x_{L,c}$——参数 x 的置信水平为 c 的单侧置信下限；

$x_{U,c}$——参数 x 的置信水平为 c 的单侧置信上限；

α——显著性水平；

$\beta_c(a,b)$——参数为 a 和 b 的贝塔分布的 c 分位点；

$\Gamma(x)$——伽玛函数；

η——威布尔分布的特征寿命；

θ——平均故障间隔时间，单位为小时（h）；

λ——故障率，单位为 10^{-6}/小时（10^{-6}/h）；

μ——正态分布的均值；

σ——正态分布的标准差；

$\Phi(x)$——标准正态分布的分布函数；

$\chi_c^2(r)$——自由度为 r 的卡方分布的 c 分位点；

$[x_L, x_U]$ ——参数 x 的置信水平为 c 的置信区间。

4.2 缩略语

下列缩略语适用于本指南。

MTBF ——mean time between failures，平均故障间隔时间，单位为小时（h）；

MTBCF ——mean time between critical failures，平均严重故障间隔时间，单位为小时（h）。

5 一般要求

5.1 目的和作用

a) 目的

型号可靠性评估是综合利用型号的可靠性试验或使用数据，用概率统计的方法给出型号的可靠性特征量的估计值，如平均故障间隔时间（MTBF）、平均严重故障间隔时间（MTBCF）、可靠度（R）、可靠寿命（t_R）等参数的点估计和置信限。

b) 作用

可靠性数据分析与评估贯穿于型号论证、方案、研制与设计定型、生产和使用等阶段，是开展可靠性工程活动的基础，进行可靠性数据分析与评估应根据在型号上述阶段中所开展的可靠性工程活动的需求而决定，主要表现在：

1) 在论证与方案阶段，进行同类或相似型号的可靠性评估和数据分析，以便对在研型号进行论证与方案的对比和选择。

2) 在工程研制阶段，利用研制各阶段的试验数据进行型号可靠性评估与数据分析，以验证试验的有效性，掌握型号可靠性增长的情况，并作为研制转阶段的重要依据，同时，通过数据分析，找出薄弱环节，提出故障纠正的策略和设计改进的措施。

3) 型号的定型阶段，应根据可靠性验证试验的结果和部队试用期的可靠性数据，评估其可靠性水平是否达到研制任务书规定的要求，为型号定型和生产决策提供管理信息，是制定产品初始备件清单的重要依据。

4) 在投入批生产后应根据验收试验的数据和型号现场使用的可靠性数据评估可靠性，检验其生产工艺水平能否保证产品所要求的可靠性。

5) 在投入使用的早期，应特别注意使用现场可靠性数据的收集，及时进行分析与评估，找出产品的早期故障及其主要原因，进行设计改进或加强质量管理，降低产品的早期故障率，提高产品的可靠性。

6) 使用过程中应定期对产品进行可靠性分析和评估，为产品改进提供依据，使产品的可靠性水平逐步达到规定的目标值，同时也是进行产品维修大纲动态管理和后续备件清单制定的重要依据。

5.2 时机

可靠性评估适用于型号论证、方案、工程研制与定型、生产和使用等阶段，主要用于产品定型、使用阶段。

5.3 可靠性评估的基本方法分类

5.3.1 方法分类

按评估所利用的评估对象的数据情况可靠性评估可以分为单元级可靠性评估和系统

级可靠性评估两类方法，见表1。

表 1 可靠性评估方法分类表

方 法 分 类		适 用 范 围
单元级可靠性评估方法	经典方法	产品数据量或样本量较大时使用
	Bayes 方法	产品数据量或样本量较小时使用，需要已知先验分布
	综合评估方法	产品数据量或样本量较小时使用
	利用非寿命数据的方法	某些机械产品的结构强度试验数据的评估
系统级可靠性评估方法	精确方法	特定的系统结构和数据，系统结构复杂则计算量极大，有的甚至无法计算
	近似方法	特定的系统结构和数据，工程上常用的方法，计算相对简便
	Bayes 方法	需要已知组成设备寿命分布的先验分布
	Monte-Carlo 方法	大型复杂系统的可靠性评估

a) 单元级可靠性评估

将评估对象（即产品——系统或设备）作为一个单元整体，只利用其本身的研制试验或使用数据以及与其相关的其他信息对其可靠性进行评估。

b) 系统级可靠性综合评估

根据评估对象（即产品——系统）的可靠性模型，利用组成产品的不同层次、不同类型单元的试验数据或使用数据，对产品可靠性进行综合评估。

5.3.2 单元级可靠性评估方法的适用对象

a) 设备：本身试验样本量较大，仅利用本设备试验数据或使用数据即可满足可靠性评估要求。

b) 系统：本身试验样本量较大，仅利用本系统试验数据或使用数据即可满足可靠性评估要求，或无法利用组成单元的数据。

5.3.3 系统级可靠性评估的适用对象

系统：鉴于系统本身试验样本量不足，需要利用系统本身及其组成设备的试验数据或使用数据进行综合评估。

5.4 数据类型

评估对象的数据可分为成败型数据和非成败型数据，而后者又分为寿命型数据和非寿命型数据（如应力强度型数据、性能检测数据等）。寿命型数据可分为以下几种类型：

a) 完全样本数据：所获取的产品的试验数据或使用数据全部为故障时刻的数据称为完全样本数据。

b) 定时截尾数据：抽取一定数量的产品（样本）进行试验，试验前规定产品的试验截止时间，试验进行到规定的试验时间就中止试验，定时截尾试验所得到的试验数据称为定时截尾数据。

c) 定数截尾数据：抽取一定数量的产品（样本）进行试验，试验前规定产品的故障数，试验进行到规定的故障数时就终止试验，定数截尾试验所得到的试验数据称为定数截尾数据；

d) 不等定时数据（随机截尾数据）：产品的试验数据或使用数据的截尾时间不同的数据称为不等定时截尾。

对于不同类型的数据适用的评估方法有所不同，本指南在各方法的适用条件上给予了注明。

5.5 产品可靠性评估的实施

5.5.1 实施产品可靠性评估的步骤

a) 制定《产品可靠性评估大纲》（以下简称《大纲》）。

b) 《大纲》评审。

c) 根据《大纲》要求，对产品的相关试验数据或使用数据进行收集、整理和预处理。

d) 按《大纲》中推荐的评估方法，进行产品可靠性评估，并完成《产品可靠性评估报告》；

e) 进行《产品可靠性评估报告》评审，并给予产品可靠性评估结论。

5.5.2 产品可靠性评估的具体流程

实施产品可靠性评估步骤 d）的具体流程见图 1：

a) 明确产品可靠性要求，包括可靠性参数和指标。

b) 明确产品的定义、组成、功能和任务剖面。

c) 建立产品各种任务剖面下的可靠性模型，可靠性模型包括可靠性框图和数学模型。

d) 明确产品的故障判据和故障统计原则。

e) 按《大纲》要求和故障判据、故障统计原则进行试验信息的收集与整理。

f) 根据数据情况选取适宜的可靠性评估方法。

g) 对评估结果进行分析，并得出相应的结论和建议。

h) 对评估结果进行评审，是否满足规定的可靠性要求。如果满足规定的可靠性要求，则继续 i)步骤，否则提出设计改进建议并返回到 b)步骤。

i) 完成评估报告。

5.6 可靠性评估的信息收集要求

5.6.1 信息收集内容

评估对象（产品）有的属于连续工作型，有的属于成败型，有的试验（或使用）信息是非寿命型的，根据产品不同类型，信息收集的项目包括：

a) 产品的技术状态和相关可靠性信息。

b) 产品所处的阶段。

c) 环境条件。

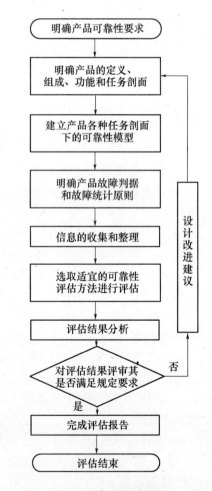

图 1　可靠性评估流程

d) 研制试验信息：包括产品名称、型号、试验名称、试验总时间、故障次数、每次故障的累积试验时间(即产品自开始试验或自上次故障后的累积工作时间)、试验次数、成功次数、故障情况、纠正措施，试验的日历时间。

e) 试验环境信息。

f) 产品技术状态变动信息。

g) 产品使用信息：包括名称、型号、使用单位、使用时间、故障发生的日历时间、故障次数、每次故障的累积试验时间(即产品由开始试验至故障时的累积工作时间)、试验次数、成功次数、故障情况、纠正措施等。

5.6.2 信息收集范围

所有研制阶段试验数据、研制阶段其他相关信息和使用阶段的信息。根据需要，还需收集相似产品的相关信息。

5.6.3 故障判据

故障判据根据所评估的可靠性参数的不同而有所区别。对于基本可靠性参数，凡是关联故障都应记入，对于任务可靠性参数，只记入会导致任务失败的关联故障。

a) 以下故障应记为关联故障：

1) 设计缺陷或制造工艺缺陷造成的故障。

2) 零部件及元器件缺陷造成的故障。

3) 耗损件在寿命期内发生的故障。

4) 故障原因不明的故障。

b) 以下故障应记为非关联故障：

1) 产品试验过程中，由于安装不当造成的故障。

2) 试验设备、监测设备发生的故障，以及由此引起的受试产品的故障。

3) 试验或使用中由于意外事故或误操作引起的故障。

4) 由其它产品引起的从属故障。

5) 由试验程序、规程等方面的错误引起的故障。

6) 同一部件第二次或相继出现的间歇故障。

7) 在筛选、寻找故障、修复验证或正常维护调整中发生的故障。

8) 由于超过设计要求的过应力所造成的故障。

9) 超寿命期工作时出现的故障。

10) 批准的试验程序中明确的其他非关联故障。

11) 其它任何系统的非独立故障引起的失败或故障。

c) 关联故障和非关联故障的变更：

当满足下列条件时，已判定为关联故障的，可以重新判定为非关联故障：

1) 经过故障分析、采取了相应有效的纠正措施，并有足够的证据证明纠正措施对消除故障完全有效；

2) 已得到订购方对故障进行重新分类的批准。

5.6.4 故障统计原则

对故障进行分类后，应按下面的原则对关联故障次数进行统计：

a) 在一次工作中出现的同一部件或设备的间歇性故障或多次虚警只计为一次故障；

b) 当可证实多个故障模式是由同一器件的故障引起的时候，整个事件计为一次故障。

c) 在有多个零部件或单元同时故障的情况下，当不能证明是一个故障引起了另一些故障时，每个元器件的故障均计为一次独立的故障。

d) 已经报告过的故障由于未能真正修复而又再次出现的，应和原来报告过的故障合计为一次故障。

e) 由于独立故障引起的从属故障不计入故障次数。

f) 试验对象或其部件计划内的拆卸事件不计入故障次数。

g) 零部件的轻微缺陷，若不丧失规定功能，并且能够按照维修规程通过工作前检查和工作后检查等予以原位修复（不引起拆卸）的事件，如松动、漂移、噪声、渗漏等，不计入故障次数。

h) 已确认为非关联故障的故障不计入故障次数。

5.7 可靠性评估方法选取原则

5.7.1 单元级产品可靠性评估方法选取原则

本指南在对各种单元级产品可靠性评估方法的工程适应性研究以及多种型号应用的基础上，提出如图2所示的可靠性评估方法选取原则：

a) 信息充分时，即当产品在试验或使用过程中无故障发生，而其试验或使用时间是其 MTBF、MTBCF 要求值的 2 倍以上，或当产品在试验或使用过程中有故障发生，而其试验或使用时间是其 MTBF、MTBCF 要求值的 10 倍以上，选用经典方法，根据数据，计算分布参数的点估计和区间估计，进而得到 MTBF、MTBCF 和可靠度的点估计和区间估计。

b) 信息不充分时，可以采用利用单元产品整个研制阶段不同试验的试验数据的可靠性综合评估方法，如可靠性增长评估方法和引入环境折合系数的评估方法。

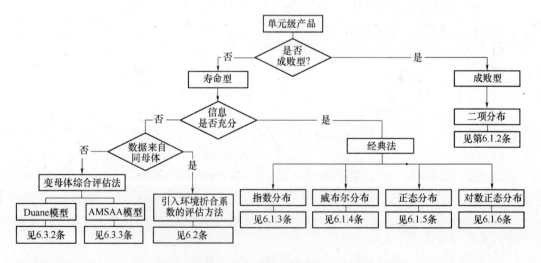

图 2　单元级产品可靠性评估方法选取原则

5.7.2 系统级产品可靠性评估方法选取原则

对于系统级产品的可靠性评估，由于各种类型的系统其试验或使用数据存在很大的差异，故需要根据不同数据的特点，选取相应适宜的可靠性评估方法，本指南在对各种评估方法的工程适应性研究以及多种型号应用的基础上，可靠性评估方法的选取原则见图3：

    a) 信息充分时，即当系统级产品在试验或使用过程中无故障发生，而其试验或使用时间是其 MTBF、MTBCF 要求值的 2 倍以上，或当系统级产品在试验或使用过程中有故障发生，而其试验或使用时间是其 MTBF、MTBCF 要求值的 10 倍以上，可根据系统寿命分布（指数分布、威布尔分布、正态分布、对数正态分布等），采用经典的可靠性评估方法，给出功能系统的 MTBF、MTBCF、可靠度点估计和区间估计，参见本指南第6.1条。这里试验应为某一特定试验，并且参加试验的系统的技术状态应相同；如数据来自使用阶段，则所收集的使用数据应来自技术状态相同的产品。以上试验或使用时间是其 MTBF、MTBCF 指标值的 2 倍以上或 10 倍以上的要求为工程经验，以保证试验相对充分，评估结果的精度能够满足工程需要。

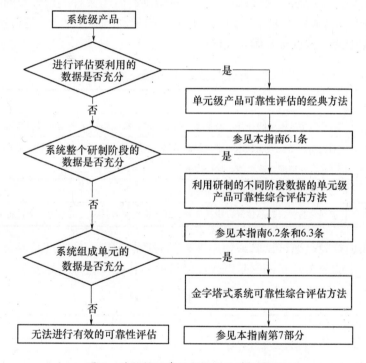

图3　系统级可靠性评估方法选取原则

    b) 当系统级产品的 MTBF、MTBCF 要求值接近或大于其进行评估所需要利用的试验或使用的时间，但系统在研制阶段进行了大量其他试验，且可以采用利用系统不同试验或使用的数据的可靠性评估方法，如引入环境折合系数的评估方法和可靠性增长综合评估方法，参见本指南第 6.2 条和 6.3 条。

    c) 当系统级产品的 MTBF、MTBCF 要求值接近或大于该功能系统整个研制阶段的总试验（工作）时间、总任务时间，而组成系统的设备有大量的试验数据或使用数据，可采用利用系统和组成系统的设备的"金字塔"式综合评估方法，参见本指南第7 部分。

6 单元级产品可靠性评估方法

6.1 单元级产品可靠性评估的经典方法

6.1.1 寿命分布的确定方法

6.1.1.1 概述

产品寿命分布类型是由产品的固有特性决定的。已知产品的寿命分布类型时，将更好的利用试验或使用数据对产品各种可靠性参数进行推断，所以产品的寿命分布类型是一个十分重要的问题。某些产品以工作次数、循环周期数等作为其寿命度量单位（如开关的开关次数等），这时可用离散型随机变量的概率分布来描述其寿命分布的规律，如二项分布等；多数产品寿命需要用到连续型随机变量的概率分布，常用的有指数分布、威布尔分布、正态分布和对数正态分布等。

确定产品寿命的连续型随机变量类型的方法主要有两种：一种方法是通过故障物理分析，来证实该产品的故障模式或故障机理近似地符合于某种类型分布的物理背景，表2给出了某些产品在实践经验中得到的对应分布的举例；另一种方法是通过可靠性试验，利用数理统计中的检验方法来确定其分布。

表2 符合典型分布的产品类型举例

分布类型	适 用 的 产 品
指数分布	具有恒定故障率的部件，无余度的复杂系统，经老练试验并进行定期维修的部件等
威布尔分布	某些电容器，滚珠轴承、继电器、开关、断路器、电子管、电位计、陀螺、电动机、航空发动机、电缆、蓄电池、材料疲劳等
正态分布	飞机轮胎磨损及某些机械产品等
对数正态分布	半导体器件、硅晶体管、锗晶体管、直升机旋翼叶片、飞机结构、金属疲劳等

寿命分布的检验是通过试验或使用等得到的产品数据，推断产品寿命是否服从初步整理分析所选定的分布，其依据是拟合优度检验，各类检验方法见表3。

表3 各类检验方法表

检验方法名称	内 容	使 用 范 围
皮尔逊 χ^2 检验法	通用的拟合优度检验方法	完全样本，各种截尾样本
指数分布检验方法	检验产品寿命分布是否服从指数分布	完全样本，定数截尾样本和预先确定总累积试验时间试验样本
威布尔分布检验方法	检验产品寿命分布是否服从威布尔分布	完全样本
正态分布检验方法	检验产品寿命分布是否服从正态分布	完全样本
区分正态分布和指数分布检验方法	检验产品寿命分布是服从指数分布还是服从正态分布	完全样本
区分对数正态分布和威布尔分布检验方法	检验产品寿命分布是服从对数正态分布还是威布尔分布	完全样本

6.1.1.2 皮尔逊 χ^2 检验

皮尔逊 χ^2 检验法的检验步骤为：

a) 设总体 X 的分布函数为 $F(x,\theta)$ 其中 $\theta=(\theta_1,\theta_2,\cdots,\theta_m)$ 是 m 维未知参数，根据来自该总体的样本检验原假设 H_0 ：

$$H_0 : F(x,\theta) = F_0(x,\theta)$$

b) 将总体 X 的取值范围分成 k 个区间 $(a_0,a_1],(a_1,a_2],\cdots,(a_{k-1},a_k)$ ，要求 a_i 是分布函数 $F_0(x,\theta)$ 的连续点， a_0 可以取 $-\infty$ ， a_k 可以取 $+\infty$ 。

c) 用 θ 的极大似然估计 $\hat\theta$ 代替 θ ，并计算：

$$\hat p_i = F_0(a_i;\hat\theta) - F_0(a_{i-1};\hat\theta), \ \ i=1,2,\cdots,k \tag{1}$$

d) 计算统计量

$$\hat\chi^2 = \sum_{i=1}^{k}\frac{(n_i - n\hat p_i)^2}{n\hat p_i} \tag{2}$$

式中： n ——样本量；

$n\hat p_i$ ——随机变量 X 落入 $(a_{i-1},a_i]$ 的理论频数；

n_i —— n 个观测值中落入 $(a_{i-1},a_i]$ 的实际频数。

e) 显著性水平 α 下，如果 $\hat\chi^2 \geq \chi_\alpha^2(k-m-1)$ ，则拒绝原假设 H_0 ；否则，不拒绝原假设。

6.1.1.3 指数分布检验

a) 完全样本和定数截尾寿命试验的情形

所假设的分布是否符合指数分布的拟合优度检验的步骤为：

1) 检验的原假设为 $H_0 : \lambda(t) = $ 常数（ $\lambda(t)$ 为故障率），而备择假设为 $H_1 : \lambda(t) \neq$ 常数。

2) 随机地抽取 n 件产品进行试验，若有 r 次故障，其故障时间依次为 $t_{(1)} \leq t_{(2)} \leq \cdots \leq t_{(r)}$ ，计算

$$T(t_{(i)}) = \begin{cases} \sum_{j=1}^{i-1}t_{(j)} + (n-i+1)t_{(i)} & \text{无替换} \\ nt_{(i)} & \text{有替换} \end{cases} \tag{3}$$

3) 计算统计量

$$Q = -2\sum_{i=1}^{r-1}\ln\left[\frac{T(t_{(i)})}{T(t_{(r)})}\right] \tag{4}$$

4) 显著性水平 α 下，如果 $Q \geq \chi_{1-\alpha}^2(2r-2)$ ，则拒绝 H_0 ，即寿命分布不是指数类型。

否则，不拒绝 H_0。

b) 预先确定总累积试验时间的情形

进行寿命试验(包括有替换的或无替换的)时，达到了预先确定的总累积试验时间 T^* 后，则停止寿命试验。如果在达到总试验时间 T^* 之前，已有 r 次故障，此时，对所假设的分布是否符合指数分布的拟合优度检验的步骤为：

1) 检验的原假设为 $H_0 : \lambda(t) = $ 常数（ $\lambda(t)$ 为故障率），而备择假设为 $H_1 : \lambda(t) \neq$ 常数。

2) 令 $t_{(i)}$ 记作从寿命试验开始起($t = 0$)到发生第 i 次故障时的时间。

3) 计算

$$Q = -2 \sum_{i=1}^{r} \ln \left[\frac{T(t_{(i)})}{T^*} \right] \tag{5}$$

其中 $T(t_{(i)})$ 由式(3)定义。

4) 显著性水平 α 下，如果 $Q \geqslant \chi_{1-\alpha}^2(2r)$ ，则拒绝 H_0 ，即寿命分布不是指数类型；否则，不拒绝 H_0 。

6.1.1.4 威布尔分布检验

所假设的分布是否符合威布尔分布的拟合优度检验的步骤为：

a) 设产品寿命分布为 $F(t)$ ，要检验假设

$$H_0 : F(t) = F_0(t; \eta, m) = 1 - \mathrm{e}^{-(t/\eta)^m} \tag{6}$$

b) n 个产品进行寿命试验，到有 r 个故障时试验停止，故障时间依次为 $t_{(1)} \leqslant t_{(2)} \leqslant \cdots \leqslant t_{(r)}$ ，设 $X_{(i)} = \ln t_{(i)}$ ，计算：

$$l_i = \frac{(X_{(i+1)} - X_{(i)})}{\ln \left[\ln \left(\frac{4(n-i-1)+3}{4n+1} \right) \middle/ \ln \left(\frac{4(n-i)+3}{4n+1} \right) \right]}, \quad i = 1, 2, \cdots, r-1 \tag{7}$$

c) 取 $r_1 = [r/2]$ ， $[\ ]$ 为取整符号，计算统计量：

$$W = \frac{\sum_{i=r_1+1}^{r-1} \dfrac{l_i}{r - r_1 - 1}}{\sum_{i=1}^{r_1} \dfrac{l_i}{r_1}} \tag{8}$$

d) 显著性水平 α 下，如果 $W \geqslant F_\alpha(2(r-r_1-1), 2r_1)$ ，则拒绝 H_0 ；否则，不拒绝 H_0 。

6.1.1.5 正态分布检验

对所假设的分布是否符合正态分布的拟合优度检验适用于 $3 \leqslant n \leqslant 50$ 的完全样本，其检验步骤为：

a) 检验的假设为 H_0：所假设的分布符合正态分布。

b) 将样本从小到大排成顺序统计量： $x_{(1)} \leqslant x_{(2)} \leqslant \cdots \leqslant x_{(n)}$ 。

c) 查表得到系数 $\alpha_{k,n}$ （见附录 A 中表 A.1）， $k = 1, 2, \cdots$ 。

d) 计算统计量

$$Z = \frac{\left\{ \sum_{k=1}^{l} \alpha_{k,n} \left[x_{(n+1-k)} - x_{(k)} \right] \right\}^2}{\sum_{k=1}^{n} \left[x_{(k)} - \bar{x} \right]^2} \qquad \cdot(9)$$

式中： $l = \begin{cases} \dfrac{n}{2} & \text{(当}n\text{为偶数时)} \\ \dfrac{n-1}{2} & \text{(当}n\text{为奇数时)} \end{cases}$ ， $\bar{x} = \dfrac{1}{n} \sum_{i=1}^{n} x_{(i)}$ 。

e) 根据显著性水平 α 和样本量 n 查表得 Z 的临界值 Z_α （参见本指南表 A.2）。

f) 若 $Z \leqslant Z_\alpha$，拒绝 H_0；否则，不拒绝 H_0。

6.1.1.6 分布的似然比检验

对某些实际的数据，有时会有多个分布都能通过拟合优度检验，这个时候应该从中选取最适当的分布进行数据分析，通常采用分布的似然比检验来实现。

a) 区分正态分布和指数分布的检验

该检验方法适用于 $10 \leqslant n \leqslant 30$ 的完全样本，同时显著性水平 $0.01 \leqslant \alpha \leqslant 0.10$ ，其检验步骤为：

1) 假设

$$H_0 : f_0(x; \mu, \sigma^2) = \frac{1}{\sqrt{2\pi}\sigma} e^{-\frac{(x-\mu)^2}{2\sigma^2}}, \quad H_1 : f_1(x; a, b) = \frac{1}{b} e^{-\frac{x-a}{b}} \qquad (10)$$

2) 计算统计量

$$D = \frac{\sqrt{n \sum_{i=1}^{n} (X_i - \bar{X})^2}}{\sum_{i=1}^{n} (X_i - X_{(1)})} \qquad (11)$$

其中， $X_{(1)} = \min_{1 \leqslant i \leqslant n} X_i, \bar{X} = \dfrac{1}{n} \sum_{i=1}^{n} X_i$ 。

3) 根据显著性水平 α 和样本量 n ，查表 4 得到临界值 $D_{\alpha,n}$ ，表中没有列出的临界值可以通过线性插值获得。

4) 当由子样得到统计量 D 大于临界值 $D_{\alpha,n}$ 时，拒绝 H_0 ，不拒绝 H_1 ；而当 $D \leqslant D_{\alpha,n}$ 时，拒绝 H_1 ，不拒绝 H_0 。

表 4　临界值表

样 本 量 n	临界值 $D_{\alpha,n}$		
	$\alpha = 0.01$	$\alpha = 0.05$	$\alpha = 0.10$
10	1.01	0.87	0.80
15	0.88	0.77	0.72
20	0.80	0.71	0.67
25	0.76	0.68	0.64
30	0.72	0.65	0.61

b) 区分对数正态分布和威布尔分布的检验

该检验方法适用于 $20 \leqslant n \leqslant 50$ 的完全样本，同时显著性水平 $0.01 \leqslant \alpha \leqslant 0.20$，其检验步骤为：

1) 假设

$$H_0 : f_0(x;\mu,\sigma) = \frac{1}{\sqrt{2\pi}\sigma x} e^{-\frac{(\ln x - \mu)^2}{2\sigma^2}} \quad (x > 0),$$

$$H_1 : f_1(x;m,\eta) = \frac{m}{\eta}(\frac{x}{\eta})^{m-1} e^{-(\frac{x}{\eta})^m} \quad (x > 0), \tag{12}$$

2) 计算统计量 E

$$E = (2\pi e\hat{\sigma}^2)^{\frac{1}{2}} \left[\prod_{i=1}^{n} X_i f_1(X_i;\hat{m},\hat{\eta}) \right]^{\frac{1}{n}} \tag{13}$$

式中：$\hat{\mu}$——参数 μ 的极大似然估计，$\hat{\mu} = \frac{1}{n}\sum_{i=1}^{n}\ln X_i$；

　　　$\hat{\sigma}^2$——参数 σ^2 的极大似然估计，$\hat{\sigma}^2 = \frac{1}{n}\sum_{i=1}^{n}(\ln X_i - \hat{\mu})^2$；

　　　$\hat{m}$、$\hat{\eta}$——威布尔分布中两个未知参数 m、η 的极大似然估计，使用本指南 6.1.4.2 条中的方法得到。

3) 根据显著性水平 α 和样本量 n，查表 5 得到临界值 $E_{\alpha,n}$，表中没有列出的临界值可以通过线性插值获得。

4) 当由子样计算所得的统计量 E 的观察值 $E > E_{\alpha,n}$ 时，拒绝 H_0，不拒绝 H_1。即相对于对数正态分布，认为此子样来自威布尔分布较为妥当。而当 $E \leqslant E_{\alpha,n}$ 时，拒绝 H_1，不拒绝 H_0。即相对于威布尔分布，认为此子样来自对数正态分布较为妥当。

表 5　临界值表

样 本 量 n	$E_{\alpha,n}$			
	$\alpha=0.20$	$\alpha=0.10$	$\alpha=0.05$	$\alpha=0.01$
20	1.015	1.038	1.082	1.144
30	0.995	1.020	1.044	1.095
40	0.984	1.007	1.028	1.070
50	0.976	0.998	1.014	1.054

6.1.2　二项分布产品的可靠性评估方法

6.1.2.1　概述

二项分布是指进行一系列试验，如果：

a) 在每次试验中只有两种可能的结果，而且是互相对立的（例如成功与失败、合格与不合格等）。

b) 每次试验是独立的，与其它各次试验结果无关。

c) 结果事件发生的概率在整个系列试验中保持不变。

则在这试验中，事件发生的次数为一随机事件，它服从二项分布。

6.1.2.2　输入要求

数据和评估参数的输入形式如下：

a) 样本量：n。

b) 失败次数：r。

c) 给定置信水平：c。

当评估任务可靠度时，失败的次数只计导致任务失败的次数；当评估基本可靠度时，失败的次数计所有关联故障的次数。

6.1.2.3　数学模型

a) 产品可靠度的点估计

可靠度的极大似然点估计 $\hat{R}$ 为：

$$\hat{R}=\frac{n-r}{n} \tag{14}$$

b) 产品可靠度的单侧置信下限

产品可靠度的单侧置信下限 $R_{L,c}$ 由式（15）解得：

$$R_{L,c}=\beta_{1-c}(n-r,r+1) \tag{15}$$

当 $r=0$ 时，

$$R_{L,c}=\sqrt[n]{1-c} \tag{16}$$

c) 产品可靠度的置信区间

当 $r>0$ 时，产品可靠度的置信区间 $[R_L,R_U]$ 由下式可得：

$$R_L=\beta_{(1-c)/2}(n-r,r+1) \tag{17}$$

$$R_{\mathrm{U}} = \beta_{(1+c)/2}(n-r+1, r) \tag{18}$$

6.1.2.4 示例

a) 示例 1

某成败型产品进行试验，收集的试验数据为试验 100 次，成功 95 次。

利用式（14）得到该产品可靠度点估计值（$\hat{R}$）为 0.95；

利用式（15）得到该产品置信水平为 80％的可靠度单侧下限（$R_{\mathrm{L},c}$）为 0.922；

利用式（17）和式（18）求解可得到该产品置信水平为 80％的可靠度双侧置信限 $[R_{\mathrm{L}}, R_{\mathrm{U}}]$ 为 [0.909，0.975]。

b) 示例 2

某成败型产品进行试验，收集的试验数据为试验 100 次，无失败。

利用式（16）得到该产品置信水平为 80％的可靠度单侧下限（$R_{\mathrm{L},c}$）为 0.984。

6.1.3 指数分布产品的可靠性评估方法

6.1.3.1 输入要求

数据和评估参数的输入形式如下：

a) 总时间：T，T 由表 6 计算。

b) 故障次数：r。

c) 给定的任务时间：t_0。

d) 给定的可靠度：R。

e) 给定的置信水平：c。

当要评估任务可靠性时，故障的次数只计会导致任务失败的次数；当要评估基本可靠性时，故障的次数记录为所有关联故障的次数。

表 6 累计试验时间 T 的计算公式

数 据 类 型	T 的计算公式	符 号 说 明
完全样本	$T = \sum_{i=1}^{n} t_i$	
有替换定时截尾 $(n, t_s, 有)$	$T = n t_s$	
无替换定时截尾 (n, t_s)	$T = \sum_{i=1}^{r} t_i + (n-r)t_s$	t_i —故障时间
有替换定数截尾 $(n, r, 有)$	$T = n t_s$	t_s —定时或定数截尾时间
无替换定数截尾 (n, r)	$T = \sum_{i=1}^{r} t_i + (n-r)t_s$	τ_j —不等定时截尾时间
不等定时截尾	$T = \sum_{i=1}^{r} t_i + \sum_{j=1}^{m} \tau_j$	

6.1.3.2 数学模型

a) 故障率的点估计

故障率的极大似然点估计为：

$$\hat{\lambda} = \frac{r}{T} \tag{19}$$

b) 故障率的单侧置信上限

依据不同的截尾情况，故障率的单侧置信上限由下列公式给出：

完全样本和定数截尾情况 $\quad \lambda_{U,c} = \dfrac{\chi_c^2(2r)}{2T} \tag{20}$

定时截尾情况 $\quad \lambda_{U,c} = \dfrac{\chi_c^2(2r+2)}{2T} \tag{21}$

不等定时截尾情况 $\quad \lambda_{U,c} = \dfrac{\chi_c^2(2r+1)}{2T} \tag{22}$

零故障情况 $\quad \lambda_{U,c} = \dfrac{-\ln(1-c)}{T} \tag{23}$

c) 故障率的置信区间

依据不同情况下，故障率的置信区间由下列公式给出：

完全样本和定数截尾情况 $\quad \begin{cases} \lambda_U = \dfrac{\chi_{(1+c)/2}^2(2r)}{2T} \\ \lambda_L = \dfrac{\chi_{(1-c)/2}^2(2r)}{2T} \end{cases} \tag{24}$

定时截尾情况 $\quad \begin{cases} \lambda_U = \dfrac{\chi_{(1+c)/2}^2(2r+2)}{2T} \\ \lambda_L = \dfrac{\chi_{(1-c)/2}^2(2r)}{2T} \end{cases} \tag{25}$

不等定时截尾情况 $\quad \begin{cases} \lambda_U = \dfrac{\chi_{(1+c)/2}^2(2r+1)}{2T} \\ \lambda_L = \dfrac{\chi_{(1-c)/2}^2(2r+1)}{2T} \end{cases} \tag{26}$

d) MTBF 的点估计

依据极大似然估计，得到 MTBF 的点估计表达式为：

$$\hat{\theta} = \frac{T}{r} \tag{27}$$

e) MTBF 的单侧置信下限

依据故障率和 MTBF 的关系，有

$$\theta_{L,c} = \frac{1}{\lambda_{U,c}} \tag{28}$$

f) MTBF 的置信区间

依据故障率和 MTBF 的关系，有

$$\begin{cases} \theta_U = 1/\lambda_L \\ \theta_L = 1/\lambda_U \end{cases} \tag{29}$$

g) 可靠度的点估计

依据可靠度与故障率之间的关系，有

$$\hat{R}(t_0) = \exp(-\hat{\lambda} t_0) \tag{30}$$

h) 可靠度的单侧置信下限

依据可靠度与故障率之间的关系，有

$$R_{L,c}(t_0) = \exp(-\lambda_{U,c} t_0) \tag{31}$$

i) 可靠度的置信区间

依据可靠度与故障率之间的关系，有

$$\begin{cases} R_U(t_0) = \exp(-\lambda_L t_0) \\ R_L(t_0) = \exp(-\lambda_U t_0) \end{cases} \tag{32}$$

j) 可靠寿命的点估计

依据可靠寿命和故障率之间的关系，有

$$\hat{t}_R = \frac{1}{\hat{\lambda}} \ln\left(\frac{1}{R}\right) \tag{33}$$

k) 可靠寿命的单侧置信下限

依据故障率和可靠寿命之间的关系，有

$$t_{R,L,c} = \frac{1}{\lambda_{U,c}} \ln\left(\frac{1}{R}\right) \tag{34}$$

l) 可靠寿命的置信区间

依据故障率和可靠寿命之间的关系，有

$$\begin{cases} t_{R,U} = \frac{1}{\lambda_{L,c}} \ln\left(\frac{1}{R}\right) \\ t_{R,L} = \frac{1}{\lambda_{U,c}} \ln\left(\frac{1}{R}\right) \end{cases} \tag{35}$$

6.1.3.3 示例

a) 示例 1

某产品进行的试验为无替换定数截尾试验，样本量为 10，截尾数为 4 个，4 次故障的时间分别为 70h，100h，160h，290h。

利用 6.1.1.3 条 b) 中的方法对产品的故障分布是否服从指数分布进行检验：

得到 $Q = 7.015692$，在显著性水平为 0.1 的情况下，由于 $Q < \chi^2_{0.9}(6) = 10.6446$，可以认为故障是服从指数分布的。

利用式（19）得到该产品故障率点估计（$\hat{\lambda}$）为 1.695×10^{-3}（1/h）；

利用式（20）得到该产品故障率 80％ 单侧上限（$\lambda_{U,c}$）为 2.34×10^{-3}（1/h）；

利用式（27）得到该产品 MTBF 点估计（$\hat{\theta}$）为 590h；

利用式（28）得到该产品 MTBF80％ 单侧置信下限（$\theta_{L,c}$）为 427.92h；

利用式（30）得到该产品任务时间为 40h 的可靠度点估计（$\hat{R}$）为 0.9345；

利用式（31）得到该产品任务时间为 40h 的可靠度 80％ 单侧置信下限（$R_{L,c}$）为 0.911；

利用式（33）得到该产品可靠度为 0.8 的可靠寿命点估计（$\hat{t}_R$）为 131.65h；

利用式（34）得到该产品可靠度为 0.8 的可靠寿命的 80％ 单侧置信下限（$t_{R,L,c}$）为 95.49h。

b) 示例 2

某产品进行的试验，总试验时间为 1000h，没有发生故障，通过分析给出其 MTBF 是服从指数分布的。

利用式（23）得到该产品故障率 80％ 单侧上限（$\lambda_{U,c}$）为 1.61×10^{-3}（1/h）；

利用式（28）得到该产品 MTBF80％ 单侧置信下限（$\theta_{L,c}$）为 $621.33h$；

利用式（31）得到该产品任务时间为 100h 的可靠度 80％ 单侧置信下限（$R_{L,c}$）为 0.851；

利用式（34）得到该产品可靠度为 0.8 的可靠寿命的 80％ 单侧置信下限（$t_{R,L,c}$）为 138.65h。

6.1.4 威布尔分布产品的可靠性评估方法

6.1.4.1 输入要求

数据和评估参数的输入形式如下：

a) 数据：故障时间 $t_1, t_2, \cdots, t_r$ 和截尾时间 $t_{(r+1)}, t_{(r+2)}, \cdots, t_{(n)}$，完全样本的情况下 $r = n$；

b) 给定的任务时间：t_0；

c) 给定的可靠度：R；

d) 给定的置信水平：c。

当评估任务可靠度时，只计导致任务失败的关联故障；当评估基本可靠度时，计所有关联故障。

6.1.4.2 数学模型

a) 形状参数（m）和特征寿命（η）的极大似然点估计

采用极大似然法得到 m 和 η 的点估计 $\hat{m}$ 和 $\hat{\eta}$

$$\begin{cases} \dfrac{\sum\limits_{i=1}^{r} t_i^m \ln(t_i) + \sum\limits_{i=r+1}^{n} t_{(i)}^m \ln(t_{(i)})}{\sum\limits_{i=1}^{r} t_i^m + \sum\limits_{i=r+1}^{n} t_{(i)}^m} - \dfrac{1}{m} - \dfrac{1}{r}\sum\limits_{i=1}^{r} \ln t_i = 0 \\ \\ \eta^m = \left(\sum\limits_{i=1}^{r} t_i^m + \sum\limits_{i=r+1}^{n} t_{(i)}^m \right) \Big/ r \end{cases} \qquad (36)$$

求解点估计 $\hat{m}$ 和 $\hat{\eta}$，需用迭代法。

b) 形状参数的置信区间（仅适用完全样本、定数截尾样本和定时截尾样本）

在置信水平为 c 时，参数 m 的置信区间为：

$$[W_1\hat{m}, \quad W_2\hat{m}] \tag{37}$$

式中：$\hat{m}$ —— m 的极大似然估计；

W_1、W_2 —— 系数，用以下方法计算：

$$W_1 = \left(\frac{K_1}{rd}\right)^{\frac{1}{1+q^2}} \tag{38}$$

$$W_2 = \left(\frac{K_2}{rd}\right)^{\frac{1}{1+q^2}} \tag{39}$$

其中，$q = r/n$，$d = 2.14628 - 1.361119q$，$K_1 = \chi^2_{(1-c)/2}[c(r-1)]$，$K_2 = \chi^2_{(1+c)/2}[c(r-1)]$。这里 K_1 和 K_2 为卡方分布的 $(1-c)/2$ 和 $(1+c)/2$ 的分位点值，其自由度为 $c(r-1)$。

c) 特征寿命的置信区间（仅适用完全样本、定数截尾样本和定时截尾样本）

在置信水平为 c 的情况下，特征寿命 η 的置信区间为：

$$[A_1\hat{\eta}, \quad A_2\hat{\eta}] \tag{40}$$

式中：$\hat{\eta}$ —— η 的极大似然估计，计算 A_1 和 A_2 分两种情况：完全样本和截尾样本。

首先计算以下常数

$$
\begin{aligned}
A_4 &= 0.49q - 0.134 + 0.622/q \\
A_5 &= 0.2445(1.78 - q)(2.25 + q) \\
A_6 &= 0.029 - 1.083\ln(1.325q)
\end{aligned}
\tag{41}
$$

在截尾样本的情况下，计算常数

$$
\begin{aligned}
d_1 &= \frac{[A_3 + x\sqrt{x^2(A_6^2 - A_4 \cdot A_5) + r \cdot A_4}]}{r - A_5 \cdot x^2} \\
d_2 &= \frac{[A_3 - x\sqrt{x^2(A_6^2 - A_4 \cdot A_5) + r \cdot A_4}]}{r - A_5 \cdot x^2}
\end{aligned}
\tag{42}
$$

式中：x —— 标准正态分布的 $(1+c)/2$ 分位点。

$$
\begin{aligned}
A_3 &= -A_6 \cdot x^2 \\
A_1 &= \exp\left(-\frac{d_1}{\hat{m}}\right) \\
A_2 &= \exp\left(-\frac{d_2}{\hat{m}}\right)
\end{aligned}
\tag{43}
$$

将 A_1 和 A_2 代入公式（40）中，就可以得到截尾样本情况下，特征寿命的区间估计；在完全样本情况下，计算 $d_3 = t_{(1+c)/2}(n-1)$ 为参数为 $n-1$ 的 t 分布的 $(1+c)/2$ 分位点，则有

$$A_1 = \exp\left(\frac{-1.053d_3}{\hat{m}\sqrt{n-1}}\right)$$

$$A_2 = \exp\left(\frac{1.053d_3}{\hat{m}\sqrt{n-1}}\right) \tag{44}$$

将 A_1 和 A_2 代入式（40）中，就可以得完全样本情况下，特征寿命的区间估计。

d) MTBF 的点估计

利用 MTBF 与形状参数和特征寿命之间的关系，MTBF 的点估计为：

$$\hat{\theta} = \hat{\eta}\Gamma(1+\frac{1}{\hat{m}}) \tag{45}$$

e) 可靠度的点估计和单侧置信下限

基于极大似然的可靠度的点估计为：

$$\hat{R}(t_0) = \mathrm{e}^{-(\frac{t_0}{\hat{\eta}})^{\hat{m}}} \tag{46}$$

基于极大似然的可靠度的单侧置信下限为（仅适用完全样本、定数截尾样本和定时截尾样本）：

$$R_{\mathrm{L},c}(t_0) = \exp\left[-\exp\left(-d - u_{1-c}\sqrt{\frac{A_0}{r}}\right)\right] \tag{47}$$

其中， $q = \dfrac{r}{n}$ ， $d = \hat{m}\ln(\dfrac{\hat{\eta}}{t_0})$ ， $A_0 = A_4 + A_5 \cdot d^2 - 2d \cdot A_6$ ， $A_4 = 0.49q - 0.134 + 0.622q^{-1}$ ， $A_5 = 0.2445(1.78 - q)(2.25 + q)$ ， $A_6 = 0.029 - 1.083\ln(1.325q)$ 。

f) 可靠寿命的点估计和下限

基于极大似然法的可靠寿命的点估计为：

$$\hat{t}_R = \hat{\eta}(-\ln R)^{\frac{1}{\hat{m}}} \tag{48}$$

基于极大似然方法的可靠寿命的下限估计为（仅适用完全样本、定数截尾样本和定时截尾样本）：

$$t_{R,\mathrm{L},c} = Q \cdot \hat{t}_R \tag{49}$$

其中，

$$Q = \exp\left(\frac{d+g}{\hat{m}}\right) \tag{50}$$

$$d = \frac{-(r \cdot g + A_6 \cdot x^2) + x\sqrt{(A_6^2 - A_4 \cdot A_5)x^2 + r \cdot A_4 + 2r \cdot g \cdot A_6 + r \cdot g^2 \cdot A_5}}{r - A_5 \cdot x^2} \tag{51}$$

这里，$g = \ln[-\ln 0.9]$，$q = \dfrac{r}{n}$，$A_4 = 0.49q - 0.134 + 0.622q^{-1}$，$A_5 = 0.2445(1.78 - q)(2.25 + q)$，$A_6 = 0.029 - 1.083\ln(1.325q)$，$x = u_{1-c}$。

g) 形状参数已知的零故障情况

形状参数 m 已知的情况下，对威布尔分布的截尾数据进行下列变换：

$$l_i = t_{(i)}^m \qquad i = 1, 2, \cdots, n \tag{52}$$

则特征寿命的点估计和置信水平为 c 的单侧置信下限由下面两式确定：

$$\hat{\eta} = \left[\sum_{i=1}^{n} l_i \Big/ 0.693 \right]^{1/m} \tag{53}$$

$$\eta_{L,c} = \left[-\sum_{i=1}^{n} l_i \Big/ \ln(1-c) \right]^{1/m} \tag{54}$$

h) 形状参数未知零故障的情况下

置信水平为 c 的可靠度置信下限

$$R_{L,c}(t) = \begin{cases} 0 & \text{当}\, t > t_M \\ (1-c)^{1/p} & \text{当}\, t = t_M \text{且}\, p = \#\{i : t_{(i)} = t_M\} \\ (1-c)^{1/f(m^*)} & \text{当}\, \left(\prod_{i=1}^{n} t_{(i)}\right)^{\frac{1}{n}} < t < t_M \\ (1-c)^{1/n} & \text{当}\, 0 < t \leqslant \left(\prod_{i=1}^{n} t_{(i)}\right)^{\frac{1}{n}} \end{cases} \tag{55}$$

其中，$t_M = \max\{t_{(1)}, t_{(2)}, \cdots t_{(n)}\}$，$\#F$——集合 F 的元素个数，$f(m) = \sum_{i=1}^{n} (t_{(i)}/t)^m$，$m^*$ 是方程 $\sum_{i=1}^{n} (t_{(i)}/t)^m \ln(\dfrac{t_{(i)}}{t}) = 0$，$m > 0$ 的根。

置信水平为 c 的可靠寿命下限由下面方程给出

$$t_{R,L,c} = \begin{cases} 0 & \text{当}\, d < 1 \\ \left(\dfrac{\ln R}{\ln(1-c)} \sum_{i=1}^{n} t_{(i)}^{m^*} \right)^{1/m^*} & \text{当}\, 1 < d < n/p \\ \left(\prod_{i=1}^{n} t_{(i)} \right)^{1/n} & \text{当}\, d = 1 \\ t_M & \text{当}\, d \geqslant n/p \end{cases} \tag{56}$$

其中，$t_M = \max\{t_{(1)}, t_{(2)}, \cdots, t_{(n)}\}$ ，　$p = \#\{i : t_{(i)} = t_M\}$ ，　$d = n\dfrac{\ln R}{\ln(1-c)}$ ，　m^* 是方程

$$\frac{1}{\sum\limits_{i=1}^{n} t_{(i)}^{m}} \sum_{i=1}^{n} t_{(i)}^{m} \ln t_{(i)} - \ln\left(\frac{\ln R}{\ln(1-c)} \sum_{i=1}^{n} t_{(i)}^{m}\right)^{1/m} = 0 \quad m > 0 \text{ 的唯一解。}$$

MTBF 的置信水平为 c 的单侧置信下限由下面方程给出

$$\theta_{L,c} = \begin{cases} t_M & \text{当} 1-c \geqslant \exp(-pe^{-\gamma}) \\ \left[\left\{\sum_{i=1}^{n} t_{(i)}^{m^*}\right\} \bigg/ \left\{-\ln(1-c)\right\}\right]^{1/m^*} \Gamma\left(1+1/m^*\right) & \text{否则} \end{cases} \tag{57}$$

其中，$t_M = \max\{t_{(1)}, t_{(2)}, \cdots, t_{(n)}\}$ ，$p = \#\{i : t_{(i)} = t_M\}$ ，γ 为 Euler 常数（0.5772156649），m^*

是方程 $\dfrac{\Gamma'(1+1/m)}{\Gamma(1+1/m)} + \ln\left(\sum\limits_{i=1}^{n} t_{(i)}^{m} \bigg/ (-\ln(1-c))\right) - m\dfrac{\sum\limits_{i=1}^{n} t_{(i)}^{m} \ln t_{(i)}}{\sum\limits_{i=1}^{n} t_{(i)}^{m}} = 0 \quad m > 0$ 的唯一解（其中

$\Gamma'(x)$ 表示 $\Gamma(x)$ 关于 x 的导数）。

6.1.4.3 示例

a) 示例 1

某产品进行定数截尾试验，试验样本量为 40，故障数达到 18 时结束试验，其中 18 个故障时间分别为 397h，541h，778h，1064h，1502h，1518h，1740h，1923h，1984h，2602h，3176h，3244h，3645h，3524h，3670h，4095h，4417h，4579h。

首先利用本指南 6.1.1.4 条的方法，对故障时间是否服从威布尔分布进行检验：

得到 $W = 0.2752$ ，在显著性水平为 0.1 的情况下，有 $W < F_{0.1}(16,18) = 0.5241$ ，可以认为产品的寿命是符合威布尔分布的；

利用式（36）得到威布尔分布形状参数的点估计（$\hat{m}$）为 1.387，特征寿命的点估计（$\hat{\eta}$）为 6658.8；

利用式（46）得到任务时间为 1000h 的可靠度点估计（$\hat{R}$）为 0.93；

利用式（47）得到任务时间为 1000h 的可靠度 80% 单侧置信下限（$R_{L,c}$）为 0.891；

利用式（45）得到产品 MTBF 点估计（$\hat{\theta}$）为 6078.2h；

利用式（48）得到产品可靠寿命的点估计（t_R）为 2257.6h；

利用式（49）得到产品可靠寿命的 80% 单侧置信下限（$t_{R,L,c}$）为 1808.1h。

b) 示例 2

在一大批发动机使用的压气机中出现 20 个叶片故障，威布尔分析给出 $\hat{m} = 5.0, \hat{\eta} = 2132h$ ，现重新设计的压气机在发动机试验中分别试验了 1600h，2800h 和 3200h 而未出现故障。对于重新设计的压气机认为其形状参数没有发生改变，取上述 20

个叶片的形状参数的点估计作为重新设计的压气机的形状参数为 $m = 5.0$，则

利用式（53）得到重新设计的产品的特征寿命点估计（$\hat{\eta}$）为 3756.1h;

利用式（54）得到重新设计的产品的特征寿命 80%的单侧置信下限（$\eta_{L,c}$）为 3173.6h。

6.1.5 正态分布产品的可靠性评估方法

6.1.5.1 概述

对于寿命分布为正态分布的产品，可用正态分布方法进行可靠性评估。正态分布产品的可靠性评估方法只适用于完全样本情况和零故障情况。

6.1.5.2 输入要求

数据和评估参数的输入形式如下：

a) 数据：故障时间 $t_1, t_2, \cdots, t_n$（零故障的情形下代表截尾时间）。

b) 给定的任务时间：t_0。

c) 给定的可靠度：R。

d) 给定的置信水平：c。

当要评估任务可靠度时，只计会导致任务失败的关联故障；当要评估基本可靠度时，计所有关联故障。

6.1.5.3 数学模型

a) 均值和标准差的点估计

均值的极大似然点估计为：

$$\hat{\mu} = \frac{1}{n}\sum_{i=1}^{n} t_i \tag{58}$$

标准差的点估计为：

$$\hat{\sigma} = \sqrt{\frac{1}{n-1}\sum_{i=1}^{n}(t_i - \hat{\mu})^2} \tag{59}$$

b) 均值和标准差的单侧置信下限和置信区间

均值的单侧置信下限由下式给出

$$\mu_{L,c} = \hat{\mu} - t_c(n-1)\hat{\sigma}/\sqrt{n} \tag{60}$$

均值的置信区间由下式给出

$$\begin{cases} \mu_U = \hat{\mu} + t_{(1-c)/2}(n-1)\hat{\sigma}/\sqrt{n} \\ \mu_L = \hat{\mu} + t_{(1+c)/2}(n-1)\hat{\sigma}/\sqrt{n} \end{cases} \tag{61}$$

标准差的单侧置信下限由下式给出

$$\sigma_{L,c} = \frac{\hat{\sigma}\sqrt{n-1}}{\sqrt{\chi_c^2(n-1)}} \tag{62}$$

标准差的置信区间由下式给出

$$\begin{cases} \sigma_{\mathrm{U}} = \dfrac{\hat{\sigma}\sqrt{n-1}}{\sqrt{\chi^2_{(1-c)/2}(n-1)}} \\[4mm] \sigma_{\mathrm{L}} = \dfrac{\hat{\sigma}\sqrt{n-1}}{\sqrt{\chi^2_{(1+c)/2}(n-1)}} \end{cases} \tag{63}$$

c) 可靠度的点估计和单侧置信下限

可靠度的点估计由下式给出

$$\hat{R}(t) = \Phi\left(\frac{\hat{\mu}-t}{\hat{\sigma}}\right) \tag{64}$$

式中：$\Phi(x)$ ——标准正态分布的分布函数。

可靠度的置信下限采用精确的方法得到，在置信水平 c 下，可靠度的精确置信下限 $R_{\mathrm{L},c}(t)$，由下式解出：

$$F_{t_{n-1,\delta}}(\sqrt{n} \cdot K) = c \tag{65}$$

其中，$K = (\hat{\mu} - t_0)/\hat{\sigma}$，$\delta = \sqrt{n} \cdot u_{R_{\mathrm{L},c}(t)}$。

d) 可靠寿命的点估计和单侧置信下限

可靠寿命的点估计由下式给出

$$t_R = \hat{\mu} - \hat{\sigma} \cdot u_R \tag{66}$$

可靠寿命的置信下限采用精确的方法得到，在置信水平 c 下，可靠寿命的精确置信下限 $t_{R,\mathrm{L},c}$，由下式给出：

$$t_{R,\mathrm{L},c} = \hat{\mu} - K \cdot \hat{\sigma} \tag{67}$$

式中：K——正态分布的单边容许限系数，由式 $F_{t_{n-1,\delta}}(\sqrt{n} \cdot K) = c$ 确定，其中 $\delta = \sqrt{n} \cdot u_R$。

6.1.5.4 示例

某产品进行试验样本量为 8，故障时间分别为 4295h，4417h，4579h，4627h，4351h，4445h，4516h，4679h。

首先利用 6.1.1.5 条中的方法进行分布检验，得到 $Z = 0.969414$，对于显著性水平 0.1 查表得到 $Z_{0.1} = 0.851$，所以可以认为该产品的寿命服从正态分布。

利用式（58）和公式（59）给出均值点估计（$\hat{\mu}$）为 4488.6；标准差点估计（$\hat{\sigma}$）为 135.1；

利用式（64）得到任务时间为 4000h 的可靠度点估计（$\hat{R}$）为 0.99985；

解方（65）得到任务时间为 4000h 的可靠度 80% 单侧置信下限（$R_{\mathrm{L},c}$）为 0.995637；

利用式（66）得到产品的可靠寿命点估计（$\hat{t}_R$）为 4374.9h；

利用式（67）得到产品的可靠寿命的 80% 单侧置信下限（$t_{R,\mathrm{L},c}$）为 4312.5h。

6.1.6 对数正态分布产品的可靠性评估方法

6.1.6.1 评估模型

符合对数正态分布的随机变量和符合正态分布的随机变量是对数关系，所以将符合对数正态分布的试验数据 t_i 全部取对数为 $\ln t_i$，则 $\ln t_i$ 为正态分布的样本，则其可靠性相关参数的估计可以利用正态分布的相关方法得到。

6.2 引入环境折合系数的产品可靠性评估方法

引入环境折合系数的可靠性评估方法就是利用环境折合系数去折合试验时间（或使用时间）和故障时间，然后将折合后的时间用经典的方法进行处理。本指南只以指数分布为例，其他分布同理，折合方法参照指数分布。

已知：产品研制过程中有 m 个试验的试验技术状态相同，即数据来自同一母体，第 i 个试验的试验时间 t_i，第 i 个试验中发生的故障次数 r_i，$i=1,2,\cdots,m$。给定任务时间 t_0，设置信水平 c，环境折合系数 K_i，$i=1,2,\cdots,m$。

a) MTBF 的点估计

产品的 MTBF 的极大似然点估计为：

$$\begin{cases} \hat{\theta} = T/r \\ T = \sum_{i=1}^{m} t_i \cdot K_i \\ r = \sum_{i=1}^{m} r_i \end{cases} \tag{68}$$

b) MTBF 的单侧置信下限

产品的平均的单侧置信下限为：

$$\theta_{L,c} = \frac{2T}{\chi_c^2(2r+1)} \tag{69}$$

c) 可靠度的单侧置信下限

产品可靠度的单侧置信下限为：

$$R_{L,c}(t_0) = e^{-t_0/\theta_{L,c}} \tag{70}$$

6.3 利用可靠性增长数据的产品可靠性综合评估方法

6.3.1 概述

产品在研制过程中，如果发生了故障，经过故障分析并采取了相应有效的纠正措施，则产品的可靠性因为对故障的纠正而得到了增长，同时产品的母体也发生了变化，因此产品的研制过程是一个可靠性增长过程，这种可靠性增长的特性可以用可靠性增长模型来描述。

产品的可靠性水平在整个研制阶段是不断增长的。综合的可靠性增长分析利用产品研制阶段所有试验中所产生的可靠性数据，从研制全过程的角度上实施可靠性增长跟踪，这样做将有效的扩大样本量同时不会给研制计划施加过分的试验负担。对产品可靠性的评估及预测将更加精确。

本指南给出了处理可靠性增长数据的 Duane 模型、AMSAA 模型。Duane 模型只能给出评估结果的点估计；AMSAA 模型可以给出评估结果的区间估计，但需要具体的故障时刻。所以，在实际工程，需要依据不同的数据类型和结果要求选择不同的模型。

6.3.2 Duane 模型

6.3.2.1 适用对象

Duane 模型适用于单台产品进行可靠性增长试验，并在试验过程中对出现的故障进行及时的改进。

6.3.2.2 输入要求

可靠性增长试验数据：$(t_i, N(t_i))$，$i = 1, 2, \cdots, n$；其中 t_i 代表累积的试验时间，$N(t_i)$ 代表累积时间 t_i 对应的累积故障次数；

求瞬时故障率的时间：$t_0 > 0$。

6.3.2.3 数学模型

设产品的累积故障率 $\lambda_c(t)$ 定义为累积故障数和累积试验时间的比值，Duane 模型指出：在产品研制过程中，只要不断对产品进行改进，累积故障率 $\lambda_c(t)$ 与累积试验时间 t，可以用双对数坐标纸上的一条直线来近似描述，其数学表示为：

$$\ln \lambda_c(t) = \ln a - m \ln t \tag{71}$$

式中：a——尺度参数；

$\quad\quad m$——增长率。

a) 尺度参数和增长率的估计

利用最小二乘估计尺度参数和增长率的点估计的公式如下：

$$\begin{cases} \hat{m} = \dfrac{n \sum\limits_{i=1}^{n} \ln \theta_c(t_i) \ln t_i - \left(\sum\limits_{i=1}^{n} \ln \theta_c(t_i) \right) \cdot \left(\sum\limits_{i=1}^{n} \ln t_i \right)}{n \sum\limits_{i=1}^{n} (\ln t_i)^2 - \left(\sum\limits_{i=1}^{n} \ln t_i \right)^2} \\[4mm] \hat{a} = \exp \left\{ \dfrac{1}{n} \left(\hat{m} \sum\limits_{i=1}^{n} \ln t_i - \sum\limits_{i=1}^{n} \ln \theta_c(t_i) \right) \right\} \end{cases} \tag{72}$$

b) 瞬时故障率和最后时刻 MTBF 的点估计

时刻 t_0 的瞬时故障率点估计为

$$\hat{\lambda}(t_0) = \hat{a}(1 - \hat{m}) t_0^{-\hat{m}} \tag{73}$$

试验结束后产品的 MTBF 的估计为

$$\hat{\theta} = \frac{t_n^{\hat{m}}}{\hat{a}(1 - \hat{m})} \tag{74}$$

6.3.2.4 示例

某产品研制阶段可以看作是一个可靠性增长的过程，其增长过程可划分为 5 个阶段，各阶段的累积试验时间（单位：h）以及其对应的累积故障数表示为（100，3），（200，6），（500，13），（800，18），（1000，22）。

解方程组（72）得到增长率点估计（$\hat{m}$）：0.1468，尺度参数点估计（$\hat{a}$）：0.0619；利用公式（74）得到试验结束后产品的 MTBF 点估计（$\hat{\theta}$）为 52.21h。

6.3.3　AMSAA 模型

6.3.3.1　适用对象

AMSAA 模型适用于单台产品进行可靠性增长试验，并在试验过程中对出现的故障进行及时的改进，并记录了故障发生的时刻。

6.3.3.2　输入要求

a) 产品可靠性增长试验故障（或截尾）数据：t_i；$i=1,2,\cdots,n$，$n>2$。如果增长试验为故障截尾，则 t_i 为累积试验时间，如果增长试验为时间截尾，则 t_n 输入截尾时间。

b) 给定置信水平：c。

6.3.3.3　数学模型

AMSAA 模型把可修产品在可靠性增长过程中关联故障的累积过程建立在随机过程理论上，认为关联故障的累积过程是一个待定的非齐次 Poisson 过程。

a) AMSAA 模型参数 a 和 b 的点估计

AMSAA 模型的参数由下式给出：

$$\hat{b} = \frac{n-2}{\sum_{i=1}^{n-1} \ln\left(\dfrac{t_n}{t_i}\right)} \tag{75}$$

$$\hat{a} = \frac{n-1}{t_n^{\hat{b}}} \tag{76}$$

b) 形状参数 b 的区间估计

在置信水平 c 下，形状参数 b 的置信区间由下式给出：

$$\begin{cases} b_{\mathrm{U}} = \dfrac{\hat{b}\chi^2_{(1+c)/2}(2(n-1))}{2(n-2)} \\[3mm] b_{\mathrm{L}} = \dfrac{\hat{b}\chi^2_{(1-c)/2}(2(n-1))}{2(n-2)} \end{cases} \tag{77}$$

c) MTBF 的点估计和区间估计

产品在可靠性增长试验结束后的 MTBF 的点估计和区间估计由下式给出：

$$\hat{\theta} = \left[\hat{a}\hat{b}t_n^{\hat{b}-1} \right]^{-1} \tag{78}$$

对于时间截尾数据：

$$\begin{cases} \theta_{\mathrm{L}} = \pi_1\hat{\theta} \\ \theta_{\mathrm{U}} = \pi_2\hat{\theta} \end{cases} \tag{79}$$

对于故障截尾数据：

$$\begin{cases} \theta_L = \rho_1 \hat{\theta} \\ \theta_U = \rho_2 \hat{\theta} \end{cases} \tag{80}$$

系数 π_1、π_2、ρ_1 和 ρ_2 见附表 A.3 和附录 A 中表 A.4。

6.3.3.4 示例

某产品在可靠性增长试验中发生了 52 次故障，故障发生的时刻见表 7，试验于 1000h 时间截尾。

表 7　某产品累积故障时间(单位：h)

2	4	10	15	18	19	20	25	39
41	43	45	47	66	88	97	104	105
120	196	217	219	257	260	281	283	289
307	329	357	372	374	393	403	466	521
556	571	621	628	642	684	732	735	754
792	803	805	832	836	873	975		

利用式（75）和公式（76）得到 AMSAA 模型的参数 a 的点估计为 1.069；参数 b 的点估计为 0.562；

利用式（78）得到 MTBF 点估计（$\hat{\theta}$）为 34.2h；

利用式（79）得到置信水平为 0.9 下的 MTBF 置信区间（$[\theta_L, \theta_U]$）为：[24.26，48.01]。

7　系统级产品的可靠性综合评估方法

7.1　概述

系统级产品可靠性评估的特点：

a) 需利用产品的可靠性模型。

b) 需对不同层次、不同类型组成单元的研制试验数据进行综合评估。

7.2　系统级产品的可靠性综合评估方法选取原则

本指南包含的系统级产品可靠性评估方法有：L-M 方法、MML 方法。

L-M 方法和 MML 方法都是将系统看作成败型产品，对于成败型单元组成的系统，利用系统本身的数据 (n, f) 和由设备得到的等效系统数据 (n^*, f^*)，根据二项分布，得到系统可靠度的点估计和单侧置信下限。非成败型数据可以根据可靠度点估计和单侧置信下限，转换成成败型试验数据。

L-M 方法直观简单，计算简便，但只适用于串联系统；MML 方法适用于各种系统结构，但 MML 方法计算复杂，同时不适用于系统组成设备的试验数据有零故障的情况。

7.3　系统级产品可靠性综合评估的 L–M 方法

7.3.1　输入要求

数据和评估参数的输入形式如下：

a) 系统数据：样本量 n_s，成功次数 s_s。

b) 系统由 l 个成败型设备串联组成。

c) 设备数据：样本量 n_i，成功次数 s_i，$i=1,2,\cdots,l$。

d) 给定置信水平：c。

7.3.2　数学模型

a) L-M 方法评估公式

系统由 l 个成败型设备串联而成，其可靠性模型为

$$R=\prod_{i=1}^{l}R_i \tag{81}$$

已知组成系统的各设备的数据为（n_i，s_i），其中 n_i 为第 i 个设备的样本量，s_i 为第 i 个设备的成功次数，f_i 为第 i 个设备的失败次数。

$$\begin{cases}\text{系统等效样本量：}\ n^*=\min\{n_1,n_2,\cdots,n_l\}\\[2mm]\text{系统等效失败次数：}\ f^*=n^*\left(1-\prod_{i=1}^{l}\dfrac{s_i}{n_i}\right)\end{cases} \tag{82}$$

则可以得到系统的总样本量为 n_s+n^*，总故障次数为 $n_s-s_s+f^*$，但是系统的总样本量和总故障次数不一定为整数，可以使用最接近它的整数代替。然后利用二项分布的方法求得系统的可靠度点估计和单侧置信下限。

b) 非成败型设备数据的转换

由 L-M 方法公式及应用条件知，该方法只适用于由成败型单元组成的串联系统，但对于系统组成单元有非成败型单元时，可以通过转换方法，将非成败型单元的数据转换为成败型数据。

根据设备的数据得到设备的可靠性点估计值 $\hat{R}_i$ 和可靠度置信下限 $R_{L,c,i}$，根据这两个值，可将该设备的数据转换为成败型数据（n_i^*，s_i^*），转换公式见下式：

$$\begin{cases}\hat{R}_i=\dfrac{s_i^*}{n_i^*}\\[2mm]I_{R_{L,c,i}}(s_i^*,\ n_i^*-s_i^*+1)=1-c\end{cases} \tag{83}$$

7.4　系统级产品可靠性综合评估的 MML 方法

7.4.1　输入要求

数据和评估参数的输入形式如下：

a) 系统试验数据：样本量 n_s，成功次数 s_s；

b) 系统由 m 个成败型设备组成。

c) 设备试验数据：样本量 n_i，成功次数 s_i，$i=1,2,\cdots,m$；

d) 给定置信水平：c。

该方法不适用于有 $n_i=s_i$ 存在的情况。

7.4.2　数学模型

对含有多(m)个子系统的系统结构，且系统与子系统可靠性之间的关系为

$R_s = R(R_1, \cdots, R_m)$，若第 j 子系统在 n_j 次成败型试验中有 r_j 次故障 s_j 次成功，那么，系统可靠性的极大似然估计为 $\hat{R}_s = R(\hat{R}_1, \cdots, \hat{R}_m)$，其中 $\hat{R}_i (i=1, \cdots, m)$ 为 R_i 的极大似然估计，即

$$\hat{R}_i = s_i / n_i \quad (i=1, \cdots, m) \tag{84}$$

而 R_s 的渐近方差为

$$\sigma^2 = \sum_{i=1}^{m} \left[\frac{\partial R_s}{\partial R_i} \right]^2 Var(R_i) \tag{85}$$

其中，$Var R_i = R_i(1-R_i)/n_i$，则 σ^2 的估计量为

$$\hat{\sigma}^2 = \sum_{i=1}^{m} \left[\frac{\partial R_s}{\partial R_i} \Big|_{R_i = \hat{R}_i} \right]^2 \cdot Var(\hat{R}_i) \tag{86}$$

其中，$Var(\hat{R}_i)$ 为 $Var(R_i)$ 中 R_i 由 $\hat{R}_i$ 代替所得。令 $\hat{n} = \hat{R}_s(1-\hat{R}_s)/\hat{\sigma}^2$ 和 $\hat{s} = \hat{n}\hat{R}_s$。将 $(\hat{n}, \hat{s})$ 看作系统进行 $\hat{n}$ 次成败型试验，其中有 $\hat{s}$ 次成功。再根据二项分布参数的区间估计方法导出 R_s 的置信下限。若 $\hat{n}$ 和 $\hat{s}$ 不为整数时，可以使用最接近的整数代替。

如果系统数据 (n_s, s_s) 不为零，则可以得到系统的总样本量为 $n_s + \hat{n}$，总故障次数为 $n_s - s_s + \hat{n} - \hat{s}$，若系统总样本量和总故障次数不为整数，可以使用最接近的整数代替，然后利用二项分布的方法求得系统的可靠度点估计和单侧置信下限。

7.5 示例

某航天型号的制导系统由 5 个设备组成的串联系统，各设备在转入试样阶段后的试验数据见表 8，制导系统本身没有做全系统的试验，取置信水平 $c=0.8$，评估系统任务可靠度点估计和置信下限，任务时间 110min。

表 8 某航天型号制导系统试验数据

产品名称	试验数据（试验时间，故障次数），单位：min
设备 1	(67884.2，0)
设备 2	(37230，0)
设备 3	(9174.6，1)
设备 4	(37479，0)
设备 5	(99602.8，2)

利用设备试验数据，按照指数分布的方法分别对设备进行评估得到可靠度的点估计和 80% 的置信下限，并利用 7.3.2 条中 b）的方法转换成成败型为：

设备 1：可靠度点估计（$\hat{R}$）：1；80% 单侧置信下限（$R_{L,c}$）：0.9974；
　　　　　等效试验次数：617.13；等效故障次数：0；

设备 2：可靠度点估计（$\hat{R}$）：1；80% 单侧置信下限（$R_{L,c}$）：0.99525；

等效试验次数：338.45；等效故障次数：0；

设备 3：可靠度点估计（$\hat{R}$）：0.9881；80%单侧置信下限（$R_{L,c}$）：0.97255；

等效试验次数：139.02；等效故障次数：1.66；

设备 4：可靠度点估计（$\hat{R}$）：1；80%单侧置信下限（$R_{L,c}$）：0.9953；

等效试验次数：341.05；等效故障次数：0；

设备 5：可靠度点估计（$\hat{R}$）：0.9978；80%单侧置信下限（$R_{L,c}$）：0.9960；

等效试验次数：1394.53；等效故障次数：3.08；

利用系统综合的 L-M 法得到产品 110min 的任务可靠度点估计（$\hat{R}$）：0.9859；80%单侧置信下限（$R_{L,c}$）：0.9698。

8 注意事项

a) 本指南提及的《产品可靠性评估大纲》和《产品可靠性评估报告》应依据不同的产品类型和具体的情况制定。

b) 本指南仅列出可靠性评估中使用的试验信息和使用信息，在实际工程中，除了尽可能的收集指南中提及的项目，对其他相关信息也应进行收集。

c) 本指南仅给出了通用的故障判据，针对不同的产品，应依据具体的情况，制订具体的故障判据。

d) 本指南中所涉及的环境折合系数没有给出确定的方法，一般情况下，需要考虑试验数据、专家意见等多种因素综合的给出环境折合系数。

e) 本指南中所涉及的各种分布的分位点，可参考本指南参考文献[16]《可靠性试验用表》及相关标准。

f) 本指南中所涉及的各种算法，可以根据本指南给出的模型自行编程计算。

附录 A
（资料性附录）
相关计算用表

关于计算统计量 Z 的系数表见表 A.1；关于 Z 的临界值表见表 A.2；关于 AMSAA
模型时间截尾区间估计系数表见表 A.3；关于 AMSAA 模型故障截尾区间估计系数表见
表 A.4。

表 A.1　计算统计量 Z 的系数表

样本量 n 秩 k	3	4	5	6	7	8	9	10	
1	0.7071	0.6872	0.6646	0.6431	0.6233	0.6052	0.5888	0.5739	
2	—	0.1677	0.2413	0.2806	0.3031	0.3164	0.3244	0.3291	
3	—	—	—	0.0875	0.1401	0.1743	0.1976	0.2141	
4	—	—	—	—	—	0.0561	0.0947	0.1244	
5	—	—	—	—	—	—	—	0.0399	

样本量 n 秩 k	11	12	13	14	15	16	17	18	19	20
1	0.5601	0.5475	0.5359	0.5251	0.5150	0.5056	0.4698	0.4886	0.4808	0.4734
2	0.3315	0.3325	0.3325	0.3318	0.3306	0.3290	0.3273	0.3253	0.3232	0.3211
3	0.2260	0.2347	0.2412	0.2460	0.2495	0.2521	0.2540	0.2553	0.2561	0.2565
4	0.1429	0.1586	0.1707	0.1802	0.1878	0.1939	0.1988	0.2027	0.2059	0.2085
5	0.0695	0.0922	0.1099	0.1240	0.1353	0.1447	0.1524	0.1587	0.1641	0.1686
6	—	0.0303	0.0539	0.0727	0.0880	0.1005	0.1109	0.1197	0.1271	0.1334
7	—	—	—	0.0240	0.0433	0.0593	0.0725	0.0837	0.0932	0.1013
8	—	—	—	—	—	0.0196	0.0359	0.0496	0.0612	0.0711
9	—	—	—	—	—	—	0.0163	0.0303	0.0422
10	—	—	—	—	—	—	—	—	—	0.0140

样本量 n 秩 k	21	22	23	24	25	26	27	28	29	30
1	0.4643	0.4590	0.4542	0.4493	0.4450	0.4407	0.4366	0.4328	0.4291	0.4254
2	0.3185	0.3156	0.3126	0.3098	0.3069	0.3043	0.3018	0.2992	0.2968	0.2944
3	0.2578	0.2571	0.2563	0.2554	0.2543	0.2533	0.2522	0.2510	0.2499	0.2487
4	0.2119	0.2131	0.2139	0.2145	0.2148	0.2151	0.2152	0.2151	0.2150	0.2148
5	0.1736	0.1764	0.1787	0.1807	0.1822	0.1836	0.1848	0.1857	0.1864	0.1870
6	0.1399	0.1443	0.1480	0.1512	0.1539	0.1563	0.1584	0.1601	0.1616	0.1630
7	0.1092	0.1150	0.1201	0.1245	0.1283	0.1316	0.1346	0.1372	0.1395	0.1415
8	0.0804	0.0878	0.0941	0.0997	0.1046	0.1089	0.1228	0.1162	0.1192	0.1210
9	0.0530	0.0618	0.0696	0.0764	0.0823	0.0876	0.0923	0.0965	0.1002	0.1036
10	0.0263	0.0368	0.0459	0.0539	0.0610	0.0672	0.0728	0.0778	0.0822	0.0862

（续）

秩 k \ 样本量 n	21	22	23	24	25	26	27	28	29	30
11	—	0.0122	0.0228	0.0321	0.0403	0.0476	0.0540	0.0598	0.0650	0.0667
12	—	—	—	0.0107	0.0200	0.0284	0.0358	0.0424	0.0483	0.0537
13	—	—	—	—	—	0.0094	0.0178	0.0253	0.0320	0.0381
14	—	—	—	—	—	—	—	0.0084	0.0159	0.0227
15	—	—	—	—	—	—	—	—	—	0.0076

秩 k \ 样本量 n	31	32	33	34	35	36	37	38	39	40
1	0.422	0.4188	0.4156	0.4127	0.4096	0.4068	0.404	0.4015	0.398	0.3964
2	0.2591	0.2898	0.2876	0.2854	0.2834	0.2813	0.2794	0.2774	0.2755	0.2737
3	0.2475	0.2463	0.2451	0.2439	0.2427	0.2415	0.2403	0.2391	0.238	0.2368
4	0.2145	0.2141	0.2137	0.2132	0.2127	0.2121	0.2116	0.211	0.2104	0.2098
5	0.1874	0.1878	0.1880	0.1882	0.1883	0.1883	0.1883	0.1881	0.188	0.1878
6	0.1641	0.1651	0.1660	0.1667	0.1673	0.1678	0.1683	0.1686	0.1689	0.1691
7	0.1433	0.1449	0.1463	0.1475	0.1487	0.1496	0.1505	0.1513	0.152	0.1526
8	0.1243	0.1265	0.1284	0.1301	0.1317	0.1331	0.1344	0.1356	0.1366	0.1376
9	0.1066	0.1093	0.1118	0.1140	0.1160	0.1179	0.1196	0.1211	0.1225	0.1237
10	0.0899	0.0931	0.0961	0.0988	0.1013	0.1036	0.1056	0.1075	0.1092	0.1108
11	0.0739	0.0777	0.0812	0.0844	0.0873	0.0900	0.0924	0.0947	0.0967	0.0986
12	0.0585	0.0629	0.0669	0.0706	0.0739	0.0770	0.0798	0.0824	0.0848	0.087
13	0.0435	0.0485	0.0530	0.0572	0.0610	0.0645	0.0677	0.0706	0.0733	0.0759
14	0.0289	0.0344	0.0395	0.0441	0.0484	0.0523	0.0559	0.0592	0.0622	0.0651
15	0.0144	0.0206	0.0262	0.0314	0.0361	0.0404	0.0414	0.0481	0.0515	0.0546
16	—	0.0068	0.0131	0.0187	0.0239	0.0287	0.0331	0.0372	0.0409	0.0444
17	—	—	—	0.0062	0.0119	0.0172	0.022	0.0264	0.0305	0.0343
18	—	—	—	—	—	0.0057	0.011	0.0158	0.0203	0.0244
19	—	—	—	—	—	—	—	0.0053	0.0101	0.0146
20	—	—	—	—	—	—	—	—	—	0.0049

（续）

秩 k \ 样本量 n	41	42	43	44	45	46	47	48	49	50
1	0.3940	0.3917	0.3894	0.3872	0.3850	0.3830	0.3808	0.3789	0.3770	0.3751
2	0.2719	0.2701	0.2684	0.2667	0.2651	0.2635	0.2620	0.2604	0.2589	0.2574
3	0.2357	0.2345	0.2334	0.2323	0.2313	0.2302	0.2291	0.2281	0.2271	0.2260
4	0.2091	0.2085	0.2078	0.2072	0.2065	0.2058	0.2052	0.2045	0.2038	0.2032
5	0.1876	0.1874	0.1871	0.1868	0.1865	0.1862	0.1859	0.1855	0.1851	0.1847
6	0.1693	0.1694	0.1695	0.1695	0.1695	0.1695	0.1695	0.1693	0.1692	0.1691
7	0.1531	0.1535	0.1539	0.1542	0.1549	0.1548	0.1550	0.1551	0.1553	0.1554
8	0.1384	0.1392	0.1398	0.1405	0.1410	0.1415	0.1420	0.1423	0.1427	0.1430
9	0.1249	0.1259	0.1269	0.1278	0.1286	0.1293	0.1300	0.1306	0.1312	0.1317
10	0.1123	0.1136	0.1149	0.1160	0.1170	0.1180	0.1189	0.1197	0.1205	0.1212
11	0.1004	0.1020	0.1035	0.1049	0.1062	0.1072	0.1085	0.1095	0.1105	0.1113
12	0.0891	0.0909	0.0927	0.0943	0.0959	0.0972	0.0986	0.0998	0.1010	0.1020
13	0.0782	0.0804	0.0824	0.0842	0.0860	0.0876	0.0892	0.0906	0.0919	0.0932
14	0.0677	0.0701	0.0724	0.0745	0.0765	0.0783	0.0801	0.0817	0.0832	0.0846
15	0.0575	0.0602	0.0628	0.0651	0.0673	0.0694	0.0713	0.0731	0.0748	0.0764
16	0.0476	0.0506	0.0534	0.0560	0.0584	0.0607	0.0628	0.0648	0.0667	0.0685
17	0.0379	0.0411	0.0442	0.0471	0.0497	0.0522	0.0546	0.0568	0.0588	0.0608
18	0.0283	0.0318	0.0352	0.0383	0.0412	0.0439	0.0465	0.0489	0.0511	0.0532
19	0.0188	0.0227	0.0263	0.0296	0.0328	0.0357	0.0385	0.0411	0.0436	0.0459
20	0.0094	0.0136	0.0175	0.0211	0.0245	0.0277	0.0307	0.0335	0.0361	0.0386
21	—	0.0045	0.0087	0.0126	0.0163	0.0197	0.0229	0.0259	0.0288	0.0314
22	—	—	—	0.0042	0.0081	0.0118	0.0153	0.0185	0.0215	0.0244
23	—	—	—	—	—	0.0039	0.0076	0.0111	0.0143	0.0174
24	—	—	—	—	—	—	—	0.0037	0.0071	0.0104
25	—	—	—	—	—	—	—	—	—	0.0035

表 A.2　Z 的临界值表

显著性 水平 α 样本量 n	0.01	0.05	0.10	显著性 水平 α 样本量 n	0.01	0.05	0.10
3	0.753	0.767	0.789	27	0.894	0.923	0.935
4	0.687	0.748	0.792	28	0.896	0.924	0.936
5	0.686	0.762	0.806	29	0.898	0.926	0.937
6	0.713	0.788	0.826	30	0.900	0.927	0.939
7	0.730	0.803	0.838	31	0.902	0.929	0.940
8	0.749	0.818	0.851	32	0.904	0.930	0.941
9	0.764	0.829	0.859	33	0.906	0.931	0.942
10	0.781	0.842	0.869	34	0.908	0.933	0.943
11	0.792	0.850	0.876	35	0.910	0.934	0.944
12	0.805	0.859	0.883	36	0.912	0.935	0.945
13	0.814	0.866	0.889	37	0.914	0.936	0.946
14	0.825	0.874	0.895	38	0.916	0.938	0.947
15	0.835	0.881	0.901	39	0.917	0.939	0.948
16	0.844	0.887	0.906	40	0.919	0.940	0.949
17	0.851	0.892	0.910	41	0.920	0.941	0.950
18	0.858	0.897	0.914	42	0.922	0.942	0.951
19	0.863	0.901	0.917	43	0.923	0.943	0.951
20	0.868	0.905	0.920	44	0.924	0.944	0.952
21	0.873	0.908	0.923	45	0.926	0.945	0.953
22	0.878	0.911	0.926	46	0.927	0.945	0.953
23	0.881	0.914	0.928	47	0.928	0.946	0.954
24	0.884	0.916	0.930	48	0.929	0.947	0.954
25	0.888	0.918	0.913	49	0.929	0.947	0.955
26	0.891	0.920	0.933	50	0.930	0.947	0.955

表 A.3　AMSAA 模型时间截尾区间估计系数表

置信水平 γ	0.8		0.9		0.95		0.98	
样本量 n	π_1	π_2	π_1	π_2	π_1	π_2	π_1	π_2
2	0.131	9.325	0.1	19.33	0.079	39.33	0.062	99.35
3	0.222	4.217	0.175	6.491	0.145	9.7	0.116	16.07
4	0.289	3.182	0.234	4.46	0.197	6.07	0.161	8.858
5	0.341	2.709	0.282	3.614	0.240	4.69	0.2	6.434
6	0.382	2.429	0.321	3.137	0.276	3.948	0.233	5.212
7	0.417	2.242	0.353	2.827	0.307	3.481	0.261	4.471
8	0.447	2.106	0.382	2.608	0.334	3.158	0.287	3.972
9	0.472	2.004	0.406	2.444	0.358	2.92	0.31	3.612
10	0.494	1.922	0.428	2.318	0.379	2.738	0.33	3.341
11	0.514	1.855	0.447	2.215	0.398	2.593	0.349	3.128
12	0.531	1.801	0.465	2.13	0.415	2.474	0.366	2.957
13	0.546	1.755	0.481	2.06	0.431	2.376	0.381	2.815
14	0.561	1.714	0.495	1.999	0.446	2.293	0.396	2.697
15	0.573	1.680	0.509	1.948	0.459	2.220	0.409	2.596
16	0.585	1.649	0.521	1.902	0.472	2.158	0.421	2.508
17	0.596	1.622	0.532	1.862	0.483	2.104	0.433	2.432
18	0.606	1.598	0.543	1.826	0.494	2.055	0.444	2.364
19	0.616	1.575	0.552	1.793	0.504	2.011	0.454	2.304
20	0.624	1.556	0.561	1.765	0.513	1.972	0.464	2.251
21	0.632	1.538	0.57	1.738	0.522	1.937	0.472	2.203
22	0.64	1.522	0.578	1.714	0.531	1.905	0.481	2.158
23	0.647	1.506	0.586	1.692	0.539	1.876	0.489	2.119
24	0.654	1.492	0.593	1.672	0.546	1.849	0.496	2.082
25	0.660	1.478	0.600	1.653	0.553	1.824	0.504	2.049
26	0.665	1.466	0.607	1.636	0.560	1.801	0.511	2.017
27	0.671	1.455	0.612	1.62	0.566	1.780	0.517	1.989
28	0.677	1.444	0.618	1.605	0.573	1.760	0.524	1.962
29	0.682	1.435	0.624	1.59	0.578	1.741	0.53	1.937
30	0.687	1.426	0.629	1.577	0.584	1.724	0.536	1.914
35	0.708	1.386	0.653	1.52	0.609	1.650	0.562	1.817
40	0.726	1.355	0.673	1.477	0.630	1.599	0.584	1.743
45	0.741	1.331	0.689	1.443	0.647	1.550	0.603	1.685
50	0.754	1.310	0.704	1.414	0.662	1.513	0.619	1.638
60	0.774	1.278	0.727	1.37	0.688	1.456	0.646	1.564
70	0.790	1.254	0.745	1.337	0.708	1.414	0.668	1.511
80	0.803	1.235	0.759	1.311	0.725	1.382	0.686	1.469
100	0.823	1.207	0.783	1.273	0.750	1.334	0.715	1.409

表 A.4 AMSAA 模型故障截尾区间估计系数表

置信水平 γ	0.8		0.9		0.95		0.98	
样本量 n	ρ_1	ρ_2	ρ_1	ρ_2	ρ_1	ρ_2	ρ_1	ρ_2
3	0.2280	2.976	0.1712	4.75	0.1351	7.320	0.1040	12.53
4	0.3300	2.664	0.2587	3.826	0.2113	5.325	0.1684	7.980
5	0.3941	2.400	0.3174	3.354	0.2649	4.288	0.2162	5.997
6	0.4400	2.214	0.3614	2.893	0.3063	3.681	0.2543	4.925
7	0.4754	2.079	0.3963	2.644	0.3400	3.282	0.2859	4.259
8	0.5040	1.976	0.4251	2.463	0.3683	3.001	0.3130	3.806
9	0.5279	1.895	0.4496	2.325	0.3925	2.791	0.3365	3.476
10	0.5482	1.830	0.4706	2.216	0.4137	2.629	0.3574	3.226
11	0.5658	1.775	0.4892	2.127	0.4324	2.499	0.376	3.029
12	0.5813	1.730	0.5056	2.053	0.4492	2.392	0.3927	2.869
13	0.5951	1.691	0.5204	1.991	0.4644	2.302	0.4079	2.737
14	0.6075	1.657	0.5337	1.937	0.4782	2.226	0.4220	2.626
15	0.6187	1.627	0.5459	1.891	0.4909	2.161	0.4348	2.532
16	0.6289	1.600	0.5571	1.85	0.5025	2.104	0.4468	2.450
17	0.6383	1.578	0.5674	1.814	0.5134	2.053	0.4579	2.378
18	0.6469	1.556	0.5770	1.781	0.5234	2.008	0.4682	2.315
19	0.6549	1.537	0.5858	1.753	0.5327	1.968	0.4779	2.258
20	0.6624	1.519	0.5941	1.726	0.5414	1.932	0.487	2.208
21	0.6693	1.504	0.6018	1.702	0.5497	1.899	0.4956	2.162
22	0.6758	1.489	0.6092	1.68	0.5575	1.869	0.5037	2.121
23	0.6820	1.475	0.6160	1.66	0.5648	1.842	0.5114	2.083
24	0.6877	1.463	0.6225	1.641	0.5717	1.817	0.5187	2.048
25	0.6931	1.452	0.6286	1.624	0.5783	1.793	0.5257	2.017
26	0.6983	1.441	0.6344	1.608	0.5846	1.771	0.5322	1.987
27	0.7031	1.431	0.6400	1.593	0.5906	1.752	0.5386	1.959
28	0.7078	1.421	0.6453	1.579	0.5962	1.733	0.5440	1.934
29	0.7121	1.411	0.6503	1.566	0.6016	1.715	0.5504	1.910
30	0.7164	1.404	0.6551	1.553	0.6069	1.699	0.5560	1.888
35	0.7349	1.367	0.6763	1.501	0.6299	1.63	0.5806	1.796
40	0.7499	1.339	0.6938	1.461	0.649	1.577	0.6012	1.725
45	0.7626	1.317	0.7085	1.429	0.6653	1.535	0.6188	1.669
50	0.7735	1.298	0.7212	1.402	0.6793	1.5	0.6341	1.624
60	0.7911	1.268	0.7422	1.360	0.7025	1.446	0.6596	1.553
70	0.8057	1.245	0.7588	1.328	0.7211	1.406	0.68	1.502
80	0.8166	1.228	0.7724	1.304	0.7364	1.374	0.6969	1.462
100	0.8344	1.201	0.7938	1.267	0.7604	1.328	0.7237	1.402

附录 B

（资料性附录）

某型舰船发动机可靠性综合评估应用案例

B.1 概述

某型舰船发动机为新研制的产品，在研制的过程中进行了专门的可靠性试验。该案例利用发动机的可靠性试验数据，对发动机的可靠性水平进行了初步的评估。

B.2 故障判据

按照本指南 5.6.3 条所描述的故障判据进行关联故障的判断。

B.3 试验数据以及处理

该发动机在研制过程中，生产了 4 台发动机样机在模拟真实使用环境的条件下进行试车试验。试验过程中，记录发动机故障时刻，并对其进行维修，修复后试验继续进行。试验结束时，记录发动机时间结束试验时间。

首先，利用故障判据确定关联故障；然后，去掉维修时间，整理关联故障的间隔时间（该故障发生时刻与上个故障发生时刻（或试验开始）之间的发动机工作时间）；最后，对于试验结束时发动机没有发生故障的情况，将最后一个故障时刻和结束时刻之间的发动机工作时间记为发动机的截尾时间。经过处理的试验数据见表 B.1。

表 B.1 发动机可靠性试验数据

发动机台号	故障间隔时间/h	截尾时间/h
1 号	167，2128，1427，994，140，278，327	607
2 号	2628，29，231，558，381，1710，394	467
3 号	26，1279，478，403	2385
4 号	842，1376，334，375，1262，515，988，490，399，1122，490，17，141，85，266，638，435，167，100	660

B.4 评估方法

通过对产品的分析得到该舰船发动机的 MTBF 是服从威布尔分布。通过研制部门确认在研制过程中使用的 4 台发动机其技术状态基本相同，同时假设修复后的产品等同新产品（修复如新假设），所以 4 台发动机的研制试验数据可以认为其来自同一母体，对这些数据利用威布尔分布产品的可靠性评估方法进行分析，具体方法参见本指南 6.1.4 条。

B.5 评估结果

利用威布尔评估方法和试验数据可得，该发动机产品的可靠性参数的评估结果如下：

a) 利用式（36）计算威布尔分布的参数极大似然点估计为 $\hat{m} = 1.0217$，$\hat{\eta} = 754.34\,\text{h}$。

b) 利用式（45）计算得到的 MTBF 点估计（$\hat{\theta}$）为 747.7h。

c) 利用式（46）计算得到任务时间为 100h 的任务可靠度点估计（$\hat{R}$）为 0.88。

利用式（48）计算得到可靠度为 0.8 的可靠寿命点估计（$\hat{t}_R$）为 173.8h。

附录 C
（资料性附录）
某型导弹的可靠性综合评估的应用案例

C.1 概述

某型导弹是在研的新型导弹，在对某型导弹的自主飞行可靠度进行可靠性评估时，可将该导弹看为由 4 个部分组成的整体，该 4 个部分分别为弹体、发动机、制导系统和电气系统，并由这个 4 个部分串联组成，其中制导系统由制导分系统 1、制导分系统 2 和制导分系统 3 串联组成；电气系统由电气分系统 1、电气分系统 2 和电气分系统 3 串联组成，见图 C.1。

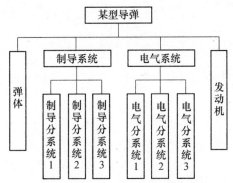

图 C.1 某型导弹组成示意图

C.2 故障判据

按照本指南 5.6.3 条所描述的故障判据进行关联故障的判断。

C.3 试验数据

在研制过程中，该导弹制导系统、电气系统和发动机分别针对可靠性进行了试验和分析，其结果见表 C.1，弹体没有试验数据：

表 C.1 各个产品试验数据和分析结果

产品名称	试 验 数 据
发动机	故障时刻：3.1h、4.4h、5.3h、6.2h、6.9h、7.6h、8.2h、8.7h、9.3h、9.8h
制导分系统 1	试验总时间为 500h，故障总数为 5
制导分系统 2	试验总时间为 420h，故障总数为 3
制导分系统 3	试验总时间为 700h，故障总数为 6
电气分系统 1	试验总时间为 200h，故障总数为 1
电气分系统 2	试验总时间为 520h，故障总数为 2
电气分系统 3	试验总时间为 800h，故障总数为 6

C.4 评估方法

对该型导弹的自主飞行可靠度进行评估，首先，分别对制导系统和电气系统的分系统利用指数分布的评估方法给出可靠度点估计和单侧置信下限；第二步，利用威布尔分布的评估方法得到发动机的可靠度点估计和单侧置信下限；第三步，利用本指南 7.3 条的 L-M 方法分别得到制导系统和电气系统的可靠度点估计和单侧置信下限；最后，利用本指南 7.3 条的方法综合发动机、制导系统、电气系统和弹体（弹体没有试验数据，依据强度计算结果预计可以满足可靠性要求，所以采用弹体可靠性分配值代替可靠性评估结果）的可靠度的点估计和单侧下限得到全弹的可靠度的点估计和单侧置信下限。

C.5 评估结果

该导弹所使用的评估方法和结果见表 C.2：

表 C.2 各个产品任务可靠性评估方法的选取和评估结果

产品名称	产品层次	选用的评估方法和相关公式	评估结果（任务时间：2h，置信水平：80%）
发动机	单元	威布尔分布评估方法 本指南式（46）式（47）	a) 任务可靠度点估计（$\hat{R}$）：0.995； b) 任务可靠度单侧置信下限（$R_{L,c}$）：0.977
制导分系统 1	单元	指数分布评估方法 本指南式（30）式（31）	a) 任务可靠度点估计（$\hat{R}$）：0.98； b) 任务可靠度单侧置信下限（$R_{L,c}$）：0.971
制导分系统 2	单元	指数分布评估方法 本指南式（30）式（31）	a) 任务可靠度点估计（$\hat{R}$）：0.986； b) 任务可靠度单侧置信下限（$R_{L,c}$）：0.977
制导分系统 3	单元	指数分布评估方法 本指南式（30）式（31）	a) 任务可靠度点估计（$\hat{R}$）：0.983； b) 任务可靠度单侧置信下限（$R_{L,c}$）：0.976
制导系统	分系统	L-M 方法 本指南式（81）式（82）	a) 任务可靠度点估计（$\hat{R}$）：0.95； b) 任务可靠度单侧置信下限（$R_{L,c}$）：0.936
电气分系统 1	单元	指数分布评估方法 本指南式（30）式（31）	a) 任务可靠度点估计（$\hat{R}$）：0.99； b) 任务可靠度单侧置信下限（$R_{L,c}$）：0.977
电气分系统 2	单元	指数分布评估方法 本指南式（30）式（31）	a) 任务可靠度点估计（$\hat{R}$）：0.992； b) 任务可靠度单侧置信下限（$R_{L,c}$）：0.986
电气分系统 3	单元	指数分布评估方法 本指南式（30）式（31）	a) 任务可靠度点估计（$\hat{R}$）：0.985； b) 任务可靠度单侧置信下限（$R_{L,c}$）：0.979
电气系统	分系统	L-M 方法 本指南式（81）式（82）	a) 任务可靠度点估计（$\hat{R}$）：0.968 b) 任务可靠度单侧置信下限（$R_{L,c}$）：0.950
弹体	单元	无	a) 任务可靠度点估计（$\hat{R}$）：0.999 b) 任务可靠度单侧置信下限（$R_{L,c}$）：0.995
某型导弹	系统	L-M 方法 本指南式（81）式（82）	a) 任务可靠度点估计（$\hat{R}$）：0.914 b) 任务可靠度单侧置信下限（$R_{L,c}$）：0.881

参 考 文 献

[1] 赵宇，王智，黄敏. 产品研制阶段可靠性增长过程的综合分析[J]. 实验技术与管理，2001，18(4).

[2] 赵宇，王宇宏，黄敏. 复杂电子设备研制阶段数据的可靠性综合评估[J]. 系统工程与电子技术，2002，24(1).

[3] 杜振华，赵宇，陈金盾. 产品设计定型时 MTBF 置信区间的确定[J]. 数学实践与认识，2003, 33(2).

[4] 陈家鼎，孙万龙，李补喜. 关于无失效数据情形下的置信限[J]. 应用数学学报，1995, 18(1).

[5] 茆诗松，罗朝斌. 无失效数据的可靠性数据分析[J]. 数理统计与应用概率，1989，4(4).

[6] 赵宇，杨军，马小兵. 可靠性数据分析教程[M]. 北京：北京航空航天大学出版社，2009.

[7] 陈家鼎. 生存分析与可靠性引论[M]. 合肥：安徽教育出版社，1993.

[8] 贺国芳，许海宝. 可靠性数据的收集与分析[M]. 北京：国防工业出版社，1995.

[9] 杨为民，盛一兴. 系统可靠性数字仿真[M]. 北京：北京航空航天大学出版社，1990.

[10] 周源泉，翁朝曦. 可靠性增长[M]. 北京：科学出版社，1992.

[11] 周源泉. 质量可靠性增长与评定方法[M]. 北京：北京航空航天大学出版社，1997.

[12] 何国伟，戴慈庄. 可靠性试验技术[M]. 北京：国防工业出版社，1995.

[13] 何国伟. 可信性工程（第二版）[M]. 北京：中国标准出版社，2008.

[14] 梅文华. 可靠性增长试验[M]. 北京：国防工业出版社，2003.

[15] 魏宗舒. 概率论与数理统计教程[M]. 北京：高等教育出版社，1983.

[16] 中国电子技术标准化研究所. 可靠性试验用表[M]. 北京：国防工业出版社，1987.

[17] Lawless J F. Statistical Models And Methods For Life Time Data [M]. 茆诗松，濮晓龙，刘忠译. 北京：中国统计出版社，1998.

[18] IEC 61164: 2004. Reliability Growth-statistical Test and Estimation Methods[S]. International Electrotechnical Commission，2004.

[19] BS EN 61649: 2008. Weibull Analysis[S]. BSI Group Headquarters，2008.

[20] Zhao Yu，Huang Min，Wang Zhi. Model of Reliability Growth Evaluation to Various Environments[J]. ACTA Aero nautical ET Astronautica SINICA，23(2)，2002.

[21] Boris Gnedenko，Igor V.Pavlov，Igor A.Ushakov. Statistical Reliability Engineering[M]. New York：A Wiley-Interscience Publication，1999.

[22] Elsayed A. Elsayed. Reliability Engineering[M]. Upper Saddle River：Prentice Hall，1996.

[23] GJB 450A《装备可靠性工作通用要求》实施指南[M]. 北京：总装备部电子信息基础部技术基础局，总装备部技术基础管理中心，2008.